普通高等教育"十一五"规划教材

机械工程基础

主　编　潘玉良
副主编　孟爱华　张巨勇　吴海若

科学出版社
北　京

内 容 简 介

本书是面向非机械类专业学生的综合性技术基础教材,由机械识图、工程材料与热处理基础、成型工艺基础、机械制造基础四篇共18章组成。编写充分考虑课程的特点,向电子工程、通信工程、自动控制、工业外贸、工程管理、经济管理、财务管理、会计、电子商务、物流管理等非机械类专业的学生传授机械制造的基础知识,使读者对机械产品从设计到成品的完整生产流程有一个初步的认识。

本书适用于教学时数为30~68的教学计划,同时也可供大专、高职非机械类专业学生以及相关工程管理技术人员了解机械工程基础知识时使用。本书还提供与教材配套的网络多媒体课件,欢迎需要的教师索取。

图书在版编目(CIP)数据

机械工程基础/潘玉良主编.—北京:科学出版社,2009
普通高等教育"十一五"规划教材
ISBN 978-7-03-023959-4

Ⅰ.机… Ⅱ.潘… Ⅲ.机械工程-基本知识 Ⅳ.TH

中国版本图书馆CIP数据核字(2009)第010453号

责任编辑:孙明星 于宏丽 / 责任校对:鲁 素
责任印制:徐晓晨 / 封面设计:耕者设计工作室

科 学 出 版 社出版
北京东黄城根北街16号
邮政编码:100717
http://www.sciencep.com

北京京华虎彩印刷有限公司 印刷
科学出版社发行 各地新华书店经销
*
2009年 2 月第 一 版　　开本:787×1092 1/16
2016年 6 月第七次印刷　　印张:20 3/4
字数:464 000
定价:58.00元
(如有印装质量问题,我社负责调换)

序

随着市场对复合型应用人才需求的增加,越来越多的高等院校为电子工程、通信工程、自动控制、工业外贸、工程管理、经济管理、财务管理、会计、电子商务、物流管理等非机械专业开设了"机械工程基础"课程。为了体现时代对人才培养的要求,使学生正确认识机械工程事务和工程问题,加深对机械工业生产过程的认知,在处理相关专业问题时具有良好的工程背景,杭州电子科技大学积极开展"非机械类专业学生工程知识培养"的探索和实践。本教材是他们多年教学改革实践所取得的成果。

本教材以建立工程观点为出发点,向非机械类专业学生传授机械制造的各种基础知识,按照机械识图—工程材料—毛坯成型—机械加工四个方面,通过机械识图、工程材料和生产工艺的认知,使学生了解机械产品从设计到成品的完整的生产流程。

教材内容丰富、特色鲜明,主要特色如下:

(1) 侧重常识及概念认知。无复杂推导、实用性强,增加学生工程背景知识。

(2) 内容精炼,系统性好,已涵盖机械识图、工程材料及热处理工艺、毛坯工艺及零件工艺等相关知识,章节编排符合机械产品生产实际过程。

(3) 充分考虑课程的特点,同时编写了与教材配套的网络多媒体课件,做到静态教材与动态教材结合,课堂教学与课后训练结合,融知识性、趣味性、系统性及先进性为一体。

通过本课程的学习,还能使学生了解进行科学研究的基本方法,培养他们分析问题和解决实际问题的能力,从而达到提高学生综合素质的目的。

2008 年 12 月 8 日

前 言

"机械工程基础"是一门面向非机械类学生开设的综合性技术基础课程。本课程主要讲解机械识图、工程材料和生产工艺三大方面的知识,使学生了解各类机械产品的生产特点、应用范围和经济性,了解新材料和先进制造技术的发展趋势。向非机械专业学生传授机械制造的基础知识,使读者对机械产品从设计到成品的完整生产流程有一个初步的认识。

本书适用于教学时数为30～68的教学计划,全书由机械识图、工程材料与热处理基础、成型工艺基础、机械制造基础四篇共18章组成,编写充分考虑课程的特点,同时提供了与教材配套的多媒体课件和网上在线练习。

本教材适合高等院校非机械类专业学生(如电子工程、通信工程、自动控制、工业外贸、工程管理、经济管理、财务管理、会计、电子商务、物流管理等)教学使用,也可供大专、高职非机械类专业学生以及相关工程管理技术人员了解机械工程基础知识。

本书的前一版在浙江大学出版社出版,编著者为全小平、潘玉良,改版后的《机械工程基础》由潘玉良任主编,孟爱华、张巨勇、吴海若任副主编,新版《机械工程基础》在章节上进行了优化,同时整合了机械识图篇章,使教材更为系统和实用。全书由潘玉良编写第1～10章,孟爱华编写第13～15章,张巨勇编写第16～18章,吴海若编写第11和12章。并由周建军和陈志平担任主审。

在此我们感谢前一版的主编全小平老师为教材的第一版所付出的辛勤劳动,教材的编写过程中我们还得到了周建军教授、胡小平教授和陈志平教授的大力支持和帮助,中国科学院国家天文台研究员、中国电子学会电子机械工程学会副主任委员、西安电子科大博士生导师施浒立教授为本书写了序言,在此一并表示衷心的感谢。

由于编者水平有限,书中的不妥之处在所难免,敬请读者批评指正。

编 者
于杭州电子科技大学
2008.12

目 录

序
前言
绪论 ··· 1

第一篇 机 械 识 图

第1章 投影基础 ·· 7
  1.1 正投影和视图 ·· 7
  1.2 点、线、面的投影 ·· 12
  1.3 基本体的三视图 ·· 19
  1.4 组合体的三视图 ·· 23

第2章 机件的表达方法 ·· 43
  2.1 视图 ·· 43
  2.2 剖视图 ··· 47
  2.3 断面图 ··· 56
  2.4 其他常用表达方法 ··· 58

第3章 标准件和常用件 ·· 61
  3.1 螺纹和螺纹紧固件 ··· 61
  3.2 齿轮 ·· 72
  3.3 键、销、弹簧及滚动轴承 ·· 77

第4章 零件图 ·· 85
  4.1 零件图的概念和内容 ··· 85
  4.2 零件图的尺寸标注 ··· 86
  4.3 零件图的技术要求 ··· 91
  4.4 零件图标题栏内容 ··· 99
  4.5 零件上常见结构的表达 ··· 100
  4.6 零件图的视图表达特点 ··· 103
  4.7 看零件图 ·· 105

第5章 装配图 ·· 111
  5.1 装配图的用途、要求和内容 ·· 111
  5.2 装配图的规定画法和特殊画法 ·· 113
  5.3 装配图的视图选择 ·· 114
  5.4 装配图的尺寸标注、零件编号和明细栏 ··· 117
  5.5 看装配图的方法和步骤 ·· 119

第二篇　工程材料与热处理基础

第 6 章　金属材料的种类与性能 ······ 125
- 6.1　金属材料的机械性能 ······ 125
- 6.2　金属材料的晶体结构与结晶 ······ 130
- 复习思考题 ······ 134

第 7 章　铁碳合金 ······ 136
- 7.1　铁碳合金 ······ 136
- 7.2　碳钢 ······ 140
- 7.3　铸铁 ······ 148
- 复习思考题 ······ 151

第 8 章　钢的热处理 ······ 152
- 8.1　钢在加热和冷却时的组织转变 ······ 153
- 8.2　钢的基本热处理工艺 ······ 156
- 8.3　钢的表面热处理工艺 ······ 159
- 复习思考题 ······ 162

第 9 章　合金钢 ······ 164
- 9.1　合金元素在钢中的作用 ······ 165
- 9.2　合金钢编号方法及应用 ······ 167
- 复习思考题 ······ 175

第 10 章　有色金属 ······ 177
- 10.1　铜及其铜合金 ······ 177
- 10.2　铝及铝合金 ······ 179
- 复习思考题 ······ 182

第 11 章　其他结构及功能材料简介 ······ 183
- 11.1　高分子材料 ······ 183
- 11.2　陶瓷材料 ······ 189
- 11.3　复合材料 ······ 191
- 11.4　功能材料 ······ 192
- 复习思考题 ······ 198

第 12 章　材料的选用 ······ 199
- 12.1　工程材料选用原则和方法 ······ 199
- 12.2　典型零件选材和工艺路线简介 ······ 202
- 复习思考题 ······ 205

第三篇　成型工艺基础

第 13 章　金属液态成型 ······ 209
- 13.1　铸造工艺基础 ······ 209
- 13.2　砂型铸造 ······ 212
- 13.3　特种铸造 ······ 220

13.4　常用铸造方法的比较 224
　　复习思考题 225
第14章　金属的塑性成型 226
　　14.1　金属的塑性变形及可锻性 226
　　14.2　锻造 230
　　14.3　板料冲压 235
　　14.4　金属塑性成型新工艺简介 238
　　复习思考题 241
第15章　焊接成型 243
　　15.1　焊接过程与金属的可焊性 243
　　15.2　熔焊 246
　　15.3　压力焊 249
　　15.4　钎焊 253
　　15.5　焊接新技术简介 254
　　复习思考题 257

第四篇　机械制造基础

第16章　切削加工基础 261
　　16.1　切削运动和切削用量 261
　　16.2　切削刀具的基本知识 263
　　16.3　金属切削过程 265
　　16.4　机床的机械传动方式及传动比 268
　　复习思考题 270
第17章　切削加工工艺 272
　　17.1　车削加工 272
　　17.2　铣、刨、拉、钻、镗、磨削加工 279
　　17.3　常见表面加工方法 291
　　17.4　典型零件的工艺过程 295
　　复习思考题 299
第18章　特种加工与机械制造自动化简介 302
　　18.1　电火花加工 303
　　18.2　超声波加工 305
　　18.3　快速成型制造技术 306
　　18.4　数控加工 309
　　18.5　自动生产线 311
　　18.6　工业机器人 313
　　18.7　柔性制造技术 315
　　18.8　集成制造系统 317
　　复习思考题 320
参考文献 321

绪　论

一、产品生产过程

生产过程是由原材料转化为成品时,各个相互关联的劳动过程的总和。其基本内容是人的劳动过程,即劳动者使用一定的劳动工具,按照合理的加工方法使劳动对象(如毛坯或工件、组件或部件)成为具有使用价值的产品并投放于市场的全过程。

图 0-1 是产品生产过程组成框图,从图中可以看出,制造企业根据市场需求设计产品,根据生产能力进行原材料和标准件的外购、协作件的外加工以及通过本企业进行零件的生产制造,将各零件(部件)装配成为产品。在此过程中,质量检验和控制保证企业内部上下工序的完善,并确保企业与用户的关系。制造企业、供应厂商和用户成为一种组织体,组成生产系统,通过生产系统将生产过程和管理过程有机地结合成整体。用户在生产系统中起到为企业提供产品需求信息的作用。

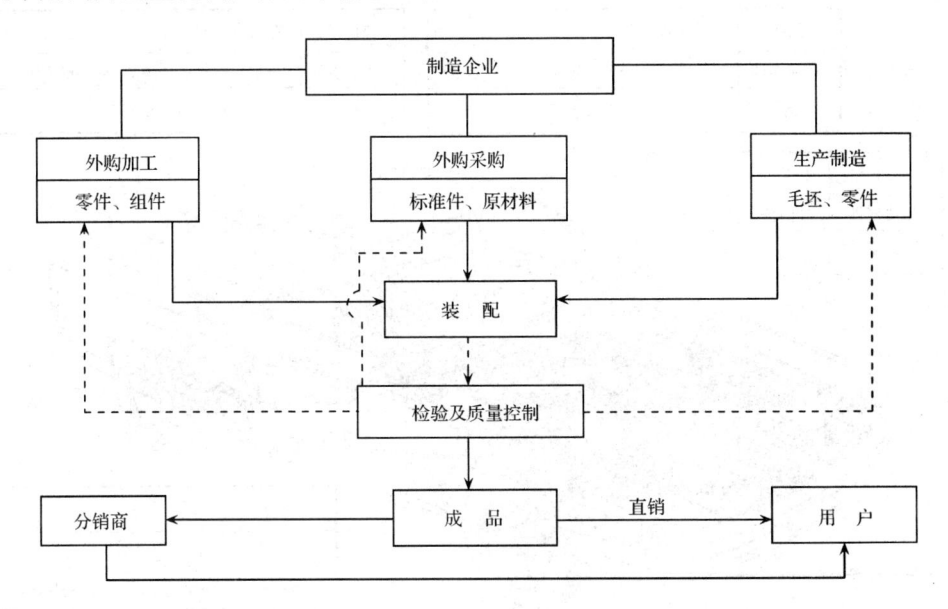

图 0-1　产品生产过程组成框图

供应商作为其组成部分与生产厂家建立利益共享的合作伙伴关系,他们不仅要按时制造和提交质量合格的材料和零部件,而且在一定范围内还要参与由他们生产的那部分产品零部件的开发和设计。现代产品的生产特点是将生产、管理和消费人群有机地结合起来,形成了活跃的市场经济。

二、机械制造工艺

在产品生产过程中,将各种原材料通过改变其形状、尺寸、性能或相对位置,使之成为机械产品成品或半成品的方法和过程称为机械制造工艺。机械制造工艺流程由原材料和能源的提供、毛坯和零件成型、机械加工、材料改性与处理、装配与包装、质量检测与控制等多个工艺环节组成。

按其功能的不同，可将机械制造工艺分为如下三个阶段：

零件毛坯的成型准备阶段，包括原材料切割、焊接、铸造、锻压加工成型等；

机械切削加工阶段，包括车削、钻削、铣削、刨削、镗削、磨削加工等；

表面改性处理阶段，包括热处理、电镀、化学镀、热喷涂、涂装等。

在现代机械制造工艺中，上述阶段的划分逐渐变得模糊、交叉，甚至合二为一，如粉末冶金和注射成型工艺，则将毛坯准备与加工成型过程合二为一，直接由原材料转变为成品的制造工艺。

此外，检测和控制工艺环节附属于各个机械制造工艺过程，保证各个工艺过程的技术水平和质量。

图 0-2 所示的轿车生产，首先根据设计将各种原材料用相应的成型工艺获得毛坯再经过切削加工制得零件，或直接采用其他精密成型方法制得零件；再将零件装配成部件，最后将总装零件、部件、外协件、标准件等一起装配成为整辆轿车。

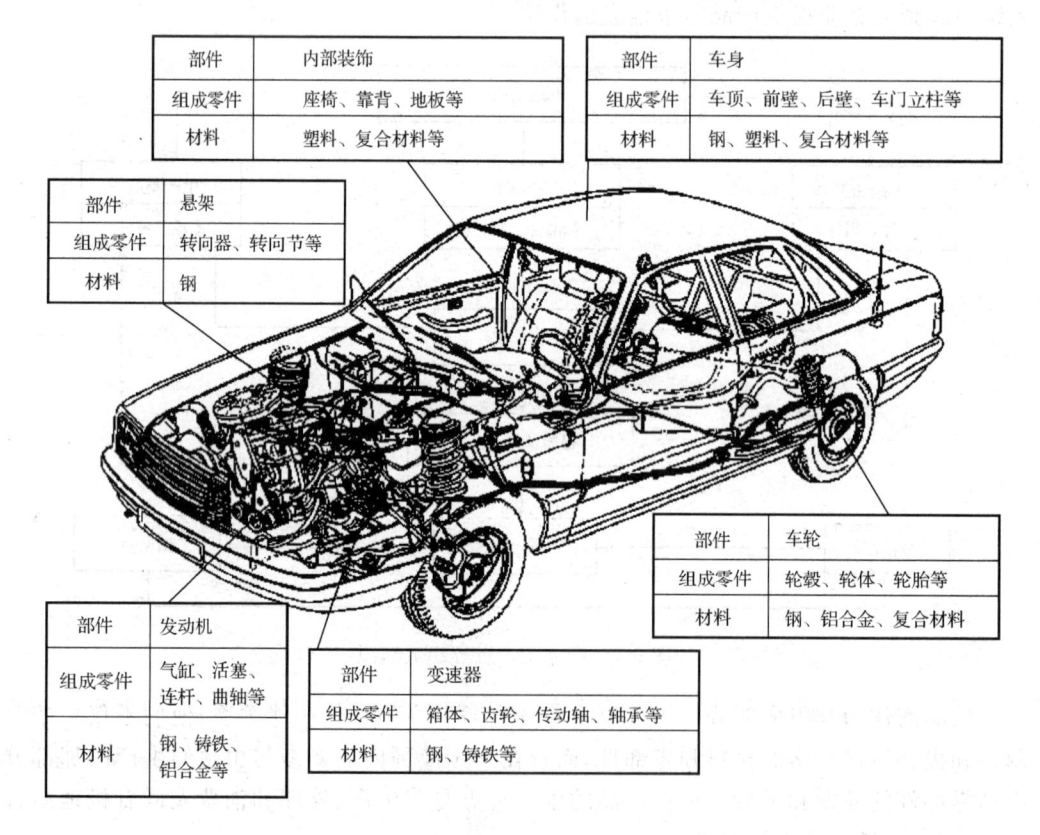

部件	内部装饰
组成零件	座椅、靠背、地板等
材料	塑料、复合材料等

部件	车身
组成零件	车顶、前壁、后壁、车门立柱等
材料	钢、塑料、复合材料等

部件	悬架
组成零件	转向器、转向节等
材料	钢

部件	车轮
组成零件	轮毂、轮体、轮胎等
材料	钢、铝合金、复合材料

部件	发动机
组成零件	气缸、活塞、连杆、曲轴等
材料	钢、铸铁、铝合金等

部件	变速器
组成零件	箱体、齿轮、传动轴、轴承等
材料	钢、铸铁等

图 0-2 轿车主要机械部件组成示意图

三、制造技术与经济性

人类社会进行物质生产必不可少的两个方面是技术与经济，两者紧密联系，既相互促进又相互制约。经济发展的需要是技术进步的动机和方向，而技术进步又是促进经济发展的重要条件和手段。技术进步，特别是机械制造技术的发展，为人类更好地利用自然、改造自然、创造物质财富、提高产品质量和劳动生产率提供了更为先进的装备。它是推动经济发展的重要基础和支柱，对促进国民经济发展和改善人民的物质生活都有着十分重要的意义。

当今世界，一个国家是否具有高度发达的制造业已成为衡量该国综合国力的重要标志。世界上发达国家诸如美国、日本、德国等，其综合国力之所以强大，最重要的原因是拥有世界一流的制造业。

在研究机械制造技术课题时，要从经济方面对它提出要求和指明方向，并取得尽可能大的经济效果；在考虑经济发展时，应为促进制造技术的进步开辟新的领域，尽量采用先进的技术手段和加工方法，以发挥最大的技术效果，更好地促进经济的发展。正确处理好技术先进和经济合理两者之间的关系，使机械制造的发展做到既在技术上先进，又在经济上合理，而且是在技术先进条件下的经济合理，在经济合理基础上的技术先进，这就要求机械制造企业的管理人员和工程技术人员必须既懂技术，又懂经济。换言之，工程技术人员要有经济的头脑，经营管理人员要懂得工程技术。

现代工业生产必须采用先进的生产技术，同时应用现代科学经营方法，二者结合，才能获得最佳的生产经营效果。经济管理专业开设工业生产技术基础课程，就是为使未来的经营管理人员掌握必需的工业生产技术知识，以适应社会的需要，在未来的经营管理工作中能按照生产过程本身的客观规律有效地组织生产、组织经营活动。

四、生产类型与工艺特征

生产制造的任务概括起来就是低成本、高效率地制造出高质量的产品。具体来说，把材料或毛坯转变成一定形状和尺寸的零件；同时达到规定的形状精度、尺寸精度和表面质量；整个制造过程在综合考虑零件精度、生产效率、制造成本条件下进行。

不同的工业企业在产品结构、生产方法、设备条件、生产规模、专业化程度等方面，都有各自不同的特点。为了有效地组织生产和计划管理，就必须按一定的标准对生产过程进行分类，这就是生产类型。生产类型反映企业的工艺技术水平、生产组织方法和管理组织的特点，又在很大程度上决定了企业的技术经济效益。

最能反映生产类型的依据是产品生产的重复程度和生产的专业化程度，一般可将生产过程分为大量生产、成批生产和单件生产三种类型。

从表 0-1 中可以看出，工艺特征随着生产类型的变化而变化，很显然，不同生产类型的生产管理也是不相同的。大量生产类型由于产品产量大、品种少、相对稳定，故在生产计划与控制工作中，以保证生产连续地、不间断地进行为重点。此类企业的获利手段主要是依靠降低成本。成批生产的特点是轮番生产，生产管理工件的重点应放在合理安排批量上，做好生产的成套性和提高设备利用率之间的平衡。单件生产的产品种类复杂多变，因此生产计划应具有较高的灵活性，其管理重点是要及时解决不时出现的生产"瓶颈"，使生产通畅。

生产类型对企业的生产经营有着重要的意义。生产类型不同时，所采用的加工方法、工艺装备和工艺过程等都有很大的差别。例如，单件小批生产多采用通用的机床、刀具、夹具和量具，毛坯常用手工造型的砂型铸件、自由锻件或轧制型材，对工人的技术要求较高；而大批大量生产则与此相反，多采用专用设备和自动生产线，毛坯常用机器造型的铸件或模锻件，以求达到高生产率和低成本的目的。

表 0-1 不同生产类型的工艺特征

比较项目		生产类型 单件生产	成批生产 小批	成批生产 中批	成批生产 大批	大量生产
零件年产量（件/年）	重型零件	<5	5～100	100～300	300～1000	>1000
	中型零件	<10	10～200	200～500	500～5000	>5000
	轻型零件	<100	100～500	500～5000	5000～50000	>50000
产品特征		品种多，各品种数量小、品种变化大。很少有订货产品	品种较多，各品种数量较大。一般为自行设计的定型产品			均为标准产品。可为用户提供变型产品
机床设备		通用的（万能型）设备	大部分通用，部分为专用			高效率的专用设备
毛坯成型方法		砂型铸件和自由锻件	常采用金属模铸件和胎模锻件、模锻件			机器造型和压力铸造件，模锻和滚锻件
物料库存	原材料	库存量少。通常接订单后才采购	库存量中等。部分材料接订单后采购，部分则有储备			存库大量。按生产计划做好储备
	成品	很少	变动不定			变动。一般直接发运给销售系统
对工人的技术要求		技术熟练	技术比较熟练			调整工技术熟练，操作工熟练程度要求较低
在线管理人员		生产线上管理人员数量多，职能管理人员较少	生产线上管理人员数量较多，是管理力量的关键；职能管理人员较单件生产多			生产线上管理人员仍很关键，但职能管理人员增多

当今市场的变化很快，工厂产品更新换代的周期越来越短，许多原来是大量生产的产品，如小轿车和手表等，为了适应市场对花色品种的需求，也在向增加品种、减少批量的方向发展。随着科学技术的迅速发展，微电子、计算机和自动化技术等高新技术与工艺、设备的紧密结合，形成了从单机到系统、从刚性到柔性、从简单到复杂等不同档次的多种自动化加工技术，使传统工艺发生了质的变化，使单件小批生产同样也可以进行高效率的自动化生产。由数控机床、自动传输设备和自动检测装置组成的柔性制造系统(FMS)使各种批量生产均可实现自动化。计算机集成制造系统(CIMS)将整个制造活动都集成到一个有人参与的计算机系统中，可使多品种小批量生产的成本和质量达到刚性自动线的大批量生产的水平，又能快速响应市场，改变生产的类型和品种。

第一篇　机械识图

　　机械识图是以介绍阅读机械工程图样方法为主的篇章。本篇章通过大量典型图例，深入浅出地阐述阅读机械工程图样的原理和方法，力图在较短的时间内，培养学生空间形象思维能力和初步阅读"工程图样"的能力，并结合识图掌握有关国家标准及基本绘图知识。

　　本篇由投影基础、机件表达方法、标准件和常用件、零件图、装配图等五个章节组成。

　　机械识图是非机械类专业学生掌握"机械工程基础"课程的先导知识内容。学生通过对机械识图篇章内容学习，了解有关工程图样的基本常识和国家标准，应用正投影原理初步掌握工程图样的阅读方法；为进一步学习零件加工工艺基础知识打下良好基础。

第一篇 材料及用図

第1章 投影基础

1.1 正投影和视图

1.1.1 投影法

光线照射物体,在墙上或地面上就会出现这个物体的影子,这是生活中常见的现象。人们从物体与影子之间的对应关系规律中,创造出一种在平面上表达空间物体的方法,叫投影法。

如图 1-1 所示,将三角块放在光源和 H 平面之间,由于光线的照射,在 H 面上出现三角块的影子。将平面 H 称为投影面,光线称为投射线,影子称为投影。

根据投射线与投影面的相互位置,将投影法分为中心投影法和平行投影法。

1. 中心投影法

中心投影法的投射线自一点 S(投影中心)发出,物体投影的大小视物体离投影中心的距离而定,物体离投影中心越近,投影图形越大,物体远离投影中心,则投影图形变小,中心投影的图形有"近大远小"的特点(如图 1-2 所示)。

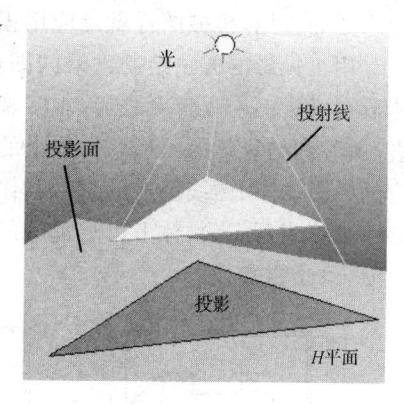

图 1-1 投影法示意图

用中心投影法画出的图形较实物有变形,度量性较差,但是图形犹如照片,很符合人们的视觉习惯,看起来形象、逼真,图 1-3 是用中心投影法绘制的建筑物图形。

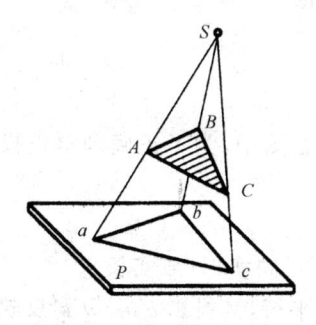

图 1-2 中心投影法图

图 1-3 用中心投影法绘制的建筑物图形

2. 平行投影法

如果把投影中心 S 移至无穷远处,此时投射线互相平行,则形成了平行投影法。投射线与投影面倾斜时的平行投影法称为斜投影法(如图 1-4(a)所示),投射线与投影面垂直时的平行投影法称为正投影法(如图 1-4(b)所示)。

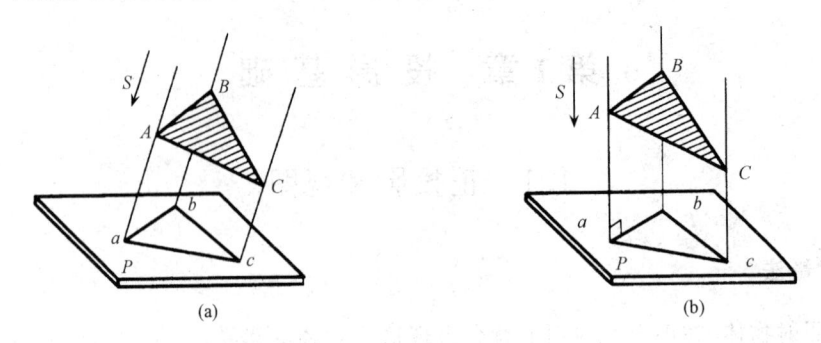

图 1-4 平行投影

用平行投影法表达物体形状准确,度量性强,绘制较为简便,因此在工程中得到了最为广泛的应用,机械图样就是应用正投影原理绘制的图形。

用正投影的方法绘制出来的图形称为视图(如图 1-5 所示)。视图也可理解为:将物体放在投影面与观察者之间,观察者站在很远的地方,正对着投影面(即视线与投影面垂直)所看到的物体的图形。物体上的每一要素,如点、线、面等,在投影面上都应有与之对应的投影,并用图线组成图形。物体可见部分的投影用粗实线表示;物体不可见部分的投影用虚线表示;当物体上可见部分的投影与不可见部分的投影重合时,即粗实线与虚线重合时,只画粗实线。

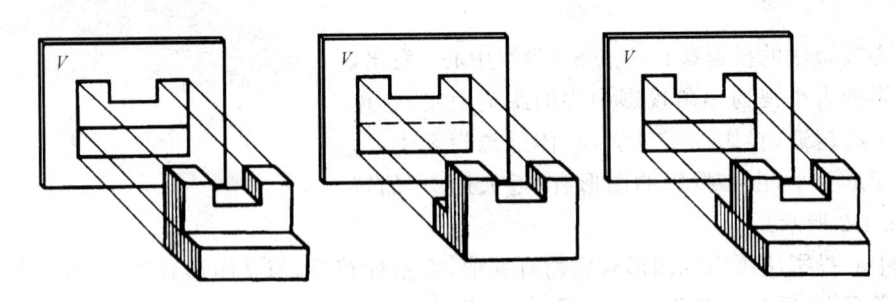

图 1-5 用正投影的方法绘制出来视图

3. 正投影的基本特性

正投影的基本特性体现在用正投影法绘制的所有正投影图中,为了正确理解正投影图,必须掌握这些特性。

1) 真实性

当物体上的平面图形(或棱线)与投影面平行时,其投影反映实形(或实长)。

图 1-6(a)所示物体上的平面图形 ABCDE 与投影面 V 平行,其投影 $a'b'c'd'e'$ 反映平面图形的实形。物体上的棱线 AE 与 V 面平行,其投影 $a'e'$ 也反映棱线的实长。正投影的真实性非常有利于在图形上进行度量。

2) 积聚性

当物体上的平面图形(或棱线)与投影面垂直时,其投影积聚为一条线(或一个点)。

图 1-6(b)所示物体上的平面图形 AEFG 与投影面 V 垂直,其投影 $a'e'f'g'$ 积聚为一条线段。物体上的棱线 EF 与 V 面垂直,其投影 $e'f'$ 也积聚为一个点。正投影的积聚性非常有利于图形绘制的简化。

3) 类似性

当物体上的平面图形(或棱线)与投影面倾斜时,其投影仍与原来形状类似,但平面图形变小了,线段变短了。正投影的类似性,有利于看图时想象物体上几何图形的形状。

图 1-6(c)所示物体上的平面图形 MNTS 与投影面 V 倾斜,其投影 $m'n't's'$ 为平面图形的类似形,但变窄了。物体上的棱线 MN 与 V 面倾斜,其投影 $m'n'$ 仍为线段,但长度较 MN 短。

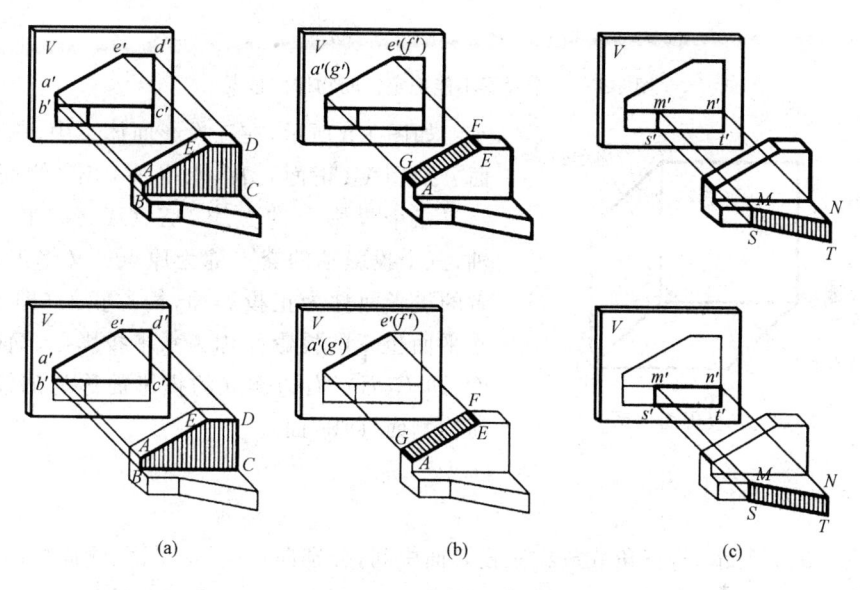

图 1-6 正投影的基本特性

由于正投影图能真实地表达物体形状,作图也比较简便,因此在工程上得到广泛采用。

学习看机械图,主要是学习看正投影图。

1.1.2 三视图的形成

点的一个投影不能确定点在空间的准确位置(如图 1-7(a)所示),图 1-7(b)所示的三种不同形状的物体,用正投影法从同一方面获得的视图是完全一样的,并不能完整地反映出机件的结构形状。因此,物体的一个视图不能唯一地确定该物体的形状和大小。

为了唯一地确定物体的形状和大小,必须采用多面投影,画出物体的几个视图。每一个视图侧重表示物体的一个方面,几个视图配合起来就能全面、清楚、准确地表达物体的形状。

1. 三投影面体系

为了画出物体的三个视图,人们选用三个互相垂直的投影面,建立三投影面体系。

(a)　　　　　　　　　　　(b)

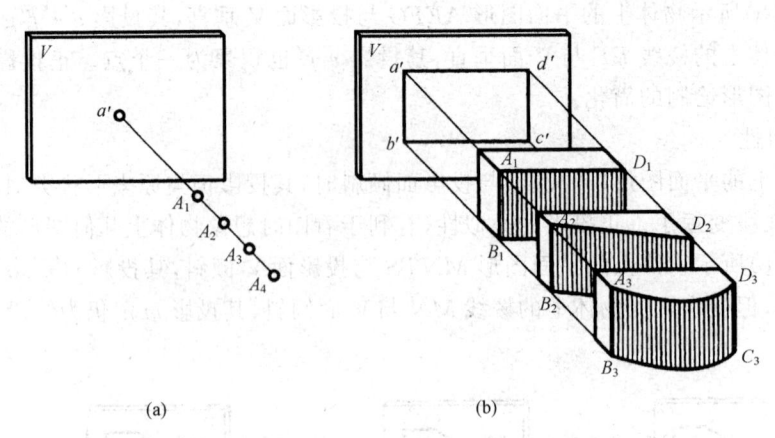

图 1-7　一个投影不能确定空间物体的情况

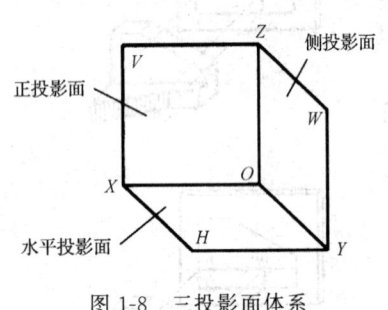

图 1-8　三投影面体系

如图 1-8 所示,在三投影面体系中,三个投影面分别用 V(正面)、H(水平面)、W(侧面)来表示。三个投影面的交线 OX、OY、OZ 称为投影轴,三个投影轴的交点称为原点。又将正对观察者的投影面称为正投影面,简称正面(即 V 面),水平面位置的投影面称为水平投影面,简称水平面(即 H 面),右边侧立的投影面称为侧投影面,简称侧面(即 W 面)。

2. 三视图的形成

如图 1-9(a)所示,将三角块放在三投影面中间,分别向正面、水平面、侧面投影。在正面的投影叫主视图,在水平面上的投影叫俯视图,在侧面上的投影叫左视图。

为了度量物体的大小,分别用三个投影面 V、H 和 W 相交的 OX、OY、OZ 轴来表示长、宽、高的三个度量方向。

为了把三视图画在同一平面上,如图 1-9(b)所示,规定正面不动,水平面绕 OX 轴向下转动 90°,侧面绕 OZ 轴向右转 90°,使三个互相垂直的投影面展开在一个平面上(如图 1-9(c)所示)。为了画图方便,把投影面的边框去掉,得到图 1-9(d)所示的三视图。

1.1.3　三视图的投影关系

如图 1-9(d)所示,主视图反映机件的长度和高度,俯视图反映机件的长度和宽度;左视图反映机件的高度和宽度。根据三面视图的形成和三投影面的展开,可以把三视图的投影关系归纳为三句话:

主、俯视图长度相等。

主、左视图高度相等。

俯、左视图宽度相等。

简称"长对正、高平齐、宽相等",这就是三视图间的投影规律,是画图和看图的依据。

图 1-10 所示托架的三视图,就是运用上述规律画出来的。

(a) 三角块向三个投影面投影　　　　　(b) 将投影面展开

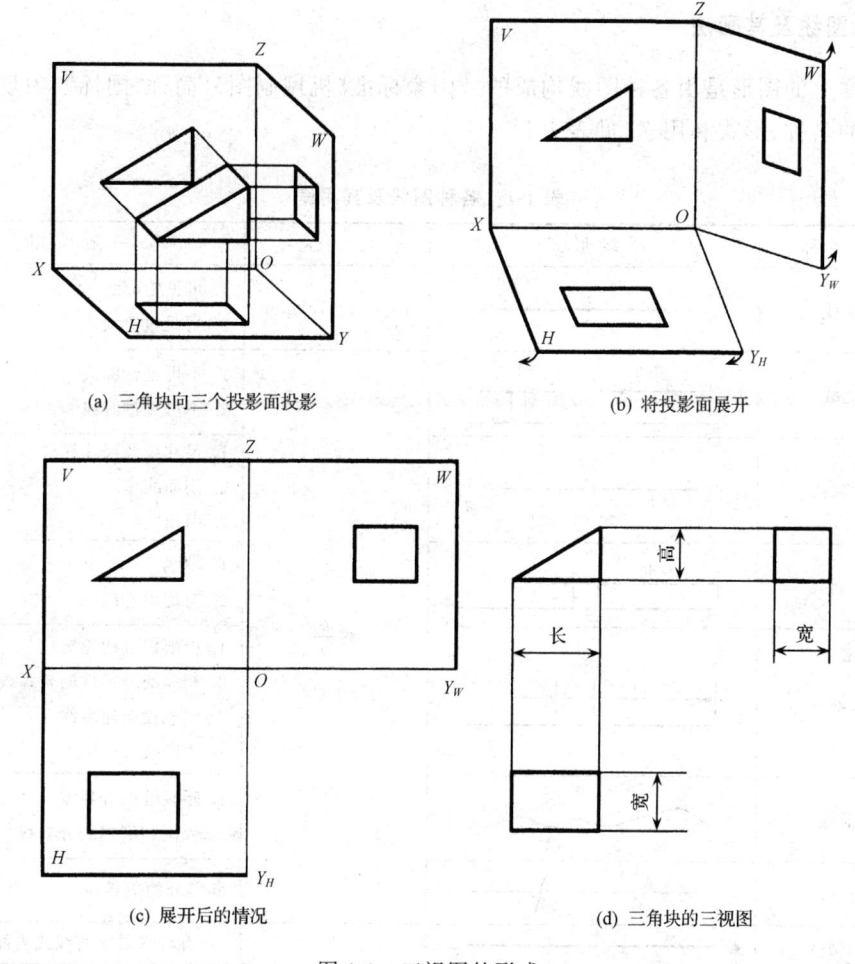

(c) 展开后的情况　　　　　　　　(d) 三角块的三视图

图 1-9　三视图的形成

从图 1-10 中可以看出：将高度方向称为上、下，长度方向称为左、右，宽度方向称为前、后，则主视图确定托架上、下、左、右四个部位，俯视图确定托架前、后、左、右四个部位，左视图确定托架上、下、前、后四个部位。

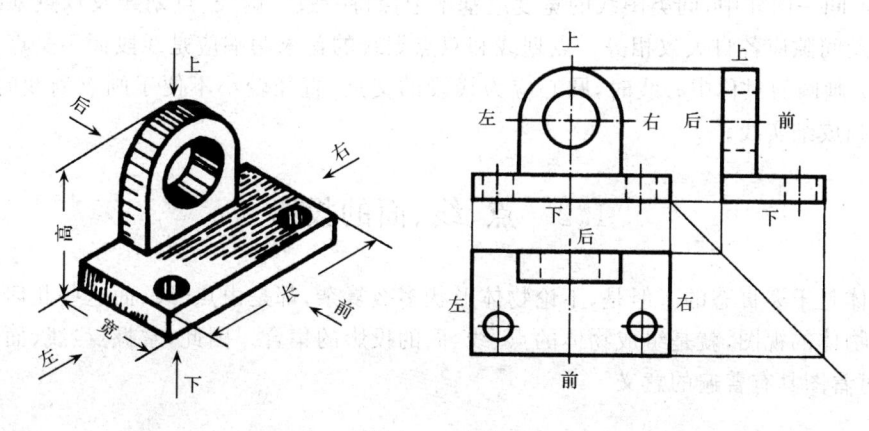

图 1-10　托架

1.1.4 图线及其画法

图样上的图形是由各种图线构成的。国家标准《机械制图》(简称"国标")中规定了各种图线的名称、形式和用途(见表1-1)。

表1-1 各种图线及其用途

图线名称	图线形式	线宽	一般应用
粗实线	———————	$b=0.4\sim1.2$mm	1. 可见轮廓线 2. 可见过渡线
虚线	– – – 2~6 1 – – –	约 $\dfrac{b}{3}$	1. 不可见轮廓线 2. 不可见过渡线
细实线	———————		1. 尺寸线及尺寸界线 2. 剖面线 3. 引出线
细点划线	— · — 15~30 ≈3 · —		1. 轴线 2. 对称中心线
双点划线	— ·· — 15~20 ≈5 ·· —		1. 极限位置的轮廓线 2. 相邻辅助零件的轮廓线 3. 假想投影轮廓线 4. 中断线
波浪线	～～～		1. 断裂处的分界线 2. 视图和剖视的分界线
双折线	—∧—∧—		断裂处的边界线
粗点划线	━━ · ━━	b	有特殊要求的线或表面的表示线

图线分为粗、细两种。粗线的宽度 b 按图形的大小和复杂程度,在 0.5~2mm 选择,常用 0.5~0.7mm;细线的宽度约为 $b/3$。

绘制图样还规定:

(1) 同一图样中,同类图线的宽度应基本上保持一致。虚线、点划线及双点划线的线段长度及间隙应各自大致相等。点划线和双点划线的首末两端应是线段而不是点。

(2) 画圆的对称中心线时,圆心应为线段的交点,直径较小不便于画点划线时,其中心线可画成细实线。

1.2 点、线、面的投影

物体是千姿百态的。但是,不论物体形状多么复杂,都是由点、线、面这些几何元素所组成。物体的视图,就是组成物体的点、线、面的投影的集合。因此,掌握点、线、面的投影特点,对看图具有普遍的意义。

1.2.1 点的投影

在三投影面体系中,用正投影法将空间点 A 向三投影面投射(如图 1-11 所示),点 A 在 H 面上的投影 a 称为点 A 的水平投影,点 A 在 V 面上的投影 a',称为点 A 的正面投影,点 A 在 W 面上的投影 a'' 称为点 A 的侧面投影。在制图中规定:物体表面上的点用大写字母来表示,如 A 点。同一个点的水平投影、正面投影和侧面投影,则分别用相应的小写字母和小写字母加上"′"、"″"表示。如图中的 a、a'、a'' 等。

如图 1-11 所示,在任何情况下物体表面上一个点的三个投影,应保持如下的投影关系:

(1) 点的正面投影和侧面投影必须位于同一条垂直于 Z 轴的直线上($a'a''$ 垂直于 OZ 轴);

(2) 点的正面投影和水平投影必须位于同一条垂直于 X 轴的直线上($a'a$ 垂直于 OX 轴);

(3) 点的水平投影到 OX 轴的距离等于该点的侧面投影到 OZ 轴的距离($aa_X = a''a_Z$)。

这是根据"长对正、高平齐、宽相等"的投影规律推论出来的。因此,只要知道物体表面上某一点的两个投影,就可以运用上述关系求出该点的第三投影。

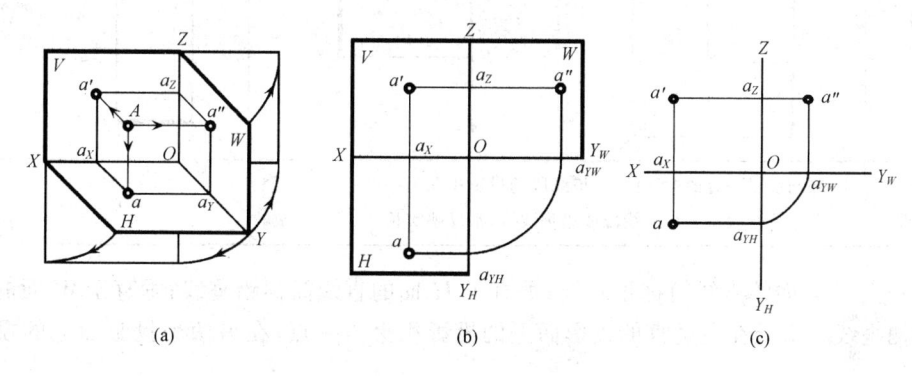

(a)　　　　　　　(b)　　　　　　　(c)

图 1-11　点的三面投影

1.2.2 直线投影

直线的投影一般情况下仍为直线,特殊情况下积聚为点。

如图 1-12 所示,直线对投影面可有三种位置,它们的投影特性是:

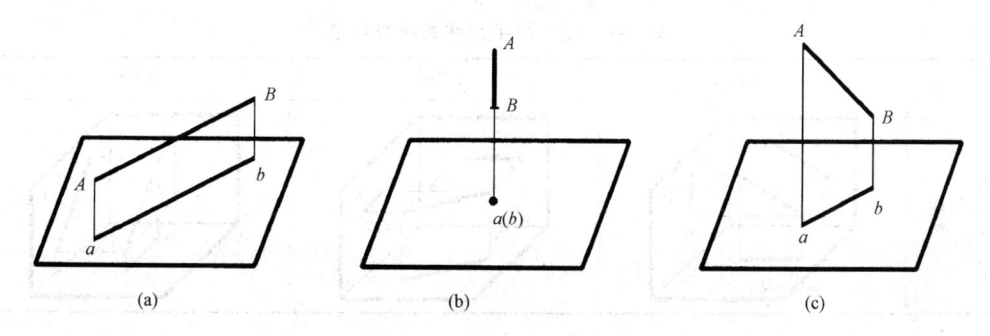

(a)　　　　　　　(b)　　　　　　　(c)

图 1-12　直线的投影特性

直线平行投影面——投影反映实长(如图 1-12(a)所示);
直线垂直投影面——投影积聚为一点(如图 1-12(b)所示);
直线倾斜投影面——投影比实长短(如图 1-12(c)所示)。

1. 投影面垂直线

如表 1-2 所示,在三投影面中,垂直于某一投影面(同时平行与另两个投影面)的直线称为该投影面的垂直线。

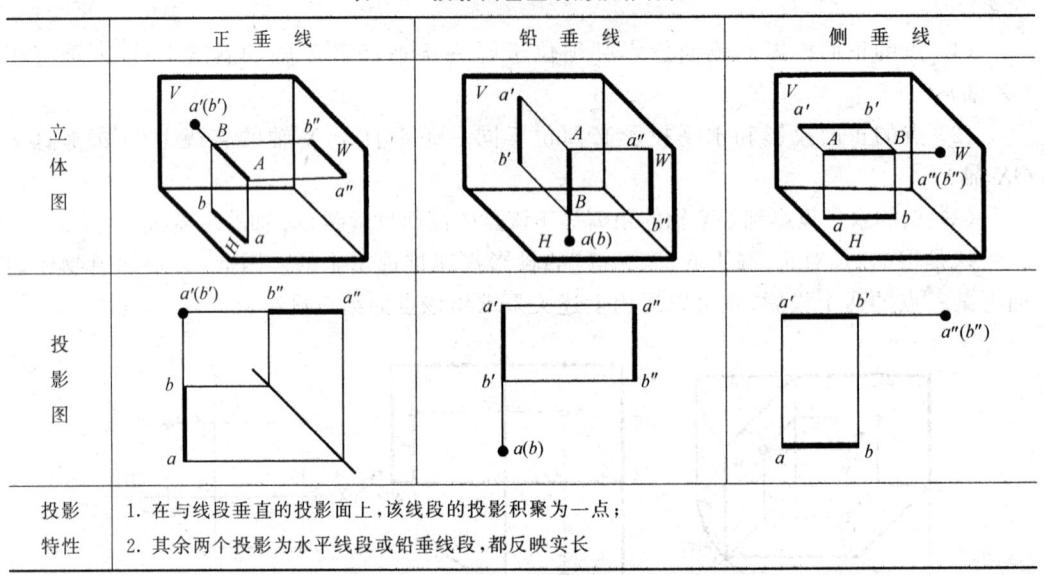

表 1-2 投影面垂直线的投影特性

	正垂线	铅垂线	侧垂线
立体图			
投影图			
投影特性	1. 在与线段垂直的投影面上,该线段的投影积聚为一点; 2. 其余两个投影为水平线段或铅垂线段,都反映实长		

垂直于 V 面的直线简称正垂线;垂直于 H 面的直线简称铅垂线;垂直于 W 面的直线简称侧垂线。直线在所垂直的投影面上的投影积聚为一点,在另两个投影面上的投影反映实长。

2. 投影面平行线

如表 1-3 所示,在三个投影面中,平行于某一投影面(同时与另两个投影面倾斜)的直线称为该投影面的平行线。

表 1-3 投影面平行线的投影特性

	正平线	水平线	侧平线
立体图			

续表

	正平线	水平线	侧平线
投影图			
投影特性	1. 在与线段平行的投影面上,该线段的投影为倾斜线段,反映实长; 2. 其余两个投影为水平线段或铅垂线段,都小于实长		

平行于 V 面的直线简称正平线;平行于 H 面的直线简称水平线;平行于 W 面的直线简称侧平线。直线在所平行的投影面上的投影反映实长,另两个投影长度缩短。

3. 投影面倾斜线

与三个投影面都成倾斜的直线称为投影面倾斜线,也称为一般位置直线,如图 1-13 所示。

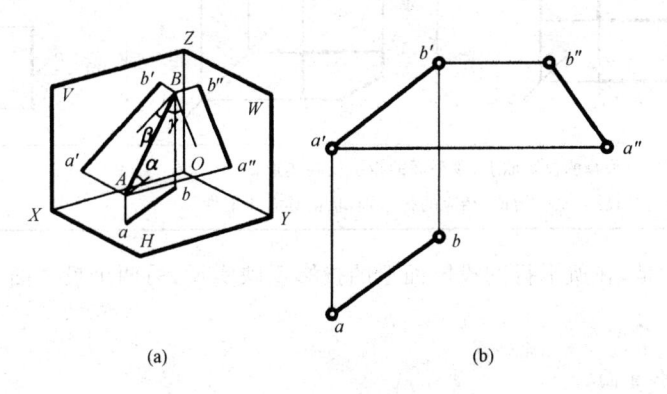

(a)   (b)

图 1-13 投影面倾斜线的投影

设倾斜线 AB 对 H 面的倾角 α;对 V 面的倾角 β;对 W 面的倾角 γ,则直线 AB 的实长、投影长度和倾角之间的关系为

$$ab = AB \cdot \cos\alpha$$
$$a'b' = AB \cdot \cos\beta$$
$$a''b'' = AB \cdot \cos\gamma$$

1.2.3 平面的投影

平面对投影面有三种相对位置:平行、垂直和倾斜。
它们的投影特性如下:
平面平行投影面,投影实形现(真实性);
平面垂直投影面,投影成直线(积聚性);
平面倾斜投影面,投影形变小(类似性)。
这里还应该说明,不论平面的形状如何,只要它们垂直投影面,则在该投影面上的投影一定都是直线。同时,在该平面内的点、线和平面图形的投影也积聚在这条直线上。

1. 投影面平行面

平行于某一个投影面,而对其他两个投影面处于垂直位置的平面,称为投影面平行面,简称平行面。如表1-4所示,平行于 V 面的平面简称正平面;平行于 H 面的平面简称水平面;平行于 W 面的平面简称侧平面。

表1-4 投影面平行面的投影特性

	正平面	水平面	侧平面
立体图			
投影图			
投影特性	1. 在与平面平行的投影面上,该平面的投影反映实形; 2. 其余两个投影分别平行于相应的投影轴,且都具有积聚性		

其投影特性是,在所平行的投影面上的投影反映实形,另两个投影面上的投影积聚为直线。

2. 投影面垂直面

垂直于某一个投影面,而对其他两个投影面处于倾斜位置的平面称为投影面垂直面,简称垂直面。如表1-5所示,垂直于 V 面的平面简称正垂面;垂直于 H 面的平面简称铅垂面;垂直于 W 面的平面简称侧垂面。

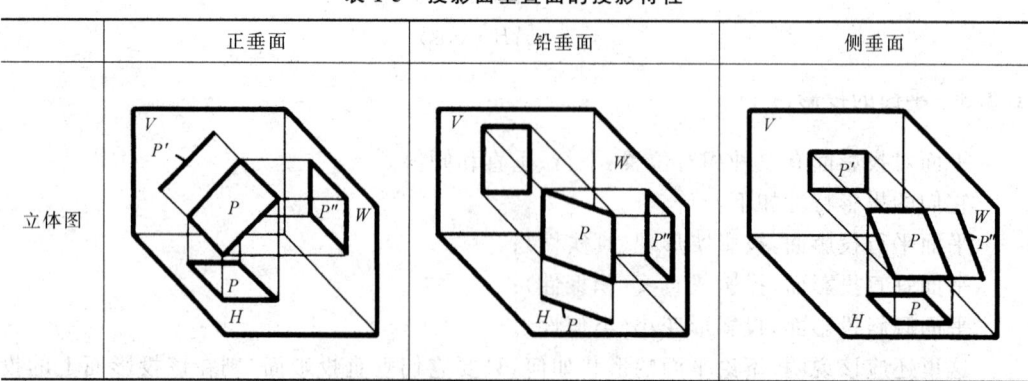

表1-5 投影面垂直面的投影特性

	正垂面	铅垂面	侧垂面
立体图			

续表

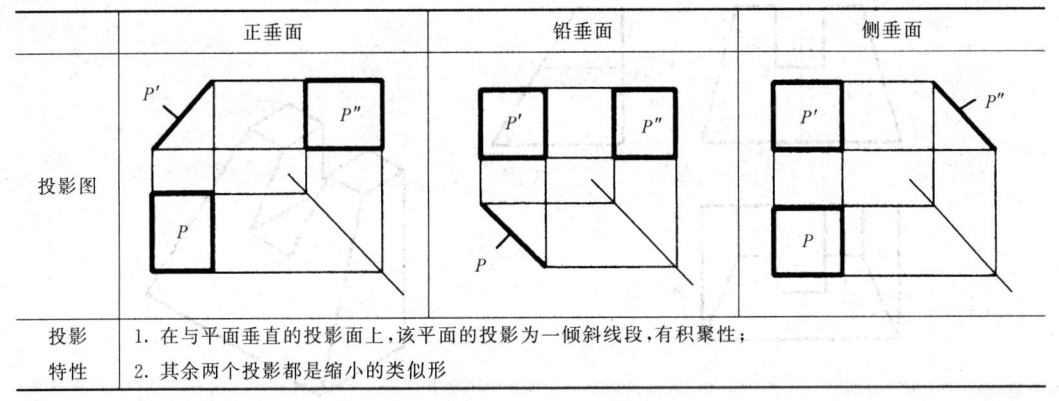

	正垂面	铅垂面	侧垂面
投影图			
投影特性	1. 在与平面垂直的投影面上,该平面的投影为一倾斜线段,有积聚性; 2. 其余两个投影都是缩小的类似形		

其投影特性是,在所垂直的投影面上的投影积聚成直线,另两个投影面上的投影是形状变小的类似形。

3. 投影面倾斜面

对三个投影面都处于倾斜位置的平面称为投影面倾斜面,也称为一般位置平面(如图 1-14 所示)。

投影面倾斜面的投影特性:三面投影均是与原平面形状类似的平面图形,并且面积均小于实形。

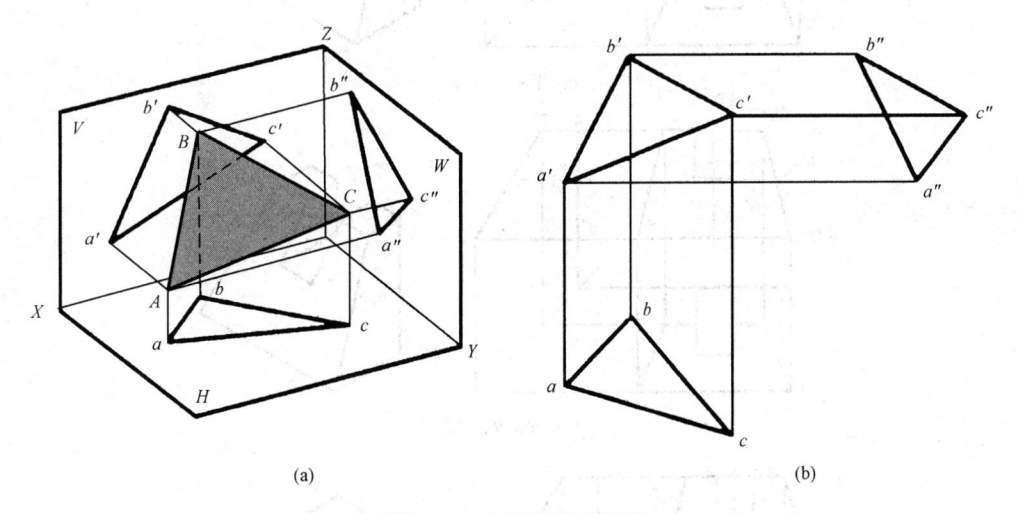

(a)　　　　(b)

图 1-14　倾斜面的投影图

例 1-1　如图 1-15 所示,在立体图上标出已知平面 A、B、C,并在三视图中标出已知平面 A、B、C 的其余两面投影。

分析　已知平面 A 的正面投影为一多边形 $1'2'4'3'$,如图 1-16(a)所示,处于前方。在立体图的前方可以找到类似的多边形,即为平面 A,可知它是一个侧垂面,其正面投影和水平面投影具有类似性,侧面投影具有积聚性。根据长对正和类似性特征,在俯视图前方可以找到平面 A 的投影 $a(1243)$;根据高平齐和宽相等,发现 1 点和 2 点高相等,3 点和 4 点高相等,故两两侧面投影重合,称重影点。由于 1 点在 2 点的左方,从左向右看时

图 1-15 平面投影练习

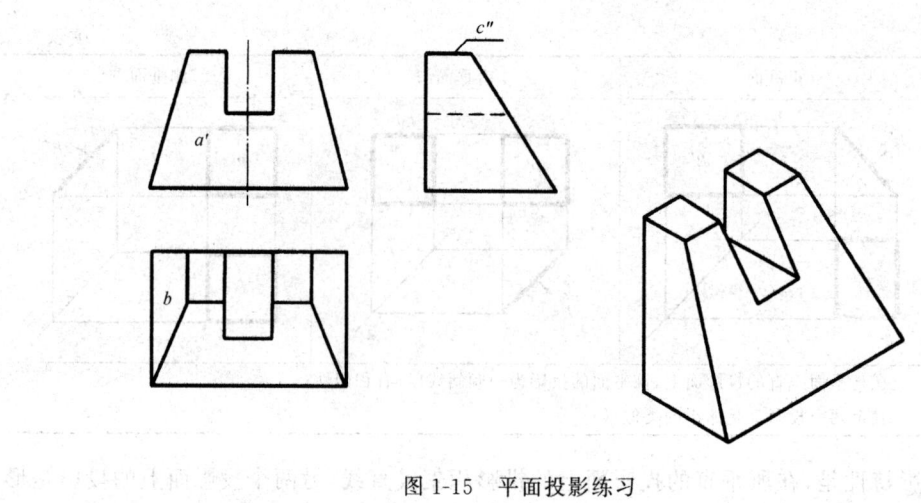

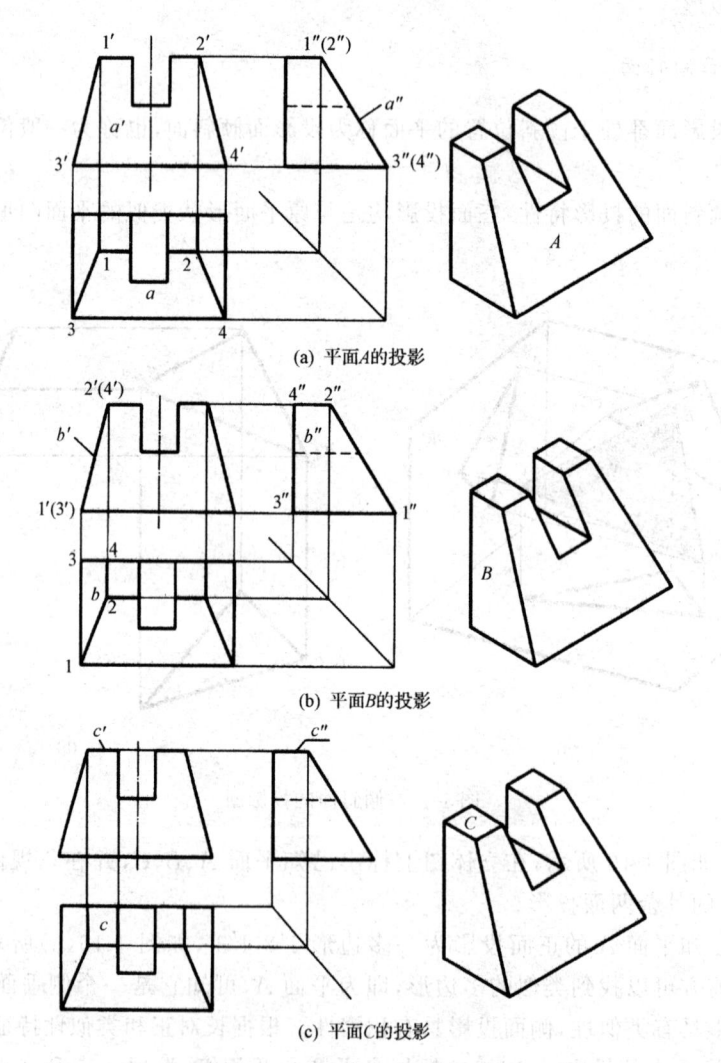

(a) 平面A的投影

(b) 平面B的投影

(c) 平面C的投影

图 1-16 A、B、C 平面的投影

2点为不可见,不可见点2的投影加括号表示,如(2″)。同理4点也是不可见重影点,在左视图前方可以找到平面A的积聚投影a″,即直线1″(2″)3″(4″)。

已知平面B的水平面投影为一多边形1243,如图1-16(b)所示,处于左方,在立体图的左方可以找到类似的多边形,即为平面B,可知它是一个正垂面,其侧面投影和水平面投影具有类似性,正面投影具有积聚性。

根据长对正,在主视图左方可以找到平面B的积聚投影b′,即直线1′(3′)2′(4′)。根据高平齐和宽相等,在左视图上找到类似多边形1″2″4″3″,即平面B的投影b″。

已知平面C的侧面投影为一直线,平行于水平投影面并处于上方,为一水平面。在立体图的上方可以找到平面C,其侧面投影和正面投影具有积聚性,水平面投影具有真实性。根据高平齐,在主视图上可以找到平面C的投影c′,根据长对正和宽相等,在俯视图上找到平面C的投影c(如图1-16(c)所示)。

例1-2 判别图1-17中所列直线相对于投影面的位置。

分析 由于V面投影可以确定空间点的高和长,H面投影可以确定空间点的长和宽,故从两面投影就可以确定直线在空间的位置。

直线AB的正面投影a′b′垂直于OX轴、水平投影a(b)积聚一点,AB垂直于水平投影面是铅垂线。

直线CD的正面投影c′d′和水平投影cd都平行于OX轴,CD垂直于侧面是侧垂线。

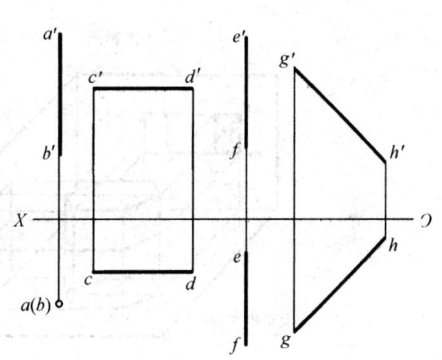

图1-17 直线的投影

直线EF的正面投影e′f′和水平投影ef都垂直于OX轴,EF平行于侧面是侧平线。

直线GH的正面投影g′h′和水平投影gh都倾斜于OX轴,GH是一般位置直线。

1.3 基本体的三视图

任何一个复杂的机件都可以看成是由锥、柱、球、环等若干个基本体所组成的。如图1-18(a)所示的顶针,可看成是由圆锥、圆柱(两个)和圆锥台组成;图1-18(b)所示的螺栓坯可看成由圆柱、六棱柱组成。正确而熟练地掌握基本体的画法,可为识读结构形状复杂的零件图打下基础。

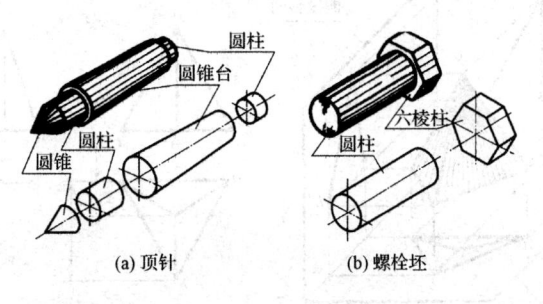

图1-18 基本体

以下讨论常见几种基本体的三视图及其特征。

1.3.1 棱柱

以正六棱柱为例,讨论其视图特点。

如图 1-19 所示,正六棱柱上、下底(正六边形)平面平行于水平面,而与另外的两投影面垂直,因此它的俯视图反映实形,主、左视图分别积聚成一直线段。棱柱的前后两个棱面平行于正面,其主视图为实形,左、俯视图为直线段。另外四个棱面都垂直于水平面而倾斜于其他两个投影面,因此它们的主、左视图都形成了比原棱面小的长方形线框,俯视图都积聚为直线段,四条直线段与前、后两棱面的投影(两条直线段)构成一个正六边形,与上、下正六边形平面的投影重合。

棱柱的视图特点:一个视图为多边形,另两个视图为方形线框。

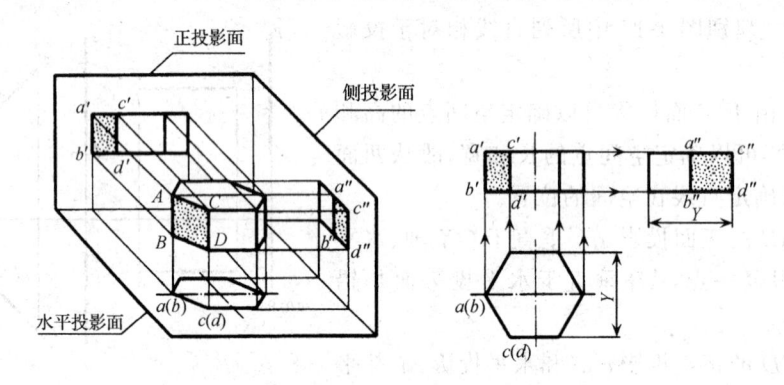

图 1-19 正六棱柱的三视图

1.3.2 棱锥

以正三棱锥为例,讨论其视图特点。

如图 1-20 所示,正三棱锥底面平行于水平面而垂直于其他两个投影面,所以俯视图为一正三角形,主、左视图均积聚为一直线段,棱面 SAC 垂直于侧面,倾斜于其他投影面,所以左视图积聚为一直线段,而主、俯视图均为类似形;棱面 SAB 和 SBC 均与三个投影

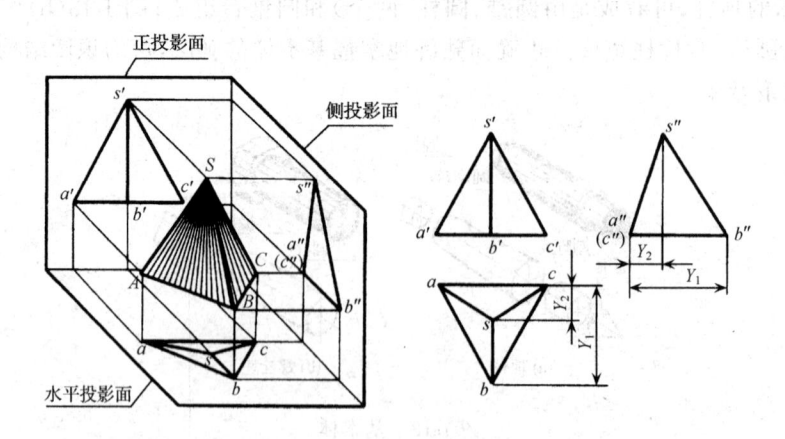

图 1-20 正三棱锥的三视图

面倾斜,它们的三个视图均为比原棱面小的三角形(类似形)。

棱锥的视图特点:一个视图为多边形,另二个视图为三角形线框。

1.3.3 圆柱

图 1-21 所示的圆柱面,是以一直线 AA 为母线,绕与它平行的轴线 OO 旋转而成。由母线绕轴线旋转形成的曲面统称回转面。母线在旋转过程中的任意位置称为素线,如图中的 A_1A_1。

圆柱体的三视图如图 1-22 所示。圆柱轴线垂直于水平面,则上下两圆平面平行于水平面,俯视图反映实形,主、左视图各积聚为一直线段,其长度等于圆的直径。圆柱面垂直于水平面,俯视图积聚为一个圆,与上、下圆平面的投影重合。圆柱面的另外两个视图,要画出决定投影范围的转向轮廓线(即圆柱面对该投影面可见与不可见的分界线)。主视图上的转向轮廓线就是最左、最右两条素线 AA_1、BB_1 的投影 $a'a_1'$、$b'b_1'$,它们的侧面投影 $a''a_1''$、$(b'')(b_1'')$ 与轴线的侧面投影重合,不应画出;左视图上的转向轮廓线,就是圆柱最前、最后两条素线 CC_1、DD_1 的投影 $c''c_1''$、$d''d_1''$,它们的正面投影 $c'c_1'$、$(d')(d_1')$ 与轴线的正面投影重合,也不应画出。

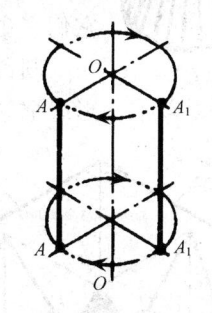

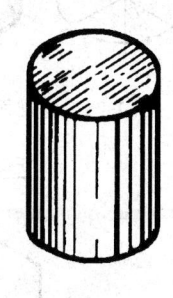

图 1-21 圆柱面的形成

圆柱的视图特点:一个视图为圆,另两个视图为方形线框。

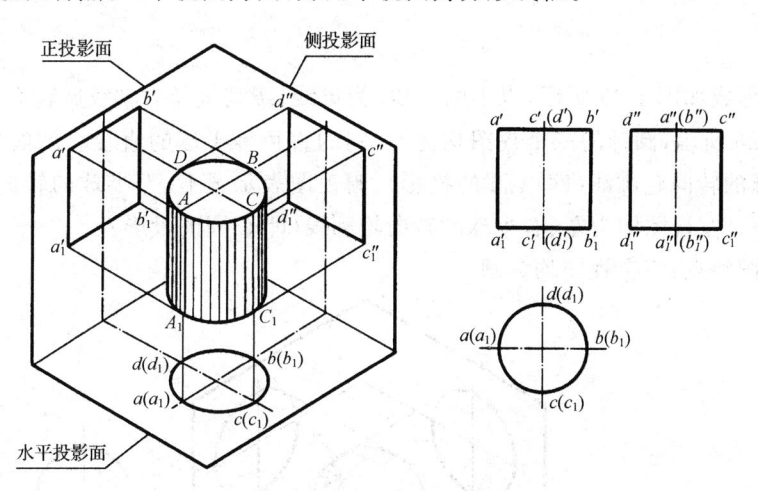

图 1-22 圆柱体的三视图

1.3.4 圆锥

如图 1-23 所示的圆锥面是以一直线 SA 为母线,绕着过 S 点并与母线成一定角度的轴线 OO 旋转而成。

圆锥的三视图如图 1-24 所示。直立圆锥的轴线为铅垂线,底平面平行于水平面,所以底面的俯视图反映实形(圆),其余两个视图均为直线段,长度等于圆的直径。圆锥面在俯视图上的投影重合在底面投影的圆形内,其他两个视图均为等腰三角形。主视图中 $s'a'$、$s'b'$ 是最左、最右两条素线 SA、SB(主视转向轮廓线)的投影,它们的侧面投影 $s''a''$、$s''(b'')$ 与轴线重合,不应画出。左视图上的 $s''c''$、$s''d''$ 是最前、最后的两条素线 SC、SD 的投影(左视转向轮廓线),它们在主视图上的投影 $s'c'$、$s'(d')$ 与轴线重合,不应画出。

圆锥的视图特点:一个视图为圆,另两个视图为三角形线框。

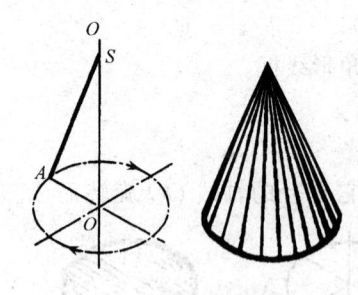

图 1-23 圆锥面的形成

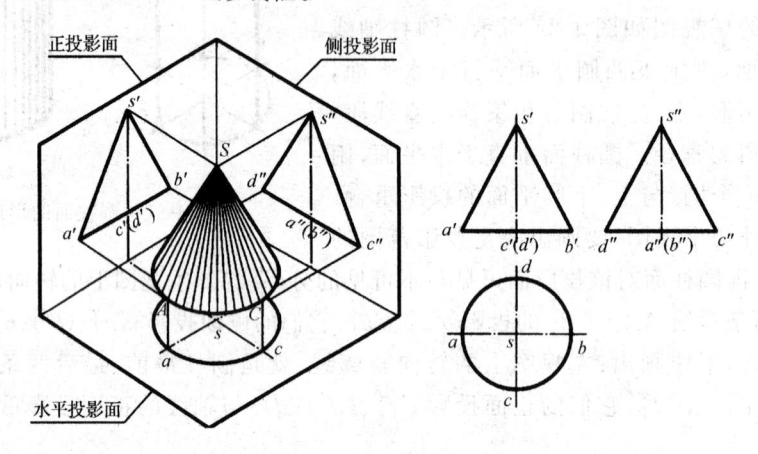

图 1-24 圆锥的三视图

1.3.5 球

圆球的形成如图 1-25 所示,以半圆 ABC 为母线,绕其直径为轴线旋转而成。

如图 1-26 所示,圆球的三个视图均为圆,圆的直径等于球的直径。球的主视图表示了前、后半球的转向轮廓线(即 A 圆的投影),俯视图表示了上、下半球的转向轮廓线(即 B 圆的投影)。左视图即为左、右半球的转向轮廓线(即 C 圆的投影)。

球的视图特点:三个视图均为圆。

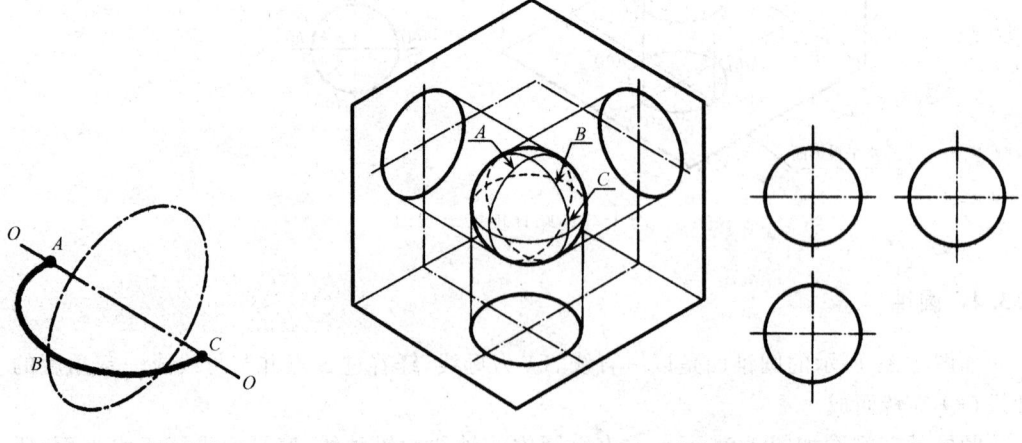

图 1-25 球的形成

图 1-26 球的三视图

1.4 组合体的三视图

1.4.1 组合体的组合形式

切割和叠加是基本体组合为组合体的主要组合形式。

图1-27的组合体叫支座,该支座可分解成大圆筒1、底板2、肋板3、小圆筒4四个部分。大圆筒、小圆筒是在圆柱体上挖去一个圆柱,即开圆孔后形成的,底板和肋板则是不同形状的柱体。大、小圆筒分别直立在底板右、左两侧,底板前、后铅垂面与两圆筒表面相切,光滑过渡无分界线,肋板在底板上部的前后对称处,右侧紧贴在大圆筒表面上,因此肋板前面、后面、斜面均与大圆筒表面相交,产生三条交线。

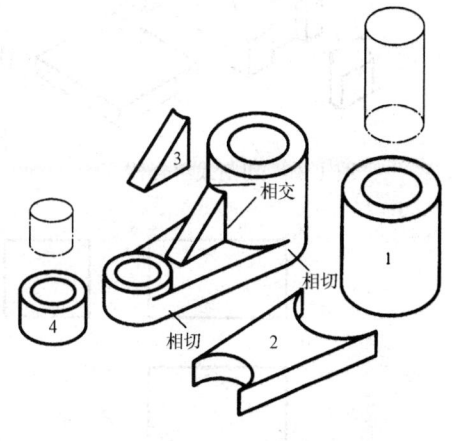

1. 叠加

组合体由基本体堆叠而成的组合方式称为叠加。如图1-18(a)所示的顶针,可看成是由圆锥、圆柱(2个)和圆锥台叠加组成;如图1-18(b)所示的螺栓坯可看成由圆柱、六棱柱叠加所组成。如图1-28(a)所示的组合体由正四棱柱、圆柱和半个圆球沿同一轴线堆叠而成。

图1-27 支座及组成的组合体

叠加式组合体的视图特点:其投影就是组成它的各个基本体的投影之和,只要把各基本体按各自的位置逐个画出,就得到了整个组合体的投影(如图1-28(b)所示)。

2. 切割

由某个基本体切去若干个基本体后形成的组合体的组合方式称为切割。机件中常见的切割形式是用平面沿圆柱体轴向切割,如轴上铣键槽(如图1-29所示)、轴端铣平面(如图1-30所示)等。

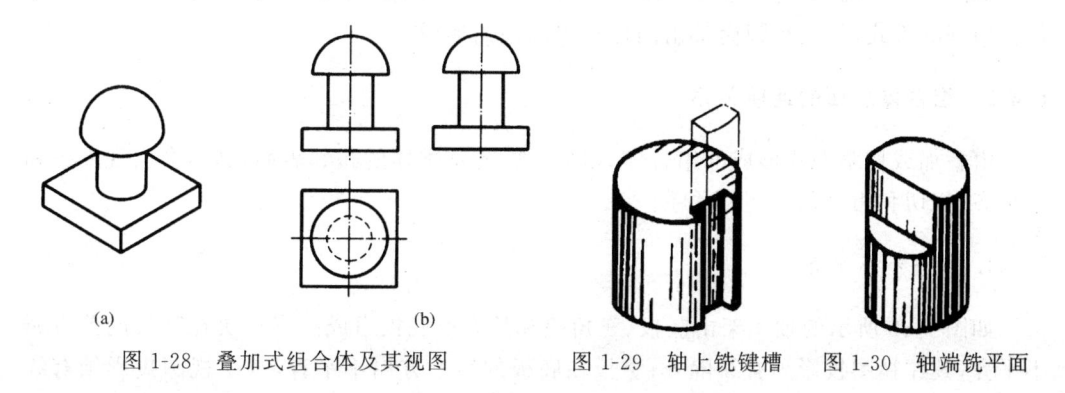

图1-28 叠加式组合体及其视图 　　图1-29 轴上铣键槽 　　图1-30 轴端铣平面

如图1-31所示组合体是在长方体上切去左、右两个三棱柱1、2,两个四棱柱3、4,一块长方板 5 和一个圆柱 6 而形成的。该组合体的投影就是在未被切割的基本体的投影(如图 1-32(a)所示)上,逐个画出切割后形成的切口投影(如图 1-32(b)、(c)、(d)所示)而得到的。

切割式组合体的视图特点:切口的投影实际上就是切割面的投影,一般应从切割面有积聚性的投影开始着手,作出切口的位置,再根据投影规律画出切口在另外两个视图上的投影。

上述两种组合方式,往往不是单独出现,而是混合在一起的。对某个组合体而言,可能以其中一种组合方式为主,同时伴随另一种组合方式。

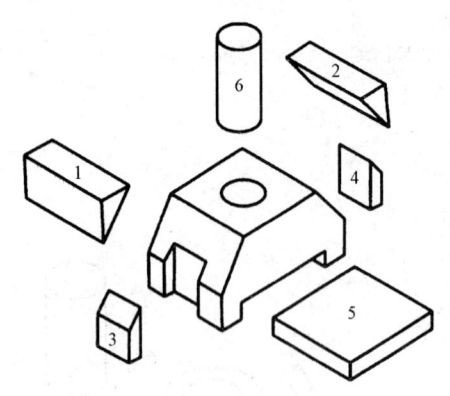

图 1-31 切割式组合体

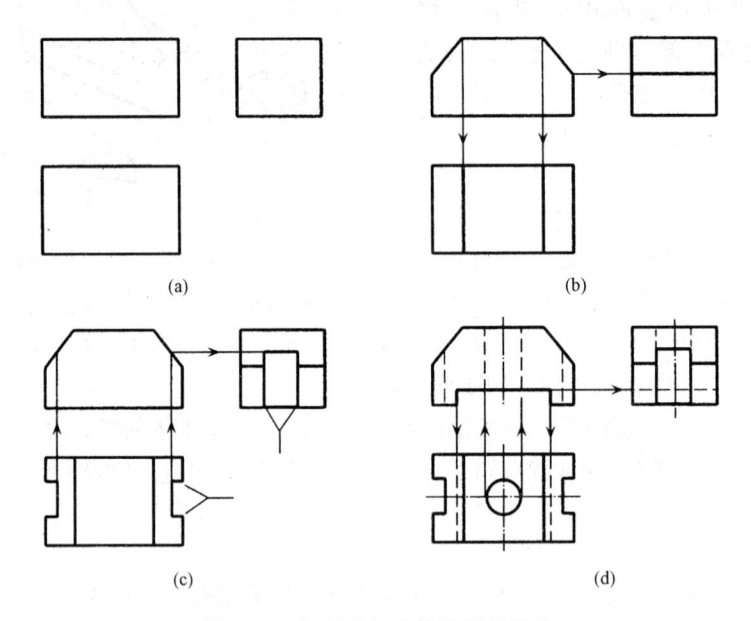

图 1-32 切割式组合体视图的画法

如图 1-27 所示支座就是以叠加方式为主,由大小圆筒、底板、肋板叠加而成,同时也包含切割的方式,如大小圆筒都由圆柱挖去圆柱而形成。

1.4.2 组合体表面的连接关系

由叠加或切割方式形成的组合体,组成它的各基本体的相邻表面,必然会出现平齐和不平齐、相切和相交几种连接关系。

1. 平齐和不平齐

如图 1-33 所示的轴承架由竖板、三角块和长方形底板组成。三角块在竖板的前方属不平齐,其左视图投影须有线隔开;竖板在底板的后上方属不平齐,其主视图投影须有线隔开。

如图 1-34 所示支座由长方形座体和底板组成,座体放在底板顶面上。座体和底板前端面平齐,所以主视图中间没有线隔开。

不平齐视图特点:两基本体投影中间有线隔开。

平齐视图特点:两基本体投影中间没有线隔开。

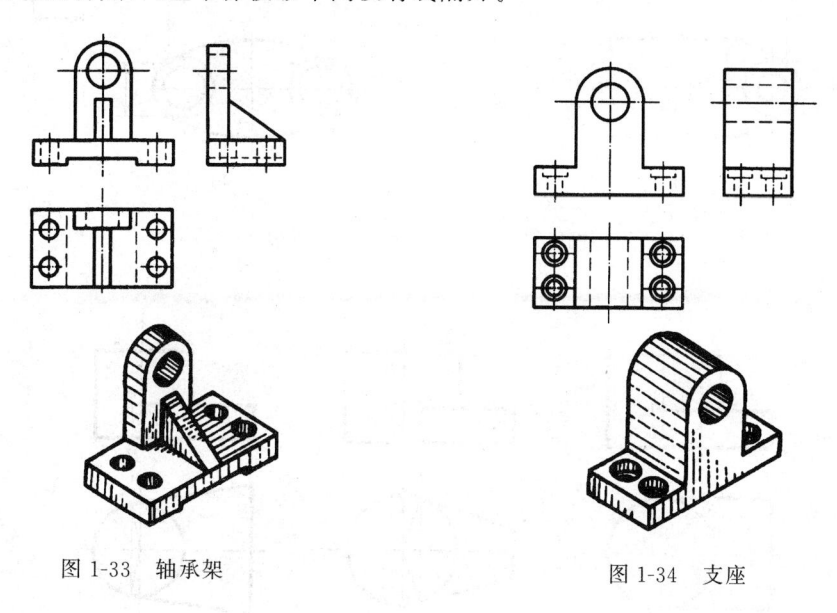

图 1-33 轴承架

图 1-34 支座

2. 相切

相切是基本体叠加和切割时的特殊情况。

如图 1-35 所示:(a)组合体左侧圆柱面与前、后两平面相切;(b)组合体左、右两侧圆柱面与前、后两曲面相切。相切处是两不同表面的分界处,均无交线,两相切表面有积聚性的投影在切点处分界,见图 1-36(a)、(b)的俯视图。而它们的非积聚性投影在分界处不画分界线,但相切各表面都必须按三等规律画到相切处,见图 1-36(a)、(b)的主、左视图。

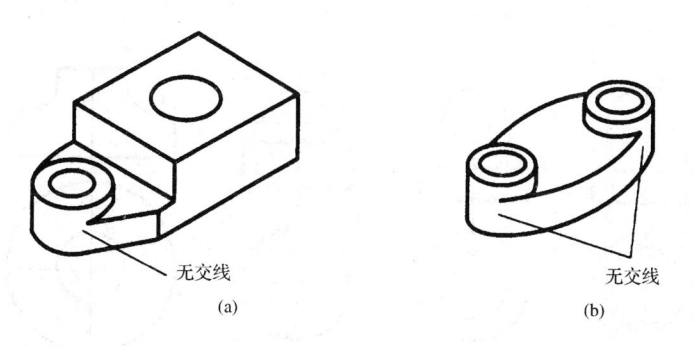

图 1-35 组合体表面相切

形体相切时,在相切处产生面与面的光滑连接,没有明显的分界棱线,但存在着看不见的光滑连接的切线,读图时应注意找出切线投影的位置及不同相切情况的投影特点(如图 1-37 所示)。

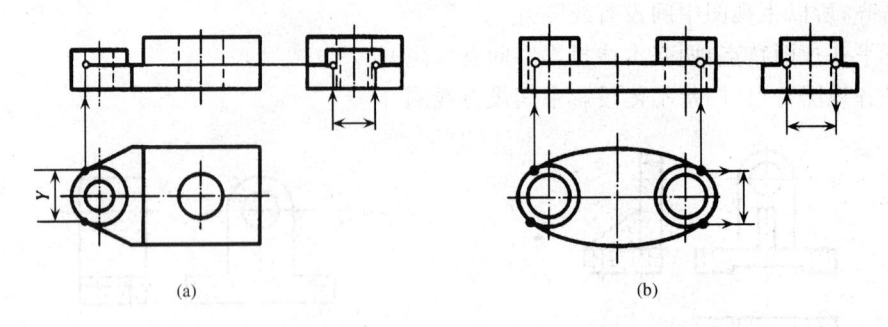

图 1-36 组合体表面相切的画法

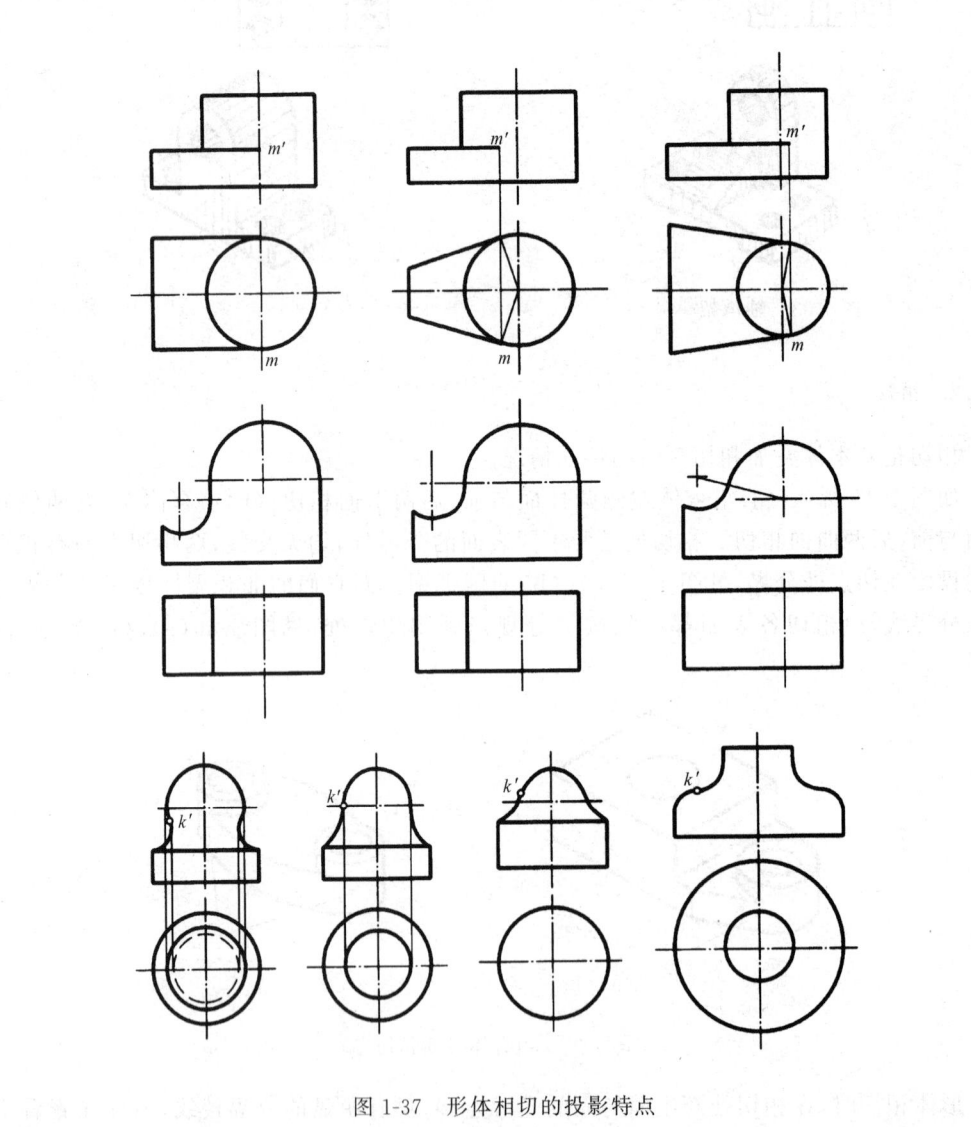

图 1-37 形体相切的投影特点

3. 相交

基本几何体通过叠加、切割方式形成组合体。因此,一个较为复杂的立体其表面往往存在基本几何体在构成组合体时所形成的表面交线,这种交线包括平面与立体相交形成的截交线、立体与立体相交形成的相贯线。

如图 1-38 所示组合体,相切处表面光滑过渡,无分界线,而相交处产生了交线。交线的形状和位置与相交的基本形体有关,图中棱柱与圆柱的交线的投影在主视图为直线,在俯视图为曲线。

以下将讨论几种常见的相交情况及它们的投影特点。

1)截交线

平面与立体相交可看成立体被平面截切(如图 1-39(a)所示),故切割平面称为截平面,被切割后的立体表面称为截断面,截平面与立体表面的交线称为截交线(如图 1-39(b)所示)。截交线一般为直线或曲线。

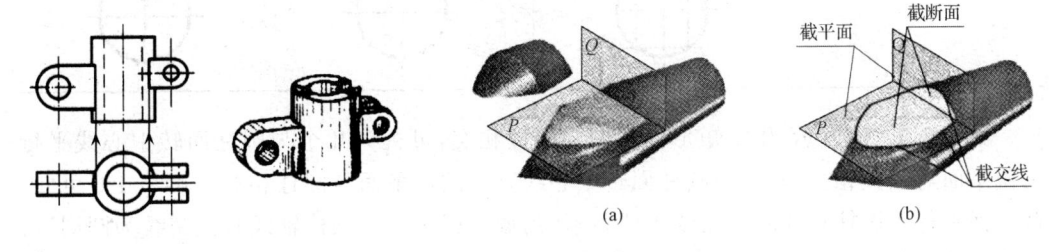

图 1-38 组合体相交　　　　　　图 1-39 截交线

截交线具有两条重要性质如图 1-40 所示:

(1) 它既在截平面上,又在立体表面上,因此截交线上的每一点都是截平面与立体表面的共有点,而这些共有点的连线就是截交线;

(2) 由于立体表面占有一定的空间范围,所以截交线一般是封闭的平面图形。

截交线的形状由立体的形状和平面与立体的相对位置两个因素决定。如表 1-6 所示,由于截平面相对于圆柱的位置不同,其产生的截交线形状也不同。

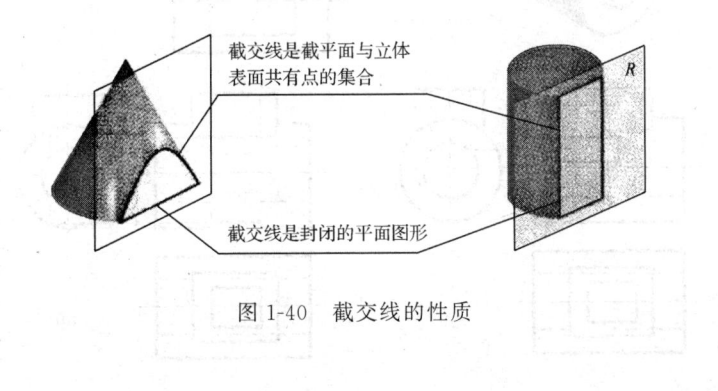

图 1-40 截交线的性质

表 1-6　圆柱面的截交线

截平面和柱轴的相对位置	平行于轴线	垂直于轴线	倾斜于轴线
截交线名称	两条素线	圆周	椭圆
立体图			
投影图			

如图 1-41(a)所示，中空矩形柱与中空圆柱相交，可视为几个与圆柱回转中心线平行的截平面与圆柱相交；几个与圆柱回转中心线垂直的截平面与圆柱相交。由表 1-6 可知，截平面平行于圆柱轴线时截交线为两条素线，截平面垂直于圆柱轴线时截交线为圆周，所以该立体的截交线由若干圆柱素线(直线)和圆弧线所组成。图 1-41(b)俯视图中前后两条直线是平行于圆柱体轴线的截平面与圆柱体相交的截交线，空间的两条素线是侧垂线，截交线的侧面投影与水平投影均与相交两形体的投影重合，交线的正面投影由侧面投影

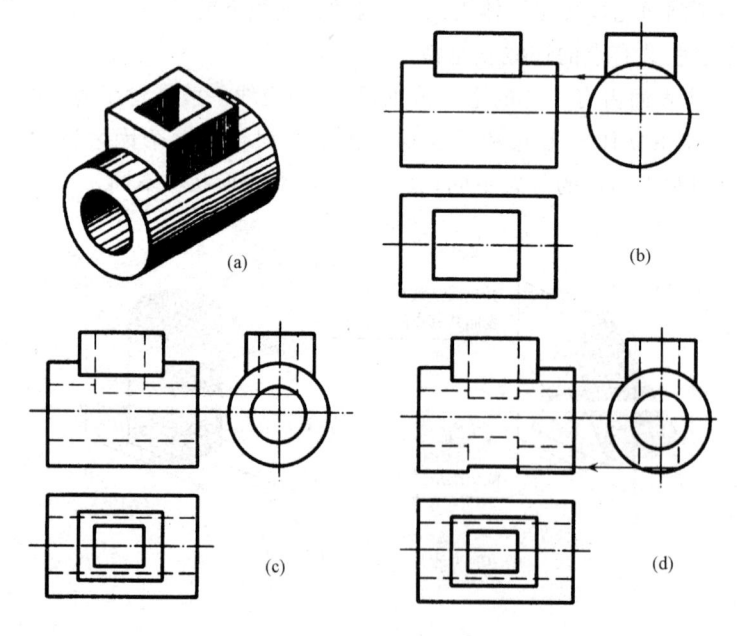

图 1-41　矩形柱与圆柱相交

投来。侧视图相交两形体的共有圆弧是垂直于圆柱体轴线的截平面与圆柱体相交的截交线,它在截平面(侧平面)上,所以也具有截平面的投影特性,在 V 面和 H 面的投影积聚成直线。长方孔与圆柱孔相交时,其画法与外部相交相似,只是不可见的投影用虚线表示(如图 1-41(c)、(d)所示)。

图 1-42 是棱台中间开槽的例子。可视为三个截平面与棱台相交,它们分别是两个侧平面和一个水平面。便于图解,截交线的点仅标出对称的一半部分,侧平截平面与棱台的截交线 12 为侧平线,在侧面投影具有真实性,正面和水平投影具有类似性;水平截平面与棱台的截交线由 32(正垂线)和 24(侧垂线)组成,在水平面投影具有真实性,正面和侧投影具有类似性。

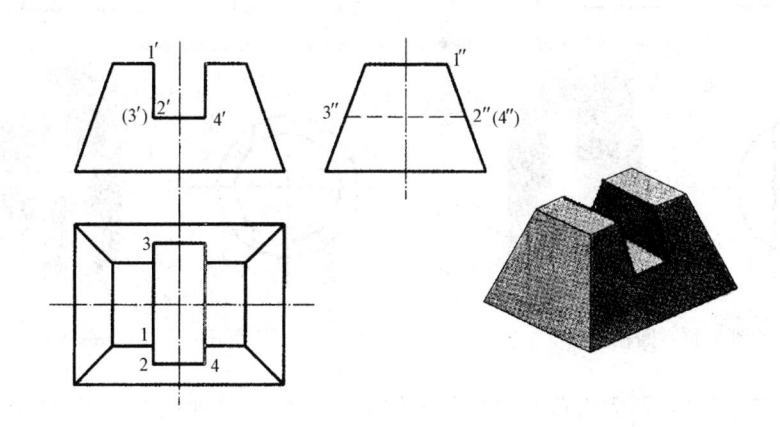

图 1-42 棱台中间开槽

图 1-43 是棱柱开槽的例子。可视为四个截平面与棱柱相交,它们分别是两个侧平面和两个水平面。便于图解,截交线的点仅标出对称的部分,两水平截平面限制了侧平截平面的高度,所以截平面与棱柱表面 P 的截交线为线段 123,截平面切割棱柱中间产生了贯穿棱柱的截交线 24,在水平投影图中由于不可见,被表示为虚线。注意:在左视图中,由于 1 点以下部分实体被切割,无轮廓线存在。

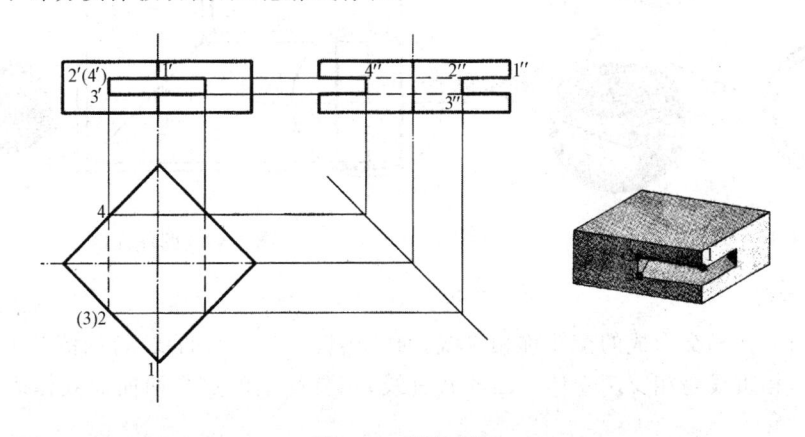

图 1-43 棱柱开槽

图 1-44 是圆柱开槽的例子。上部分圆柱被两具有一定高度的侧平面向外切割,产生

截交线Ⅰ，相当于圆柱两边开槽；下部分圆柱被两具有一定高度的侧平面向内切割，产生截交线Ⅱ，相当于圆柱中间开槽。注意两种开槽情况下的左视图投影，中间开槽时最前和最后圆柱转向轮廓线被切割，而两边开槽时最前和最后圆柱转向轮廓线未被切割。

图 1-45 是圆筒开槽的例子，请比较与圆柱开槽的投影区别。

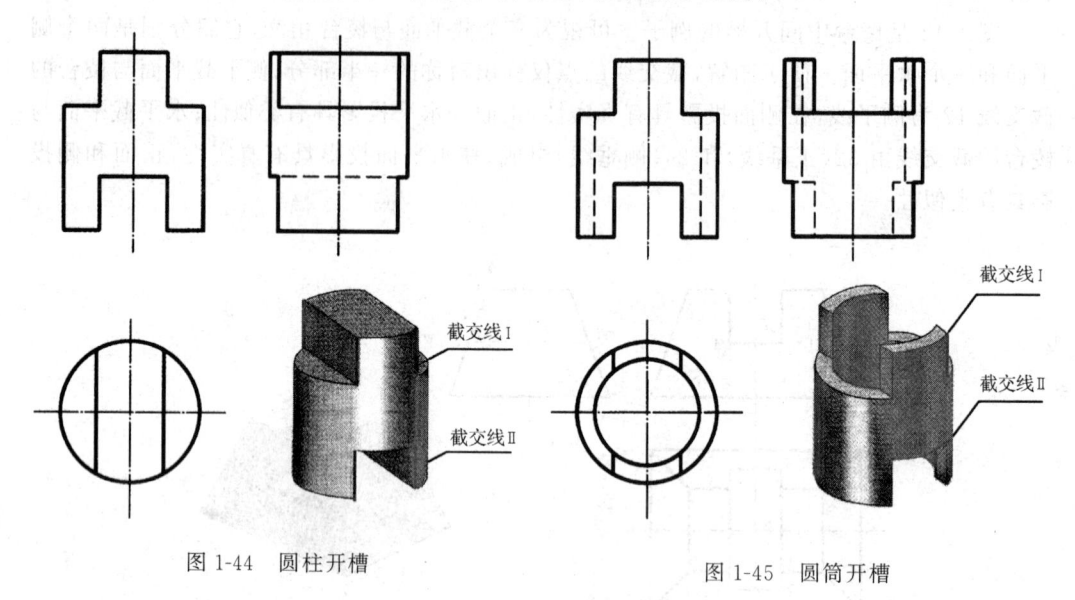

图 1-44　圆柱开槽

图 1-45　圆筒开槽

圆球体被平面所截，无论截平面与圆球体的轴线处于何种相对位置，截交线均是圆，如图 1-46 所示。

当同时有几个平面与圆球体相交时，截交线由多条圆弧围成，这种情况多见于圆球体上的切口和开槽等，如图 1-47 所示。

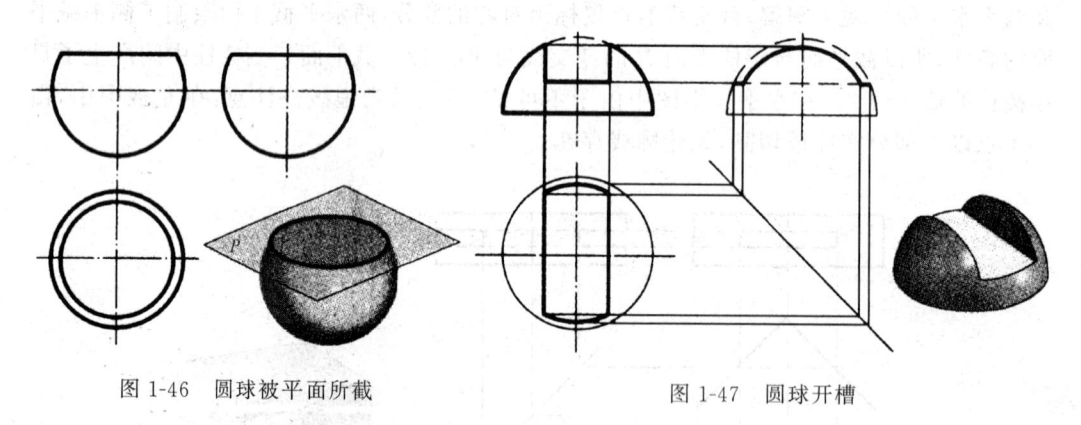

图 1-46　圆球被平面所截

图 1-47　圆球开槽

2) 相贯线

两曲面立体相交形成的交线称相贯线，通常相贯线为空间曲线，特殊情况下为平面曲线或直线。相贯线是相交两立体表面的共有线，相贯线上的点是两曲面立体表面上的共有点。

(1) 两圆柱正交相贯线：当两回转体轴线互相垂直时称正交，图 1-48 是三种常见的正交相贯形式。

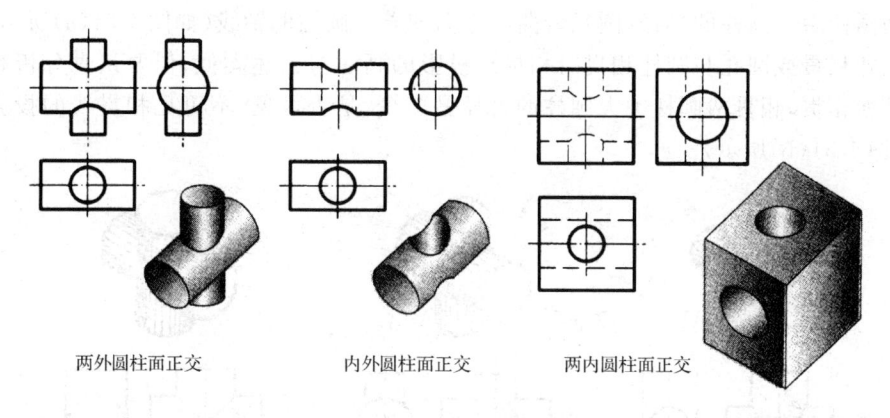

两外圆柱面正交　　　内外圆柱面正交　　　两内圆柱面正交

图 1-48　三种常见的正交相贯形式

图 1-49 所示为两圆柱正交时相贯线的投影特点。两圆柱正交时，相贯线为一闭合的空间曲线，也是两圆柱面的共有线。小圆柱轴线垂直于水平投影面，相贯线的水平投影积聚在小圆柱水平投影的圆周上；大圆柱轴线垂直于侧投影面，相贯线的侧面投影积聚在大圆柱侧面投影的部分圆弧上。相贯线的正面投影则必须由作图求出。

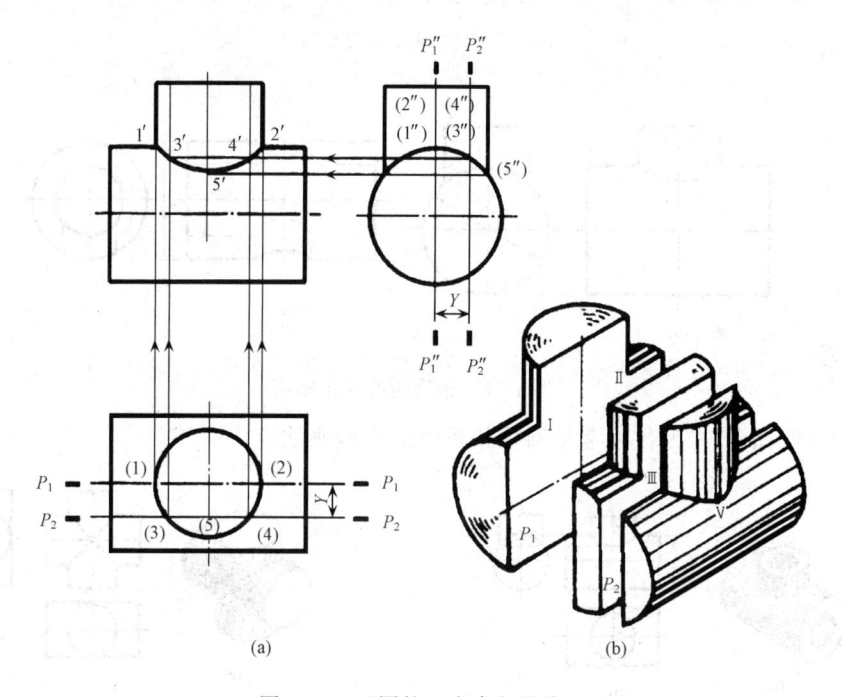

图 1-49　两圆柱正交求相贯线

在一般情况下，可用几个平行平面同时切割两圆柱(如图 1-49(b)所示)，得出相贯线上的几个特殊点(如图中Ⅰ、Ⅱ两点为最高点，Ⅴ为最低点，Ⅲ、Ⅳ为两圆柱截交线的交点)圆滑连接即可。

当两正交圆柱直径变化时，其相贯线也随着改变，特别是当两正交圆柱直径相等时，相贯线的正面投影积聚为两直线，如图 1-50 所示。

对相贯线准确性要求不高时，为了简化作图，通常用圆弧代替曲线。圆弧的半径等于相贯两圆柱中大圆柱的半径,圆弧弯曲的方向朝着大圆柱的轴线(如图1-51(a)所示)。圆孔与圆孔相贯或圆孔与圆柱相贯时相贯线投影的画法与上述类似,但要认真分析是哪两个圆柱面相贯,相贯两圆柱中大圆柱的直径是多少,是否可见,不可见相贯线的投影为虚线(如图1-51(b)所示)。

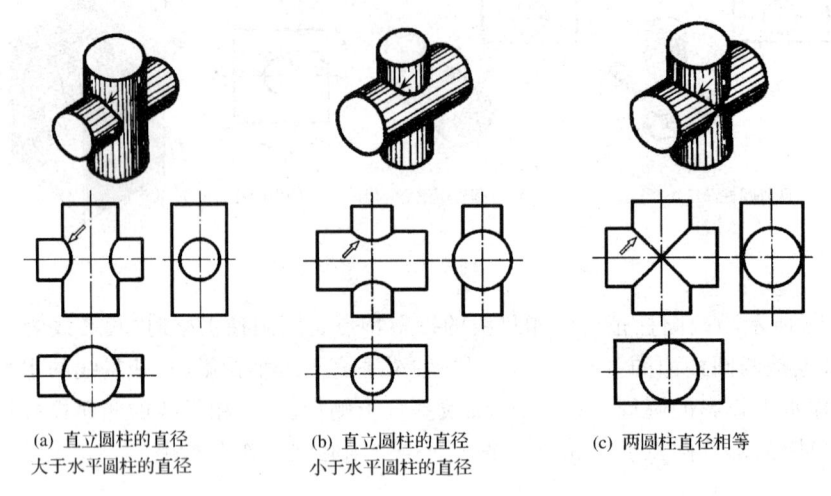

(a) 直立圆柱的直径大于水平圆柱的直径

(b) 直立圆柱的直径小于水平圆柱的直径

(c) 两圆柱直径相等

图 1-50 两圆柱正交相贯线

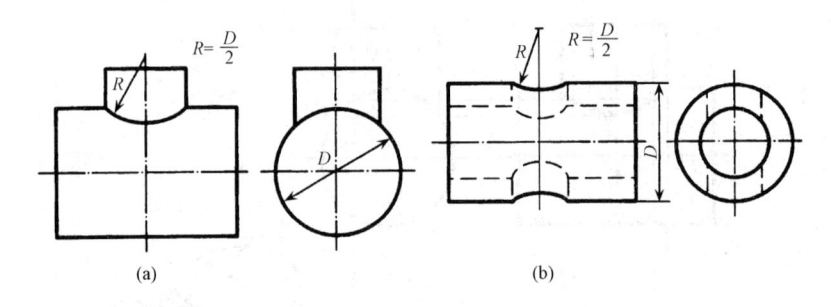

图 1-51 相贯线的简化画法

图1-52、图1-53为各种常见圆柱相贯时的交线画法。

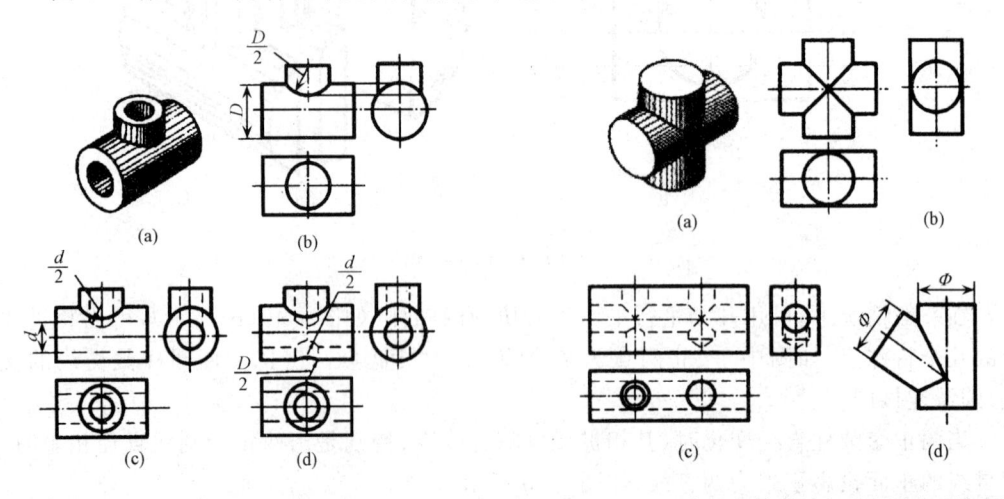

图 1-52 圆柱与圆柱相贯视图

图 1-53 两直径相等轴线相交圆柱相贯视图

(2) 复合相贯。复合相贯是指两个以上基本形体相贯。图 1-54(a)所示相贯体，其上部的长圆柱可看成由长方体与两半圆柱组合而成，因此相贯线的正面投影也由三部分组成，看图时要准确地确定不同部分的分界点。图 1-54(e)表示了上部圆柱分别与下部两圆柱相贯，图中只画了相贯体的主视图，此时相贯线是由两段半径大小不等的圆弧组成。

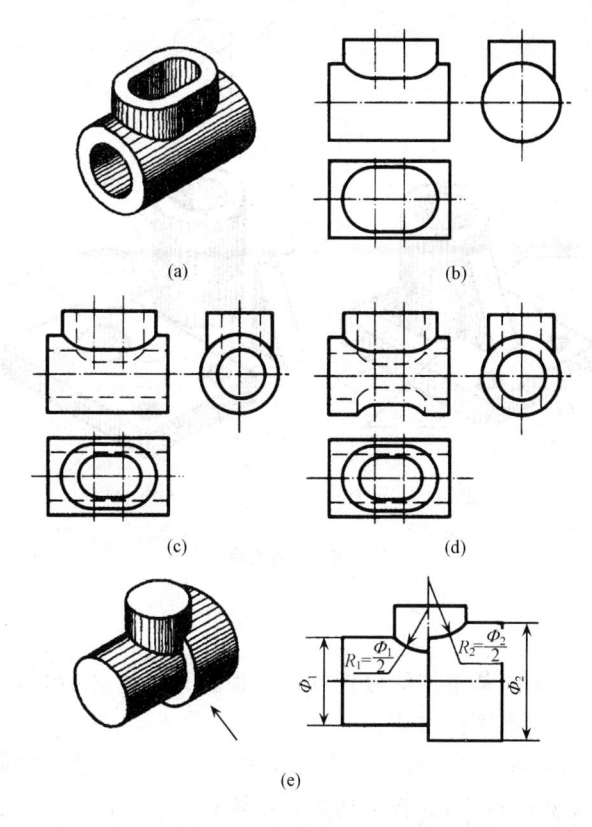

图 1-54　复合相贯的视图

(3) 轴线共有相贯。当两回转体具有公共轴线时，其相贯线为圆。如图 1-55 所示，在与轴线平行的投影面上，相贯线投影为直线；在与轴线垂直的投影面上，相贯线投影反映实形——圆。

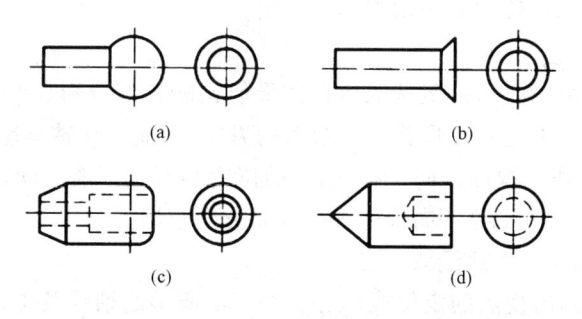

图 1-55　轴线共有相贯视图

1.4.3 组合体三视图的绘制

组合体通常用三个视图来表达。下面以图 1-56 所示轴承座为例,介绍组合体三视图的绘制方法与步骤。

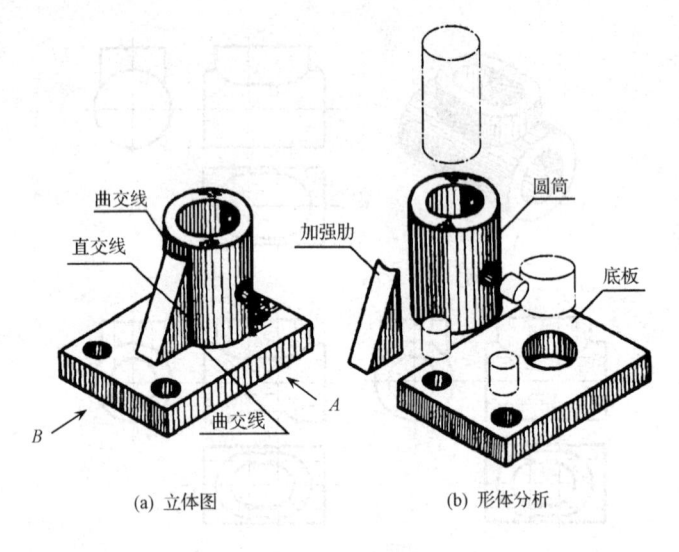

(a) 立体图　　(b) 形体分析

图 1-56　轴承座

1. 形体分析

把组合体分解为若干个基本体的分析方法习惯上称为形体分析,在形体分析中还需分析各基本体的结合形式和连接方式。

如图 1-56 所示,轴承座可分为底板、圆筒和加强肋三大部分。圆筒叠加在底板的右上方,加强肋与底板及圆筒相交,底板上切去三个圆孔(一大孔和二小孔,大孔与圆筒内径相同),圆筒前部横切一小圆孔。

2. 视图画法

现以轴承座为例,介绍组合体三视图的画法。画图时可见轮廓线用粗实线画出,不可见轮廓线用虚线画出,对称中心线用点划线画出。

1) 选择主视图

主视图是最主要的视图,一般选取组合体最能反映各部分形状特征和自然位置的一面画主视图。如图 1-56 所示 A 向作为主视图的方向,它能反映轴承座三大部分的相对位置及形状,若选 B 向作主视图方向,则加强肋的位置和形状不能反映,圆筒上的小孔形状亦看不见。两者相比较,采用 A 向作主视图投影方向较好。

2) 画图步骤(如图 1-57 所示)

(1) 布置视图,画出视图的定位线(如图 1-57(a)所示的轴线及主、左视图中的底线);

(2) 画底板的轮廓(如图 1-57(b)所示);

(3) 画圆筒的外部轮廓(如图 1-57(c)所示);

(4) 画加强肋的轮廓(如图 1-57(d)所示);

(5)画出各部分细部结构(如图 1-57(e)所示);
(6)检查、描深图线(如图 1-57(f)所示)。

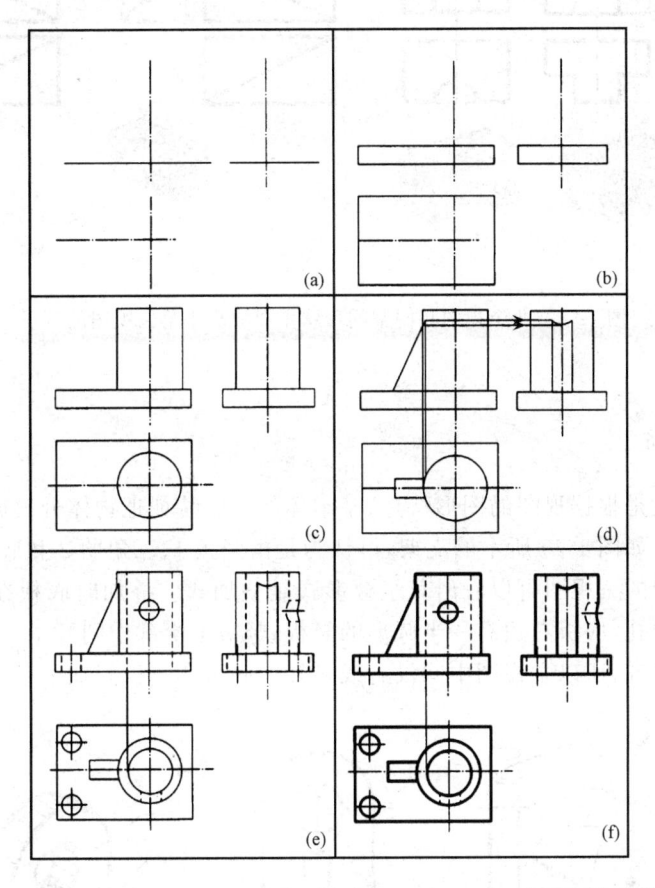

图 1-57 轴承座的画法步骤

1.4.4 组合体读图方法

看组合体视图的目的,就是通过对各视图的分析,想象出该组合体的空间形状。也是根据二维图形想象出它们的三维形状和结构的过程。

读图的基本方法是形体分析法。运用形体分析法读图,是指根据组合体视图的特点,把视图分成若干部分,先逐一确定它们的几何形状,再按照它们的相对位置和组合特点,想象出立体的整体形状。对于有些比较复杂的局部结构,还要辅助以线面分析法进行读图。因此必须熟练掌握基本几何体的投影特点以及直线和平面的投影特性。

读图时,无法根据立体的一个视图确定其空间形状,因此必须将有关视图联系起来分析。

如图 1-58(a)所示的三个立体,其主视图相同,对应不同的俯视图,则表示了三个不同的立体。在图 1-58(b)中,两个立体的主、俯视图都相同,其空间形状主要取决于左视图。

看图的基本方法是根据视图间的投影关系,进行形体分析、面形分析和图线分析,总

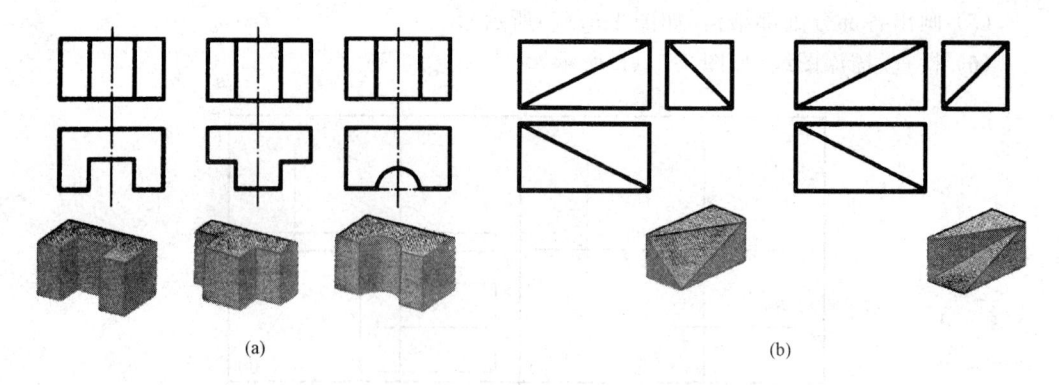

图 1-58 两个视图相同空间形状主要取决于第三视图的例子

称为投影分析。

1. 形体分析

形体分析就是根据视图的图形特点、基本体的投影特征把物体分解成若干部分,并分析其组合形式。如图 1-59 所示的支架,可认为是由竖板 1、三角肋 2 和底板 3 等三大部分组成的。由支架的三视图可以看出其组合形式是叠加式。叠加时底板在下方,其左边中间开了一个阶梯孔,底板右边有一半圆形的竖板,竖板上半部中间开了一个小圆孔。竖板和底板前端面平齐,所以主视图中间没有线隔开。底板和竖板间加了一块三角肋。

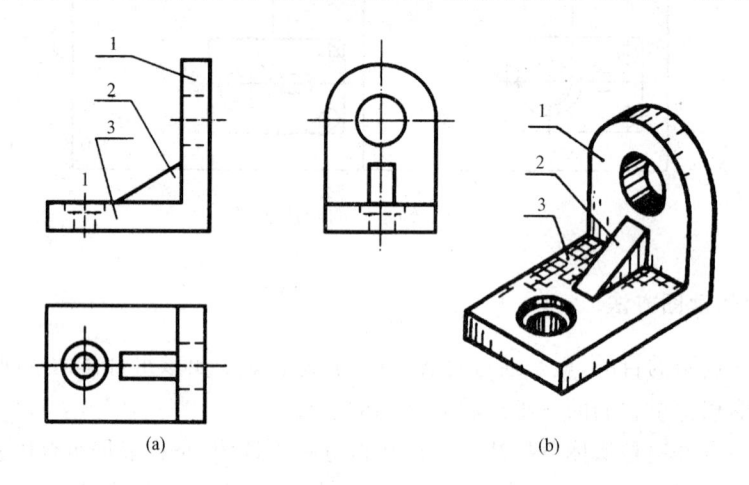

图 1-59 形体分析

2. 面形分析

面形分析就是分析视图中每个封闭线框所表示的意义。如图 1-60 所示,四个形体的俯视图方形封闭线框都相同,但对照左视图,可知表示不同的含义。俯视图中,图 1-60(a)方形封闭线框是空间水平面的投影;图 1-60(b)和(d)方形封闭线框是空间曲面的投影;图 1-60(c)方形封闭线框是空间侧平面的投影。

对线框进行分析时要抓住以下的两个关键。

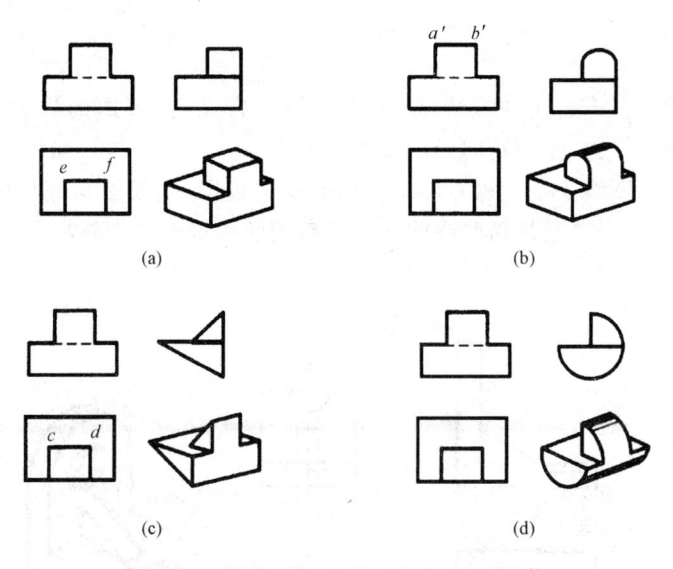

图 1-60 俯视图和主视图相同的 4 个形体

(1) 视图中每个封闭的线框,一般都表示物体上一个面(平面或曲面)的投影。

看图时,要从线框去判别出它所表达的是平面还是曲面?是什么位置的平面?是什么性质的曲面?如图 1-61(a)中,主、俯视图上的线框Ⅰ、Ⅱ对应左视图上的线框Ⅰ和Ⅱ,说明Ⅰ、Ⅱ两个线框表示的是竖板和三角肋;俯视图上的线框Ⅲ对应主、左视图上的直线段Ⅲ,说明俯视图的线框Ⅲ表示的是与水平面平行的平面;左视图上的线框Ⅳ对应主、俯视图上的直线段Ⅳ,说明左视图上的线框Ⅳ表示的是与侧面平行的平面。

(2) 相邻两个封闭线框则表示物体不同位置面的投影。

如图 1-61(a)中的Ⅰ、Ⅳ封闭线框,分别表示轴架的竖板和底板的侧面投影。

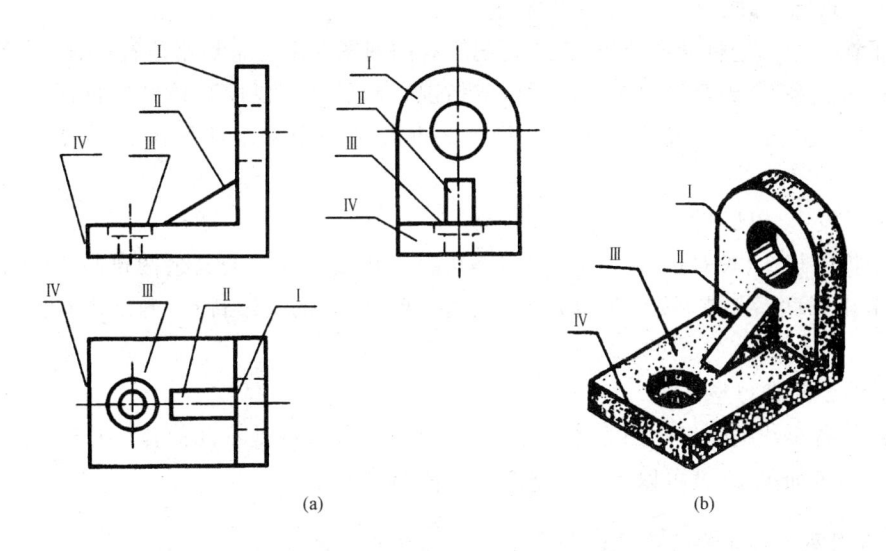

图 1-61 面形分析

3. 图线分析

视图中每条图线——实线或虚线,可表示以下含义:垂直面的投影(包括平面和曲面),面与面交线的投影,曲面转向线的投影。

图 1-62(a)中,图线 1 是底板左侧垂直面的积聚投影,图线 2 是底板阶梯孔中大孔圆柱面的积聚投影,图线 3 是三角肋最前面和最后面的积聚投影,图线 4 和图线 5 分别是竖板上小孔和半圆柱面的曲面转向线的水平投影。

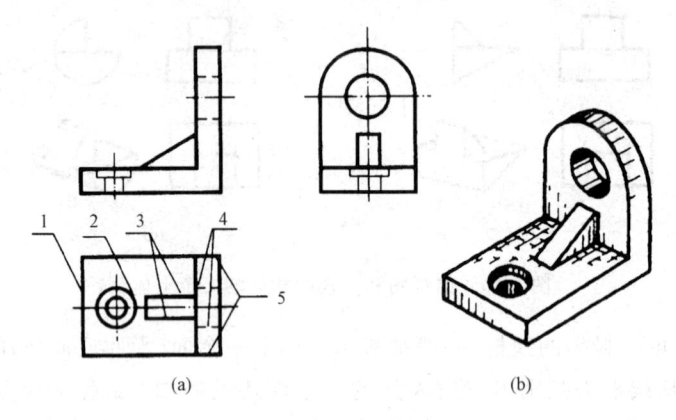

图 1-62 图线分析

图 1-60(a)中的 ef 线是空间侧垂面投影;图 1-60(b)中的 $a'b'$ 线是圆柱面的轮廓素线,也是前后轮廓转向线的投影;图 1-60(c)中的 cd 线为两平面交线的投影。

4. 一般看图步骤

(1) 看视图,分线框。

为了在视图上进行形体分析,首先要把所有的视图联系起来粗略地看一看,根据视图之间的投影关系,大致看出整个立体的构成情况。然后选取反映立体结构特征最好的视图(一般选取主视图)分成几个线框。每个线框都是一个基本几何体(或简单立体)的投影。

(2) 对投影,想形状。

根据投影规律(长对正、高平齐、宽相等),逐一找出各线框的其余两投影。将每个线框的各个投影联系起来,按照基本几何体(或简单立体)的投影特点,确定出它们的几何形状。

(3) 综合起来想整体。

确定了各个线框所表示的立体后,再根据视图去分析各基本几何体(或简单立体)的相对位置和表面关系,就可以想象出整个立体的结构形状了。

5. 看图举例

例 1-3 看图 1-63 所示视图,想象对应立体。

(1) 读图 1-63(a)。

第一步是分线框。在主视图中有两个方形线框 1′和 2′,一个圆线框 3′,表示有三个不同形状的表面,并且它们的前后位置不同。例如,表面Ⅰ和表面Ⅲ,可能在表面Ⅱ的基础上凸出来,也可能凹进去。

第二步是对投影。根据高平齐,可以在左视图上找到三条直线 1″、2″、3″分别与三个线框 1′、2′、3′相对应。从三条线的位置来分析表面Ⅰ相对于表面Ⅱ凹进,表面Ⅲ相对于表面Ⅱ凸出。

第三步是想象形体的立体形状。

对照投影可知立体形状为:在四棱柱的前上方切割了一个方槽,下部叠加了一个圆柱体。

(2) 读图 1-63(b)。

主视图与图 1-63(a)相同,对投影中可知表面Ⅰ、Ⅲ的凹凸情况改变了,形体为在四棱柱的前上方叠加一个方槽,下部切割了一个不通的圆柱孔。

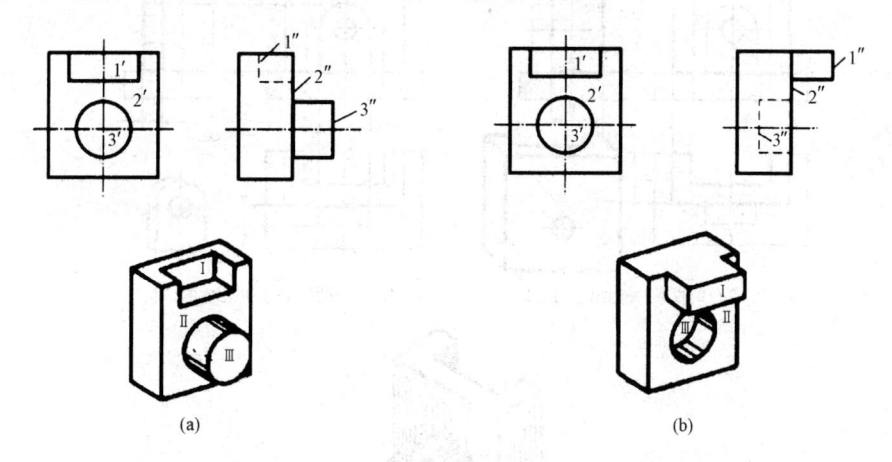

图 1-63 读图

例 1-4 看支座的三视图(如图 1-64 所示)。

① 分部分,对投影,想形状。

将表达的支座的三视图分成 1、2、3 三部分(如图 1-64(a)所示);

分析 1 部分,得出的形状是一块带缺口的底板(如图 1-64(b)所示);

分析 2 部分,得出的形状是一块带圆孔的凹形撑板(如图 1-64(c)所示);

分析 3 部分,得出的形状是一块带圆孔的半圆端薄板(如图 1-64(d)所示),叫凸台。

② 合起来,想整体。

这支座是由底板、撑板、凸台三部分组成的,根据视图上所反映的各部分相对位置,可知凸台紧贴在撑板的前面,并都结合在底板的上面(如图 1-64(e)所示)。

例 1-5 看支架的三视图(如图 1-65 所示)。

① 分线框,对投影,想形状。

将图 1-65(a)表达的支架三视图分成 1、2、3 三个线框(如图 1-65(b)所示);

分析 1 线框,得出的形状是一带圆孔的半圆柱和棱柱叠加体,也称凸台(如图 1-65(c)所示);

分析 2 线框,得出的形状是一下部带圆孔的直角撑板(如图 1-65(d)所示);

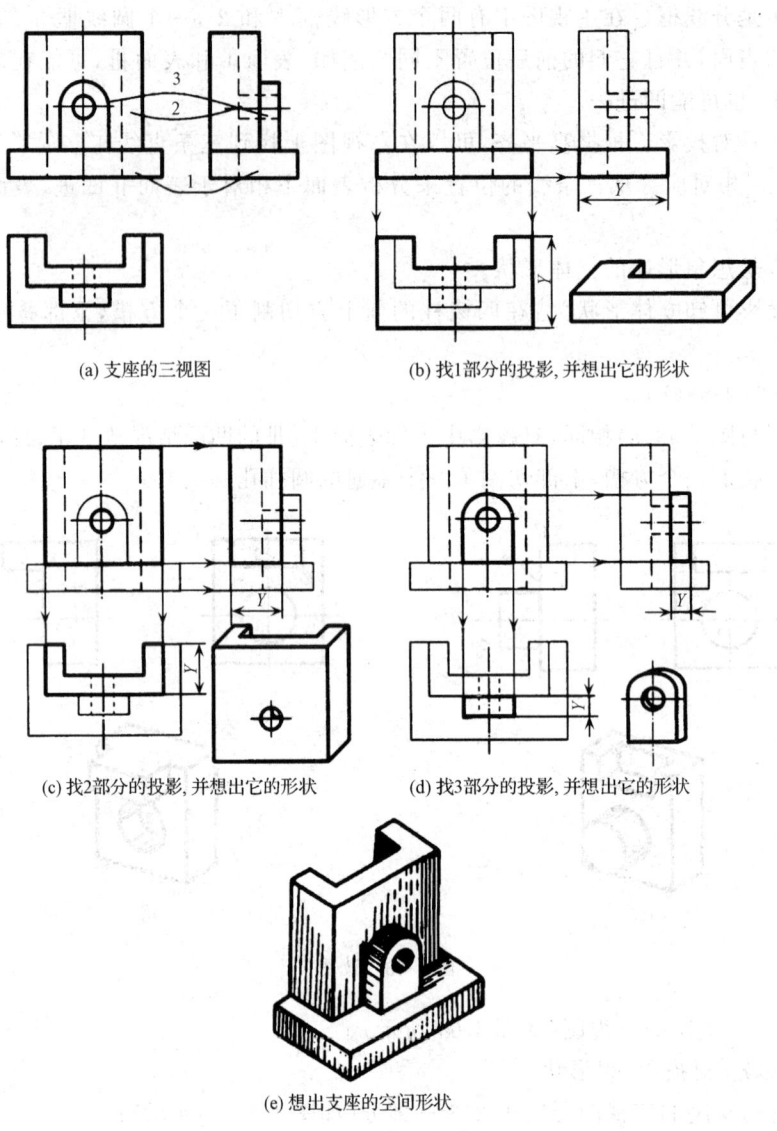

(a) 支座的三视图　　　　　　　　(b) 找1部分的投影，并想出它的形状

(c) 找2部分的投影，并想出它的形状　　(d) 找3部分的投影，并想出它的形状

(e) 想出支座的空间形状

图 1-64　支座三视图的读图

分析 3 线框，得出的形状是一块三角形肋板（如图 1-65(e)所示）。
② 合起来，想整体。
支架是由凸台、直角撑板、肋板三部分组成的，根据视图上所反映的各部分相对位置，可知凸台叠加在直角撑板的上面，肋板支在直角撑板的直角处（如图 1-65(f)所示）。

例 1-6　看压板的三视图（如图 1-66 所示）。

当切割体或组合体上某部分经多次切割后，表面上出现一些倾斜面和较复杂的表面交线时，可以通过分析视图上一些线框来先想象组合体未切割时的形状，然后再根据一些图线进行分析它们的空间形体及在组合体上的位置，从而想象出组合体的形状。

从图 1-66(a)压板三视图可以看出，主视图外形为矩形少左上角，俯视图外形为矩形少左前、后两角，左视图外形为矩形少底部前、后各一块矩形。如果把各视图中所缺少的

(a) 支架三视图　　　　　　　　　(b) 分线框

(c) 对1线框投影想形状　　　　　(d) 对2线框投影想形状

(e) 对3线框投影想形状　　　　　(f) 合起来想整体

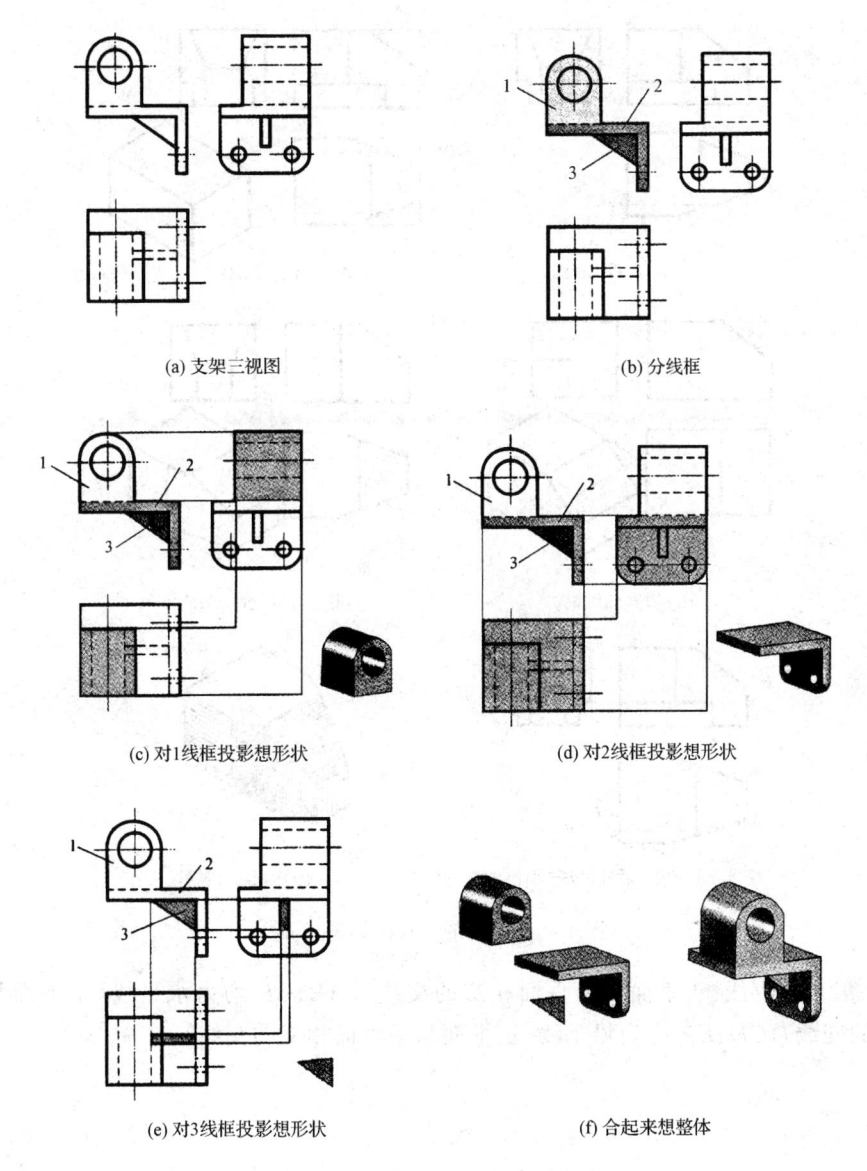

图 1-65　支架的三视图读图步骤

部分补齐,则构成一长方体的三视图,因此该压板的基本主体为长方体,如图 1-66(b)所示。

由俯视图线框 p、主视图图线 p' 和左视图线框 p'' 可知,P 为一正垂面,它切去长方体的左上角(如图 1-66(c)所示)。

从主视图中线框 q'、俯视图中图线 q 和左视图中线框 q'' 可知,Q 为铅垂面,将长方体的左前(后)角切去(如图 1-66(d)所示)。

与主视图中线框 r' 有投影联系的是俯视图中图线 r、左视图中图线 r'',所以 R 为正平面,它与一水平面将长方体前(后)下部切去一块长方体(如图 1-66(e)所示)。

通过几次切割后,长方体所剩余部分的形状就是压板的形状,如图 1-66(f)所示。

从直观图中可看出,由于长方体被不同的平面切割,则在表面上产生了许多交线,如

(a) 压板三视图

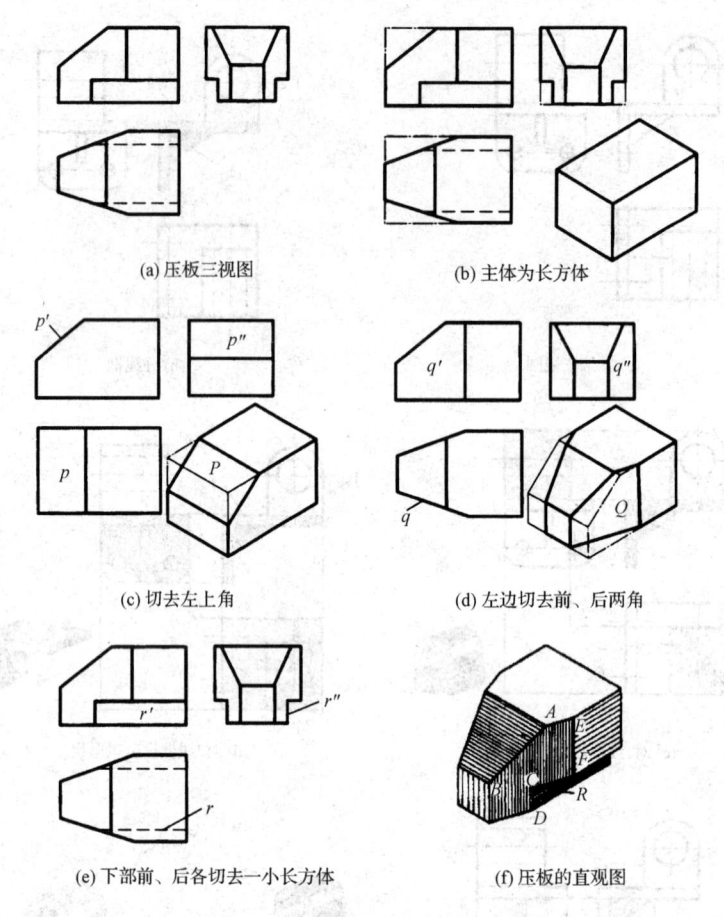

(b) 主体为长方体

(c) 切去左上角

(d) 左边切去前、后两角

(e) 下部前、后各切去一小长方体

(f) 压板的直观图

图 1-66 压板的三视图读图步骤

AB 为一般位置直线（正垂面与铅垂面相交的交线），AE、CF 均为水平线（水平面与铅垂面相交的交线），CD、EF 均为铅垂线（正平面与铅垂面相交的交线）。

第 2 章　机件的表达方法

在生产实际中,零件的形状是多种多样的,因而表达方法也是多样的。有的零件仅用前面介绍的三个视图尚不能表达清楚,还需增加更多的视图或其他的表达方法,有的零件则不需要三个视图亦可以表达清楚,甚至还可以用简化画法。"国标"中规定了视图、剖视图、断面图等常用的表达方法供表达零件时选用,本章将介绍这方面的内容。

2.1　视　　图

根据正投影法得到的物体投影所绘制出的图形称为视图。视图一般只画出零件的可见部分,必要时才用虚线画出其不可见部分。视图通常有:基本视图、向视图、局部视图、斜视图和旋转视图。

2.1.1　基本视图

有的零件形状比较复杂,需要从更多方向进行投影才能表达清楚。因此,在原来三个投影面的对立位置上,再增加三个投影面,这六个投影面称为基本投影面。

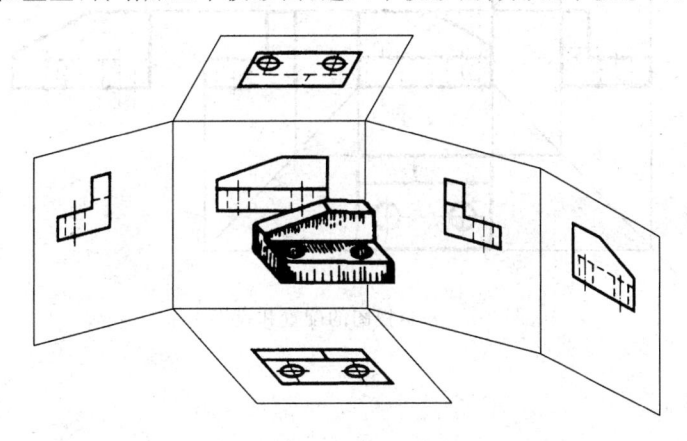

图 2-1　基本视图

把零件置于六个投影面中间,分别向六个投影面投影,得到的六个视图称为基本视图,如图 2-1 所示。六个基本视图的名称及展开后的位置如图 2-2 所示。除主、俯、左视图外,其他三个视图的名称为:右视图(自右向左投射)、仰视图(自下向上投射)、后视图(自后向前投射)。各视图间仍保持"长对正、高平齐、宽相等"的投影关系(图 2-3)。

在同一张图纸中,六个基本视图若按如图 2-3 所示关系布置时,称配置关系布置,均不必注明视图名称。

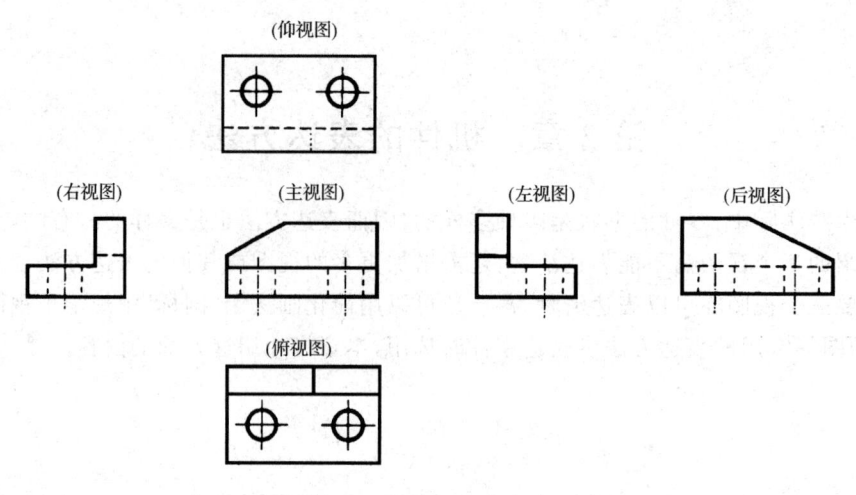

图 2-2 基本视图的名称

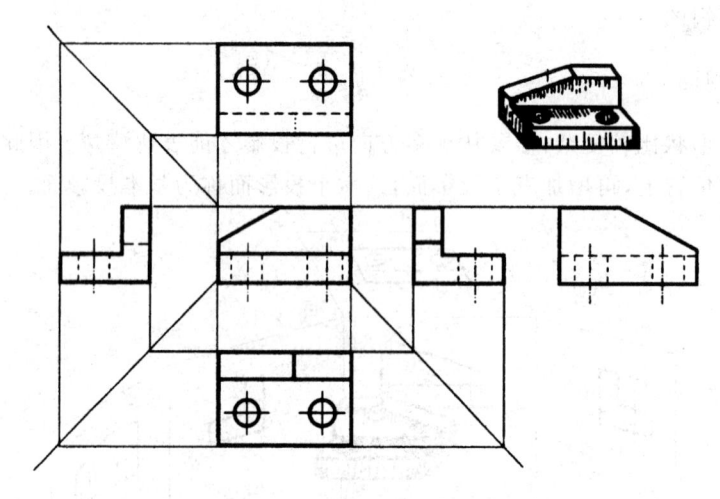

图 2-3 基本视图的配置和投影关系

2.1.2 向视图

有时为了合理使用图纸,基本视图不能按照配置关系布置时,可以用向视图来表示。向视图是可以自由配置的视图。在向视图中应在视图的上方标出"×向"("×"为大写拉丁字母),并在相应的视图附近用箭头指明投影方向,注上同样的字母,如图 2-4 中 A 向、B 向、C 向视图所示。

2.1.3 局部视图

当机件在某个方向有部分形状需要表示,但又没有必要画出整个基本视图时,常将机件的某一部分向基本投影面投影,所得的视图称为局部视图。局部视图适用于当物体的主体形状已由一组基本视图表示清楚,而只有局部形状尚需进一步表达的场合。

局部视图由于只画出机件某个部分的视图,所以用波浪线表示与机件其余部分的断

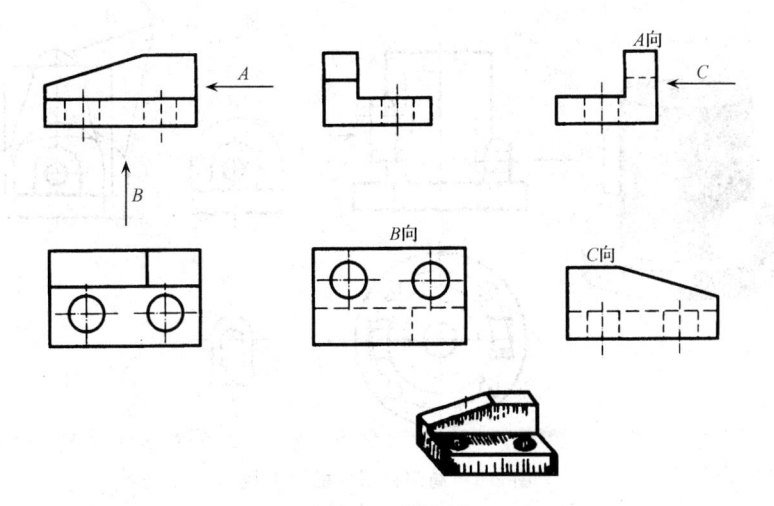

图 2-4 向视图

裂处投影,当所表达的部分结构是完整的,其外轮廓线又成封闭时,波浪线可省略不画。

一般在局部视图上方标出视图的名称"×向"("×"为大写拉丁字母),在相应的视图附近用箭头指明投影方向,并注上同样的字母,当局部视图按投影关系配置,中间又没有其他图形隔开时,可省略标注。

如图 2-5 中的左视图用波浪线断开即为局部视图,由于画在配置位置,所以不需要进行标注。B 向为自右向左投射所得的局部视图,由于没有画在配置位置,要进行标注,但该局部视图表达的部分结构是完整的,它的外轮廓线又是封闭的,所以不需要画波浪线。

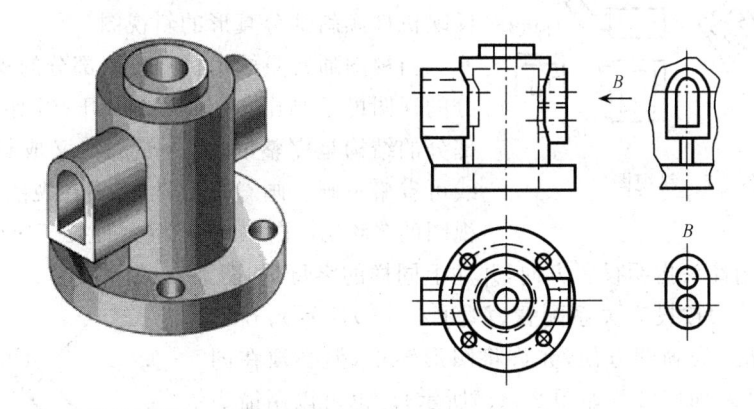

图 2-5 局部视图

波浪线是机件假想断裂处的投影,所以局部视图的波浪线不应超出机件实体,不能与其他图线重合,如图 2-6 所示。

2.1.4 斜视图

当物体上某些表面与基本投影面成倾斜位置时,在基本投影面上就得不到该表面的真实形状,给读图带来困难。斜视图是用于表示物体上倾斜结构表面的真实形状的一种视图,它是由物体向不平行于基本投影面的平面(辅助投影面)投射所得的视图。

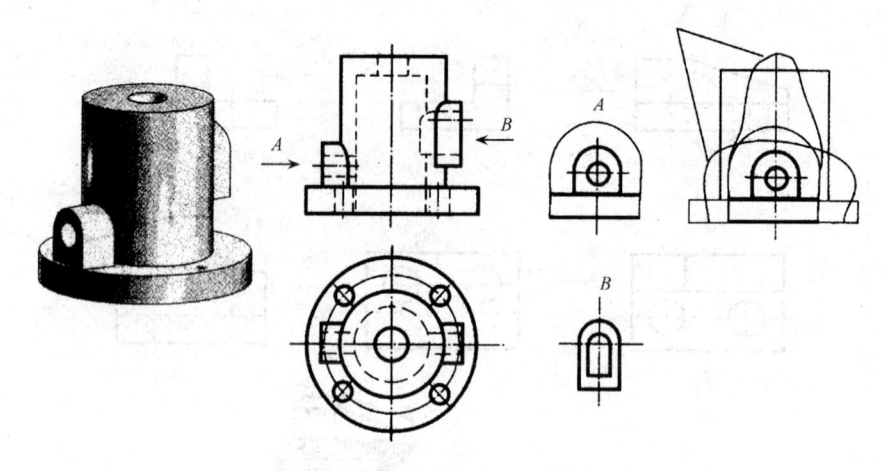

图 2-6 局部视图中的波浪线

在斜视图中必然要作一个新的辅助投影面,它既与物体上的倾斜结构平行,又与某一基本投影面垂直,是一个平行于倾斜结构的垂直面,如图 2-7(a)中的 P 平面(正垂面)。

图 2-7 所示机件,其倾斜部分在俯视图和左视图上均得不到真形投影,此时选用一个与该倾斜部分平行且与正投影面垂直的新的辅助投影面 P,将该倾斜部分向 P 面进行投影,并按照视图规律展开,即得到反映机件倾斜部分真形的斜视图。

斜视图通常只画出机件倾斜部分的视图,其余部分的视图可不画出,用波浪线断开;当所表达的倾斜部分的结构是完整的,其外轮廓线又成封闭时,波浪线可省略不画。画斜视图时,必须在视图的上方标出视图的名称"×向"("×"为大写拉丁字母),在相应的视图附近用箭头指明投影方向,并注上同样的字母(如图 2-7(b)所示)。

斜视图一般按投影关系配置(如图 2-7(b)所示),在不致引起误解时,为画图方便,允许将图形转正,但必须在图形上方标注"×向旋转"(如图 2-7(c)所示)。也可以用箭头加大写拉丁字母表示"×向"转正,如图 2-8 所示箭头表示按 A 向投射所得的斜视图顺时针转正。

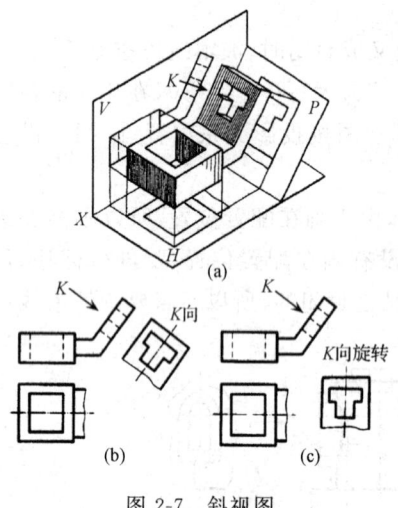

图 2-7 斜视图

图 2-8 斜视图转正

2.1.5 旋转视图

当机件上某一部分的结构是倾斜的,而该部分又具有回转轴线时,可假想将机件的倾斜部分旋转到与某一选定的基本投影面平行后再向该投影面进行投影,所得到的视图称为旋转视图(如图 2-9 所示)。旋转视图不加任何标注,它仅适用于具有旋转中心的机件。

· 46 ·

(a)　　　　　　　　　　(b)

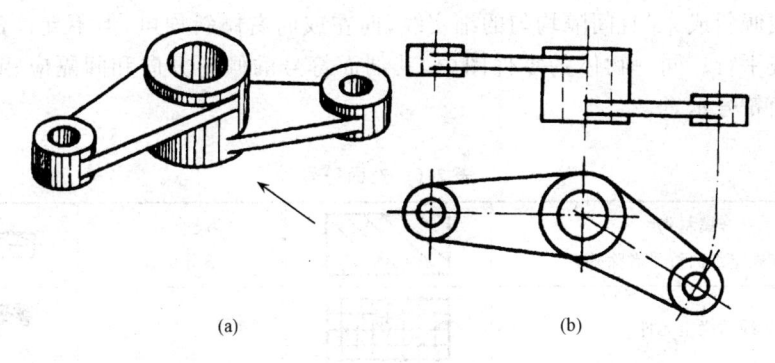

图 2-9　旋转视图

2.2　剖　视　图

用视图表达物体时,内部不可见部分要用虚线表示,特别当物体的内部结构比较复杂时,众多的虚线与外部轮廓线交叠在一起会影响图形的清晰度,使得读图比较困难。为了清楚地表示物体的内部结构和便于标注尺寸,常采用剖视图来表达物体的内部结构。

2.2.1　剖视图的基本概念

为了明确地表达物体的内部结构,用假想的剖切面将机件剖开,并把处在观察者和剖切面之间的部分移去后,将剩余部分向投影面投影所得的图形称为剖视图。

图 2-10 为一机件的视图和立体图,主视图中有不可见内孔的槽的虚线。如图 2-11 所示,用一假想的剖切面(正平面)剖开机件,将剖切面前面的部分移去,而将其余部分向正投影面得到剖视图。在剖视图中,原来不可见的孔和槽都变成可见的了,比没有剖开的视图(如图 2-10 所示),层次分明,清晰易懂。

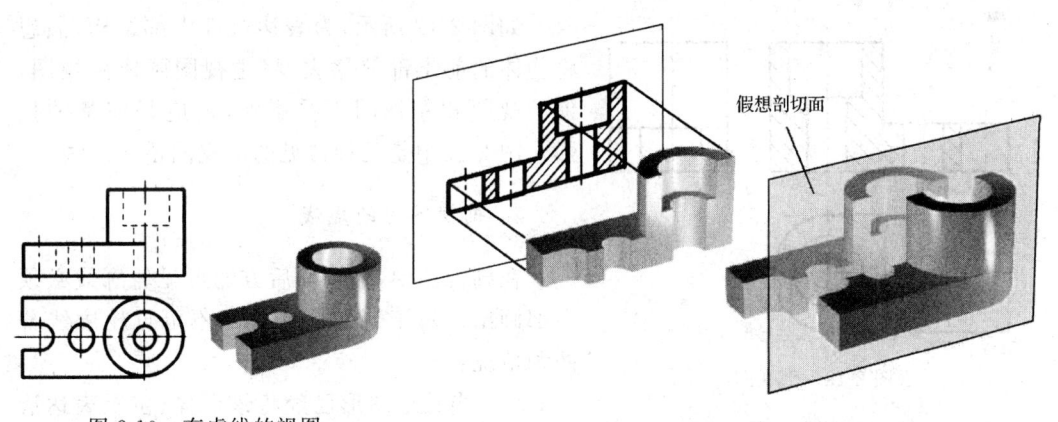

图 2-10　有虚线的视图　　　　图 2-11　剖视图的形成

1. 剖面

物体上和剖切面接触的面称为剖面。为了区分剖面和机件上一般的表面,在剖视图的剖面上应画剖面符号。不同材料的物体剖面符号是不同的,其中金属材料的剖面符号是与水平线倾斜成 45°且间隔均匀的细实线,向左或向右倾斜均可,但不允许剖面符号与主要轮廓线平行。同一物体的零件图中,其剖面符号的倾斜方向和间隔应相同。表 2-1 是各种剖面符号示意。

表 2-1 剖面符号

金属材料 (已有规定剖面符号者除外)		胶合板 (不分层数)	
线圈绕组元件		基础周围的泥土	
转子、电枢、变压器和电抗器等的矽钢片		混凝土	
非金属材料 (已有规定剖面符号者除外)		钢筋混凝土	
型砂、填砂、粉末冶金、砂轮、陶瓷刀片、硬质合金刀片等		砖	
玻璃及供观察用的其他透明材料		格网 (筛网、过滤网等)	
木 材	纵剖面	液 体	
	横剖面		

由于剖视图应用的是一种假想的剖切方法,虽然内部结构投影经剖切后由虚线改画成实线条,但不影响其他视图的表示。

如图 2-12 所示,为表达机件内部结构,假想将物体的前半部分移去,将主视图画成剖视图,但俯视图和左视图不受影响,还应是完整的投影。图 2-13 中是几种常见的剖视图错误画法。

2. 剖视图中的虚线

在剖视图中,剖切面后方的可见轮廓线必须全部画出。对于剖切面后方的不可见轮廓线分两种情况:

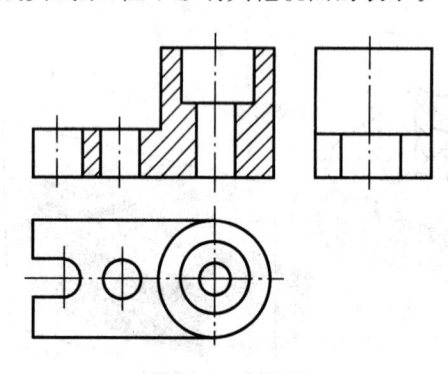

图 2-12 剖视图

(1) 当其他图形已经将该形体、位置表达清楚时,在剖视图中不画虚线。如图 2-12 所示的主视图,由于底板的形状和高度在俯视图中已经表达清楚,所以不画虚线。

(2) 在剖视图中,若不画虚线会影响表达清楚物体的形状和位置时,才画出必要的虚线,如图 2-14 所示的主视图,前后两块底板的高度不画虚线就不能表达清楚,所以此时不能省略虚线。当然,如果图 2-14(b)再加画一个左视图可以表达前后两块底板的高度,主

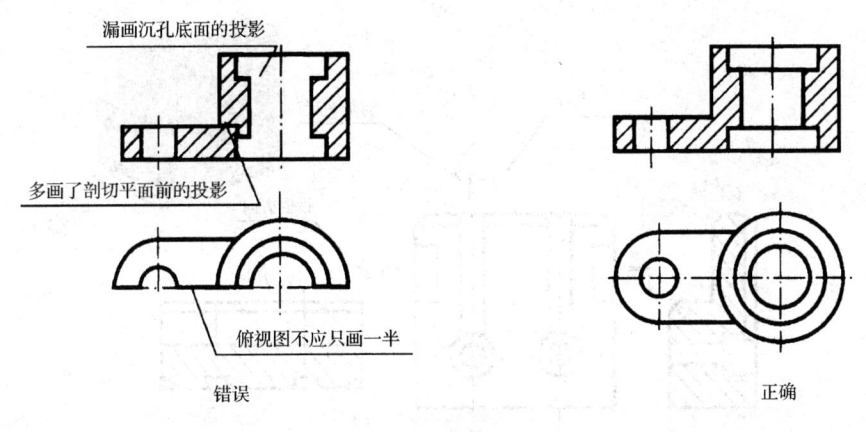

图 2-13 剖视图的表达

视图这样画就是正确的。

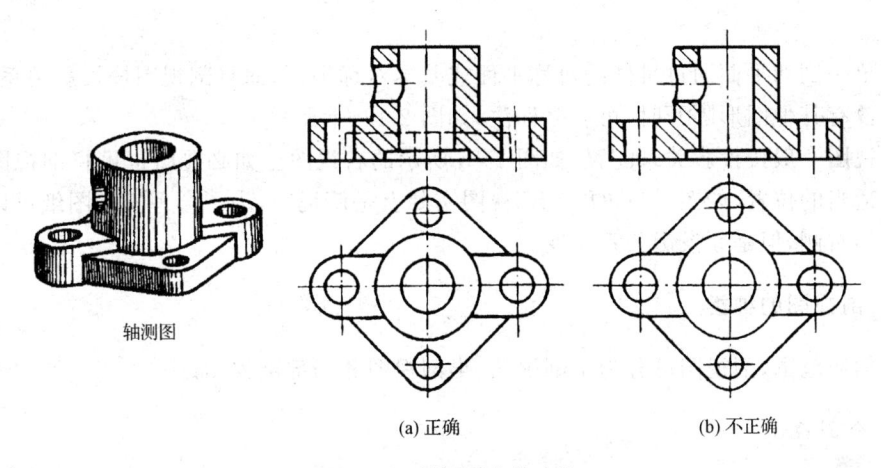

图 2-14 剖视图中的虚线

3. 剖切平面位置的选择及标注

剖切平面的选择应尽量通过较多内部结构的轴线或对称中心线,尽可能与投影面平行,这样在剖视图中可反映出剖面实形。如图 2-11 所示的剖切平面选择通过支架的孔和缺口的对称面而平行于正投影面,这样剖切后,在剖视图上就能清楚地反映出台阶孔的直径和缺口的深度。

剖视图的标注一般含有三个要素:

(1) 在剖视图的上方标注剖视图的名称"×-×"(×为大写拉丁字母),如图 2-15 中的"A-A"和"B-B"。

(2) 在相应的视图上用剖切符号表示剖切平面(位置),表示剖切符号的粗短划尽量不要与轮廓线相交并标注相同的字母,如图 2-15 中的中的"A"和"B"。

(3) 在相应的视图上用箭头表明投射方向,箭头应该与粗短画在外侧相连,如图 2-15 中的"B"。

当剖视图按投影关系配置,中间又没有其他图形隔开时,可省略箭头,如图 2-15 中

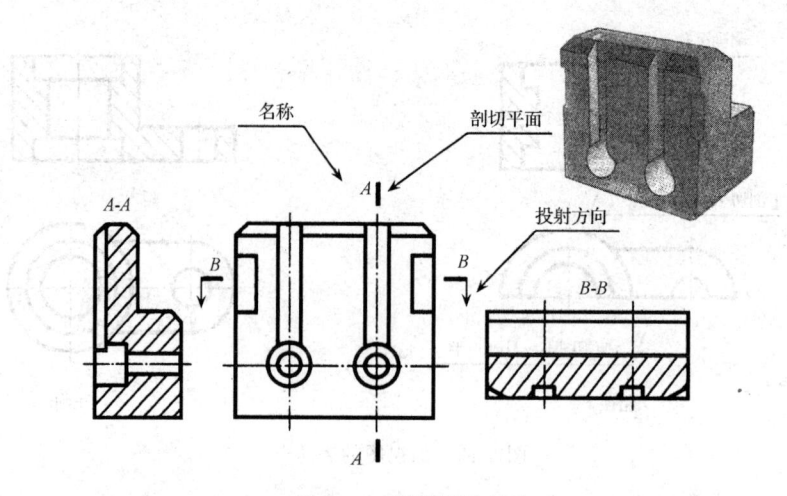

图 2-15 剖视图的标注

的"A"。

当单一剖切平面通过机件的对称平面或基本对称平面,而且剖视图按投影关系配置,中间又没有其他图形隔开时,可省略标注,如图 2-12 所示。

剖视图一般按投影关系配置,如图 2-15 所示的右视图。如必要时也可将剖视图配置在其他适当的位置,如图 2-15 的"B-B"视图实际上是俯视图,为了合理安排图纸可以画在主视图的右侧,但是原投影关系不变。

2.2.2 剖视图的种类

按剖切范围,剖视图可分为全剖视图、半剖视图和局部剖视图。

1. 全剖视图

用剖切面完全地剖开机件所得的剖视图称为全剖视图,对于一些外形简单、内部主要为空心回转体的对称物体,通常采用全剖视图来表达(如图 2-12、图 2-15 所示)。

2. 半剖视图

当机件具有对称平面时,在垂直于对称平面的投影面上投影所得的图形,以对称中心线为界,一半画成剖视,另一半画成视图,称为半剖视图(如图 2-16 所示)。半剖视图具有

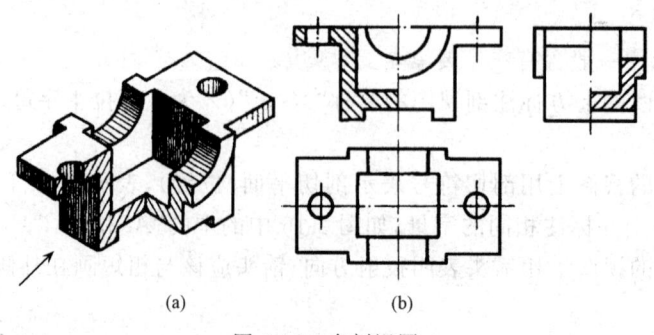

图 2-16 半剖视图

· 50 ·

既表示物体的外部形状,又表示物体内部结构的特点。

如图 2-17 所示的支座,它的内、外部形状都比较复杂,但前后、左右是对称的。为了清楚地表达它的内、外部形状,主视图以左、右对称中心线为界,一半画成视图,表达其外形;另一半画成剖视图,表达其内部阶梯孔。俯视图是以前、后对称中心线为界,后一半画成视图,表达顶板及四个小孔的形状和位置;前一半画成 A-A 剖视图,表达凸台及其前面的小孔。根据支座左右对称的特点,俯视图也可以以左、右对称中心线为界,一半画成视图,一半画成剖视图。

机件的形状接近于对称,且不对称部分已另有图形表达清楚时,也可画成半剖视图,如 2-17 的"A-A"俯视图。在半剖视图中,剖视图与视图的分界线应为点划线。在已剖的半个视图中,要画出主要回转孔的轴线,在未剖的半个视图中主要回转孔的轴线不能省略,当内部结构在其他视图中不能表达清楚时虚线不能省略,如图 2-17 所示中主视图的虚线。

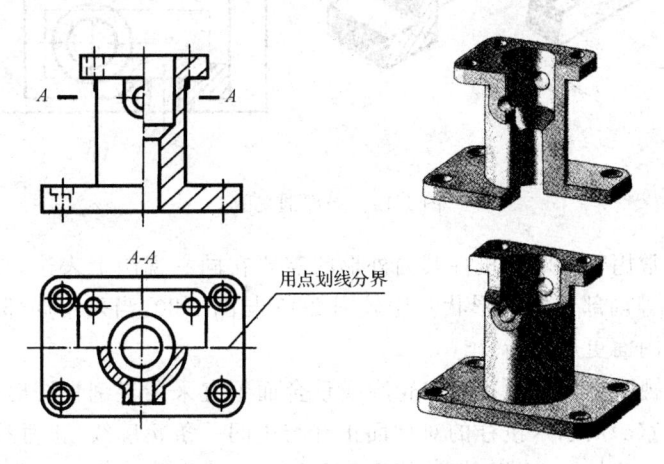

图 2-17 半剖视图举例

外形简单的回转体,外部形状较易看出,一般不画成半剖视图而画成全剖视图。

图 2-18 所示的半剖视图中,机件的中部有两个三角形的肋板。肋板主要起加强机件强度和刚度的作用。为准确表达机件结构特点,"国标"规定当纵向剖切肋板时(如主视图

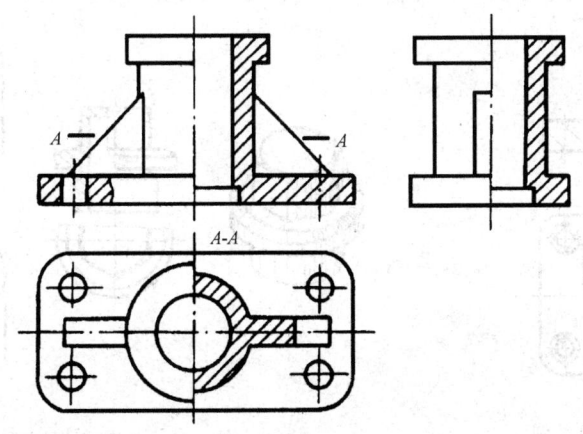

图 2-18 剖切肋板的剖视图

作剖视），在剖视图上肋板剖面的投影不画剖面符号，并用粗实线将它与其邻接部分分开，但横向剖切肋板时（如俯视图作剖视），在剖视图上肋板剖面的投影要画剖面符号。

3. 局部剖视图

用剖切平面局部地剖开机件，以显示这部分的内部结构，并用波浪线表示剖切范围，这样的剖视图称为局部剖视图（如图2-19所示）。

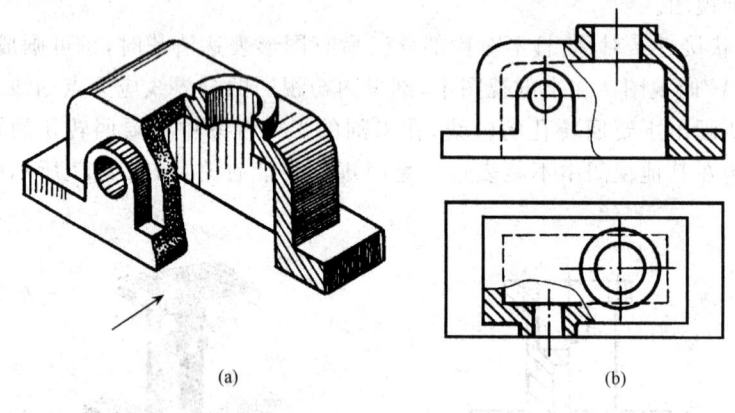

图2-19 局部剖视图

局部剖视图常用于不对称机件其内外形状需要在同一视图上表达，特别是表达机件上的孔、槽、缺口等局部的内部形状。比较图2-17与图2-20，当采用局部剖视图时，可以省略虚线而使得图面更加清晰。

当对称机件视图中对称面正好与轮廓线重合而不宜采用半剖视图时，可以采用局部剖视图，如图2-21(a)所示六棱柱的对称面正好与中间一条轮廓线（正垂线）重合，所以不能采用半剖。有一些如轴、连杆、螺钉等实心零件上的某些孔或槽等结构也常采用局部剖视图表达（如图2-22所示）。当被剖结构为回转体时，允许将该结构的中心线作为局部剖视图与视图的分界线（如图2-21(c)所示）。

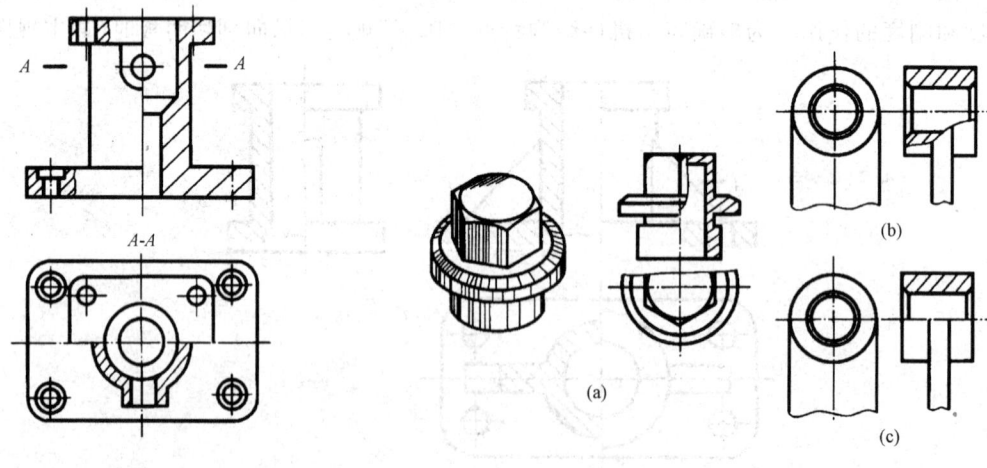

图2-20 局部剖视图举例

图2-21 局部剖视图的分界线

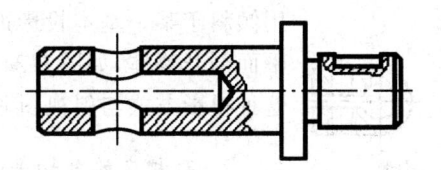

图 2-22　轴的局部剖视图

作为局部剖视图的分界，波浪线应画在机件的实体上，不应与图样上其他图线重合。如图 2-23 中的箭头所指，波浪线不能超出视图中被剖切部分的轮廓线，波浪线遇到孔、槽必须断开，不能穿空而过。

当单一剖切平面的剖切位置明显时，局部剖视图可省略标注，如上述几个局部剖视图都不需标注。局部剖视图应用比较灵活，既可用于表达物体上局部孔洞的结构，又可在表达物体内部结构的同时，保留物体部分外形的视图，是一种比较灵活的表达方法，运用得当，可使视图简明、清晰。

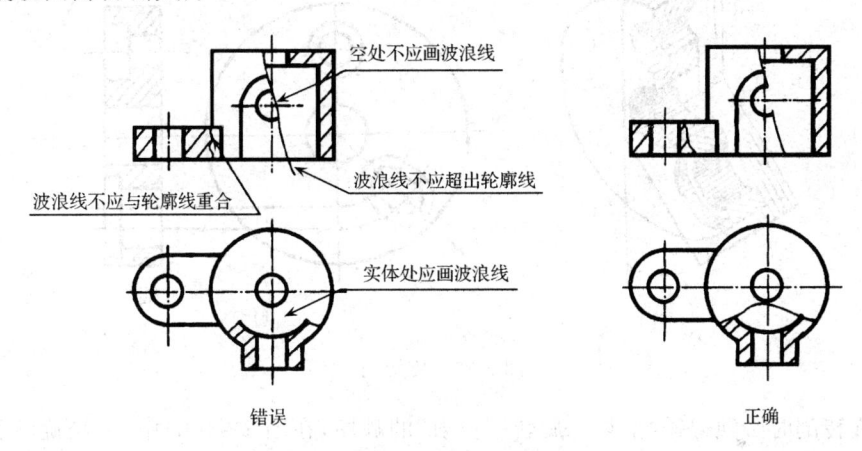

图 2-23　局部剖视图的波浪线

2.2.3　剖切面和剖切方法

为了适应表达不同形状的机件，剖切平面可有不同的数量和位置。"国标"规定剖切机件的方法有：用单一剖切面、几个平行的剖切平面、几个相交的剖切面（交线垂直于某一投影面）等。上述几种剖切方法根据需要都可用于全剖视图、半剖视图和局部剖视图。

1. 单一剖切面

用一个剖切面剖开机件的方法称单一剖切，单一剖切时采用的平面或柱面作为剖切面，其中使用最多的是单一剖切平面。单一剖切平面可以平行于某一基本投影面，也可以倾斜于某一基本投影面的垂直面。

前面所讲的全剖视图、半剖视图和局部剖视图（如图 2-16、图 2-17、图 2-18 所示）都是采用平行于某一基本投影面的单一剖切平面剖切得到的剖视图。

当物体上某些内部表面与基本投影面成倾斜位置时，经平行于某一基本投影面的剖面剖切后，在基本投影面上就得不到该表面的真实形状，给读图带来困难。因此，需要采用倾斜于某一基本投影面的垂直面作为单一剖切平面剖开物体,如图2-24所示(剖切面是正垂面),这种投影方式与斜视图非常相似,也称为"斜剖"。

2. 两相交的剖切平面

当用一个剖切平面不能通过机件上各内部结构,而这个机件在整体上又具有回转轴时,可用两个相交的剖切平面(其交线垂直于某一投影面)剖开机件,剖开后假象将被剖切的倾斜部分旋转到与基本投影面平行,然后再进行投影,这样的剖切方法称为旋转剖(如图2-25所示)。

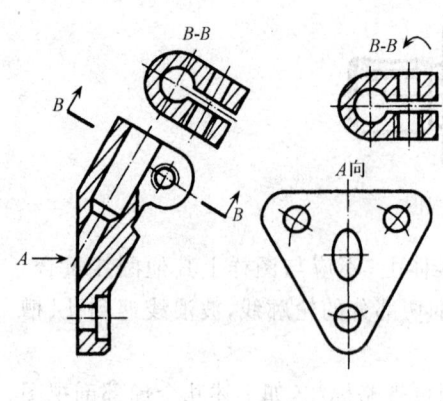

图2-24 斜剖

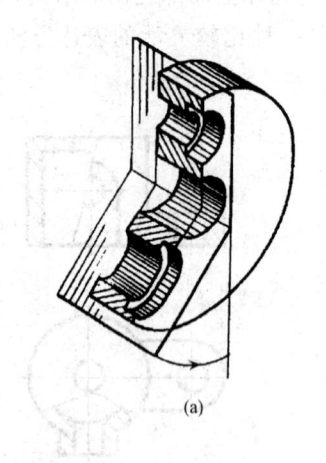

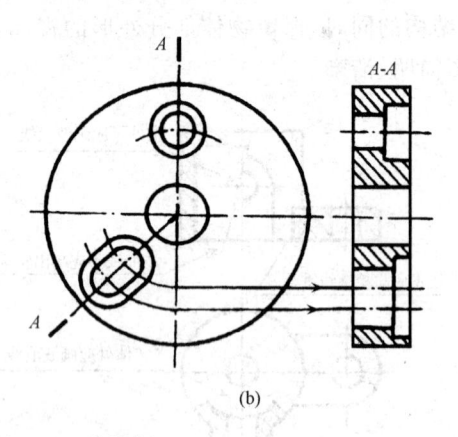

图2-25 旋转剖

在旋转剖时必须遵循"剖切—旋转—投射"的顺序,在图2-26(b)中,未经旋转就进行投射是错误的,但剖切平面后面的其他结构仍按原来的位置进行投影,如图2-27(a)俯视图中的油孔。当经过旋转剖后出现不完整要素时,应将该部分的投影按未剖切绘制,如图2-27(b)轮辐的旋转剖,请注意:轮辐的剖面表示与肋板相似,纵切时不画剖面符号。

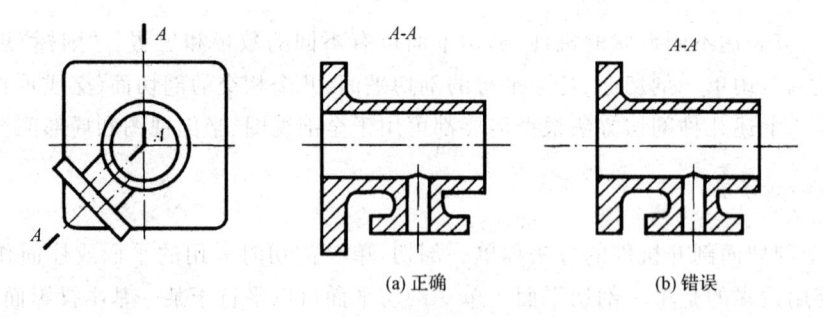

图2-26 先剖切后旋转

3. 几个平行的剖切平面

几个平行的剖切平面是指两个或两个以上互相平行的平面,它们可以是投影面的平行面,也可以是投影面的垂直面。

(a)

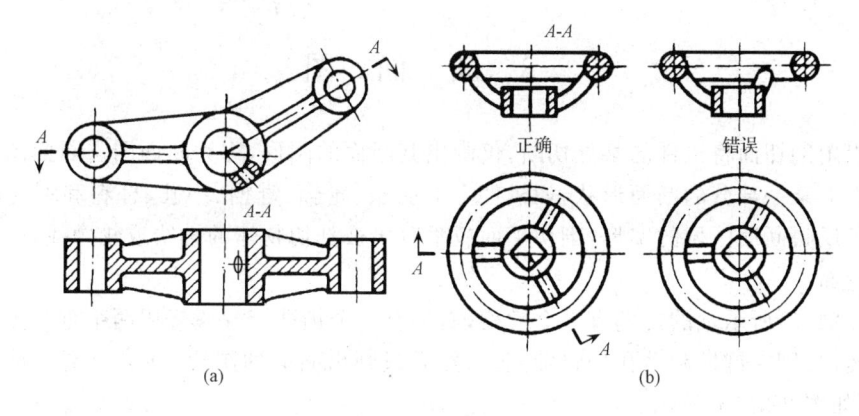

(b)

图 2-27 旋转剖的应用

当机件上几个内部结构的轴线在不同的平面内时,可用几个平行的剖切平面剖开机件,然后进行投影,这样的剖切方法称为阶梯剖(如图 2-28(b)所示)。由于剖切平面是假想的,因此剖视图中不应画出各剖切平面转折处的分界线,如图 2-28(c)所示。在剖视图形中不应出现不完整的要素,如图 2-29(b)所示的孔出现一半是错误的画法。当两个要素在图形上具有公共对称中心线或轴线时,可以各画一半,此时应以对称中心线或轴线为界(如图 2-30 所示)。

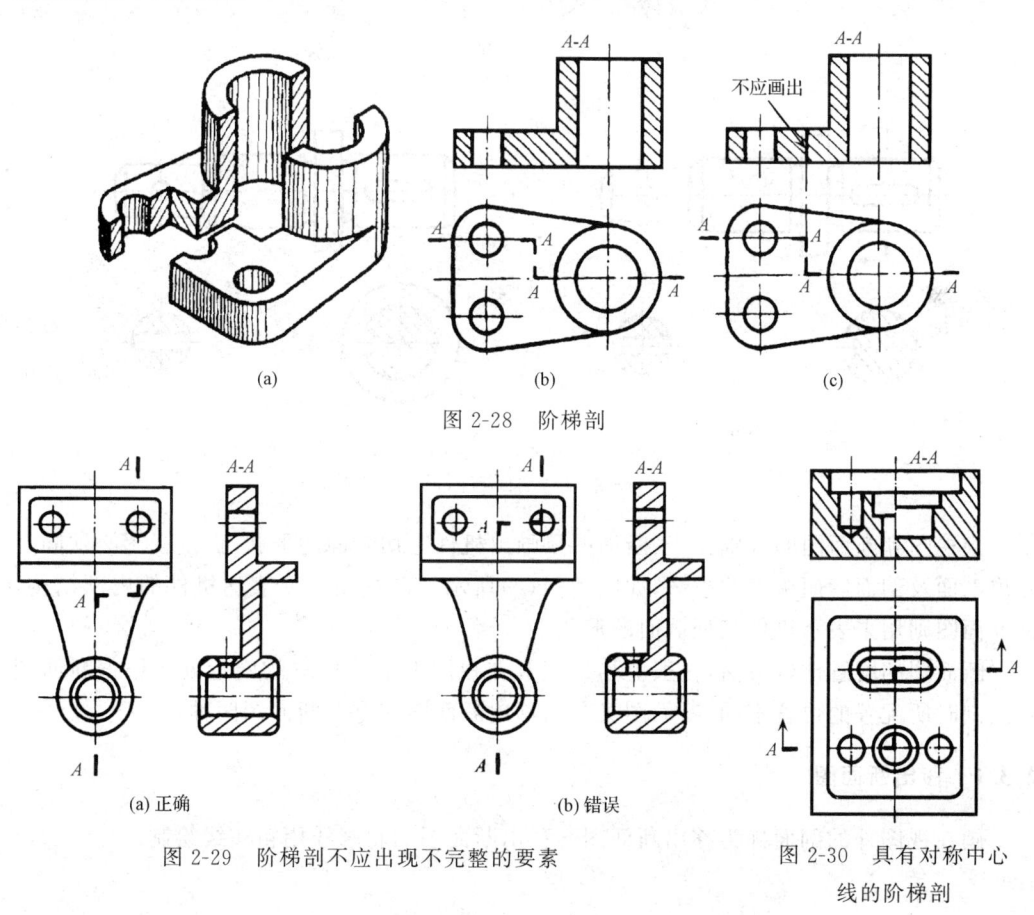

(a)　　(b)　　(c)

图 2-28 阶梯剖

(a) 正确　　(b) 错误

图 2-29 阶梯剖不应出现不完整的要素

图 2-30 具有对称中心线的阶梯剖

2.3 断 面 图

假想用剖切面将机件的某处切断,仅画出其断面的图形,称为断面图。断面图常用来表达机件上某一部分的断面形状,如机件上的肋板、轮辐、键槽、小孔、杆料和型材的断面等。为了反映断面区域的实形,剖切平面应垂直于被剖切物体的轴线或轮廓线,一般是投影面平行面。

图 2-31(a)所示轴的左端有一个键槽,右端有一个销孔。现假想用两个垂直于轴线的剖切平面,分别在键槽和销孔处将轴剖开,然后只画出断面的图形,并加上剖面符号成为断面图,如图 2-31(b)所示。

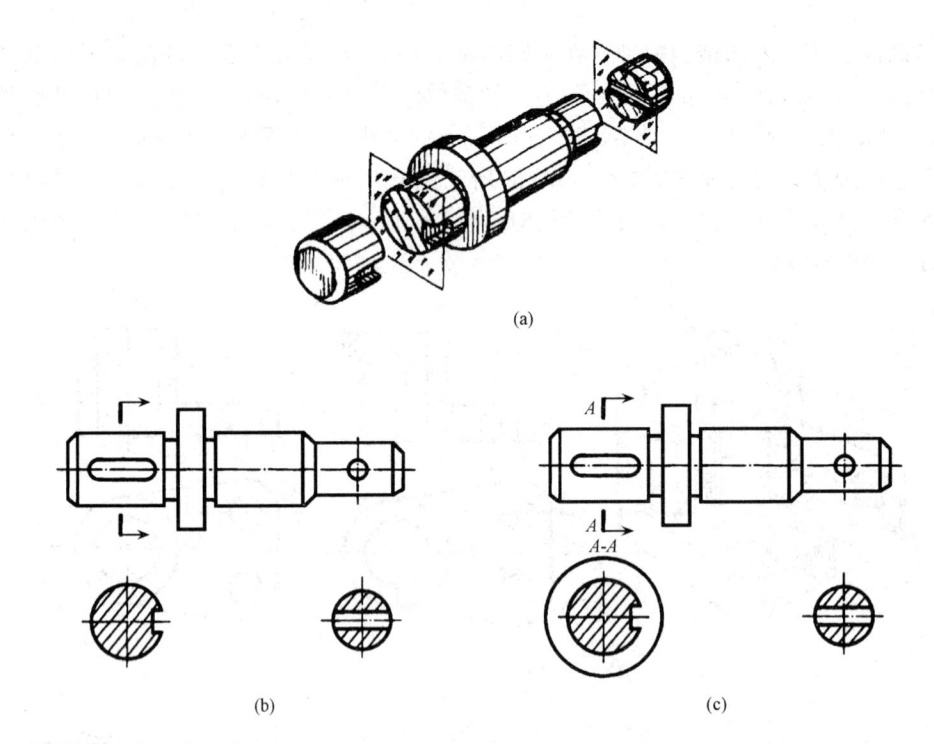

图 2-31 剖面与剖视

剖视图和断面图的区别在于:断面图只画出机件上切断面的形状,而剖视图必须同时画出剖面及剖面后面机件的投影,如图 2-31(c)所示。剖视图主要表达机件的内部结构,而断面图则用来表示机件某处截面的形状。

断面图的配置比较灵活,一般应尽量配置在视图上剖切位置的就近处。根据断面图在绘制时所配置的位置不同,断面图又分为移出断面图和重合断面图两种。

2.3.1 移出断面图

画在视图外的剖面称为移出断面图。移出断面图的轮廓线用粗实线绘制。

1. 移出断面的标注

(1) 移出断面图中,一般用粗短划表示剖切位置,用箭头表示投射方向,并注上字母,同时在断面图的上方用同样的字母标注相应的名称;

(2) 当移出断面图不配置在剖切位置线的延长线上时,若截面图形对称,箭头可以省略,如图 2-32 的 "A-A" 所示;

(3) 当移出断面图配置在剖切符号的延长线上时,允许省略字母,若切断面图形对称,可不加任何标注,如图 2-32 所示;

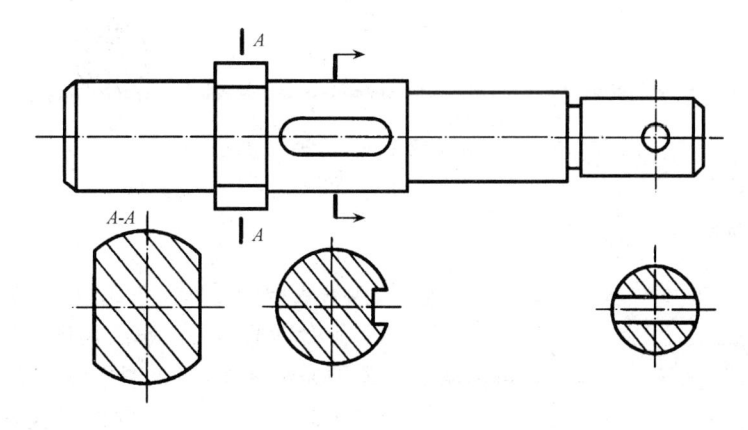

图 2-32 移出断面图

(4) 配置在视图断开处的对称移出断面图,可以不加任何标注,如图 2-33 所示;

(5) 移出断面图应尽量配置在剖切符号或剖切平面迹线的延长线。在不致引起误解时,允许将图形旋转,如图 2-34 所示。

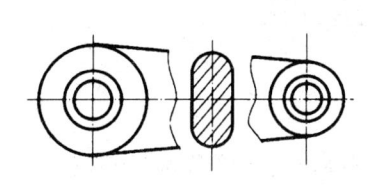

图 2-33 在视图断开处的移出断面

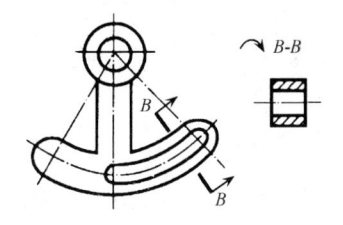

图 2-34 移出断面的旋转

2. 移出断面图的几种规定画法

(1) 剖切平面应与被剖切部分的主要轮廓垂直,由两个或多个相交的剖切平面剖得的移出断面图,中间应断开,如图 2-35 所示的移出断面图;

(2) 当剖切平面通过回转面形成的孔或凹坑的轴线时,这些结构应按剖视绘制,如图 2-36(a)、(c)所示的断面图中后面孔投影的一段圆弧必须画出;

(3) 当剖切平面通过非圆孔,会导致出现完全分离的两个剖面时,则这些结构应按剖视图绘制,如图 2-36(b)

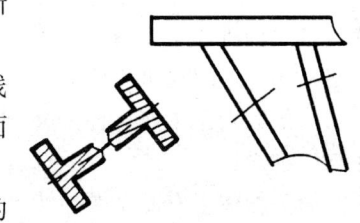

图 2-35 中间断开的移出断面

移出断面图所示；

（4）如果机件的断面形状一致或呈均匀变化时，移出剖面也可画在视图的中断处，如图 2-33 所示。

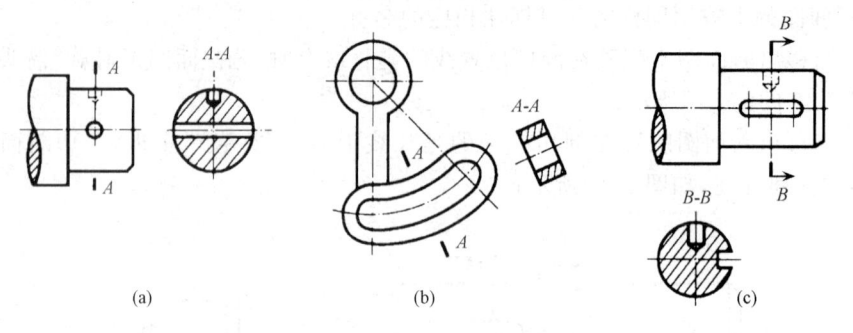

图 2-36 移出断面图的几种规定画法

2.3.2 重合断面图

在不影响图面清晰的情况下，剖面也可以画在视图的里面与视图重合，称为重合断面图。重合断面图的轮廓线用细实线绘制，以便区别原来的视图，当视图中的轮廓线与重合断面图的图形重叠时，轮廓线仍应连续画出，不可间断。重合断面图形对称时，可不加任何标注，如图 2-37(a)所示，不对称的重合断面图要画出剖切符号，并标出投射方向，如图 2-37(b)所示。

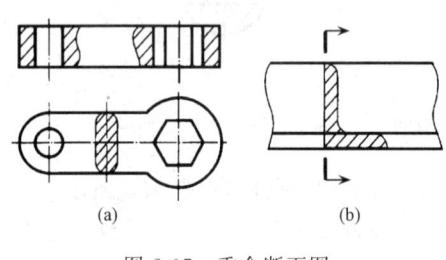

图 2-37 重合断面图

2.4 其他常用表达方法

2.4.1 局部放大图

将物体的部分结构，用大于原图形所采用的比例画出的图形称为局部放大图。局部放大图除便于看清机件的细部结构外，还便于在这些部位标注尺寸和技术要求。

局部放大图除了可将原图形放大，也可采用与原图形不同的表达形式，如原图形为视图，可将局部放大图画成剖视图或断面图等，它与被放大部位的表达方式无关，如图 2-38 中Ⅱ部分。

局部放大图除螺纹牙型、齿轮和链轮的齿型外，在被表达部位要用细实线圈出范围，然后按比例画出放大图，并且尽量将所画的局部放大图配置在被放大部位的附近，如图 2-38 中的"Ⅰ"、"Ⅱ"所示。

局部放大图中所标注的比例与原图所采用的比例无关，它仅表示放大图中的图形尺寸与实物之比。

同一物体上有几个被放大的部分时，用罗马数字依次标明被放大的部位，并在局部放大图的上方标注出相应的罗马数字和所采用的比例，如图 2-38 所示局部放大图中的

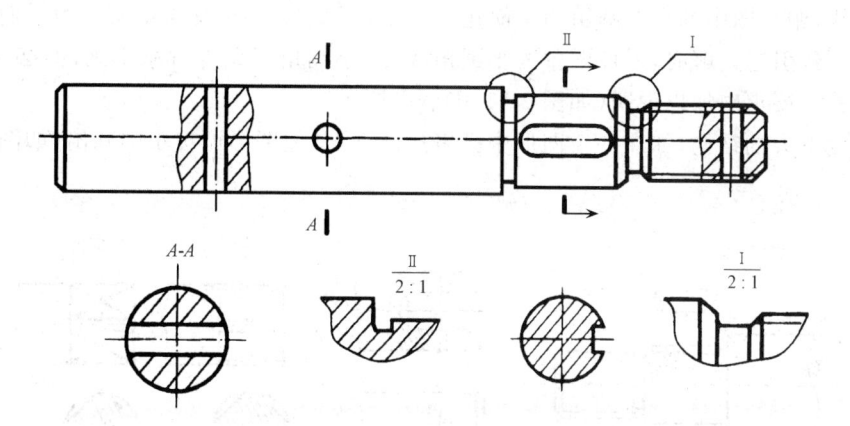

图 2-38 局部放大图

"Ⅰ"、"Ⅱ"。

物体上被放大的部分仅一个时,在局部放大图的上方只需注明所采用的比例即可,如图 2-39 所示。

2.4.2 简化画法

简化画法是对机件的投影及其画法在标准中做了某些简化或规定,使其便于作图和看图。机械制图国家标准上规定的简化画法很多,下面简要介绍几种典型画法。

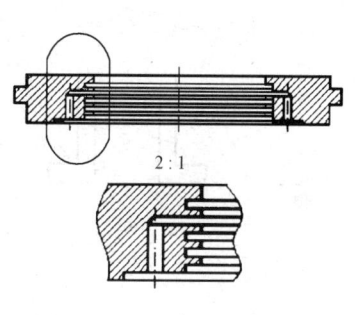

图 2-39 局部放大图的标注

1. 相同结构的简化画法

当机件具有若干相同结构(如齿、槽等),并按一定规律分布时,只需画出几个完整的结构,其余用细实线连接,在图上注明该结构的总数。若干直径相同且成规律分布的孔,可以画出一个或几个,其余只需用点划线表示其中心位置,并注明孔的总数(图 2-40)。

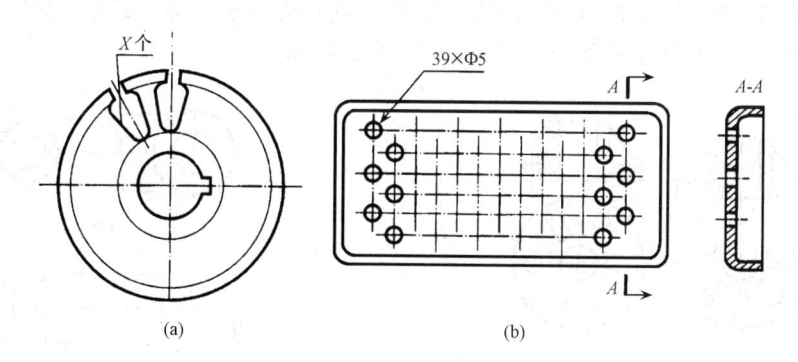

图 2-40 相同结构的简化画法

2. 一些投影的简化画法

机件上较小结构所产生的交线,如在一个图形中已表示清楚时,其他图形可简化或省略。图 2-41(a)主视图中相贯线的投影均简化为直线;图 2-41(b)主视图中相贯线投影简化为直线,俯视图中的交线圆由四个简化为两个;图 2-41(c)中交叉细实线为平面符号。

在不致引起误解时,零件图中的小圆角或 45°小倒角等允许省略不画,但必须注明尺寸或在技术要求中加以说明(如图 2-41(d)、(e)所示)。

斜度不大的结构,如在一个图形中已表达清楚,其他图形可按小端画出(如图 2-41(f)所示)。

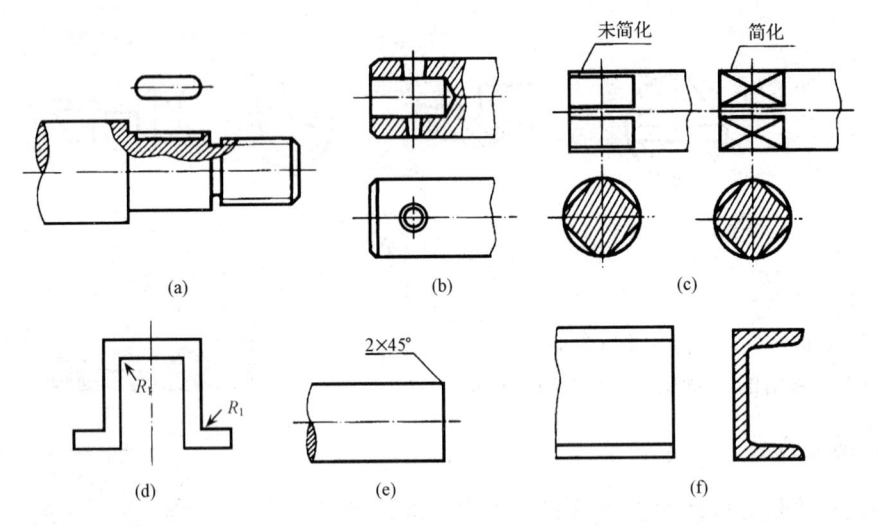

图 2-41 一些投影的简化画法

3. 均布肋孔的简化画法

当机件回转体上均匀分布的肋、孔等结构不处于剖切平面上时,可将这些结构旋转到剖切平面上画出(如图 2-42 所示)。

4. 较长机件的简化画法

较长机件(轴、杆、型材、连杆等)沿长度方向的形状一致或按一定规律变化时,可断开后缩短绘制,但长度尺寸必须按实际注出(如图 2-43 所示)。

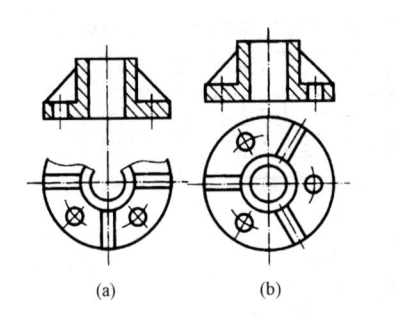

图 2-42 回转体上均匀分布肋孔的简化画法

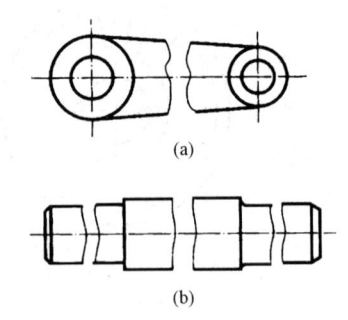

图 2-43 较长机件的简化画法

第3章 标准件和常用件

在各种机械、仪器及设备中,经常会用到一些连接件、传动件和支承件,如螺钉、螺栓、螺母、键、销、滚动轴承、弹簧、齿轮等。由于这些零件及组件应用广泛,使用量极大,所以它们的结构和尺寸已全部标准化了,将它们称为标准件。有的重要参数已标准化了,则称为常用件。这些标准件和常用件的标准化,有利于大量生产、加工和使用。同时,国家标准还规定了它们的简化画法,以便于制图。

本章主要介绍一些连接件、传动件等的结构表示方法。

3.1 螺纹和螺纹紧固件

3.1.1 螺纹的形成、结构和要素

1. 螺纹的形成

螺纹是在圆柱体(或圆锥体)表面上沿着螺旋线所形成的螺旋体、具有相同轴向断面的连续凸起和沟槽。在圆柱(或圆锥)外表面上所形成的螺纹称为外螺纹;在圆柱(或圆锥)内表面上所形成的螺纹称为内螺纹。在车床上车削螺纹,是一种常见的形成螺纹方法。如图3-1所示,将圆柱料卡在车床的卡盘上,开动车床使其等速旋转,同时使车刀沿圆柱轴线方向做等速直线移动,当车刀尖切入工件一定深度时,便在圆柱体的表面上车出螺纹。螺纹可以加工在圆柱体的外表面上,也可以加工在圆柱体的内表面上。在加工螺纹的过程中,由于刀具的切入或压入,使螺纹构成了凸起和沟槽两部分,凸起部分的顶端称为螺纹的牙顶;沟槽部分的底部称为螺纹的牙底。

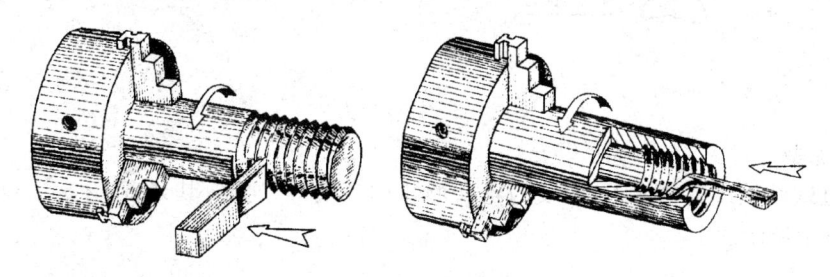

图3-1 螺纹的车削法

螺栓、螺钉、螺母及丝杠等表面皆制有螺纹,起连接或传动作用。

2. 螺纹的结构

1) 螺纹的末端

为了防止螺纹端部损坏和便于安装,通常在螺纹的起始处做成一定形状的末端,如圆锥形的倒角或球面形的圆顶或平顶等,如图3-2所示。

(a) 倒角(圆锥形)　(b) 圆顶(球面)　(c) 平顶

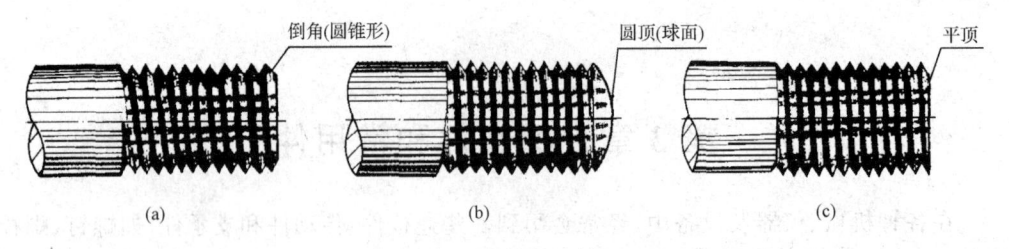

图3-2　螺纹的末端

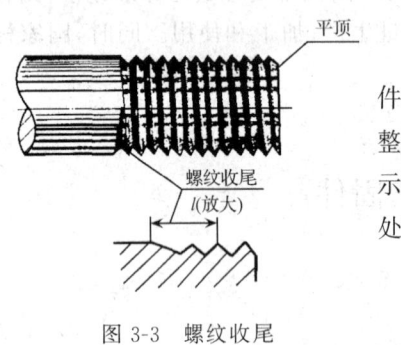

2) 螺纹收尾和退刀槽

车削螺纹的刀具快到螺纹终止处时要逐渐离开工件,因而螺纹终止处附近的牙型要逐渐变浅,形成不完整的牙型,这一段长度的螺纹称为螺纹收尾(如图3-3所示)。为了避免产生螺尾和便于加工,有时在螺纹终止处预先车出一个退刀槽,如图3-4所示。

图3-3　螺纹收尾

3. 螺纹的要素

内外螺纹连接时,下列要素必须一致。

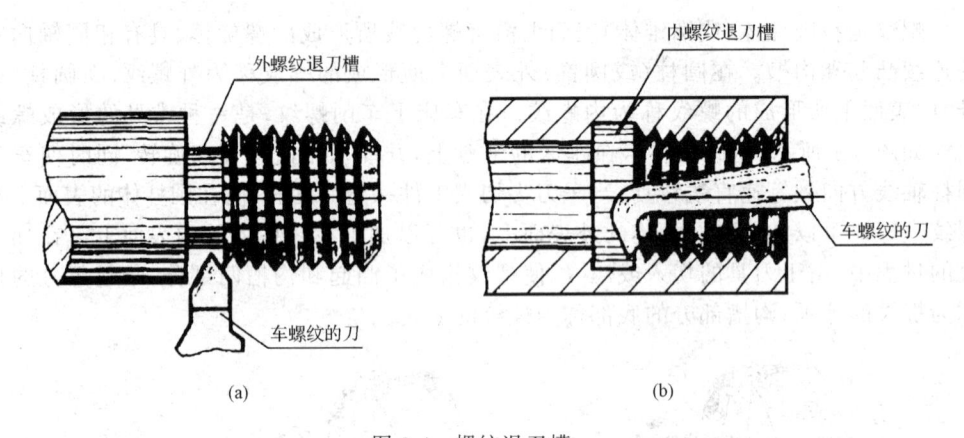

图3-4　螺纹退刀槽

1) 牙型

通过螺纹轴线的剖面上,螺纹的轮廓形状称螺纹的牙型。其牙顶、牙底、牙侧及牙型角如表3-1所示。

表3-1　常用标准螺纹

螺纹种类及牙型符号		外　形　图	内外螺纹旋合后牙型放大图	功　用
连接螺纹	粗牙普通螺纹 M			是最常用的连接螺纹。细牙螺纹的螺距较粗牙为小,切深较浅,用于细小的精密零件或薄壁零件上
	细牙普通螺纹 M			

· 62 ·

续表

螺纹种类及牙型符号		外 形 图	内外螺纹旋合后牙型放大图	功 用
连接螺纹	非螺纹密封的管螺纹 G			用于电线管等不需要密封的管路系统的连接,如另加密封结构,则可提高密封性能,可用于高压管路系统中
传动螺纹	梯形螺纹 Tr			作传动用,各种机床上的丝杠多采用这种螺纹
	锯齿形螺纹 B			只能传递单向动力,例如螺旋压力机的传动丝杠就采用这种螺纹

2) 直径

其代号用字母表示,大写指内螺纹,小写指外螺纹。

大径(d、D):指与外螺纹牙顶或内螺纹牙底相重合的假想圆柱面的直径。

小径(d_1、D_1):指与外螺纹牙底或内螺纹牙顶相重合的假想圆柱面的直径。

中径(d_2、D_2):指母线通过牙型上沟槽和凸起部分宽度相等的地方的一个假想圆柱面的直径。其母线称为中径线。螺纹(除管螺纹等外)大径通常以 mm 为单位,它代表了螺纹的尺寸,故也称大径为公称直径,如图 3-5 所示。

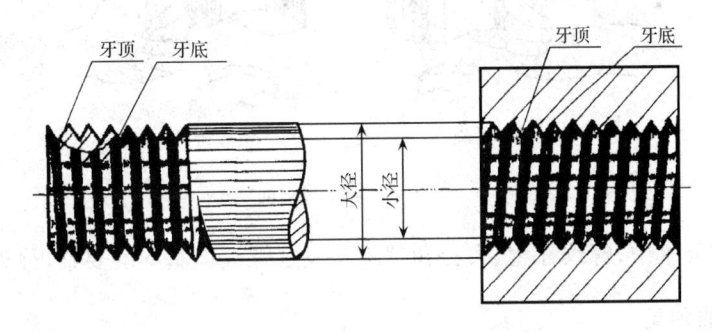

图 3-5 螺纹的大径和小径

此外,内、外螺纹的牙顶圆柱面直径(即内螺纹的小径、外螺纹的大径)统称为顶径。

3) 线数(n)

螺纹有单线螺纹和多线螺纹之分。前者指沿一条螺旋线所形成的螺纹;后者指沿两条或两条以上在轴向等距分布的螺旋线所形成的螺纹,如图 3-6 所示。

4) 螺距(P)

螺距指相邻两牙在中径线上对应两点间的轴向距离(如图 3-6 所示)。

5）导程（L）

导程指同一条螺旋线上相邻两牙在中径线上对应两点间的轴向距离。单线螺纹的螺距 $P=L$（如图3-6(a)所示）；多线螺纹的螺距 $P=L/n$，其中 n 为线数（如图3-6(b)所示）。

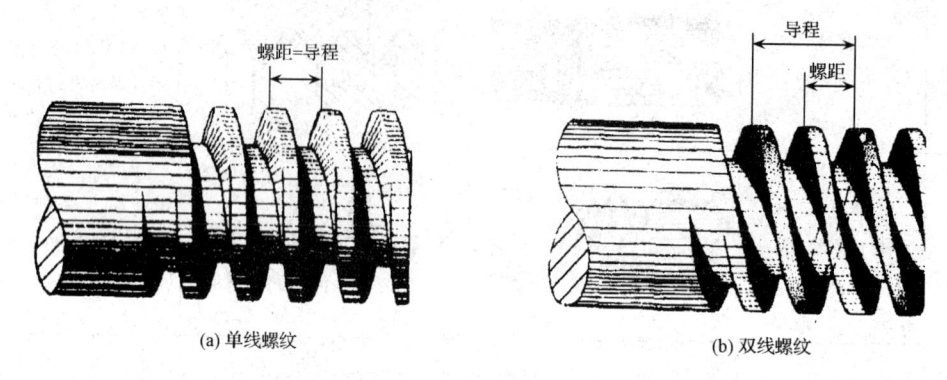

图 3-6 螺纹的线数

6）旋向

右旋螺纹指顺时针旋转时旋入的螺纹，左旋螺纹指逆时针旋转时旋入的螺纹（如图3-7所示）。

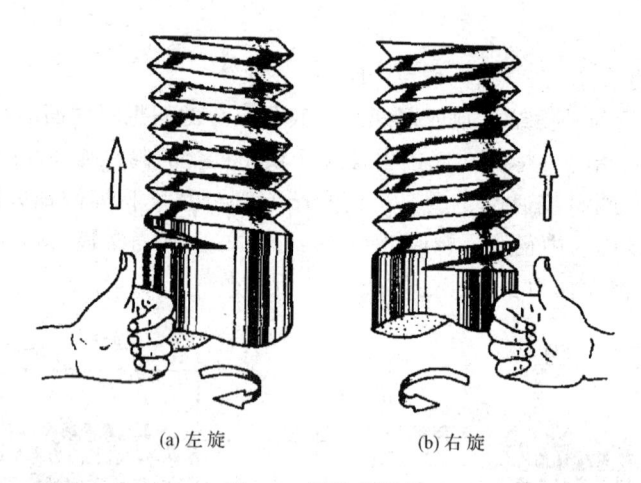

图 3-7 螺纹的旋向

在螺纹的要素中，螺纹牙型、大径和螺距是决定螺纹最基本的要素，称为螺纹三要素。

3.1.2 螺纹的种类

螺纹按用途分为两大类，即连接螺纹和传动螺纹，如表3-1所示。

1. 连接螺纹

连接螺纹常用的有两种，即普通螺纹与管螺纹。其中普通螺纹又分为粗牙普通螺纹和细牙普通螺纹。管螺纹则分为非螺纹密封的管螺纹和用螺纹密封的管螺纹。

连接螺纹的特点是牙型皆为三角形，其中普通螺纹的牙型角为60°，管螺纹的牙型角为55°。

普通螺纹中粗牙和细牙的区别：在大径相同的条件下，细牙普通螺纹的螺距比粗牙普通螺纹的螺距小。

细牙普通螺纹多用于细小的精密零件或薄壁零件，而管螺纹多用于水管、油管和煤气管上。

2. 传动螺纹

传动螺纹是用来传递动力和运动的，常用的有梯形螺纹和锯齿形螺纹，锯齿形螺纹是一种受单向力的传动螺纹。各种机床上的丝杠常采用梯形螺纹，螺旋压力机和千斤顶的丝杠则采用锯齿形螺纹。

3.1.3 螺纹的表示方法与标注

为了便于制图，国家标准《技术制图》GB/T 4459.1—1995 对螺纹和螺纹紧固件做了规定画法。

国家标准规定：可见的螺纹牙顶线用粗实线表示，牙底线用细实线表示，螺纹终止线用粗实线表示。在反映为圆的视图中，牙顶圆用粗实线画整圆，牙底圆用细实线画 3/4 圈圆弧，1/4 圆弧的缺口方向不作规定，倒角圆不画。不可见时，所有图线全用虚线表示。

1. 螺纹的表示方法

1) 内外螺纹的表示方法

螺纹的牙顶用粗实线表示，牙底用细实线表示，倒角或倒圆部分也应画出。在垂直于螺纹轴线的投影面的视图，表示牙底的细实线圆只画约 3/4 圈，螺纹端部的倒角投影省略不画。螺纹终止线用粗实线表示。

(1) 外螺纹的画法，如图 3-8 所示。

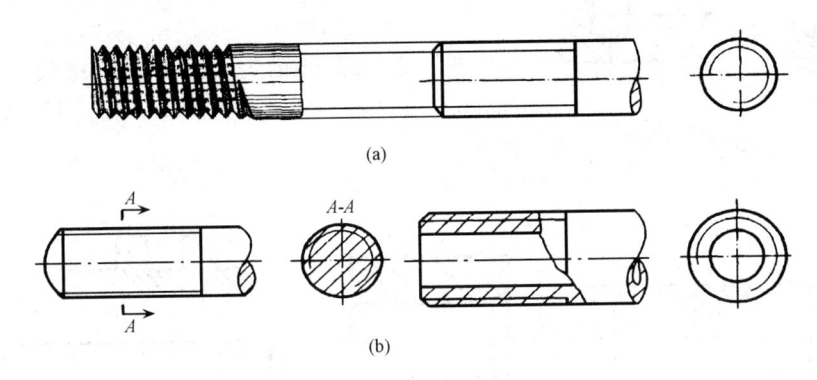

图 3-8 外螺纹的画法

(2) 内螺纹的画法，如图 3-9 所示。

(3) 螺尾部分一般不必画出，当需要表示螺尾时，该部分用与轴线成 30°角的细实线画出，如图 3-10 所示。

注意：内、外螺纹在剖视图或断面图中的剖面线都应画到粗实线处。

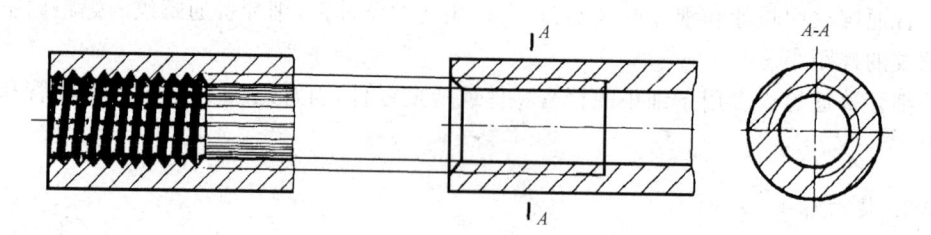

图 3-9　内螺纹的画法

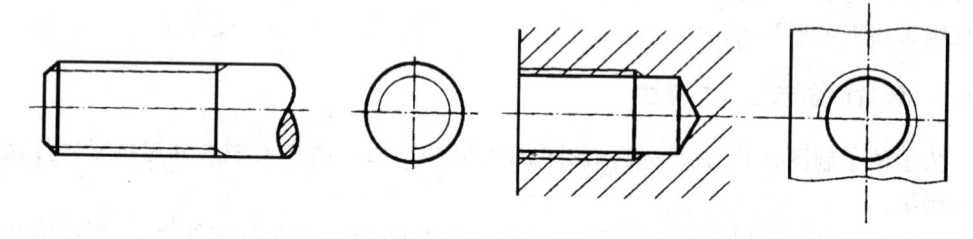

图 3-10　螺尾部分画法

2) 不穿通的螺纹的表示方法

一般内螺纹采用过螺纹轴线的剖视图来表示。当螺孔不穿通时,应画出钻孔深度和螺孔深度,光孔底部圆锥的锥顶角应画成120°,如图3-11所示。

3) 螺纹牙型的表示

当需要表示螺纹牙型时,应用局部剖视图或局部放大图表示几个牙型(如图3-12所示)。绘制传动螺纹时,一般需要表示几个牙型。

4) 锥螺纹的画法

螺纹加工在圆锥表面上称为锥螺纹。如图3-13所示,左视图按左侧大端螺纹画,右视图按右侧小端螺纹画。

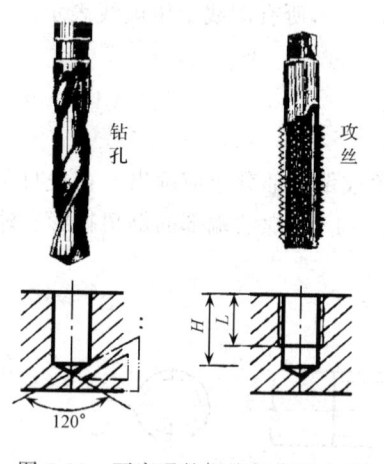

图 3-11　不穿通的螺纹的表示方法

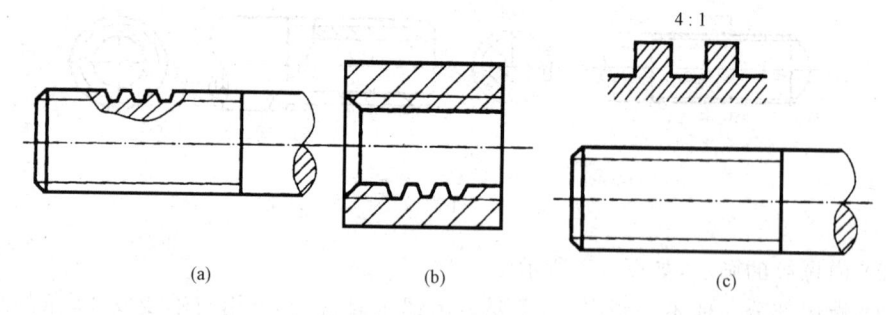

(a)　　　(b)　　　(c)

图 3-12　螺纹牙型的表示

5) 不可见螺纹的画法

不可见螺纹的所有图线按虚线绘制,如图3-14所示。

6）螺纹孔相交的画法

螺纹孔相交时,需画出钻孔的相贯线,其余仍按螺纹画法,如图3-15所示。

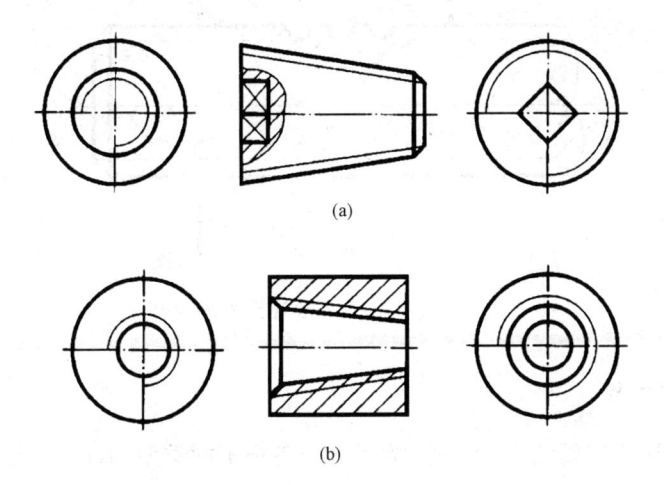

图 3-13 锥螺纹的画法

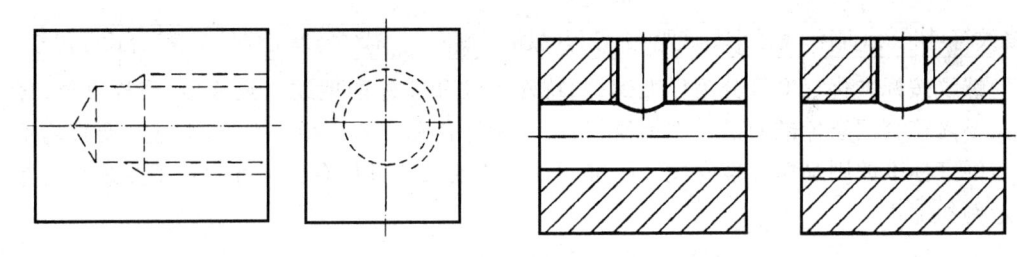

图 3-14 不可见螺纹的画法   图 3-15 螺纹孔相交的画法

7）螺纹连接的规定画法

以剖视图表示内外螺纹连接时,在旋合部分应按外螺纹的画法绘制,其余部分仍按各自的画法表示,如图3-16所示。

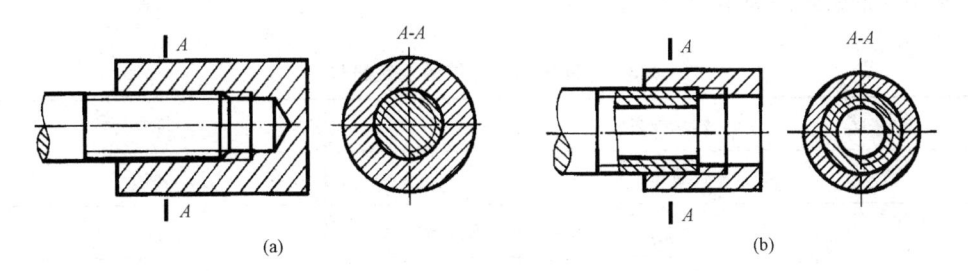

图 3-16 螺纹连接的规定画法

绘图时应注意表示大、小径的粗实线和细实线要分别对齐。外螺纹若为实心杆件,全剖时(按轴线方向剖切)仍按不剖绘制。

如为传动螺纹连接,在旋合处应采用局部剖视表示几个牙型,如图3-17所示。

只有基本要素完全相同的内、外螺纹才能旋合。

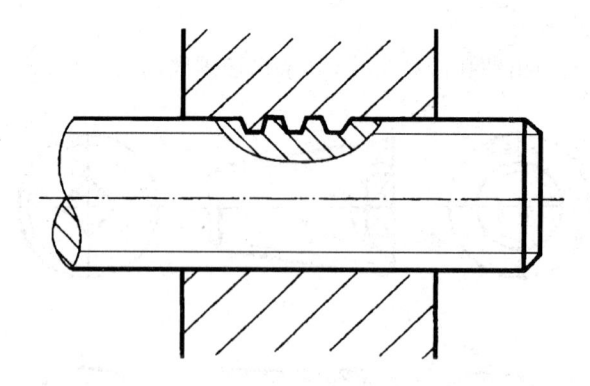

图 3-17 传动螺纹连接表示

2. 螺纹的规定标注

螺纹除按上述规定画法表示以外,为了区分各种不同类型和规格的螺纹,还必须在图上进行标注,国家标准规定了标准螺纹标注的内容和方法。

一般螺纹(管螺纹除外)标注的格式如下:

| 螺纹符号 | 公称直径(大径) | × | 螺距 或 导程(螺距) | 旋向 | — | 螺纹公差带代号 | — | 旋合长度代号 |

螺纹按标准化程度可分为标准螺纹、特殊螺纹和非标准螺纹。凡牙型、公称直径、螺距三要素符合国家标准的是标准螺纹;只有牙型符合标准的是特殊螺纹;上述三要素均不符合国家标准的则是非标准螺纹。标准螺纹的要素尺寸可从有关标准中查得。螺纹的标注示例如下:

$M10 \times 1LH - 5g6g - S$

- 螺纹代号
- 螺纹大径
- 螺距
- 左旋
- 中径公差带代号
- 顶径公差带代号
- 旋合长度代号

常用标准螺纹的规定符号见表 3-2。

表 3-2 常用标准螺纹的规定符号

螺纹种类		符号
普通螺纹		M
管螺纹	非螺纹密封的管螺纹	G
	用螺纹密封的锥管螺纹	R(外螺纹)Re(内螺纹)
	用螺纹密封的圆柱内管螺纹	Rp
梯形螺纹		Tr
锯齿形螺纹		B

常用标准螺纹的规定标注示例见表3-3。

表3-3 常用标准螺纹的规定标注示例

螺纹种类	标注内容和方式	图 例	说 明
粗牙普通螺纹（单线）	1. 粗牙普通螺纹标注示例： M10-5g6g-s 　　　　旋合长度代号 　　　顶径公差带代号 　　中径公差带代号 M10LH-7H-L 　　　　旋合长度代号 　　中径和顶径公差带代号 左旋 M10-5g6g（不注螺纹旋合长度）	M10-5g6g-S M10LH-7H-L M10-5g6g	1. 不注螺距 2. 右旋省略不注，左旋要标注 3. 旋合长度代号为S：短旋合长度；N：中旋合长度；L：长旋合长度 4. 中径和顶径公差带代号相同时，只标注一个代号，如7H 5. 若为中等旋合长度，可省略不注
细牙普通螺纹（单线）	2. 细牙普通螺纹标注示例： M10×1.5-5g6g	M10×1.5-5g6g	1. 要标注螺距 2. 其他规定同上
非螺纹密封的管螺纹（单线）	管螺纹标注 1. 非螺纹密封的内管螺纹示例： 　　G1/2 2. 非螺纹密封的外管螺纹示例： 　公差等级为A级 G1/2A 　公差等级为B级 G1/2B	G1/2 G1/2A	1. 管螺纹均从大径处引出指线标注 2. G右边数字为管螺纹名称，据此查出螺纹大径

续表

螺纹种类	标注内容和方式	图 例	说 明
用螺纹密封的管螺纹（单线）	3. 用螺纹密封的圆柱内管螺纹示例： 　　Rp1/2 4. 用螺纹密封的圆锥内管螺纹示例： 　　Rc1/2 5. 用螺纹密封的圆锥外管螺纹示例： 　　R1/2	Rp1/2 Rc1/2	
梯形螺纹（单线或多线）	梯形螺纹标注 1. 单线梯形螺纹标注示例： Tr40×7-7e 　　公差带代号 　　螺距 　　公称直径	Tr40×7-7e	1. 要标注螺距 2. 多线的要标注导程

3. 螺纹紧固件的画法和标注

常用的螺纹紧固件有：螺栓、双头螺柱、螺钉、紧定螺钉、螺母和垫圈等。由于这类零件都已标准化了，并由标准件厂大量生产，根据规定标记，它们的结构形式和尺寸，可从有关标准中查出。表 3-4 列出了常用螺纹紧固件及其规定标记。

表 3-4　常用螺纹紧固件及其规定标记

名　称	规定标记示例	名　称	规定标记示例
六角头螺栓	螺栓 GB5780 M12×50	开槽长圆柱端紧定螺钉	螺钉 GB75 M6×20
双头螺柱	螺柱 GB897 M12×50	开槽圆柱头螺钉	螺钉 GB65 M10×45
开槽锥端紧定螺钉	螺钉 GB71 M6×20	开槽盘头螺钉	螺钉 GB67 M10×45

续表

名 称	规定标记示例	名 称	规定标记示例
开槽沉头螺钉	螺钉 GB68 M10×50	I型六角开槽螺母	螺母 GB178 M16
十字槽沉头螺钉	螺钉 GB819 M10×45	平垫圈	垫圈 GB97.1—16
I型六角螺母-A和B级	螺母 GB170 M16	标准型弹簧垫圈	垫圈 GB93—16

螺纹紧固件规定标记应包括：名称、标准号和规格。

4. 螺栓和螺栓的装配图表示

1) 螺栓装配图的画法

螺栓连接由螺栓、螺母、垫圈组成。螺栓连接用于被连接的两零件厚度不大，可钻出通孔的情况，如图3-18所示。

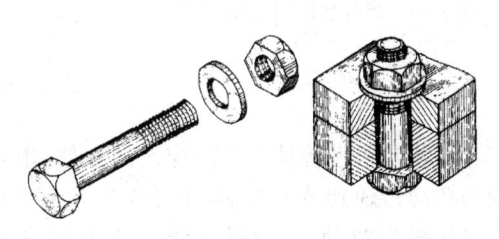

图3-18 螺栓连接

螺栓装配图的画法见如图3-19所示。螺栓装配的简化画法如图3-20所示。

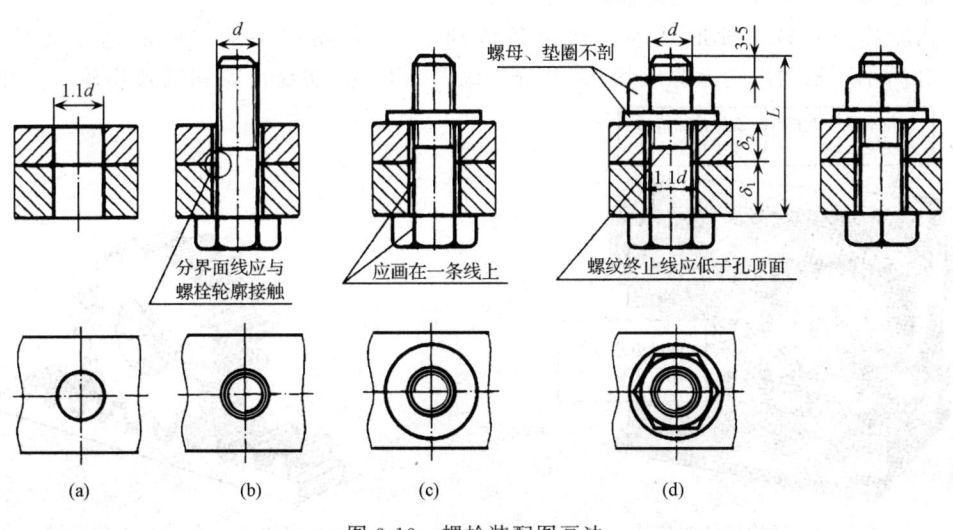

图3-19 螺栓装配图画法

2）螺钉装配图画法

螺钉连接不用螺母，而将螺钉直接拧入机件的螺孔里。螺钉连接多用于受力不大的情况。

螺钉根据头部形状的不同可分为多种型式，图 3-21 是几种常用螺钉装配图的画法。

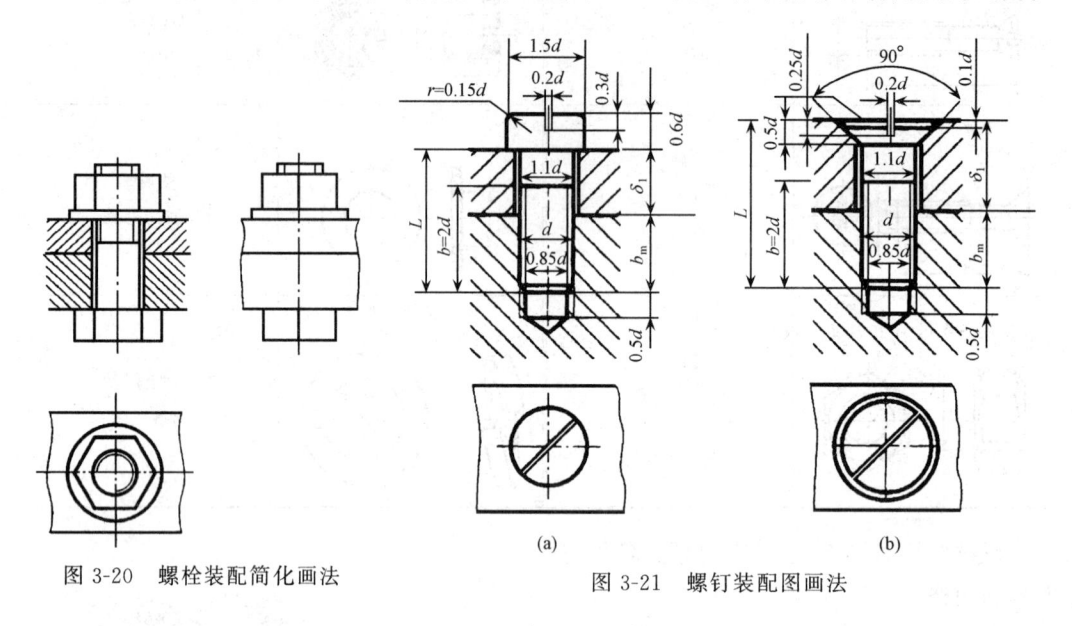

图 3-20 螺栓装配简化画法

图 3-21 螺钉装配图画法

3.2 齿 轮

齿轮是机械传动中广泛应用的零件，用来传递运动和力。一般利用一对齿轮将一根轴的转动传递到另一根轴，并可改变转速和旋转方向。

如图 3-22 所示，根据传动的情况，齿轮可分为三类：

圆柱齿轮——用于两平行轴之间的传动；

圆锥齿轮——用于两相交轴之间的传动；

蜗轮蜗杆——用于两交叉轴之间的传动。

齿轮传动的另一种形式为齿轮齿条传动，用于转动和平动之间的运动转换，如图 3-23 所示。根据齿轮齿廓形状，又可分为渐开线齿轮、摆线齿轮和圆弧齿轮。其中渐

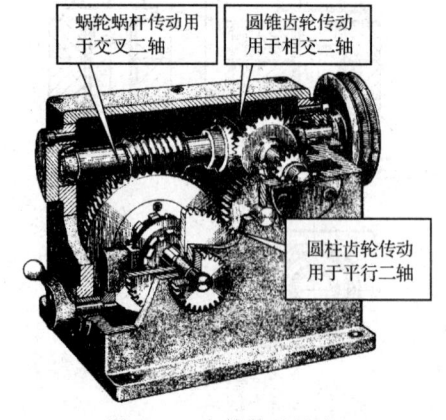

图 3-22 齿轮传动的应用

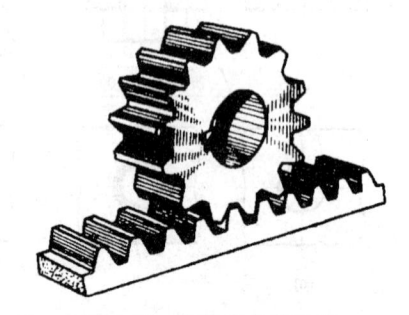

图 3-23 齿轮齿条传动图

开线齿轮应用最广。

3.2.1 圆柱齿轮

圆柱齿轮的轮齿有直齿、斜齿和人字齿三种。按齿廓曲线又可分为渐开线齿轮、圆弧齿轮、摆线齿轮等。本章节着重介绍渐开线齿廓圆柱齿轮的尺寸关系和规定画法。

1. 标准直齿圆柱齿轮各部分的名称和尺寸关系

现以标准直齿圆柱齿轮为例说明齿轮各部分的名称和尺寸关系,如图 3-24 所示。

压力角——轮齿在分度圆的啮合点 c 处的受力方向线与该点瞬时运动方向线间的夹角,用 α 表示。标准齿轮 $\alpha=20°$。

模数——齿距与圆周率 π 的比值 p/π,用 m 表示(单位 mm),其值已标准化。模数的标准数值如表 3-5 所示。

齿顶圆——通过轮齿顶部的假想圆,其直径用 d_a 表示。

齿根圆——通过轮齿根部的假想圆,其直径用 d_f 表示。

分度圆——截得齿厚和槽宽相等的假想圆,其直径用 d 表示。在标准齿轮中 $d=mz$(z 为齿数)。

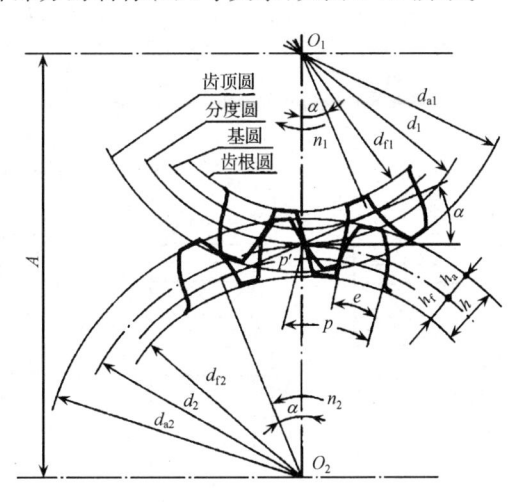

图 3-24 啮合齿轮各部分的名称

节圆——以两啮合齿轮的中心为圆心,中心到啮合点(中心连线与啮合线的交点)为半径作出的假想圆,其直径以 d' 表示。

齿厚——分度圆截得轮齿厚度的弧长,用 s 表示。

槽宽——分度圆截得齿槽部分的弧长,用 e 表示。

齿距——分度圆上相邻两齿对应点间的弧长,用 p 表示,$p=s+e$。

齿顶高——分度圆至齿顶圆间的径向距离,用 h_a 表示,$h_a=1m$。

齿根高——分度圆至齿根圆间的径向距离,用 h_f 表示,$h_f=1.25m$。

齿高——齿顶圆与齿根圆之间的径向距离,用 h 表示,$h=h_a+h_f$。

表 3-5 标准模数

第一系列	1,1.25,1.5,2,2.5,3,4,5,6,8,10,12,14,16,20,25,32,40,50
第二系列	1.75,2.25,2.75,(3.25),3.5,(3.75),4.5,5.5,(6.5),7,9,(11),14,18,22,28,36,45

注:选用模数时应优先选用第一系列,其次选用第二系列,括号内的模数尽可能不用。

2. 圆柱齿轮的表示方法

1) 单个圆柱齿轮的表示方法

(1) 齿顶圆和齿顶线用粗实线绘制。

(2) 分度圆和分度线用点划线绘制。

(3) 齿根圆和齿根线用细实线绘制,可省略;在剖视图中,齿根线用粗实线绘制。

(4) 在剖视图中,当剖切平面通过齿轮轴线时,轮齿一律按不剖处理(如图 3-25 所示)。

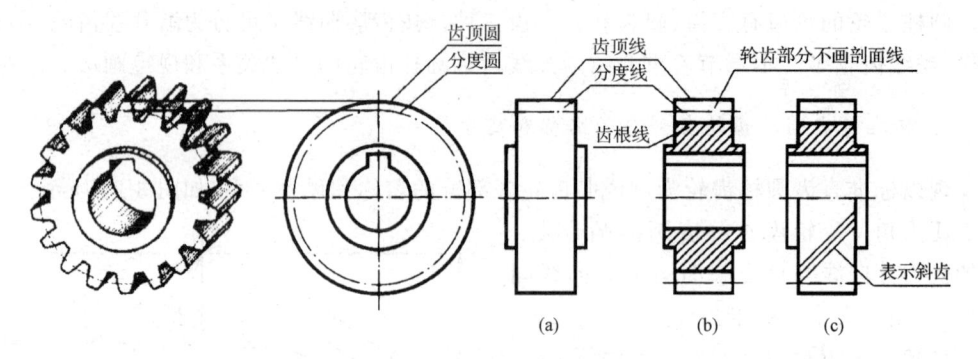

图 3-25 单个圆柱齿轮的画法

(5) 当需要表达斜齿和人字齿的齿线方向时,可在未剖处用三条与齿向一致的细实线表示,如图 3-26 所示。

2) 圆柱齿轮的啮合表示方法

一对正确安装的标准圆柱齿轮互相啮合时,它们的分度圆处于相切的位置,此时的分度圆又称节圆,在机械制图中表示如下:

(1) 在垂直于齿轮轴线的投影面的视图中,啮合区的两齿顶圆均用粗实线完整画出,也可省略不画;齿根线用细实线绘制,也可省略不画;节圆用细点划线圆画出,两啮合齿轮节圆相切,如图 3-27 所示。

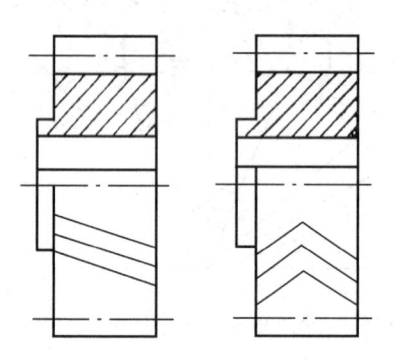

图 3-26 斜齿和人字齿表示方法

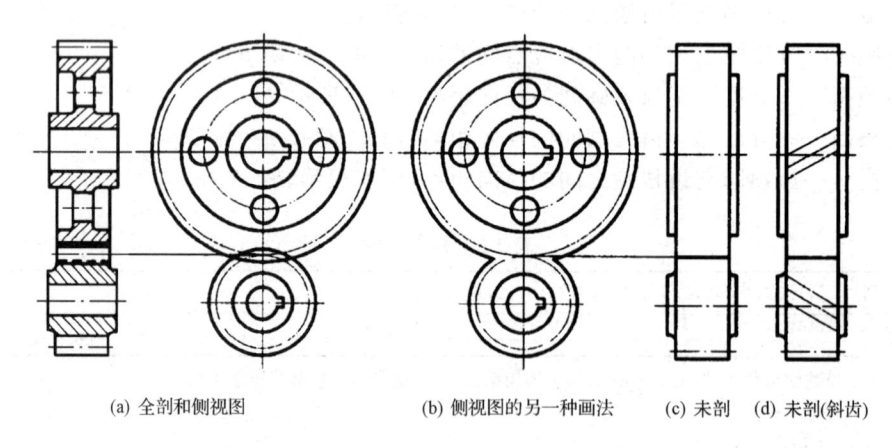

(a) 全剖和侧视图　　(b) 侧视图的另一种画法　　(c) 未剖　(d) 未剖(斜齿)

图 3-27 圆柱齿轮啮合画法

(2) 在平行于齿轮轴线的投影面的外形视图中,啮合区的齿顶线、齿根线均不画,节线用粗实线画出;非啮合区按单个齿轮画法绘制。

（3）在平行于齿轮轴线的投影面的剖视图中，轮齿仍按不剖处理；在啮合区中，两齿轮的节线重合为一条，画点划线；两齿轮的齿顶线，一条画粗实线，另一条被遮挡的画虚线；两齿轮的齿根线均画粗实线，齿顶线与齿根线间留有间隙，剖面线画到表示齿根线的粗实线为止。

3.2.2 圆锥齿轮

直齿圆锥齿轮通常用于垂直相交的两轴之间的传动。其主体结构由顶锥、前锥和背锥组成。轮齿分布在圆锥面上，齿形从大端到小端逐渐收缩。为了便于设计和制造，国家标准规定以大端参数为标准值。

直齿圆锥齿轮各部分名称和代号如图3-28所示。

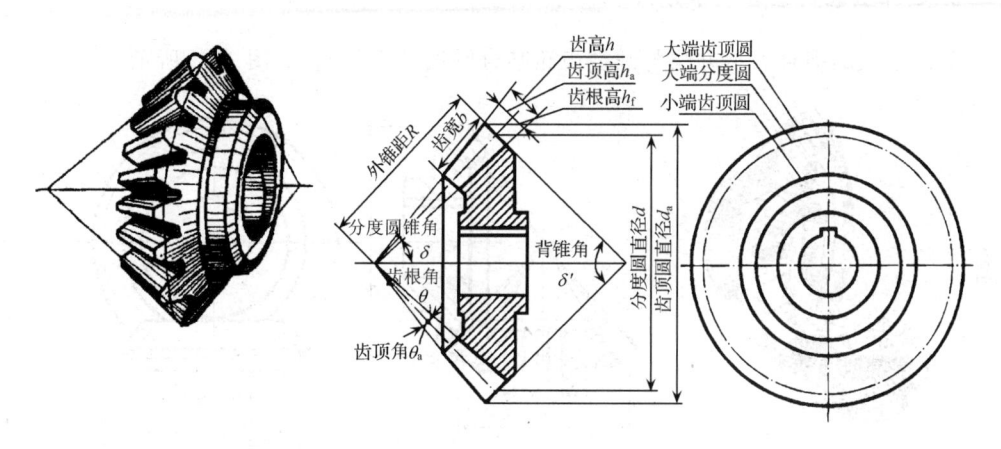

图 3-28 直齿圆锥齿轮各部分名称和代号

当给定直齿圆锥齿轮的齿数、模数和分度圆锥角后，可按有关公式计算各部尺寸。直齿圆锥齿轮画法与圆柱齿轮画法基本相同。

1. 单个圆锥齿轮表示方法

单个圆锥齿轮的画法如图3-29所示，画图步骤如图3-30所示。

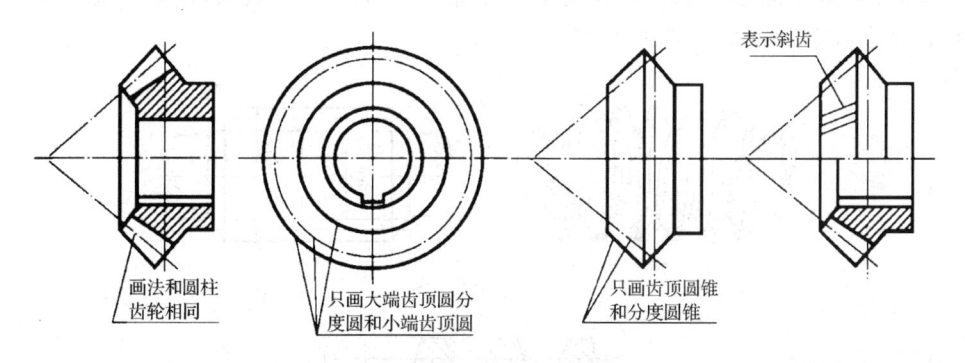

图 3-29 单个圆锥齿轮画法

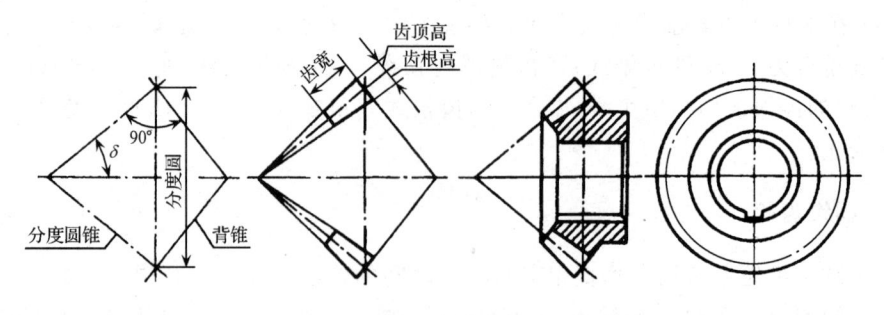

图 3-30 圆锥齿轮的画图步骤

2. 圆锥齿轮的啮合表示方法

圆锥齿轮的啮合表示方法与圆柱齿轮啮合画法基本相同,如图 3-31 所示。

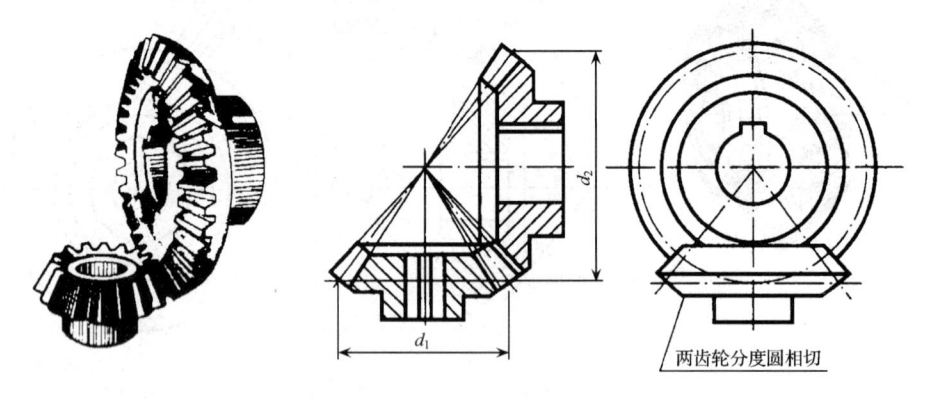

图 3-31 圆柱齿轮啮合画法

3.2.3 蜗杆、蜗轮

蜗轮、蜗杆常用于垂直交叉两轴之间的传动。一般情况下,蜗杆是主动件,蜗轮是从动件。蜗轮蜗杆传动具有结构紧凑、传动比大的优点,但效率低。蜗杆齿廓的轴向剖面呈等腰梯形,与梯形螺纹相似,其齿数又称头数,相当于螺纹的线数,常用单头或双头蜗杆。蜗杆各部分名称和画法,如图 3-32 所示。

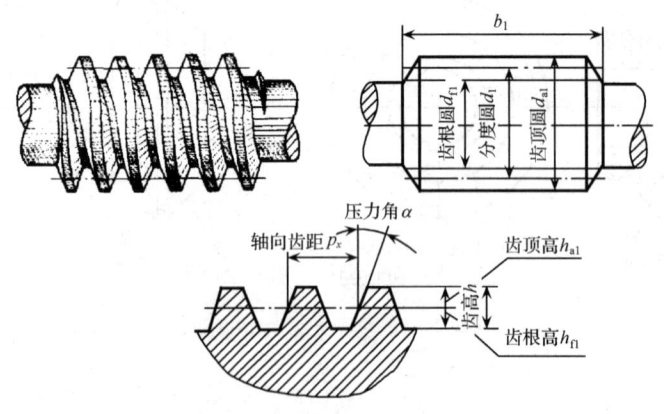

图 3-32 蜗杆各部分名称和画法

蜗轮实际上是斜齿圆柱齿轮,为了增加与蜗杆的接触面,蜗轮的齿顶常加工成凹形环面,以延长使用寿命。蜗轮各部分名称和画法如图 3-33 所示。

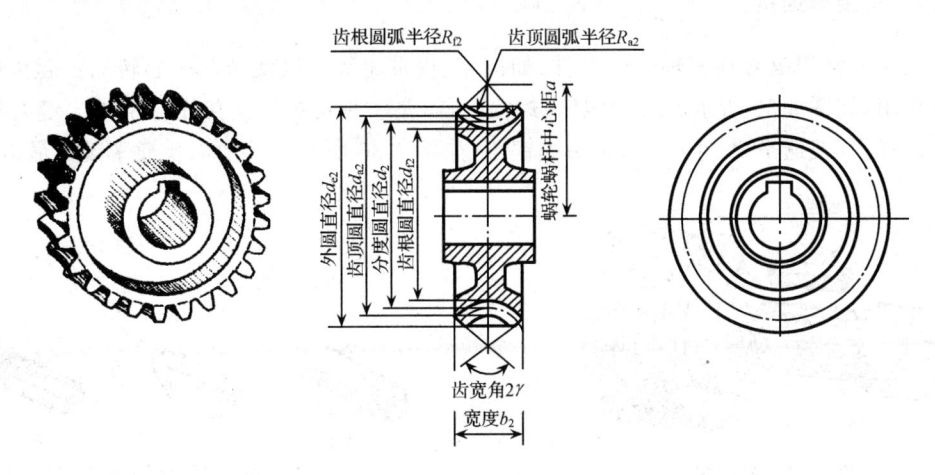

图 3-33 蜗轮各部分名称和画法

蜗轮的画法:在蜗轮投影为圆的视图中,只画分度圆和外圆,齿顶圆和齿根圆不必画出。在剖视图上,轮齿的画法与圆柱齿轮相同,如图 3-33 所示。蜗杆的画法与圆柱齿轮的规定画法相同。为表明蜗杆的牙型,一般采用局部剖视,画几个牙型或画牙型放大图,如图 3-32 所示。

蜗轮、蜗杆啮合的画法如图 3-34 所示。在蜗杆投影为圆的视图上,蜗轮与蜗杆投影重合的部分,只画蜗杆不画蜗轮。在蜗轮投影为圆的视图上,蜗轮分度圆与蜗杆的节线要画成相切;若取剖视,则蜗轮被蜗杆遮住的部分,可画虚线或省略不画,如图 3-34(b)所示;若画外形图,则可按图 3-34(a)的形式画出。

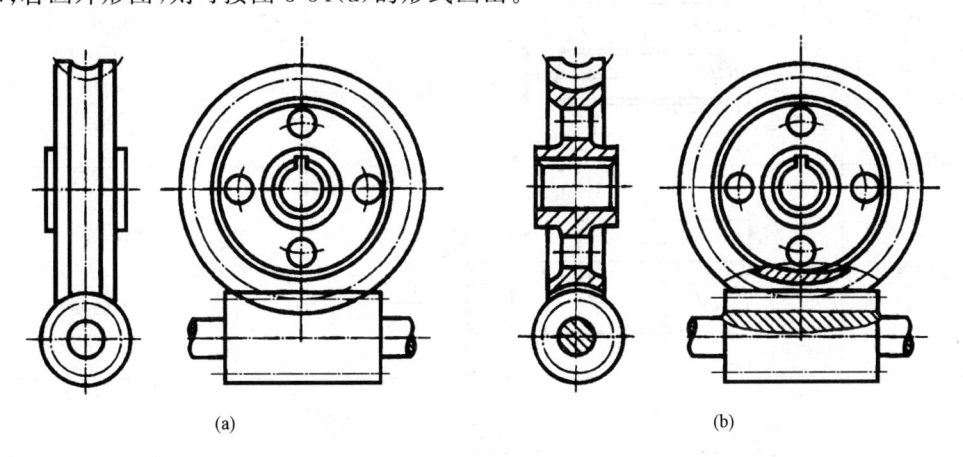

图 3-34 蜗轮、蜗杆啮合的画法

3.3 键、销、弹簧及滚动轴承

键和销是标准件,它们的结构、形式和尺寸,国家标准都有规定,使用时可查有关标准。

3.3.1 常用键连接

机器上常用键来连接轴上的零件(如齿轮、皮带轮等),以便与轴一起转动。起传递扭矩的作用,如图 3-35 所示。键和螺钉、螺栓一样,是一种可拆的连接用标准件。键有很多种,常用的有普遍平键、半圆键、钩头楔键等(如图 3-36 所示),其中以普通平键为最常见。

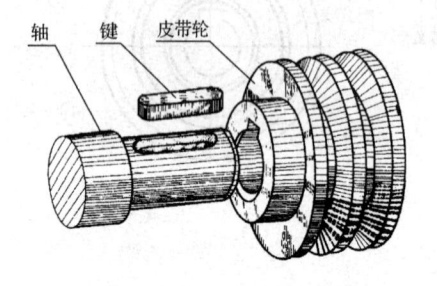

图 3-35 键连接　　　　　图 3-36 常用键的类型

普通平键有圆头(A 型)、平头(B 型)和单圆头(C 型)三种型式。常用键的型式及规定标记详见表 3-6。

表 3-6 常用键的型式及规定标记

名　称	图　例	规定标记示例
圆头普通平键	(A型图示)	圆头普通平键(A 型) $b=16mm, h=10mm, L=100mm$ 键 16×100　GB1096
半圆键	(半圆键图示)	半圆键 $b=6mm, h=10mm, d_1=25mm$ 键 6×25　GB1099
钩头楔键	(钩头楔键图示)	钩头楔键 $b=16mm, h=10mm, L=100mm$ 键 16×100　GB1565

键和键槽的尺寸由轴的公称直径 d 来决定。

在零件图上,轴上键槽深度、宽度常用局部视图和剖面表示;轮毂上的键槽深度、宽度常用局部视图表示。它们的画法和尺寸注法,如图 3-37 所示。

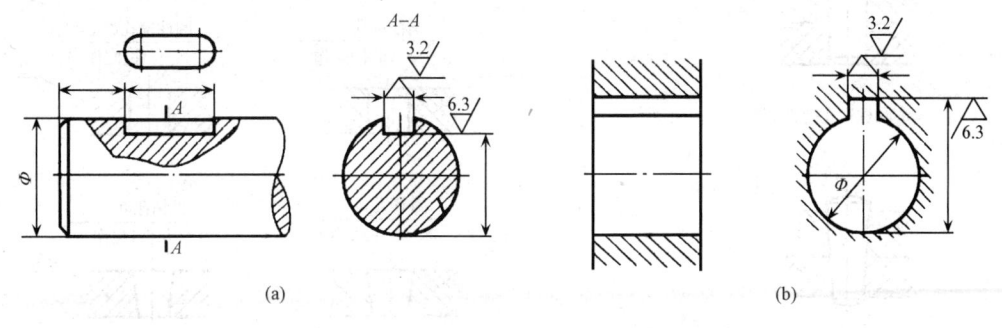

图 3-37 轴上键槽及轮毂上键槽的画法

在装配图上,由于普通平键的两个侧面是工作面,所以平键的两个侧面与轮、轴的键槽侧面是接触面;键底与轴槽底面也是接触面,它们在图上画成一条线,而平键的顶面与轮毂的键槽顶面之间留有间隙,在图上应画两条线。键按实心零件画法画出,即键被纵向对称剖切时,规定不画剖面符号。轴上的键槽,常需局部剖开表示,如图 3-38、图 3-39 所示。

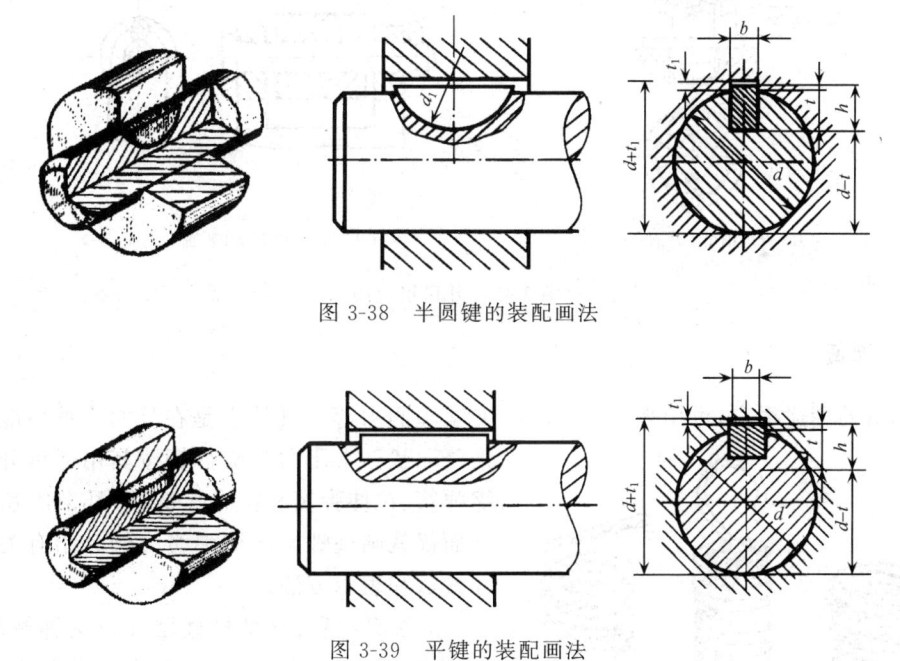

图 3-38 半圆键的装配画法

图 3-39 平键的装配画法

3.3.2 销连接

机器上用销来连接零件或传递动力。为了保证零件间正确的相对位置,也常用销来定位。如图 3-40 所示。常用的销有圆柱销、圆锥销、开口销等。

圆柱销与圆锥销用于零件间连接和定位,为了保证被连接的两个零件相对位置的准确性,加工时被连接的两个零件一定要装在一起同时钻孔和铰孔,因此在零件图上要加以说明,如图 3-41 所示。

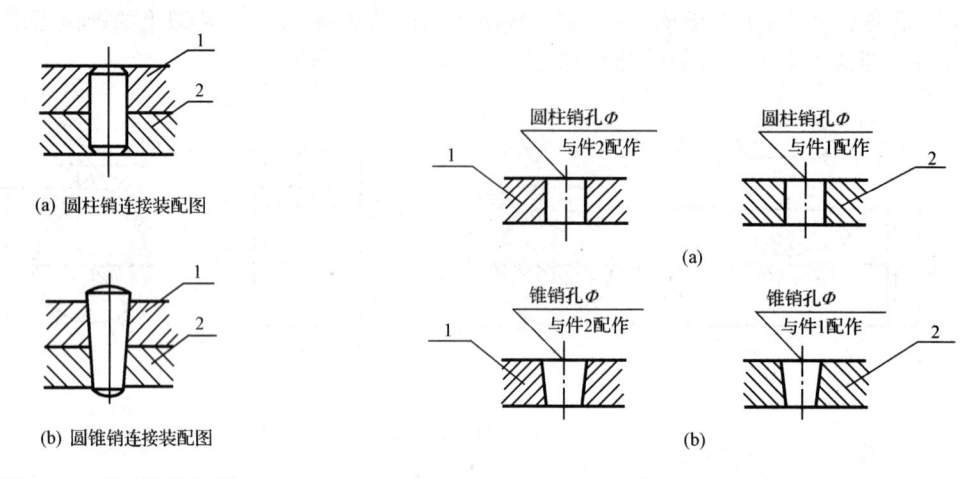

(a) 圆柱销连接装配图

(b) 圆锥销连接装配图

图 3-40 销连接装配图

(a)

(b)

图 3-41 销孔画法和标记

开口销是由半圆形金属弯成,常与带孔螺栓、开槽螺母配合使用,以防螺母松动(如图 3-42(a)所示)或连接松脱(如图 3-42(b)所示)。

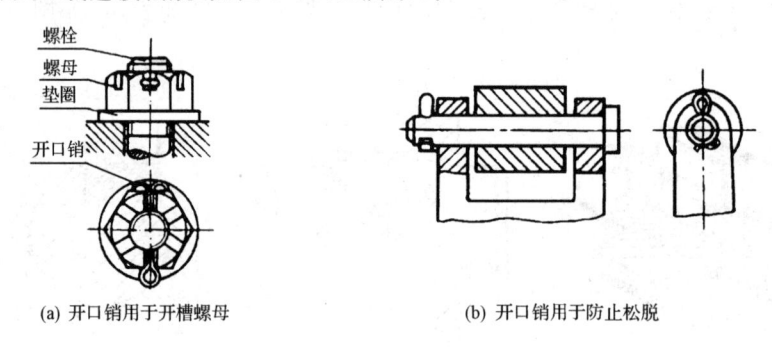

(a) 开口销用于开槽螺母

(b) 开口销用于防止松脱

图 3-42 开口销应用

3.3.3 弹簧

弹簧的用途很广,可用来减振、储能、夹紧和测力等。其特点是在外力去掉后能立即恢复原状。常用的螺旋弹簧按其用途可分为压缩弹簧、拉伸弹簧和扭力弹簧(如图 3-43 所示)。下面仅就圆柱螺旋压缩弹簧为例介绍有关的尺寸参数和表示方法。

图 3-43 圆柱螺旋弹簧

d 为簧丝直径(型材直径);D 为弹簧外径;D_1 为弹簧内径:$D_1 = D - 2d$;D_2 为弹簧中径:$D_2 = D_1 + d = D - d$;p 为节距(除支承圈外,相邻两圈沿轴向的距离);n 为工作圈数(有效圈数);n_0 为支承圈数(两端并紧且磨平的圈数);支承圈数为 1.5～2.5 圈,2.5 圈用得最多,即两端各并紧 1/2 圈,且磨平 3/4;n_1 为总圈数,$n_1 = n + n_0$;H_0 为自由高度,

$H_0 = np + (n_0 - 0.5)d$。

1. 圆柱螺旋压缩弹簧零件图的规定画法

圆柱螺旋压缩弹簧的规定画法见图3-44。圆柱螺旋压缩弹簧在平行于轴线的投影面的视图中,其各图的轮廓应画成直线。圆柱螺旋压缩弹簧均可画成右旋,但左旋弹簧不论画成左旋或右旋,一律加注"左"字。有效圈在4圈以上的圆柱螺旋压缩弹簧,可只在两端各画1~2圈(支承圈除外),而将中间部分省略,并允许缩短图形的长度。

例3-1 簧丝直径$d=4$mm;弹簧外径$D=60$mm;节距$p=10$mm;工作圈数$n=12$;支承圈数$n_0=2.5$,右旋。

(1) 计算:

总圈数 $n_1 = n + n_0 = 12 + 2.5 = 14.5$

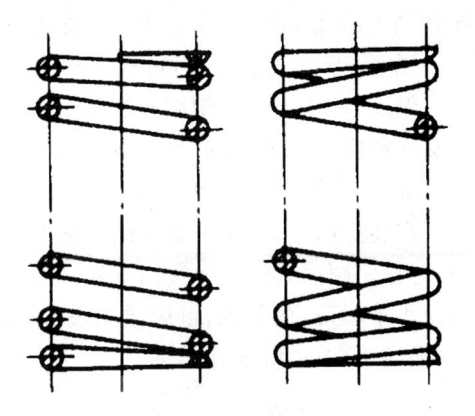

自由高度 $H_0 = np + (n_0 - 0.5)d = 12 \times 10 + (2.5 - 0.5) \times 4 = 128$

中径 $D_2 = D_1 + d = D - d = 60 - 4 = 56$

图3-44 圆柱螺旋压缩弹簧表示方法

(2) 零件图:由于圆柱螺旋弹簧有规定画法,故设计部门常使用空白图(如图3-45所示),填上尺寸和技术要求,就成为一张弹簧零件图。图中,弹簧的参数一般应直接标注在图形上,有困难时可在技术要求中说明。若需表明弹簧负荷与长度关系时,必须用图解表示。F_1为弹簧的预加负荷;F_2为弹簧的最大工作负荷;F_n为弹簧允许的极限负荷。

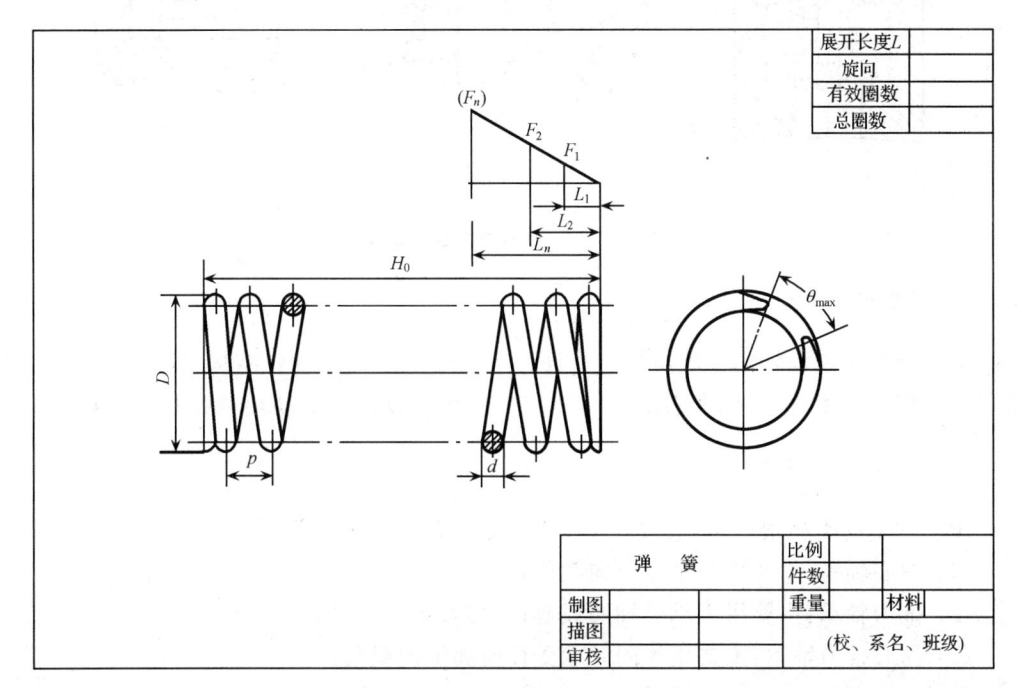

图3-45 圆柱螺旋弹簧零件图

2. 圆柱螺旋压缩弹簧的标记

GB1973.3—89规定小型圆柱螺旋压缩弹簧的标记格式：

名称　　　型式　　尺寸　　　　　精度、旋向　　标准编号　　　　材料牌号　表面处理
压簧(Y)Ⅰ(Ⅱ)$d \times D_2 \times H_0$ －精度、旋向　GB××××－××　　　　　—

说明：旋向为右旋时，可以不标旋向；左旋一定要加标注。

例 3-2 小型圆柱螺旋压缩弹簧，Ⅰ型，$d=0.20$，$D_2=2.50$，$H_0=6$，刚度、外径、自由高度精度为 2 级，材料为碳素弹簧钢丝 B 组，且表面镀锌处理，左旋。

标记　YⅠ$0.20 \times 2.50 \times 6-2$ 左　　GB/T 4459.4—2003

在装配图中，弹簧中间各圈可采取省略画法，省略画法后弹簧后面的结构按不可见处理，可见轮廓线只画到弹簧钢丝的剖面轮廓或中心线上（如图 3-46(a) 所示）；簧丝直径等于或小于 2mm 的剖面，可用涂黑表示（如图 3-46(b) 所示），小于 1mm 时，可采用示意画法（如图 3-46(c) 所示）。

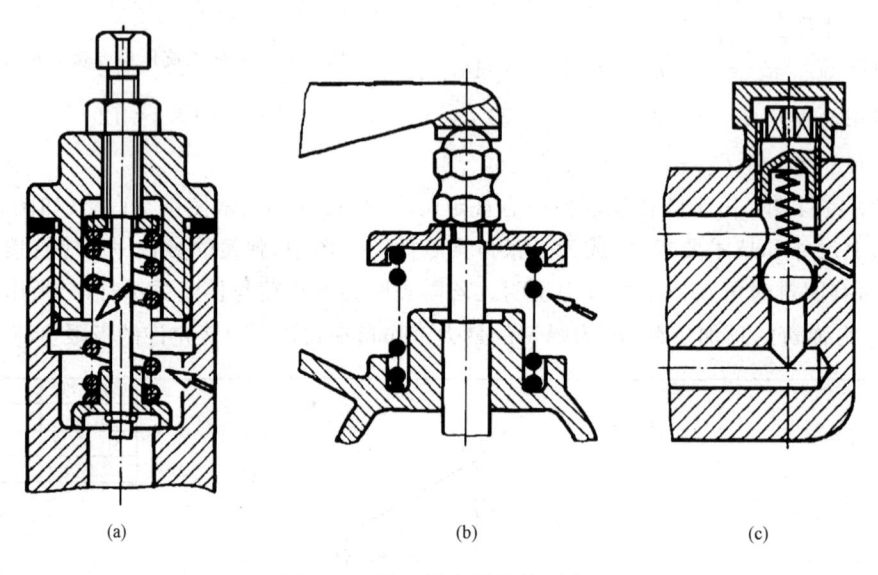

(a)　　　　　　　　　(b)　　　　　　　　　(c)

图 3-46　装配图中弹簧的画法

3.3.4　滚动轴承

滚动轴承是支承轴的标准组件。它具有摩擦阻力小、效率高、结构紧凑等优点，因此在机器中广泛应用，国家标准 GB/T 4459.7—1998 还规定了滚动轴承的方法。

1. 滚动轴承的类型和代号

滚动轴承的类型很多，一般按其承受载荷的方向分为三大类（如图 3-47 所示）。

(1) 向心轴承：主要用于承受径向载荷；
(2) 推力轴承：主要用于承受轴向载荷；
(3) 向心推力轴承：主要用于同时承受径向和轴向载荷。

滚动轴承的种类虽多，但结构大致相同，即由外(上)圈、内(下)圈、滚动体(钢球、圆柱

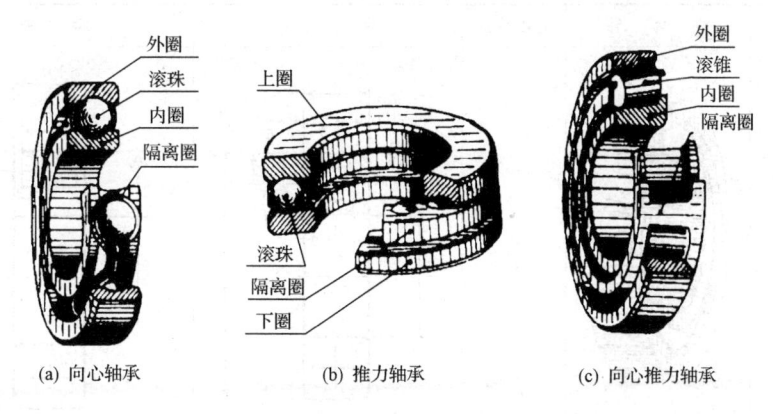

(a) 向心轴承　　(b) 推力轴承　　(c) 向心推力轴承

图 3-47　滚动轴承的类型

滚子、滚针等)和隔离圈四个部分组成。

滚动轴承的类型很多,为了便于组织生产和选用,国家标准规定了用七位数字表示的滚动轴承的基本代号,常用的是右四位数字。

| 类型代号 |　| 尺寸系列代号 |　| 内径代号 |

滚动轴承的基本代号由三部分组成,具体详见有关手册。

2. 滚动轴承表示方法

滚动轴承是标准组件,因此不必画出零件图,只在装配图中根据外径 D、内径 d 及宽度 B 等几个主要参数,按比例将其一半近似地画出,另一半只画出外轮廓,并用细实线画上对角线见表3-7。

表 3-7　常用滚动轴承的画法

轴承名称和代号	立 体 图	主要数据	规 定 画 法	特 征 画 法
深沟球轴承 GB 276—89 0000 型		D d B		

续表

轴承名称和代号	立 体 图	主要数据	规 定 画 法	特 征 画 法
向心短圆柱滚子轴承 GB283—87 2000 型		D d B		
圆锥滚子轴承 GB273.1—87 7000 型		D d B T c		
平底推力球轴承 GB 301—84 8000 型		D d H		

第4章 零件图

4.1 零件图的概念和内容

4.1.1 零件图的概念

零件是按零件图的要求加工出来的。如图4-1所示的齿轮泵是由泵体、泵盖、齿轮轴、从动齿轮、紧固螺钉、螺帽、垫片等零件组成的。零件图就是用来表示零件结构形状、尺寸大小和技术要求的图样,是制造和检验零件的主要依据,是设计和生产过程中的主要技术资料。

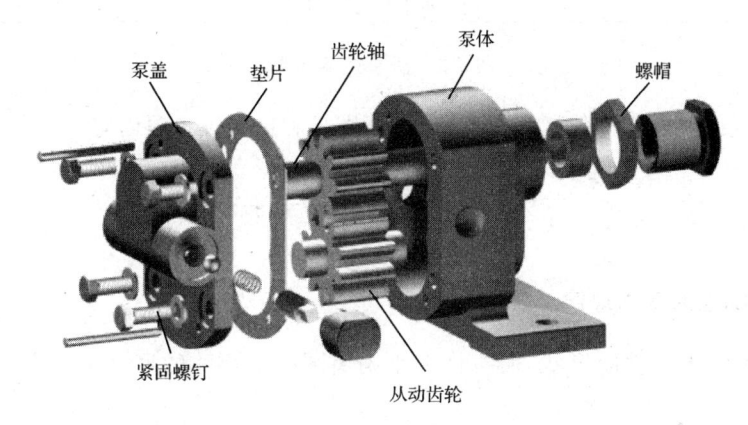

图4-1 齿轮泵结构图

如在制造图4-2所示的活塞销零件前,应该首先根据设计或使用要求,画出如图4-3所示的零件图。在制造过程中,还将根据零件图标题栏中填写的材料和数量进行备料、制造毛坯,按图示的形状、尺寸大小和技术要求进行加工制造,最后根据图纸进行检验。

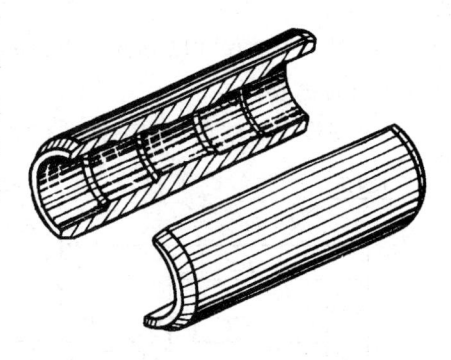

图4-2 活塞销

4.1.2 零件图的内容

一张完整的零件图一般应具有以下的内容:
(1)图形,用一组图形(包括视图、剖视、剖面、局部放大图等),完整、清晰地表达出零件的内外结构形状;
(2)尺寸,用足够的尺寸把零件的结构形状及其相互位置的大小标注清楚;
(3)技术要求,用文字或符号说明零件在制造和检验时所必须达到的一些技术参数,如表面粗糙度、公差与配合、热处理等;

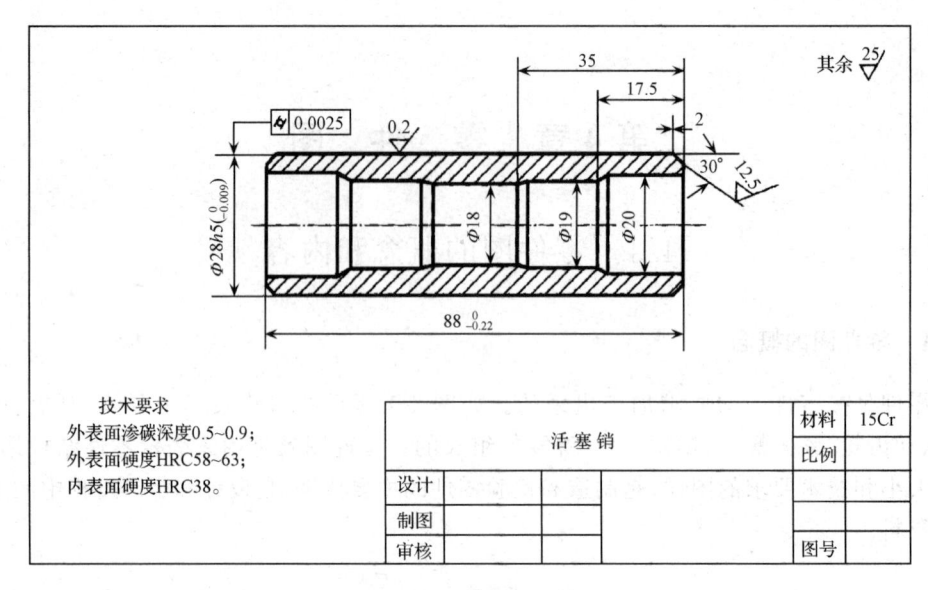

图 4-3　活塞销零件图

（4）标题栏，说明零件的名称、材料、数量、图号和比例等各项内容。

4.2　零件图的尺寸标注

4.2.1　尺寸标注的基本规律

图形只表示出机件的形状，而机件大小则由图样上标注的尺寸来决定，制图"国标"规定：

（1）机件的真实大小以图样上所注的尺寸数值为依据，与图形大小及绘图的准确度无关。

（2）图样中的尺寸以 mm 为单位时，不需注明其名称或代号；如采用其他单位时，则必须注明名称或代号。

（3）图样中所注尺寸应为该图样所示机件的最后完工尺寸，否则需另加说明。

（4）机件的每一尺寸，一般只注一次，并应注在反映该结构最清晰的图形上。

4.2.2　尺寸要素

一个完整的尺寸，必须包含有尺寸数字、尺寸界线和尺寸线等要素（如图 4-4 所示）。

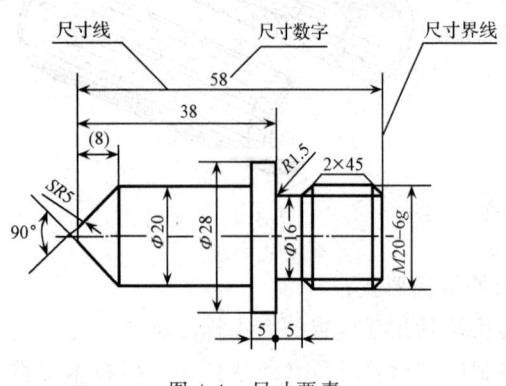

图 4-4　尺寸要素

1. 尺寸数字

线性尺寸数字一般应注写在尺寸线的

上方,也允许注写在尺寸线的中断处。一张图样上应尽可能采用同一种注写方式。

水平方向尺寸数字字头朝上,垂直方向尺寸数字字头朝左,各种倾斜方向尺寸字头保持朝上的趋势。

尺寸数字不可被任何图线通过,无法避免时,必须将该图线断开,如图 4-4 中 $\Phi 20$、$\Phi 16$、$\Phi 28$ 处。

2. 尺寸线

尺寸线用细实线单独绘出,不能用图样上的其他图线代替或画在它们的延长线上。

尺寸线两端必须画上指向尺寸界线的箭头。在小尺寸中无法画出箭头时,允许采用图 4-5 所示画法。

线性尺寸的尺寸线必须与所注的线段平行,以圆或圆弧为尺寸界线时,尺寸线必须过圆心。角度尺寸的尺寸线是以角顶为圆心的圆弧(如图 4-4 所示)。

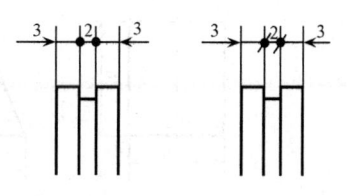

图 4-5 小尺寸中的箭头

3. 尺寸界线

尺寸界线用细实线绘制,从图形的轮廓线、轴线或对称中心线处引出,也可利用图形的图线作尺寸界线。

4.2.3 尺寸符号

当所注尺寸部位的形状或该尺寸的意义需要说明时,常在尺寸数字前面加注一些特定的符号,如图 4-4 中 $\Phi 28$、$SR5$ 分别表示直径为 28mm 的圆以及半径为 5mm 的球。C 表示该尺寸部位是 45°倒角结构等。

国标建议在标注尺寸时,尽可能使用符号和缩写词。常用符号和缩写词如表 4-1 所示。

表 4-1 常用符号和缩写词

名 称	符号或缩写	名 称	符号或缩写	名 称	符号或缩写
直径	Φ	正方形	□	45°倒角	C
半径	R	弧长	⌒	深度	↧
圆球	S	度	°	沉孔	⌴
板厚	t	参考尺寸	( )	均布	EQS

4.2.4 零件的三种尺寸

组成零件的尺寸有三类。

1. 定形尺寸

用以确定组成零件的各基本体大小的尺寸称定形尺寸。

图 4-6 是常见基本体的尺寸标注。

例如,如图 4-7 所示支架零件,由圆筒、肋板和底板叠合而成,其定形尺寸有:

图 4-6　基本体的尺寸标注

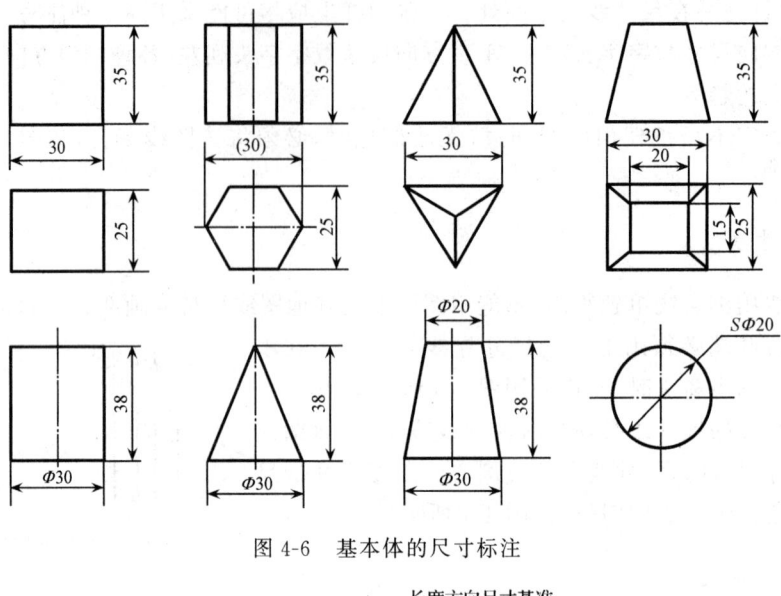

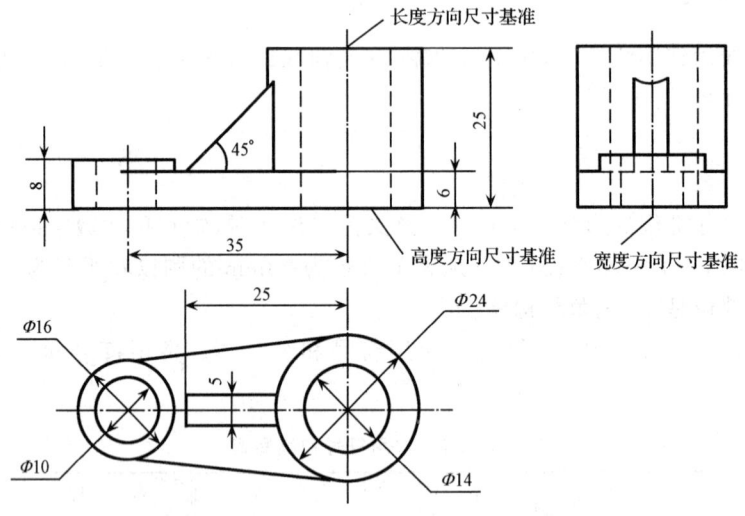

图 4-7　支架的尺寸标注

确定底板圆筒大小的尺寸——外径 $\varPhi16$、内径 $\varPhi10$、高 8 和外径 $\varPhi24$、内径 $\varPhi14$、高 25。

确定肋板大小的尺寸——宽度 5。

确定底板大小的尺寸——高度 6。

2．定位尺寸

用以确定组成零件的各基本体相对位置的尺寸称定位尺寸。如支架图中大小圆筒的中心距 35、大圆筒与肋板的定位尺寸 25 等。

3．总体尺寸

用以确定整个零件的总长、总宽和总高的尺寸称总体尺寸。如图 4-7 所示支架的总

宽 $\Phi 24$ 和总高 25。总长可由中心距 $35+16/2+24/2$ 间接得到。

上述三类尺寸,并不能截然区分。有时一个尺寸既可是定形尺寸,又可是定位尺寸或总体尺寸。如上述支架圆筒定形尺寸 $\Phi 24$ 也是支架的总高;25 和 45°是肋板长和高的定形尺寸,同时 25 也是大筒与肋板的定位尺寸。

4.2.5 尺寸基准

标注尺寸的起点称尺寸基准。每个零件有长、宽、高三个方向的尺寸,每个方向至少应有一个尺寸基准。例如,图 4-7 支架的尺寸标注时,长度方向的尺寸基准为支座大圆筒轴线,宽度方向的尺寸基准为支座前后对称平面,高度方向的尺寸基准为支座底面。

一般选择零件的底面、对称平面、重要端面或回转体的轴线作为尺寸基准,各个方向的重要尺寸从相应尺寸基准出发进行标注。通常以对称平面为尺寸基准时,要注出对称部分的全长而不是一半的尺寸,如支架肋板的宽度 5。

4.2.6 常见的尺寸标注

常见键槽的尺寸标注如图 4-8 所示,直线孔距的尺寸标注如图 4-9 所示,圆周分布孔

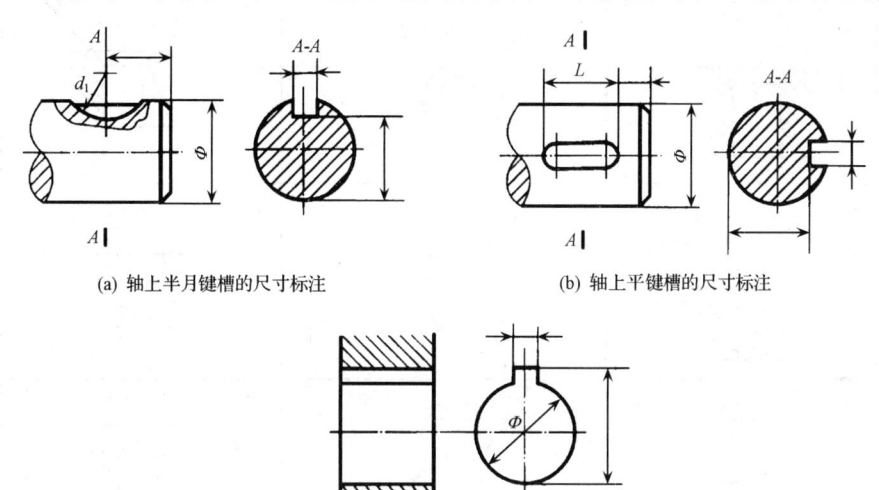

(a) 轴上半月键槽的尺寸标注　　　　　(b) 轴上平键槽的尺寸标注

(c) 孔内键槽的尺寸标注

图 4-8　键槽的尺寸标注

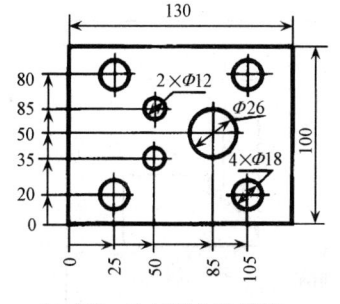

(a) 由同一尺寸出发的尺寸标注 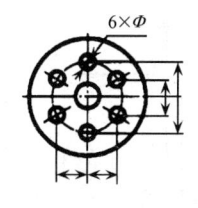　　(b) 以对称轴为基准的尺寸标注 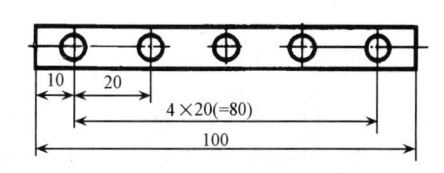　　(c) 孔等距分布的尺寸标注

图 4-9　直线孔距的尺寸标注

距的尺寸标注如图4-10所示，沉孔的尺寸标注如图4-11所示，退刀槽的尺寸标注如图4-12所示，内螺纹的尺寸标注如图4-13(其中"3"表示有相同的3个)所示，倒角的尺寸标注如图4-14所示。

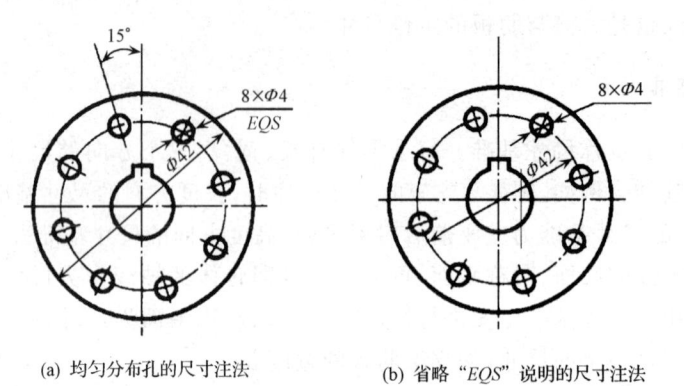

(a) 均匀分布孔的尺寸注法　　(b) 省略"EQS"说明的尺寸注法

图 4-10　圆周分布孔距的尺寸标注

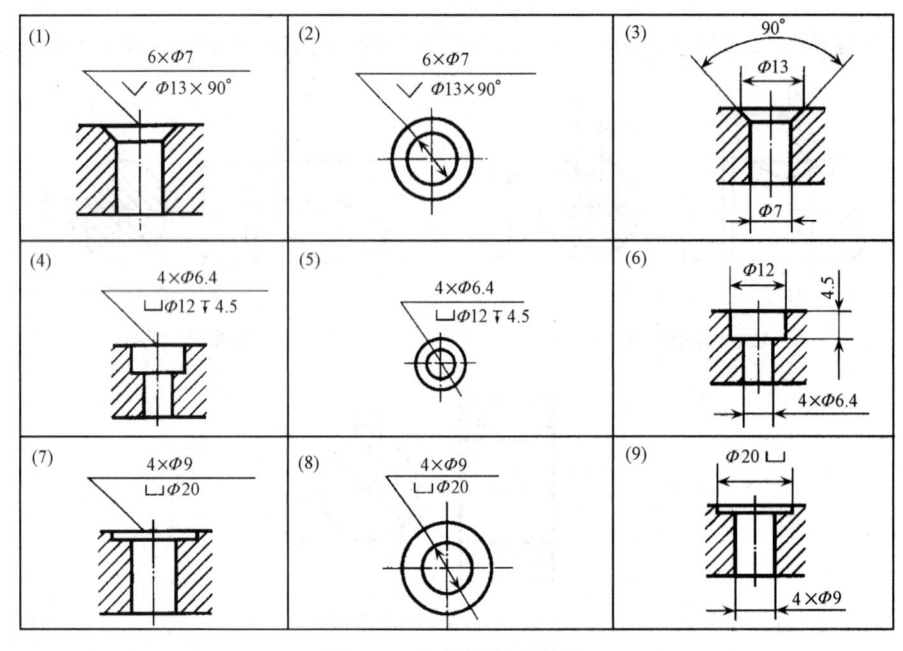

图 4-11　沉孔的尺寸标注

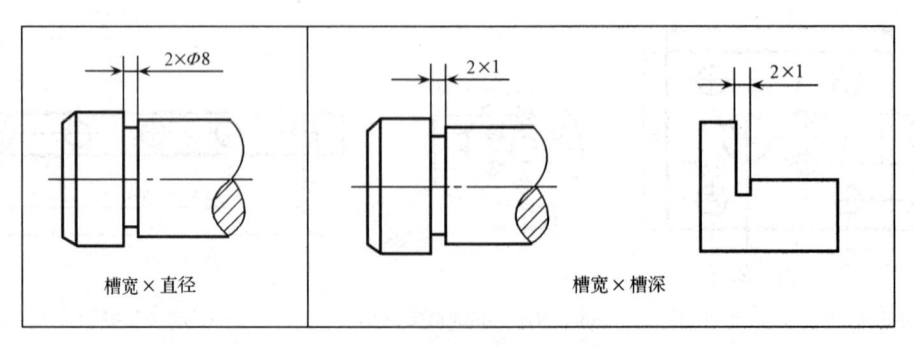

图 4-12　退刀槽的尺寸标注

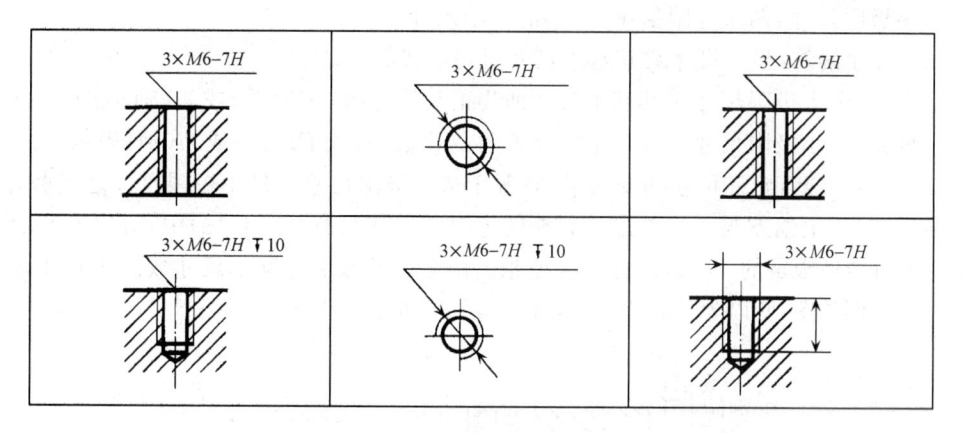

图 4-13 内螺纹的尺寸标注

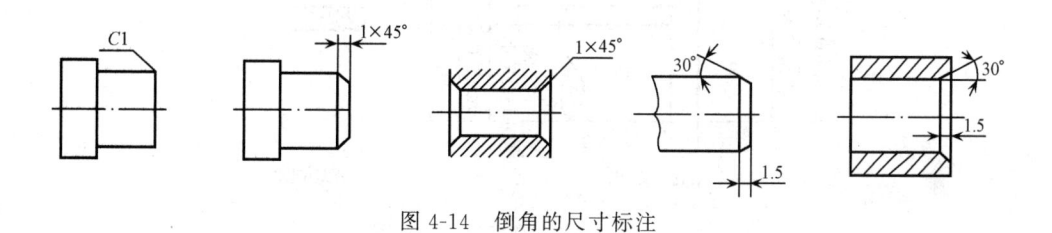

图 4-14 倒角的尺寸标注

4.3 零件图的技术要求

除了用视图表达零件的结构和用尺寸表达零件的大小外,在零件图上还有制造该零件应达到的技术要求。它包括尺寸公差、形状和位置公差、表面粗糙度、材料、材料的热处理及表面保护等。

4.3.1 尺寸公差与配合

在成批或大量生产中,要求在同一规格的一批零件中,任意取出一个零件,无需修配就能顺利地进行装配,并达到规定的技术要求,这种性质叫做**互换性**。为了保证零件的互换性,必须对零件加工后的实际尺寸规定一个允许的变动范围。零件实际尺寸允许的变动量,叫做尺寸公差,简称公差。

尺寸公差分成20级,即IT01、IT0、IT1至IT18。IT表示标准公差,后面的数字表示公差等级。从IT01至IT18,等级依次降低,通常IT01~IT12用于配合尺寸,IT13~IT18用于非配合尺寸。

1. 尺寸公差的术语（如图 4-15 所示）

(1) 基本尺寸:设计时给定的尺寸。
(2) 实际尺寸:通过测量所得的尺寸。
(3) 极限尺寸:允许尺寸变化的两个界限值。
最大极限尺寸:两个界限值中,较大的一个尺寸。

最小极限尺寸:两个界限值中,较小的一个尺寸。

(4) 尺寸偏差:某一尺寸减其基本尺寸所得的代数差。

上偏差:最大极限尺寸减其基本尺寸所得的代数差,以 ES(孔)或 es(轴)表示。

下偏差:最小极限尺寸减其基本尺寸所得的代数差,以 EI(孔)或 ei(轴)表示。

(5) 尺寸公差:允许尺寸的变动量,它等于最大极限尺寸与最小极限尺寸之代数差的绝对值,也等于上偏差与下偏差之代数差的绝对值。在示意图 4-15(a)中,由代表上、下偏差的两条直线所限定的一个区域称为公差带。由于公差数值与基本尺寸数值相差甚远,不便用同一比例作图,所以为了简化起见,就用类似于图 4-15(b)这样的公差带图来表示。

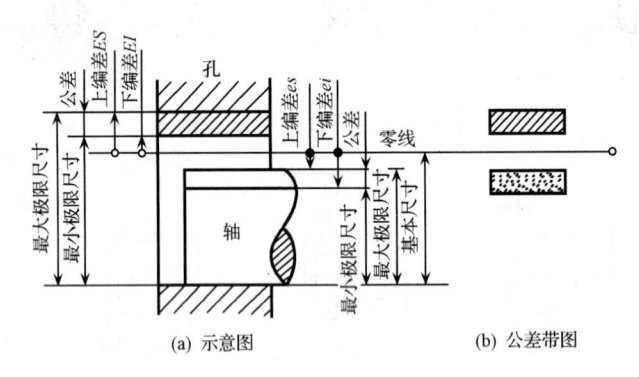

图 4-15 尺寸偏差与公差示意图

(6) 零线:在公差带图中,确定偏差的一条基准直线,即零偏差线。零线代表零件的基本尺寸线。由标准公差确定公差带图中的公差带大小(宽度);由基本偏差确定公差带相对于零线的位置。

(7) 标准公差:标准公差是国家标准所列的,用以确定公差带大小的任一公差(如表 4-2 所示)。IT 表示标准公差,数字表示等级,如 IT8 表示标准公差 8 级。

表 4-2 标准公差数值

基本尺寸		公差等级																		
		μm												mm						
大于	至	IT01	IT0	IT1	IT2	IT3	IT4	IT5	IT6	IT7	IT8	IT9	IT10	IT11	IT12	IT13	IT14	IT15	IT16	IT17	IT18
1	3	0.3	0.5	0.8	1.2	2	3	4	6	10	14	25	40	60	0.10	0.14	0.25	0.40	0.60	1.0	1.4
3	6	0.4	0.6	1	1.5	2.5	4	5	8	12	18	30	48	75	0.12	0.18	0.30	0.48	0.75	1.2	1.8
6	10	0.4	0.6	1	1.5	2.5	4	6	9	15	22	36	58	90	0.15	0.22	0.36	0.58	0.90	1.5	2.2
10	18	0.5	0.8	1.2	2	3	5	8	11	18	27	43	70	110	0.18	0.27	0.43	0.70	1.10	1.8	2.7
18	30	0.6	1	1.5	2.5	4	6	9	13	21	33	52	84	130	0.21	0.33	0.52	0.84	1.30	2.1	3.3
30	50	0.6	1	1.5	2.5	4	7	11	16	25	39	62	100	160	0.25	0.39	0.62	1.00	1.60	2.5	3.9
50	80	0.8	1.2	2	3	5	8	13	19	30	46	74	120	190	0.30	0.46	0.74	1.20	1.90	3.0	4.6
80	120	1	1.5	2.5	4	6	10	15	22	35	54	87	140	220	0.35	0.54	0.87	1.40	2.20	3.5	5.4

续表

基本尺寸		公 差 等 级																	
		μm												mm					
大于	至	IT01	IT0	IT1	IT2	IT3	IT4	IT5	IT6	IT7	IT8	IT9	IT10	IT11	IT12	IT13	IT14	IT15	IT16	IT17	IT18
120	180	1.2	2	3.5	5	8	12	18	25	40	63	100	160	250	0.40	0.63	1.00	1.60	2.50	4.0	6.3
180	250	2	3	4.5	7	10	14	20	29	46	72	115	185	290	0.46	0.72	1.15	1.85	2.90	4.6	7.2
250	315	2.5	4	6	8	12	16	23	32	52	81	130	210	320	0.52	0.81	1.30	2.10	3.20	5.2	8.1
315	400	3	5	7	9	13	18	25	36	57	89	140	230	360	0.57	0.89	1.40	2.30	3.60	5.7	8.9
400	500	4	6	8	10	15	20	27	40	63	97	155	250	400	0.63	0.97	1.55	2.50	4.00	6.3	9.7

(8) 基本偏差：基本偏差是国家标准所列的，用以确定公差带相对于零线位置的上偏差或下偏差，一般为靠近零线的那个偏差。国家标准规定基本偏差代号用拉丁字母来表示，大写字母表示孔，小写字母表示轴，孔与轴的基本偏差各 28 个（如图 4-16 所示），它们的数值见表 4-3、表 4-4，其中基本偏差 H、h 为零。

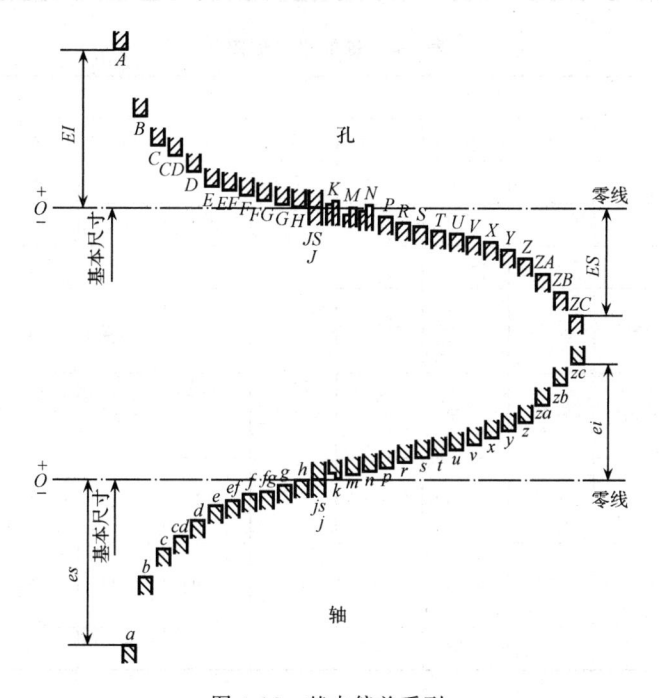

图 4-16 基本偏差系列

(9) 公差带代号：孔、轴公差带代号用基本偏差代号与标准公差等级代号组成。例如，孔的公差带代号 $H8$、$F8$、$K7$ 等；轴的公差带代号 $h7$、$f7$、$p6$ 等。

图 4-15(b)所示的公差带由"公差带大小"与"公差带位置"两个要素组成，其中公差带大小由标准公差决定，公差带位置由基本偏差决定。

表 4-3 孔的极限偏差

基本尺寸/mm		极限偏差/μm									
大于	至	C	D	F	G	H	K	N	P	S	U
—	3	+60	+20	+6	+2	0	−4	−6	−14	−18
3	6	+70	+30	+10	+4		+3	−4	−8	−15	−19
6	10	+80	+40	+13	+5		+5	−4	−9	−17	−22
10	14	+95	+50	+16	+6		+6	−5	−11	−21	−26
14	18										
18	24	+110	+65	+20	+7	0	+6	−7	−14	−27	−33
24	30										−40
30	40	+120	+80	+25	+9		+7	−8	−17	−34	−51
40	50	+130									−61
50	65	+140	+100	+30	+10		+9	−9	−21	−42	−76
65	80	+150								−48	−91
80	100	+170	+120	+36	+12		+10	−10	−24	−58	−111

表 4-4 轴的极限偏差

基本尺寸/mm		极限偏差/μm									
大于	至	c	d	f	g	h	k	n	p	s	u
—	3	−60	−20	−6	−2	0	+4	+6	+14	+18
3	6	−70	−30	−10	−4		+1	+8	+12	+19	+23
6	10	−80	−40	−13	−5			+10	+15	+23	+28
10	14	−95	−50	−16	−6			+12	+18	+28	+33
14	18										
18	24	−110	−65	−20	−7	0	−6	+15	+22	+35	+41
24	30										+48
30	40	−120	−80	−25	−9		−7	+17	+26	+43	+60
40	50	−130									+70
50	65	−140	−100	−30	−10		−9	+20	+32	+53	+76
65	80	−150								+59	+87
80	100	−170	−120	−36	−12		−10	+23	+37	+71	+102

2. 配合

配合是基本尺寸相同的、相互结合的孔和轴公差带之间的关系。根据设计要求,孔与轴配合的松紧程度分为三类:间隙配合、过盈配合和过渡配合。

(1) 间隙配合。间隙配合是具有间隙(包括最小间隙等于零)的配合。当间隙配合时,孔的公差带在轴的公差带之上(如图 4-17 所示)。

最大间隙＝孔的上偏差－轴的下偏差 ＞ 0

· 94 ·

最小间隙＝孔的下偏差－轴的上偏差 $\geqslant 0$

（2）过盈配合。过盈配合是具有过盈（包括最小过盈等于零）的配合。当过盈配合时，孔的公差带在轴的公差带之下（如图4-18所示）。

最大过盈＝孔的下偏差－轴的上偏差 < 0

最小过盈＝孔的上偏差－轴的下偏差 $\leqslant 0$

（3）过渡配合。过渡配合是可能具有间隙或过盈的配合。当过渡配合时，孔的公差带与轴的公差带相互交叠（如图4-19所示）。

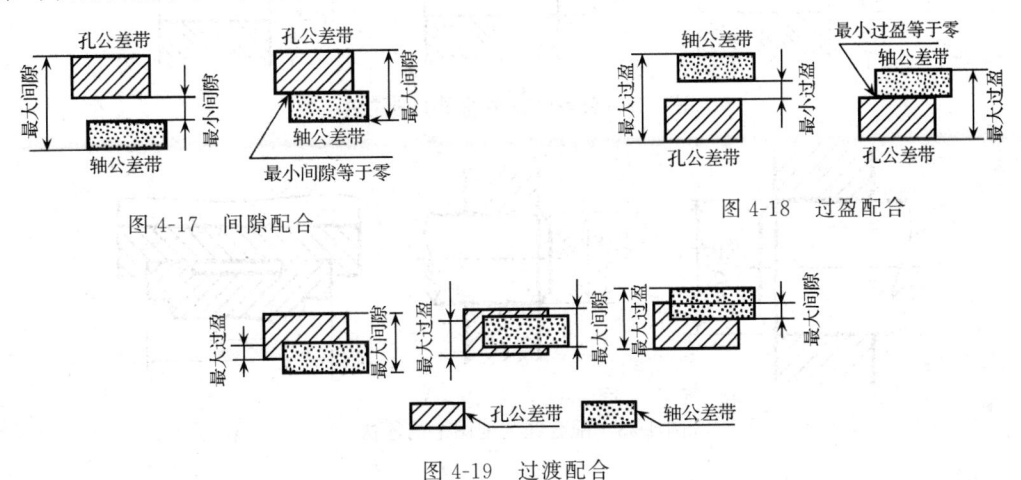

图 4-17 间隙配合

图 4-18 过盈配合

图 4-19 过渡配合

为了得到不同性质的配合，通常将一个零件的极限尺寸保持不变，而改变另一配合零件的极限尺寸。国家标准中规定了两种体制的配合系列，即基孔制和基轴制。

基孔制是基本偏差为一定的孔的公差带，与不同基本偏差的轴的公差带形成各种配合的一种制度。基孔制的孔为基准孔，标准规定的基准孔，其下偏差为零（如图4-20所示）。基准孔代号用大写拉丁字母"H"表示。由于在生产中孔的加工方法比轴要复杂，所以从生产成本的角度考虑，常采用基孔制配合。

基轴制是基本偏差为一定的轴的公差带，与不同基本偏差的孔的公差带形成各种配合的一种制度，基轴制的轴为基准轴，标准规定的基准轴，其上偏差为零（如图4-21所示）。基准轴代号用小写拉丁字母"h"表示。

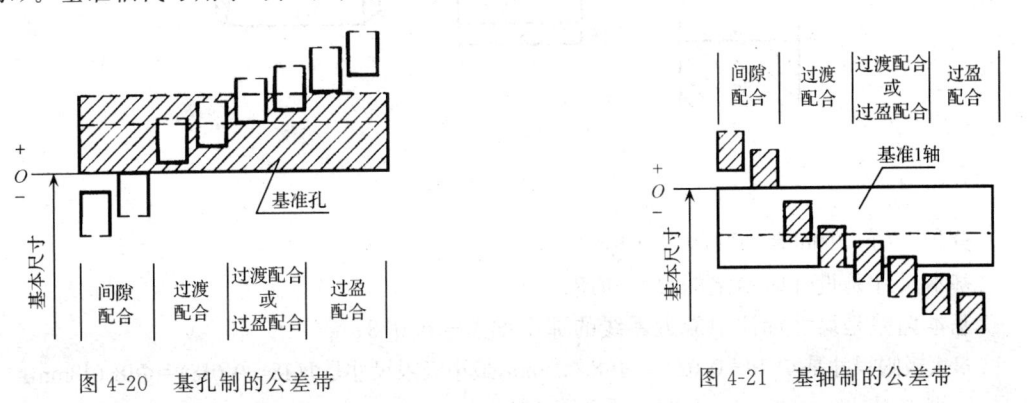

图 4-20 基孔制的公差带

图 4-21 基轴制的公差带

公差在零件图上的注法如图4-22所示，对于有配合要求的尺寸，在装配图上除注出基本尺寸之外,还要注出配合代号(如图4-23所示)。

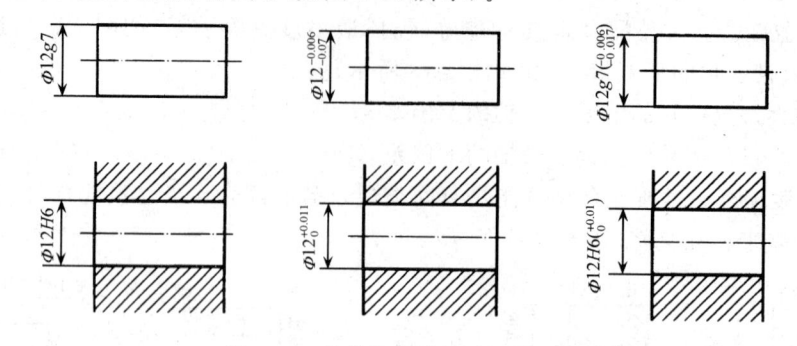

图 4-22 公差带在零件图上的注法

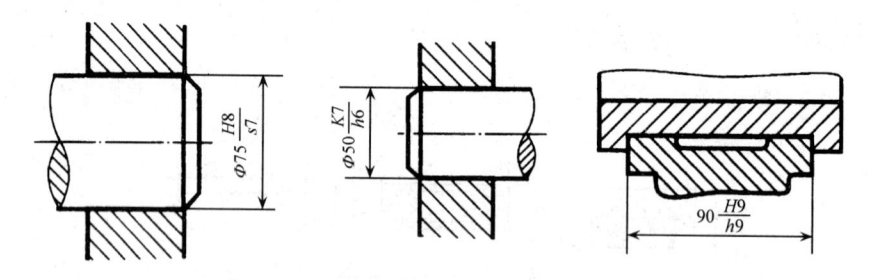

图 4-23 配合在装配图上的注法

例 4-1 图 4-24 分别是相互配合的三个零件。求：

(1) 图 4-24(b)所示中间套的外圆的基本尺寸、基本偏差、最大和最小极限尺寸、下偏差和上偏差、公差；

(2) 图 4-24 (a)所示孔与中间套外圆的配合类型；

(3) 图 4-24 (c)所示轴与中间套外圆的配合类型。

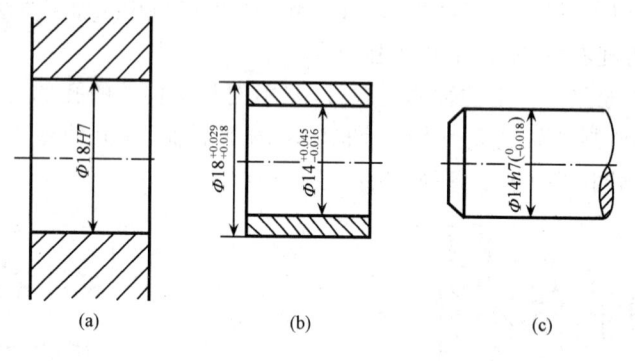

图 4-24 读公差与配合

分析 (1)中间套外圆的尺寸标注中：

基本尺寸是设计时给定的尺寸 $\Phi 18$；

基本偏差是尺寸标注中靠近零线的那个偏差+0.018；

最大极限尺寸是 $\Phi(18+0.029)=\Phi 18.029$ mm,最小极限尺寸是$\Phi(18+0.018)=\Phi 18.018$ mm；

下偏差是+0.018 mm,上偏差是+0.029 mm；

公差=上偏差-下偏差=0.029-0.018=0.011 mm。

(2) 孔的公差带代号是 $\Phi 18H7$,是基孔制配合的孔。

由图 4-16 基本偏差系列可知,"H"是基本偏差为零的基准孔,且公差带向上开放即"0"为下偏差。

由表 4-2"标准公差数值"基本尺寸大于 10 至 18 栏查得 IT7 级的公差值是 $18\mu m = 0.018mm$。

$\Phi 18H7$ 孔的最大极限尺寸是 $\Phi(18+0.018) = \Phi 18.018mm$,最小极限尺寸是 $\Phi(18+0) = \Phi 18mm$。

配合情况如图 4-25(a)所示是过盈配合。

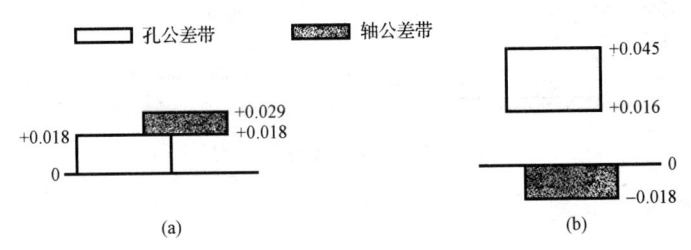

图 4-25 读公差与配合 2

最大过盈 $= 0 - 0.029 = -0.029mm$

最小过盈 $= 0.018 - 0.018 = 0mm$

(3) 图 4-23（c）所示轴的公差带代号为"h7",是基轴制配合的轴,它与中间套外圆的配合情况如图 4-25(b)所示是间隙配合。

最大间隙 $= 0.045 - (-0.018) = 0.063mm$

最小间隙 $= 0.016 - 0 = 0.016mm$

4.3.2 形状与位置公差

一般零件通常只规定尺寸公差。对要求较高的零件,除了规定尺寸公差以外,还规定其所需要的形状公差和位置公差。

零件被测的实际形状与其理想形状的允许变动量称为形状公差;零件被测的实际位置对其理想位置的允许变动量称为位置公差,两项一起简称形位公差。

形位公差的分类项目及符号如表 4-5 所示。

表 4-5 形位公差的分类、项目及符号

分类	项目	符号	分类		项目	符号
形状公差	直线度	—	位置公差	定向	平行度	∥
	平面面	▱			垂直度	⊥
	圆度	○			倾斜度	∠
	圆柱度	⌭		定位	同轴度	◎
	线轮廓度	⌒			对称度	⌯
	面轮廓度	⌓		跳动	圆跳动	↗
					全跳动	⌰

在零件图或装配图中,形位公差采用代号标注,形位公差的代号包括形位公差基本符号、形位公差的数值以及基准代号的字母等,如图4-26所示的零件图。

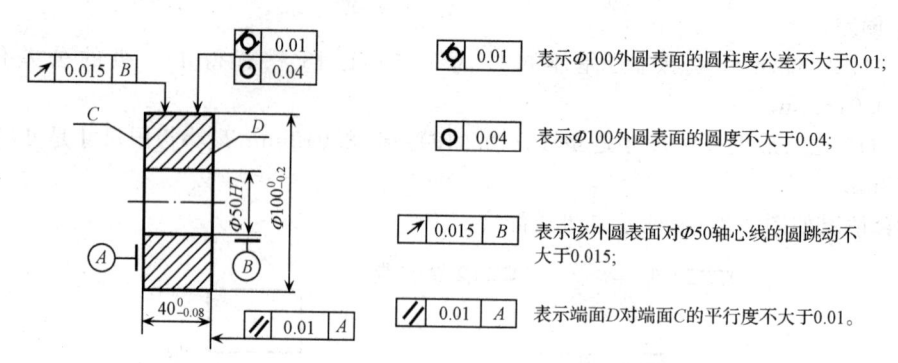

图 4-26 形位公差标注示例

4.3.3 表面粗糙度

零件表面经过加工后,看起来很光滑,但在放大镜下观察时,则可见表面具有微小的峰谷。零件表面上具有一系列这样微小峰谷所组成的微观几何形状特征称表面粗糙度。

表面粗糙度的主要评定参数有:轮廓算术平均偏差 R_a、微观不平度十点高度 R_z 和轮廓最大高度 R_y,三个参数中优先选用 R_a。

轮廓算术平均偏差 R_a 是在取样长度 l 内,被测轮廓上各点至轮廓中线偏距绝对值的算术平均值,如图4-27所示。

$$R_a = \frac{1}{l}\int_0^l |Y(x)|\,dx \qquad 或近似地 \qquad R_a = \frac{1}{n}\sum_{i=1}^n |y_i|$$

式中:n 为在取样长度内所测点的数目,R_a 的数值单位为 μm。

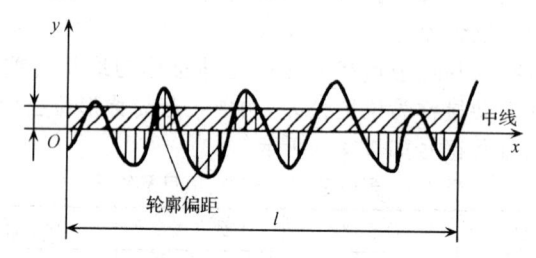

图 4-27 轮廓算术平均偏差 R_a 测定示意图

表面粗糙度轮廓算术平均偏差值 R_a 的标注意义见表4-6。

表 4-6 R_a 的标注意义

代 号	意 义	代 号	意 义
3.2/	用任何方法获得的表面粗糙度 R_a 的上限值为 $3.2\mu m$。	3.2/	用不去除材料的方法获得的表面粗糙度 R_a 的上限值为 $3.2\mu m$。
3.2/	用去除材料方法获得的表面粗糙度 R_a 的上限值为 $3.2\mu m$。	3.2 1.6/	用去除材料方法获得的表面粗糙度 R_a 的上限值(R_{amax})为 $3.2\mu m$,下限值(R_{amin})为 $1.6\mu m$。

在同一图样上,每一表面一般只标注一次表面粗糙度代(符)号,且标注在具有确定该表面大小或位置尺寸的视图上。表面粗糙度代(符)号注在可见轮廓线、尺寸界线或它们的延长线上,符号的尖端从材料外指向表面。当零件的大部分表面具有相同的表面粗糙度要求时,对其中使用最多的一种代(符)号可以统一注在图样的右上角,并加注"其余"两字(如图 4-28 所示)。

例 4-2 写出图 4-28(a)中:(1)零件右端面的粗糙度要求,(2)粗糙度要求最高的表面。写出图 4-28(b)中:(1)轴承孔的粗糙度要求,(2)粗糙度要求最低的表面。

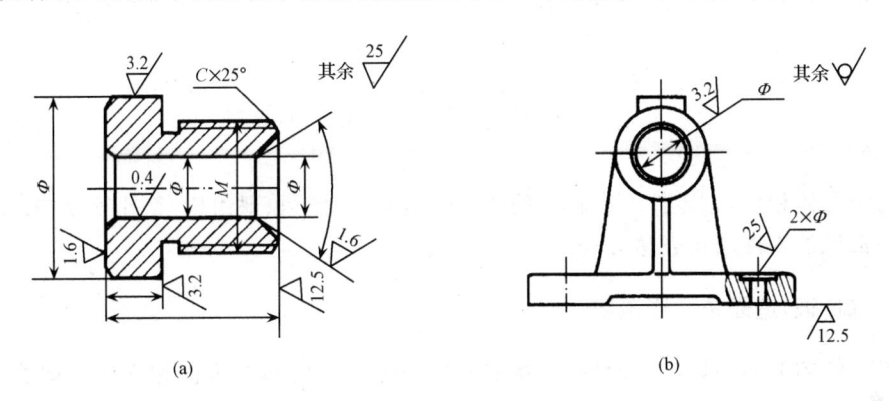

图 4-28 表面粗糙度的标注方法

分析 图 4-28(a):
(1) 零件右端面尺寸界线右侧有标注,可知粗糙度要求为用去除材料方法获得的 R_a 的上限值为 $12.5\mu m$。
(2) 粗糙度要求越高,R_a 上限值就越小,所以该零件图中所标注的粗糙度要求值最小的表面是中心孔表面 Φ,其值为 $R_a = 0.4\mu m$。

图 4-28(b):
(1) 零件轴承孔尺寸线延长线上有粗糙度标注,可知是用去除材料方法获得的 R_a 的上限值为 $3.2\mu m$。
(2) 在该零件图中右上角所标注的粗糙度要求表示用不去除材料的方法获得,即毛坯表面,其他标注的粗糙度要求均为用去除材料方法获得。所以图中除了轴承孔、底面和左右 2 个孔之外,都是毛坯表面,也是粗糙度要求最低的表面。

4.4 零件图标题栏内容

如图 4-3 所示的零件图,标题栏的主要内容如下:
(1) 零件名称。标题栏中的零件名称较精练,如"轴"、"齿轮"、"支架"、"机座"、"盖"等,一般不体现零件在机器中的具体用途。
(2) 图样编号。图样编号是为了便于对图样进行管理而设立的内容,图样可按产品系统进行编号,也可按零件类型综合编号,各部门、各单位都规定了自己的图样编号方法。
(3) 绘制图样的比例。
(4) 零件材料。零件材料用规定的国家牌号表示,以明确材料的种类、组成或性能,如 Q235、45、HT200、ZG200-400、65Mn、H62 等,不得用自编的、含意不准确的文字或不符合标准规范的代号表示材料,如"钢"、"45#"、"铸铁"、"黄铜"等均不可使用。

零件材料牌号的含意可在有关手册中查到。

(5) 零件的重量和数量。

(6) 图样的更改记录。

(7) 设计、制图、审核等人员的单位及签名。在标题栏的上方或图样空白处,根据零件的具体情况还可用文字分条列出必要的技术要求。如对零件某些尺寸的统一要求(铸造小圆角半径、倒角尺寸等);对零件的表面处理、热处理要求;零件制成后的性能测试要求等。

4.5 零件上常见结构的表达

与组合体相比,在零件上有较多的铸(锻)造圆角、倒角、退刀槽、钻孔等结构。下面介绍一些常见的零件结构表达方式。

4.5.1 铸(锻)造圆角及过渡线

当零件的毛坯为铸件或锻件时,在未经过切削加工的两个表面相交处一般为小的圆角,称铸(锻)造圆角。当圆角的半径相同时,一般在技术要求中统一标注,如"铸造圆角 $R3 \sim R5$"(如图 4-29 所示)。

由于零件上具有圆角,零件表面上的相贯线(或截交线)变得不那么清晰,为了区别不同形体的表面,在原来交线的位置画出两端与轮廓线脱开的图线,称为过渡线(如图 4-30 所示)。

过渡线画法与相贯线(截交线)画法基本相同,只是在表示时有细小差别。例如:

铸造圆角 $R3 \sim R5$
(a) 铸件   (b) 冲压件

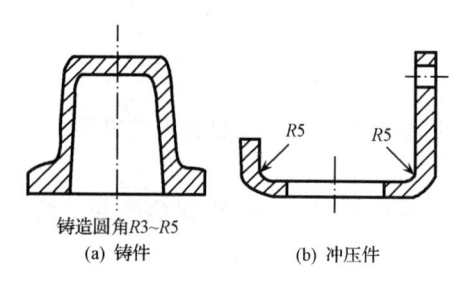

图 4-29 毛坯圆角

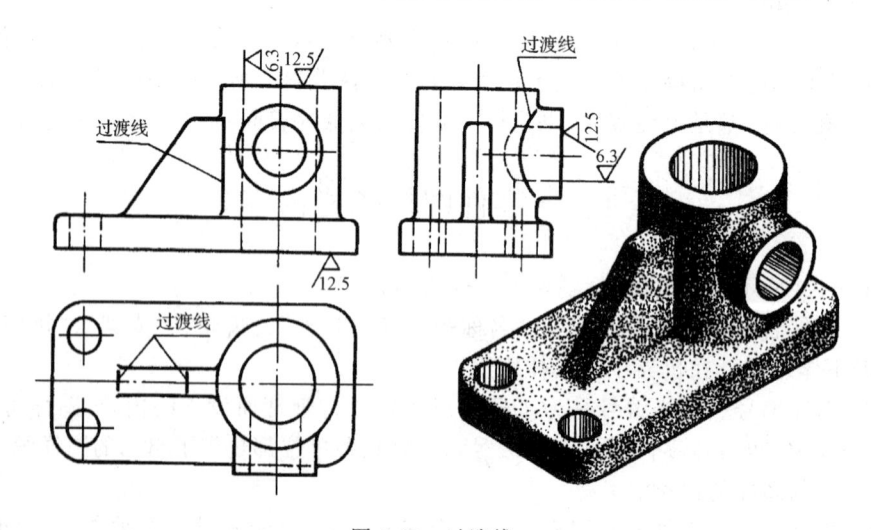

图 4-30 过渡线

(1) 当两个不等径的圆柱体正交时,过渡线与圆角轮廓线不接触(如图 4-31 所示)。

(2) 当两个等径的圆柱体正交时,过渡线在切点的投影处断开(如图 4-32 所示)。

(3) 当平面立体与平面立体、平面立体与曲面立体相交时,过渡线应在转折处断开,并有过渡圆弧,过渡圆弧弯向与圆角弯向一致(如图 4-33 所示)。

(4) 当圆柱体与肋板组合时,过渡线的形状和画法,取决于肋板断面形状和肋板与圆柱的相对位置(如图 4-34 所示)。

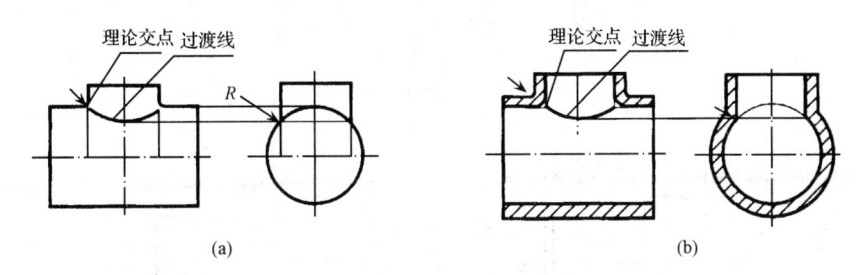

图 4-31 不等径的两圆柱体正交

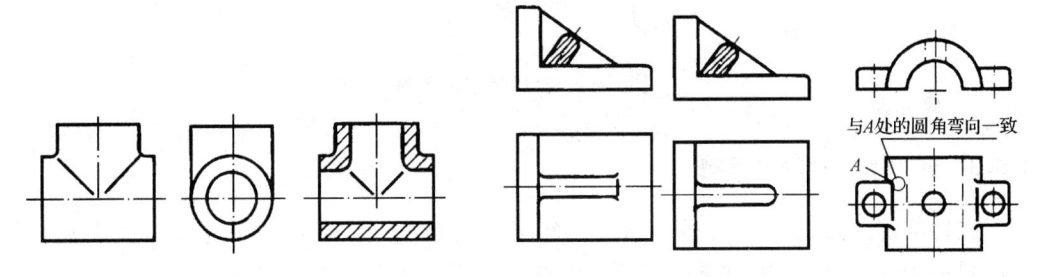

图 4-32 两个等径的圆柱体正交

图 4-33 平面立体与平面立体、平面立体与曲面立体相交

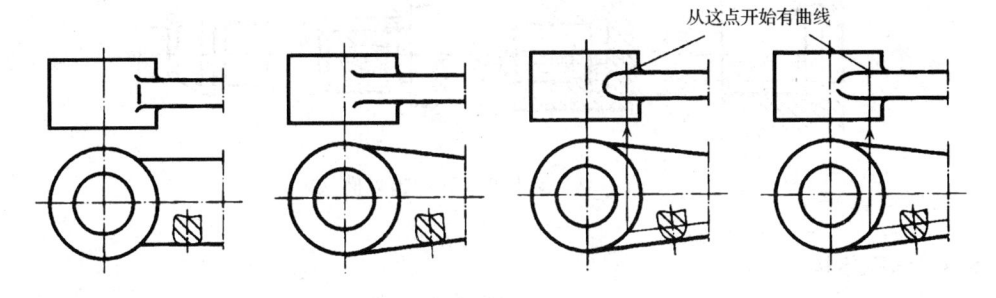

图 4-34 圆柱体与肋板组合

4.5.2 机械加工的倒角和倒圆

为了便于装配和操作安全,零件上常制出倒角(如图 4-35 所示)。阶梯形的轴和孔,为了在轴肩处避免应力集中而产生裂纹,常在转折处以圆角过渡称倒圆(如图 4-36 所示)。

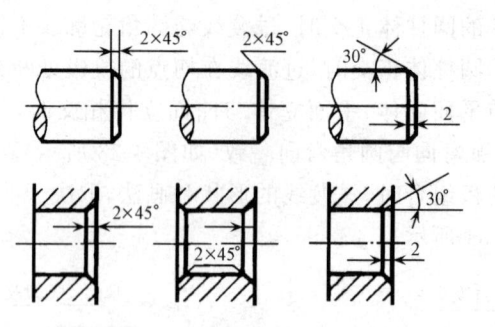

图 4-35　机械加工的倒角

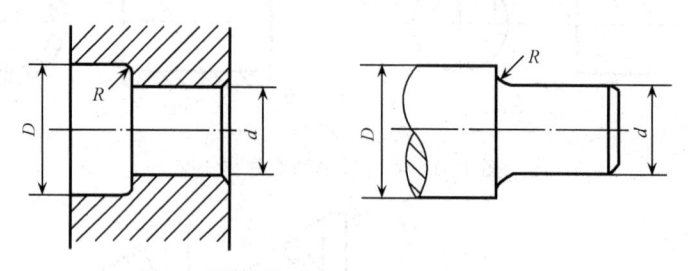

图 4-36　机械加工的倒圆

4.5.3　退刀槽和砂轮越程槽

在切削加工过程中,为了保证加工面转折处成为直角和退刀容易,常在零件待加工表面的根部先加工出退刀槽或砂轮越程槽(如图 4-37 所示)。

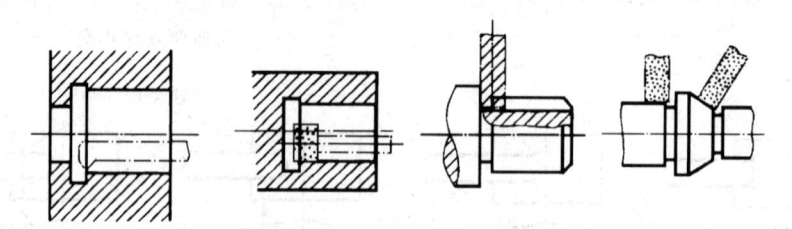

图 4-37　退刀槽或砂轮越程槽

4.5.4　钻孔结构

用钻头钻出的不通孔,其底部有一个钻头留下的倒锥,锥角为 120°,钻孔深度指的是圆柱孔部分的深度,不包括倒锥部分。对于阶梯形钻孔,有时过渡处也存在锥角为 120°的圆锥坑(如图 4-38 所示)。

用钻头钻孔时,要求钻头轴线尽量垂直于被钻孔的端面,才能保证钻孔准确,避免钻头在钻孔时折断。因此在斜面上钻孔时,结构设置凸台或凹坑(如图 4-39 所示)。

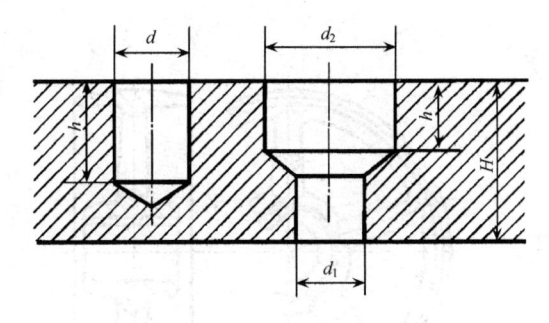

图 4-38 钻孔底部的结构　　　　图 4-39 钻孔端面的结构

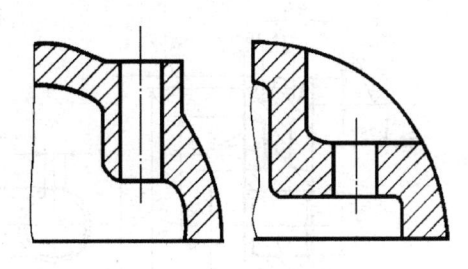

4.6 零件图的视图表达特点

机械零件的形状千变万化,零件图的视图表达也各不相同,如前所述,零件图的视图决不限于三视图,而是根据每一个零件的形状结构特点,选用最适合的表达方法,将零件的全部形状表达得最清晰。

看图时,若能了解视图选择原则和典型零件视图表达特点,将有助于分析每个视图的作用,并较迅速地联想起零件的形状特征。

选择视图表达方案时,首先确定零件的摆放位置和主视图,然后再选择其他表达方法。主视图是零件图中最重要的视图,它要尽可能多地反映出零件的形状特征,它的位置还要尽量符合零件的工作位置和加工位置。

下面介绍一些常用典型零件视图表达特点。

4.6.1 轴套类零件

轴套类零件主要由圆柱体组成,大部分表面在车床上加工。此类零件的主视图的轴线常安置成水平位置。

这类零件一般不画视图为圆的侧视图,而是围绕主视图根据需要画一些局部视图、剖面图和局部放大图等(如图 4-40 所示)。

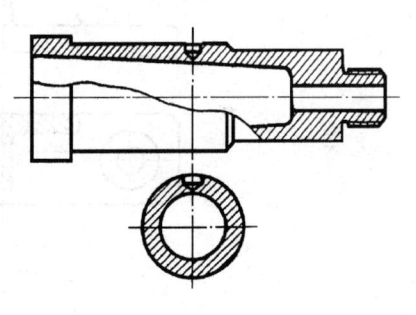

图 4-40 轴套类零件的视图表达

4.6.2 轮、盘、盖类零件

轮、盘、盖类零件的主要表面为在车床上加工的回转体,视图的轴线常设置成水平位置,一般选择非圆方向为主视图,根据其形状特点再配合画出局部视图或左(右)视图(如图 4-41 所示)。

4.6.3 叉架类零件

叉架类零件加工较复杂,其加工位置不止一个,所以主视图应按一般工作位置摆放。为表示清楚这类零件,一般需 2 或 3 个视图(如图 4-42 所示)。

零件的倾斜部分常采用斜视图或斜剖表达(如图 4-43 所示),为清楚表示截面形状也

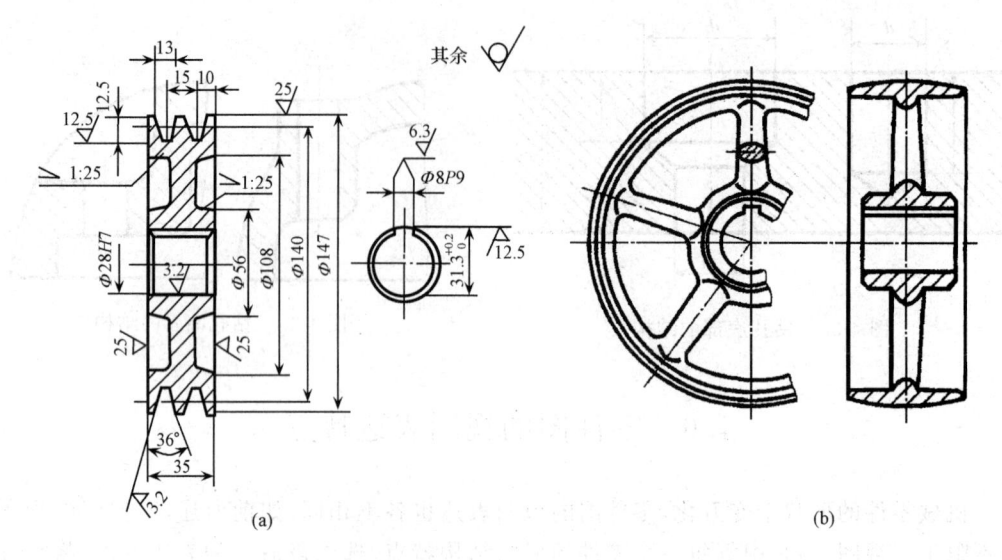

图 4-41 轮、盘、盖类零件的视图表达

用剖视图(如图 4-42 所示的 A-A 剖视)和断面图表示(如图 4-43 所示的移出断面)。

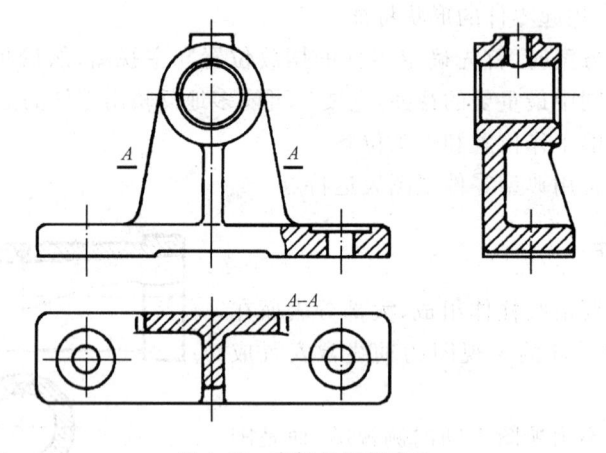

图 4-42 支架的视图表达

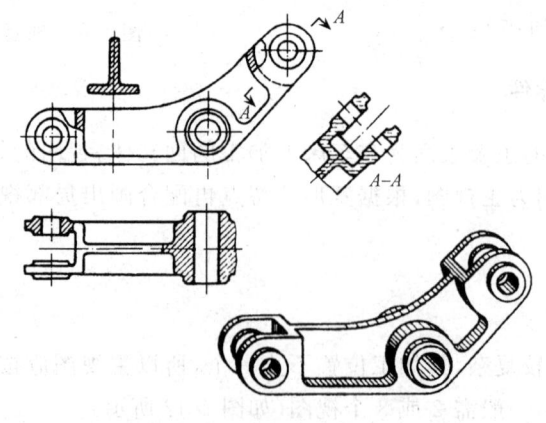

图 4-43 叉架的视图表达

4.6.4 箱体类零件

箱体类零件除加工位置复杂、不止一个外,很多零件都和它有装配关系,因此主视图位置一般按工作位置绘制。为了表达清楚这类零件,应用的视图较多。为了便于看图,视图之间应尽可能保持直接的投影联系,并注意按规定标注剖切位置符号、投影方向箭头、字母等(如图4-44所示)。

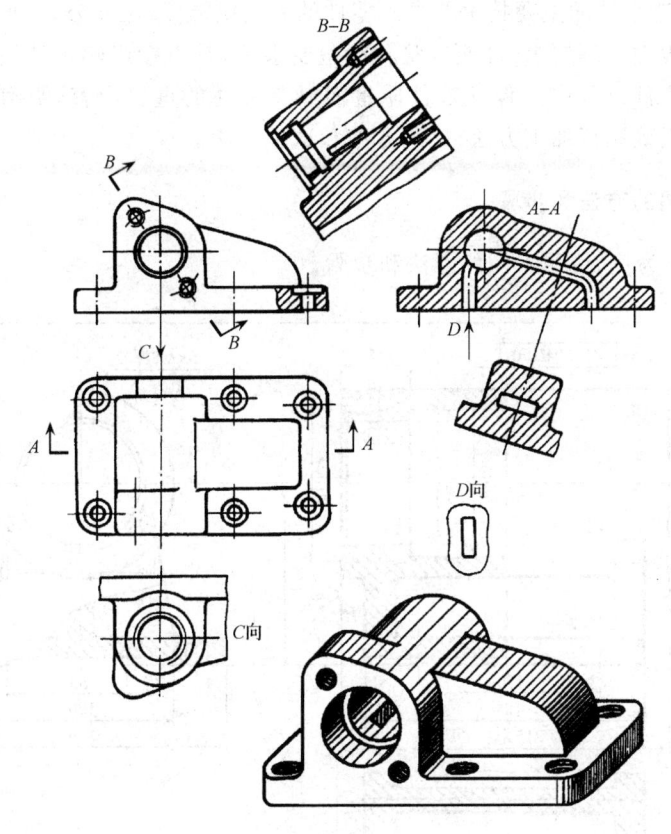

图 4-44 箱体类零件的视图表达

4.7 看零件图

4.7.1 看零件图的要求

一张零件图的内容很多,不同工作岗位的人员看图的目的也不同,因此也有不同的侧重和要求。如生产中有的管理人员只需大致了解一下零件的情况,由此而进行零件生产时的材料、工艺准备,掌握零件的加工工作量和加工时的关键环节;不同工序的制造者则必须针对本工序的加工部位明确零件这个部位的准确形状、大小和各项技术要求等,以确保零件的制造质量等。总之,看图的目的要求是多种多样的,但是从初学的角度,就一般而言,看零件图的主要要求如下所述。

(1) 对零件有概括的了解。在深入看图前先对零件进行概括的了解,如零件的名称、材料、零件的大体形状与大小等,配合已有的知识,了解零件的大体功能与作用。

（2）想象出零件的准确形状。根据零件图想象出零件的形状、结构是我们学习的最主要目的,进而可明确零件在部件中的作用及零件各部分的功能。

（3）了解零件的大小,分析主要尺寸基准。通过图中所标注的尺寸,可对零件各部分的大小有明确的了解。分析零件各方向的主要尺寸基准,以便确定零件加工的定位基准、测量基准等。通过正确的制造工艺过程,为零件的加工质量提供可靠的保证。

（4）明确制造零件的主要技术要求。零件的表面粗糙度、尺寸公差、形状公差和位置公差、热处理和表面处理要求、性能试验和检验要求等,是直接影响零件使用性能的重要方面,也是制造零件过程中为保证零件质量而最受关注的重要内容,明确了这些技术要求,生产时才能正确制订加工方法、检测方法和试验方法。

4.7.2 看零件图的方法和步骤

现以图 4-45 为例,说明看图的方法和步骤。

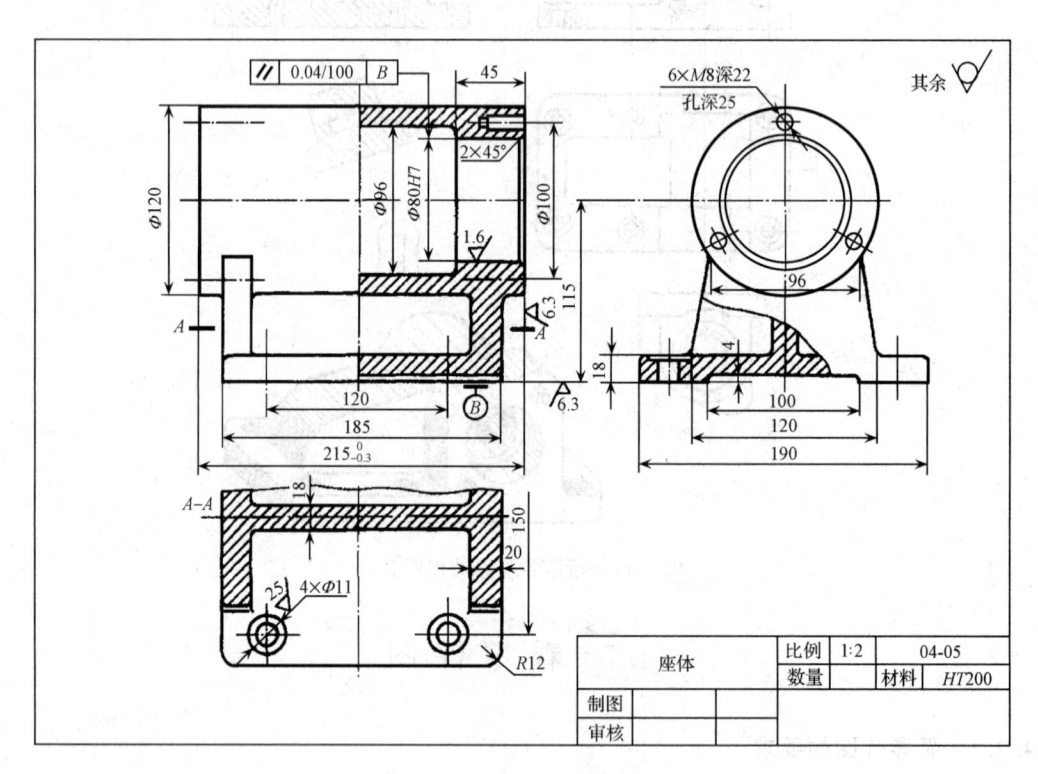

图 4-45 座体零件图

1. 看标题栏

看一张零件图,首先由标题栏入手,它可以帮助我们对零件有概括的了解。从标题栏的名称"座体",就能联想到它是一个起支承和密封作用的箱体支座类零件;从材料一栏的"$HT200$",知道是铸件,具有铸造工艺要求的结构,如铸造圆角等,这些都有助于深入看图。

2. 明确视图表达方法和各视图间的联系

在深入看图前,必须弄清为了表达这个零件的形状都采用了哪些表达方法,这些表达方法之间是如何保持投影联系的,这对下一步深入看图是至关重要的。

图 4-45 座体的零件图,采用了主、俯、左三个基本视图。由于零件左右是对称的,主视图画成了半剖视图,这样既表达了零件的外形,又表达了座体上部主孔的结构;俯视图采用了 A—A 剖视,主要表达下部肋板的结构和底板的形状;左视图采用了局部剖视图,既表达了零件侧面外形,同时也有利于看清下部肋板的结构和底板上孔的形状。

3. 分析视图,深入想象零件的形状结构

分析视图,想象零件形状结构是学习看机械图最关键的一步。看图时应用前述看组合体视图的基本方法,对零件进行形体分析、线面分析,按形体找投影联系,由想象形成零件主体的基本形状入手,先外后内,先大后小,各视图反复对照,逐步想象出零件的形状。此外还可利用零件结构的功能特征,对零件进行结构分析,帮助想象零件形状。

可以看出,座体是起支承和密封作用的零件,零件主体的基本形状如图 4-46(a)所示,它由三部分组成,上部圆柱、下部底板和连接这两部分的中部剖面为 H 形的肋板,上部两 $\Phi 80 H7$ 端孔为滚动轴承安装孔,端面 $6 \times M8$ 螺孔为连接端盖用,底板上 $4 \times \Phi 11$ 为地脚螺栓孔。

整个零件的形状结构如图 4-46(b)所示。

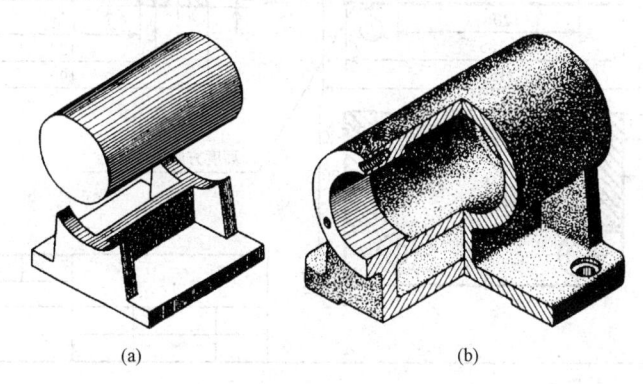

图 4-46 座体的基本形状和结构

4. 看尺寸,分析尺寸基准

尺寸是零件图的重要组成部分,根据图上的尺寸,明确了零件各部分的大小。看尺寸时要分清各组成部分的定形尺寸、定位尺寸和零件的总体尺寸。特别要识别和判断哪些尺寸是零件的主要尺寸,分析零件各方向的主要尺寸基准。

零件的主要尺寸要结合图中所标注的公差配合代号及零件各部分的功能来识别和判断。尺寸基准要与设计基准与加工工艺相联系,各方向的尺寸基准可能不止一个,分析出主要的即可(如图 4-47 所示)。

审核尺寸时,一方面可逐形体地看其定形尺寸和定位尺寸是否齐全,另一方面可按长

度、宽度、高度、直径、半径等综合考虑尺寸,同时要注意各零件间有配合关系及装配关系尺寸的协调及要求。

5. 看技术要求,明确零件质量要求

零件图中的技术要求是保证零件内在质量的重要指标,也是组织生产过程中特别需要重视的问题。零件图上的技术要求主要有表面粗糙度代(符)号、公差配合代号及技术要求。由图 4-47 零件图可以看出,零件上部两端孔 $\varPhi 80H7$ 是重要的孔,表面光滑,尺寸精确,制造时还要保证其轴线与底面的平行。

看图的最后,还应把看图时各项内容加以综合,把握零件的特点,突出重要要求,以便在加工制造时采取相应的措施,保证零件达到设计要求和质量。

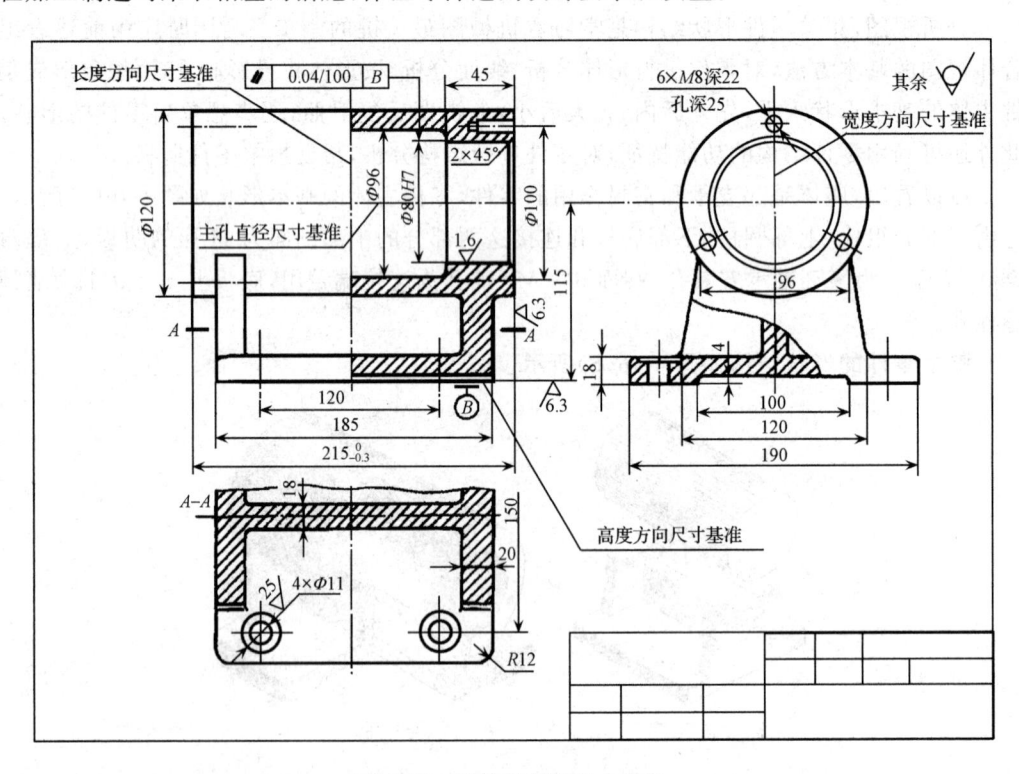

图 4-47 座体的主要尺寸基准

例 4-3 读图 4-48 泵体的零件图,回答下列问题:

(1) 泵体的材料;
(2) 泵体的图形与实体大小的关系;
(3) 表达泵体图形名称和实体形状;
(4) 泵体的总体尺寸和三个方向的定位基准;
(5) $2\times M10\text{-}7H$ 螺纹孔的定位尺寸;
(6) 图中 A 面与哪个表面有平行度要求,说明 A 面在三投影面体系中的特性;
(7) 图中标注 $1\times 45°$ 的含义及结构名称;
(8) 标注 $M33\times 1.5\text{-}7H$ 的含义。

分析：

(1) 标题栏中可知泵体的材料是铸铁。

(2) 标题栏中的比例1：2，可知泵体的图形与实体小。

(3) 根据图4-48，先找出主视图，分析各视图之间的投影关系。根据视图的配置关系，三个图形分别是主视图、俯视图和左视图。其中主视图采用全剖视、俯视图采用局部剖视的方法绘制。

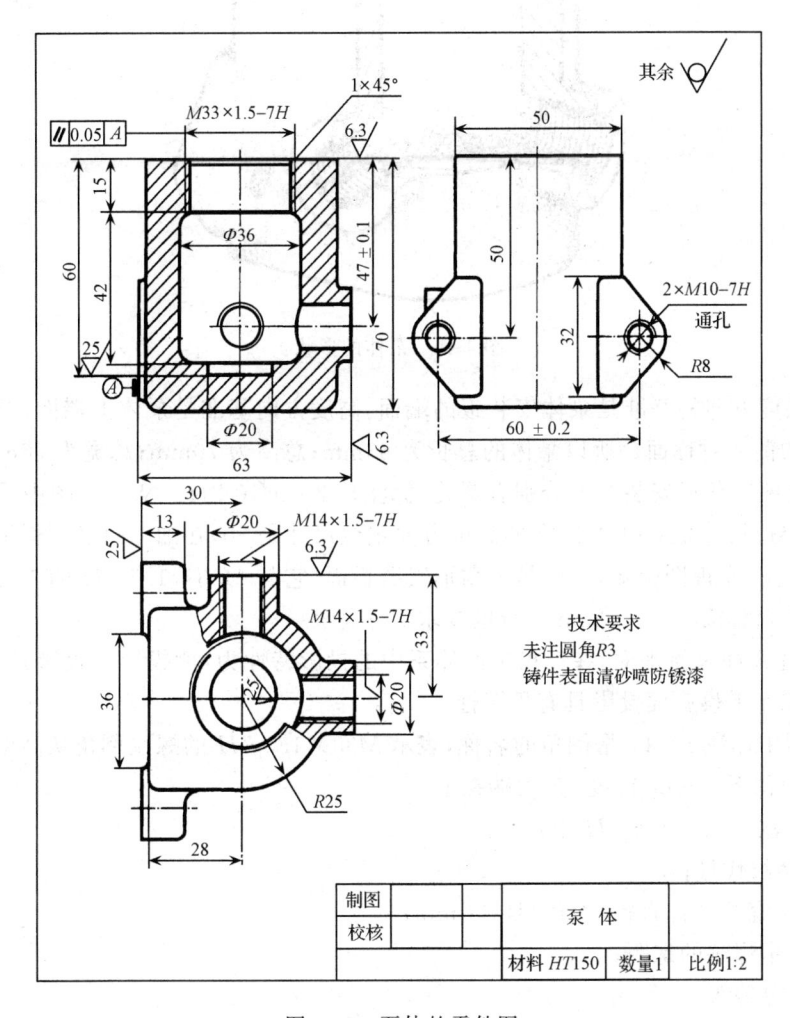

图4-48 泵体的零件图

柱塞泵是一种供油装置，而泵体是用来安装弹簧、柱塞等零件和连接管路的一个箱体类零件。用形体分析法可以把泵体分解为两大部分：①半圆柱形的外形和内有空腔的箱体；②两块三角形安装板。按所分部分逐一在视图上对照投影，分析每一部分的结构特点及其相对位置，如从主视图中可以看到泵体主要部分泵腔的结构特点；从俯视图中可见在泵壁上有与单向阀体相接的两个螺孔，分别位于泵体的右边和后边，是泵体的进出油口；从左视图上可见两安装板的形状及其位置。通过上述分析，综合起来就可以想象出泵体的完整形状，如图4-49所示。

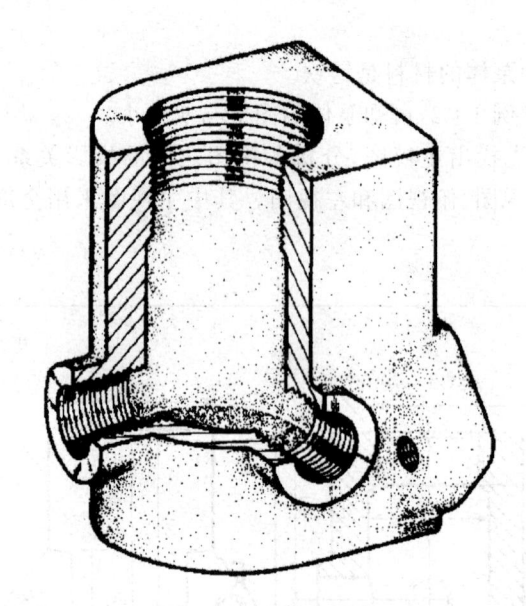

图 4-49 泵体的形状

(4) 长度方向的基准是泵体安装板的端面,高度方向基准是泵体上端面,宽度方向基准是泵体的前后对称面。所以泵体的总长为 63mm;总高为 70mm;总宽为 76mm。

(5) 在两三角形安装板上分别有螺孔,标注是 $2\times M10$-$7H$。从左视图中得知其孔距宽度方向定位尺寸是 60 ± 0.2,孔的高度方向定位尺寸是 50,在加工时必须保证。

(6) 从主、左视图得知,A 面是三角形安装板面,它与 $M33\times1.5$-$7H$ 的中心线所在的泵体的左右对称面有 0.05 mm 平行度要求。

在空间 A 面是侧平面,在三投影面体系中的投影特性为:侧投影面投影具有真实性;正投影面和水平投影面投影具有积聚性。

(7) 图中标注 $1\times45°$ 是倒角的名称,表示 $M33\times1.5$-$7H$ 的螺纹倒角从高度方向基准泵体上端面往下 1 mm、锥度 45°大端在上。

(8) 标注 $M33\times1.5$-$7H$ 中:

M 是螺纹代号;

33 表示螺纹公称直径(大径)是 33 mm;

1.5 表示螺纹的螺距;

7 是公差等级;

H 表示基准孔或基本偏差的位置。

第 5 章 装 配 图

5.1 装配图的用途、要求和内容

部件或机器都是根据其使用目的,按照有关技术要求,由一定数量的零件装配而成的。表达部件或机器这类产品及其组成部分的连接、装配关系的图样称为装配图。

在设计过程中,一般都是先画出装配图,再根据装配图绘制零件图。在生产过程中,装配图是制订装配工艺规程,进行装配、检验、安装及维修的技术文件。

图 5-1 是一个用于控制液体流量的节流阀的立体图,图 5-2 是它的装配图。

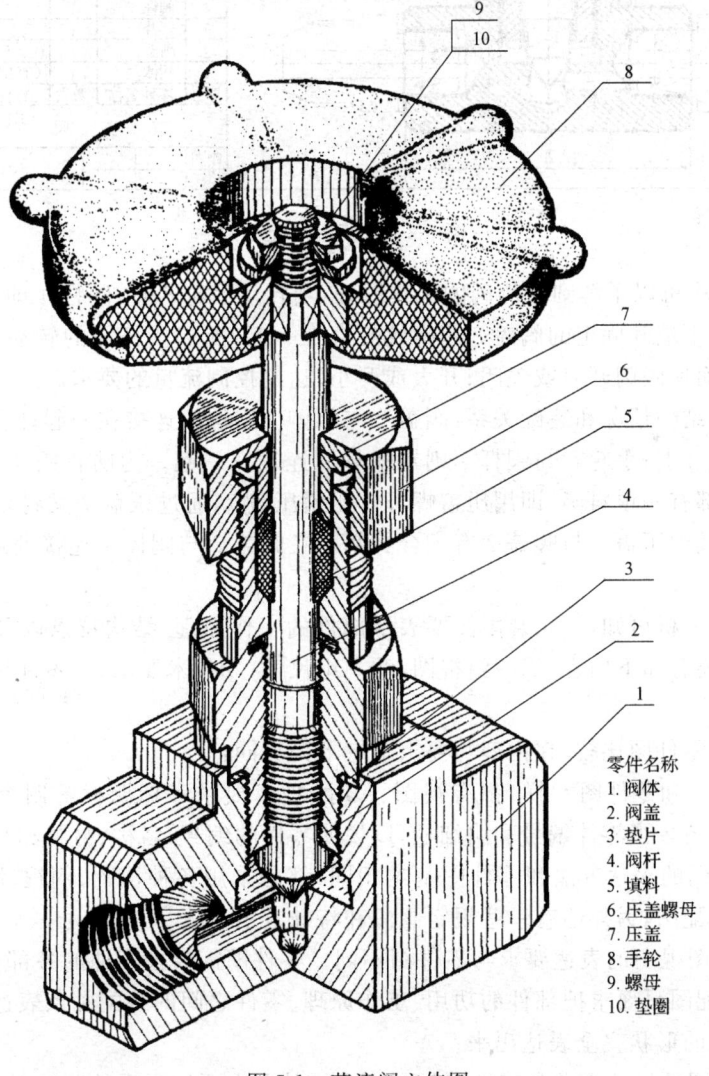

零件名称
1. 阀体
2. 阀盖
3. 垫片
4. 阀杆
5. 填料
6. 压盖螺母
7. 压盖
8. 手轮
9. 螺母
10. 垫圈

图 5-1 节流阀立体图

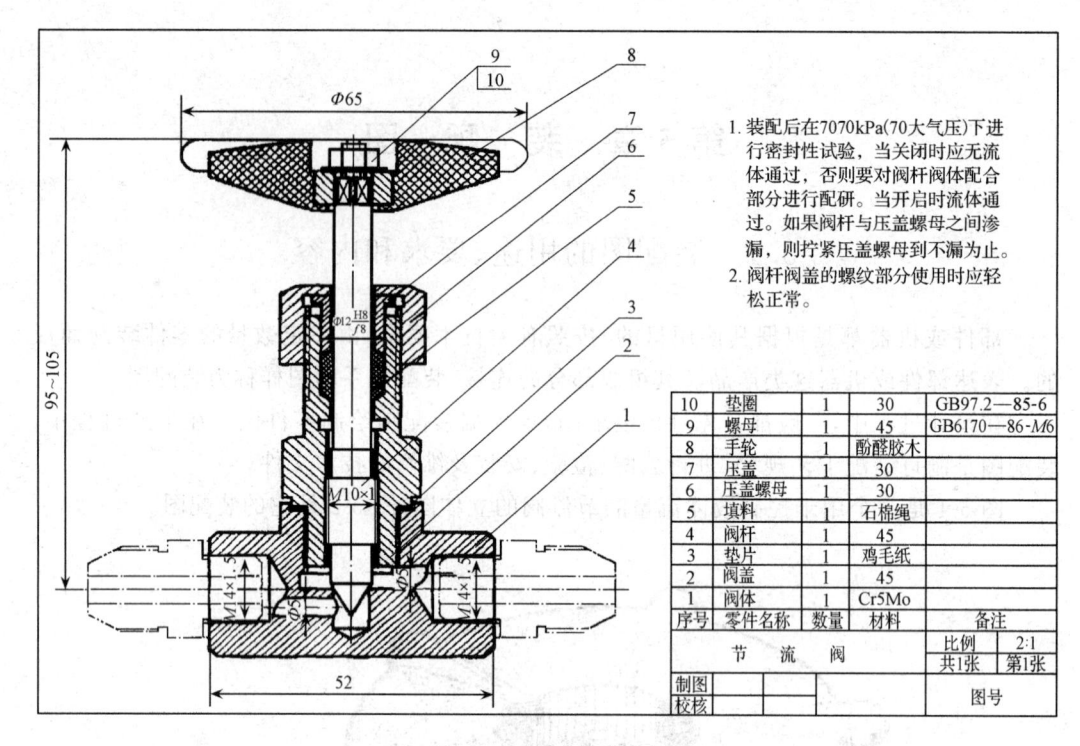

图 5-2 节流阀装配图

从图 5-1 中可以了解到节流阀的工作原理：当转动手轮 8 时，阀杆 4 即随之转动。但由于阀杆 4 的下端和固定的阀盖 2 用螺纹旋合在一起，所以阀杆 4 的转动便导致自身的上下移动，从而使阀门开启或关闭、开大或开小，达到控制流量的要求。

节流阀的结构情况和装配关系：阀盖 2 与阀体 1 用螺纹连接在一起；阀杆 4 也是靠螺纹旋合在阀盖 2 上；手轮 8 与阀杆 4 则靠螺母 9 连接在一起。为防止阀在工作时液体外泄，在阀盖上部有一填料函，即用压盖螺母 6 压紧压盖 7，通过压盖 7 又将填料 5 压紧，构成密封装置，其中压盖 7 与阀盖 2 有配合关系。在阀盖 2 与阀体 1 连接处还装有垫片 3，起密封作用。

通过以上分析可知，一张装配图要表示部件的工作原理、结构特点以及装配关系等。因此，装配图要有如下内容：①一组视图；②一组尺寸；③技术要求；④零件编号、明细栏和标题栏。

装配图和零件图比较，在内容与要求上有下列异同：

(1) 装配图和零件图一样，都有视图、尺寸、技术要求和标题栏等四个方面的内容。但在装配图中还多了零件编号和明细栏，以说明零件的编号、名称、材料和数量等情况。

(2) 装配图的表达方法和零件图基本相同，都是采用各种视图、剖视、断面等方法来表达。但对装配图，另外还有一些规定画法和特殊表示方法。

(3) 装配图视图的表达要求与零件图不同。零件图需要把零件的各部分形状完全表达清楚，而装配图只要求把部件的功用、工作原理、零件之间的装配关系表达清楚，并不需要把每个零件的形状完全表达出来。

(4) 装配图的尺寸要求与零件图不同。在零件图上要注出零件制造时所需要的全部尺寸,而在装配图上只注出与部件性能、装配、安装和体积等有关的尺寸。

下面分别说明装配图的表示方法、视图选择、尺寸标注、零件编号及明细栏等问题。

5.2 装配图的规定画法和特殊画法

5.2.1 装配图的规定画法

在装配图中,为了便于区分不同零件,并正确地理解零件之间的装配关系,在画法上有以下几项规定(如图 5-3 及图 5-7 所示):

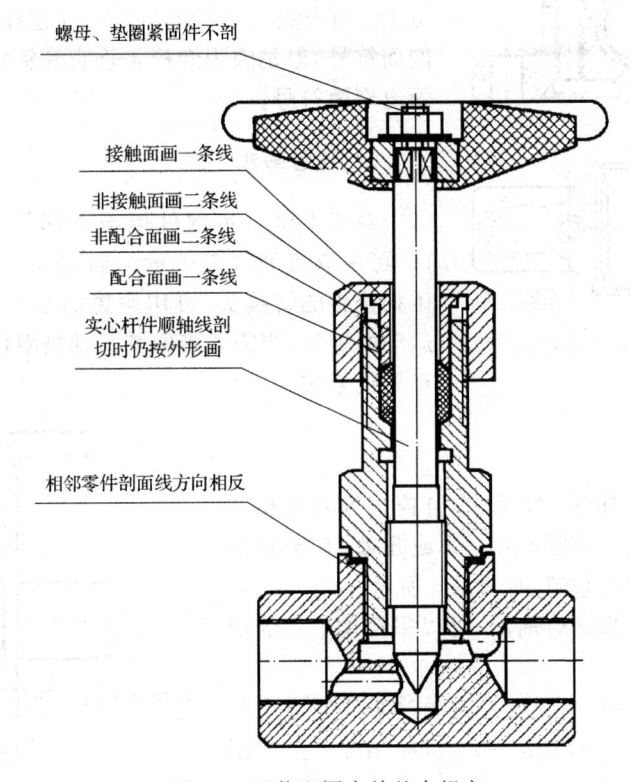

图 5-3 画装配图有关基本规定

(1) 相邻零件的接触表面和配合表面只画一条粗实线,不接触表面和非配合表面应画两条粗实线;

(2) 两个(或两个以上)金属零件相互邻接时,剖面线的倾斜方向应当相反,或者以不同间隔画出;

(3) 同一零件在各视图中的剖面线方向和间隔必须一致,如图 5-7 中主视图和俯视图上泵体 1 的剖面线;

(4) 当剖切平面通过螺钉、螺母、垫圈等标准件及实心件(如轴、手柄、连杆、键、销、球等)的基本轴线时,这些零件均按不剖绘制。当其上的孔、槽需要表达时,可采用局部剖视。当剖切平面垂直这些零件的轴线时,则应画剖面线。

· 113 ·

5.2.2 装配图的特殊画法

为了能简单而清楚地表达一些部件的结构特点,在装配图中规定了一些特殊画法。

1. 沿零件结合面的剖切画法和拆卸画法

为了表示部件内部零件间的装配情况,在装配图中可假想沿某些零件结合面剖切,或将某些零件拆卸掉绘出其图形。如图 5-4 所示的滑动轴承装配图,在俯视图上为了表示轴瓦与轴承座的装配关系,其右半部图形就是假想沿它们的结合面切开,将上面部分拆去后绘制的。应注意在结合面上不要画剖面符号,但是因为螺栓是垂直其轴线剖切的,因此应画出剖面符号。

2. 假想画法

对于不属于本部件但与本部件有关系的相邻零件,可用双点划线来表示。如图 5-2 中为了表示与阀体相连接的管接头,可用假想的双点划线画出。对于运动的零件,当需要表明其运动极限位置时,也可用双点划线来表示。

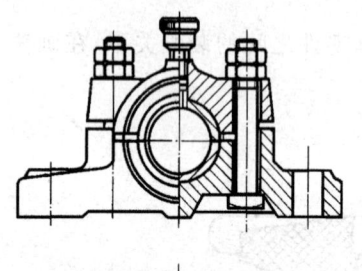

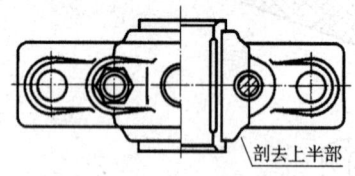

图 5-4 滑动轴承装配图

3. 简化画法

(1) 对于装配图中的螺栓、螺钉连接等若干相同的零件组,可以仅详细地画出一处或几处,其余只需用点划线表示其中心位置,如图 5-5 所示。

(2) 装配图中的滚动轴承,可以采用图 5-5 的简化画法。

(3) 在装配图中,当剖切平面通过某些标准产品的组合件时,可以只画出其外形图,如图 5-4 主视图中的油杯和螺栓连接。

(4) 在装配图中,零件的工艺结构如圆角、倒角、退刀槽等允许不画。

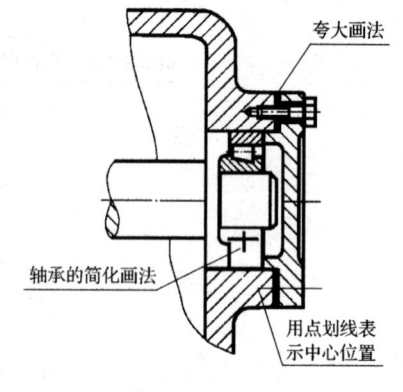

图 5-5 简化画法

4. 夸大画法

在装配图中的薄垫片、小间隙等,如按实际尺寸画出表示不明显,允许把它们的厚度、间隙适当放大画出,如图 5-5 中的垫片就是采用了夸大画法。

5.3 装配图的视图选择

绘制部件或机器的装配图时,要从有利于生产、便于读图出发,恰当地选择视图。生产上对装配图在视图表达上的要求:完全、正确、清楚。详细如下:

(1) 部件的功用、工作原理、主要结构和零件之间的装配关系等,要表达完全;
(2) 表达部件的视图、剖视、规定画法等的表示方法要正确,合乎国家标准规定;
(3) 图清楚易懂,便于读图。

现以图 5-6 所示的柱塞泵为例,对装配图的视图选择作一说明。

5.3.1 对所表达的部件进行分析

对部件的功用、工作原理进行分析,了解各零件在部件中的作用及零件间的装配关系、连接等情况。图 5-6 及图 5-7 所示的柱塞泵是一种用于机床中润滑的供油装置。它的工作原理:当凸轮(在 A 向视图上用双点划线画出,$Cm-Cn=$升程)旋转时,由于升程的改变,迫使柱塞 5 上下运动,并引起泵腔容积的变化,压力也随之变化。这样就不断地产生吸油和排油,以供润滑。

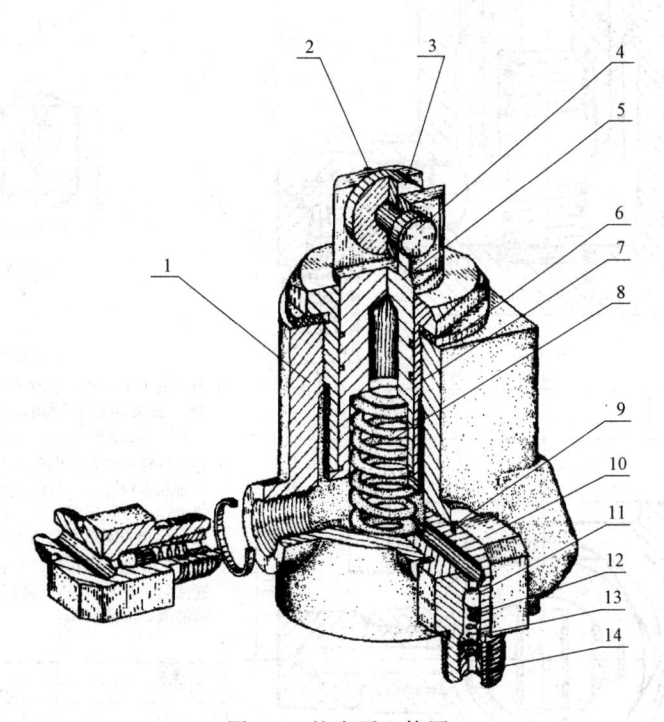

图 5-6 柱塞泵立体图

1. 泵体;2. 开口销;3. 小轮;4. 小轴;5. 柱塞;6. 垫片;7. 柱塞套;
8. 弹簧;9. 衬垫;10. 单向阀体;11. 珠子;12. 球托;13. 弹簧;14. 螺塞

具体工作过程如下:

(1) 当凸轮上的 n 点转至图示位置时,弹簧 8 的弹力使柱塞 5 升至最高位置,此时泵腔容积增大,压力减小(小于大气压),油池中的油在大气压力作用下流进管道,顶开吸油嘴单向阀体 10 内的小珠 11 进入泵腔。在这段时间内,排油嘴的单向阀门是关闭的(小珠 11 在弹簧 13 作用下顶住阀门)。

(2) 在凸轮再转半圈的过程中,柱塞 5 往下压直至最低位置,泵腔容积逐步减为最小,而压力随之增至最大,高压油冲出排油嘴的单向阀门,经管道送至使用部位。在此过程中,吸油嘴的单向阀门是关闭的,以防止油逆流。

(3) 凸轮不断旋转，柱塞5就不断地做往复运动，从而实现了吸、排润滑油的目的。工作原理及运动情况弄清楚之后，再进一步分析其装配及连接关系。

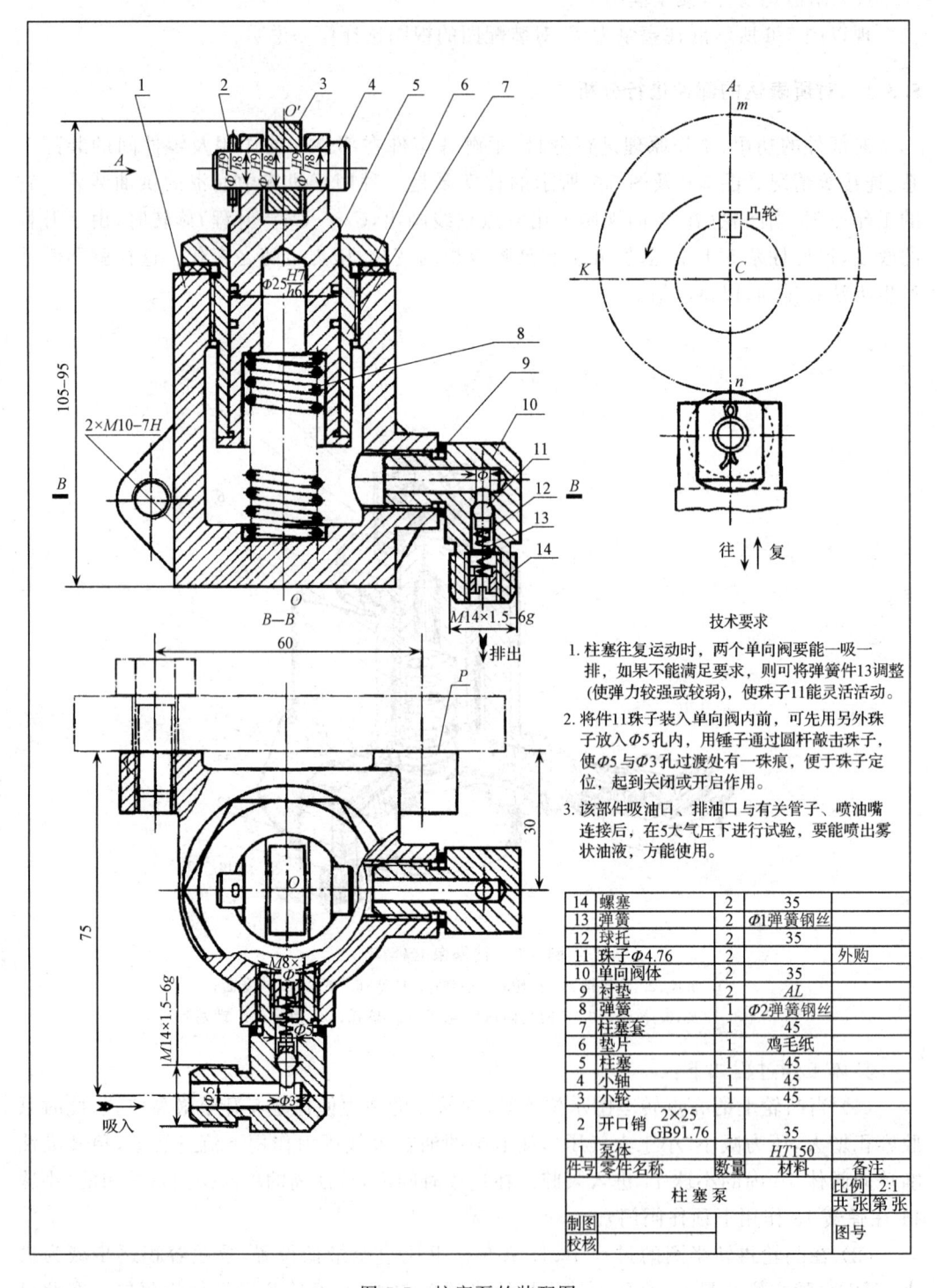

图 5-7　柱塞泵的装配图

柱塞 5 与柱塞套 7 装配在一起，柱塞套 7 则用螺纹与泵体 1 相连接。在柱塞 5 上部装有小轴、小轮及开口销等。柱塞 5 下部靠弹簧 8 顶着。吸油及排油处均装有单向阀体 10，控制阀门的开启与关闭。单向阀体由珠子 11、球托 12、弹簧 13 和螺塞 14 等组成。

在柱塞套 7 与泵体 1 连接处以及单向阀体 10 与泵体 1 连接处，装有垫片 6 和衬垫 9，使接触面间密封而防止油漏出。

通过以上深入细致的分析，可以把柱塞泵的结构和装配关系分为四个部分：柱塞与柱塞套部分、小轴与小轮部分、吸油嘴部分与排油嘴部分，这四部分也称做四条装配线。柱塞泵装配图的视图选择，主要就是要把这四条装配线的结构、装配关系和相互位置表达清楚。

5.3.2 确定主视图

主视图是首先要考虑的一个视图，选择的原则如下：① 能清楚地表达部件的工作原理和主要装配关系。② 符合部件的工作位置。

对柱塞泵来说，柱塞 5 和柱塞套 7 部分是表明柱塞泵工作原理的主要装配线。所以，可以如图 5-7 所示选择主视图，即按工作位置，将泵竖放，使基面 P 平行于正面。然后通过泵的轴线假想用切平面将泵全部剖开，这样柱塞 5 与柱塞套 7 部分的装配关系，以及小轮 3 与小轴 4 部分的装配关系，排油嘴部分的装配关系都能清楚地表达出来。而且柱塞套 7 与泵体 1 的连接关系以及排油嘴与泵体 1 的连接关系也表达清楚了。比较起来，这样选择的主视图较好。

5.3.3 确定其他视图

主视图确定之后，部件的主要装配关系和工作原理一般能表达清楚。但是，只有一个主视图往往还不能把部件的所有装配关系和工作原理全部表示出来。根据表达要完全的要求，应确定其他视图。

对于柱塞泵来说，在图 5-7 所示的俯视图上应有一个沿 $B—B$ 部分剖开的局部剖视图，这样就把吸油嘴部分的装配关系以及有关油路系统的来龙去脉表达清楚了。

为了给出泵的安装位置，在俯视图上用双点划线假想地表示出了连接板的轮廓和连接方式。

这里，为了更明确地表明柱塞的运动原理，增加了一个 A 向视图，由这个视图可清楚地看出柱塞 5 是怎样通过凸轮的旋转运动而实现上下往复运动的。由于凸轮不属于柱塞泵的零件，所以在 A 向视图中用双点划线假想地画出它的轮廓。

至此，柱塞泵的视图选择可算完成了，但有时为了能选定一个最佳方案，最好多考虑几种视图选择方案，以供比较、选用。

5.4 装配图的尺寸标注、零件编号和明细栏

5.4.1 装配图的尺寸标注

装配图的尺寸标注与零件图的要求完全不同。零件图是用来制造零件的，所以在图

上应注出制造所需的全部尺寸。而按装配图的使用目的、要求,只需注出与部件性能、装配、安装、运输等有关的尺寸。一般应注出下列几方面的尺寸:

(1) 特性、规格尺寸。它是表明部件的性能或规格的尺寸。例如,图5-7柱塞泵中进、出油口的尺寸 $\Phi 3$,它和进出油量有关,所以是特性、规格尺寸。

(2) 配合尺寸。配合尺寸是表示零件间配合性质的尺寸。例如,图5-7中柱塞与柱塞套的配合尺寸 $\Phi 25H7/h6$,小轴与柱塞的配合尺寸 $\Phi 7H9/h8$ 等。

(3) 安装尺寸。安装尺寸是将部件安装到其他部件或基座上所需要的尺寸。例如,图5-7中泵体底板上孔的中心距离60及螺钉孔 $M10$、单向阀接口 $M14\times 1.5$ 等。

(4) 外形尺寸。外形尺寸表示部件的总长、总宽和总高的尺寸。它反映了部件的大小、包装、运输及安装占的空间。如图5-7中高度 $105\sim 95$(表示柱塞泵高度最大和最小尺寸),宽度75等。

(5) 主要尺寸。主要尺寸即部件中一些重要尺寸,如滑动轴承的中心高度等。

5.4.2 零件编号

为了便于看图及图样管理,在装配图中需对每个零件进行编号。零件编号应遵守下列几项规定:

(1) 编号形式如图5-8(a)所示。在所要标注的零件投影上打一黑点,然后引出指引线(细实线),在指引线顶端画短横线或小圆圈(均用细实线),编号数字写在短横线上或圆圈内。序号数字比该装配图上的尺寸数字大两号;

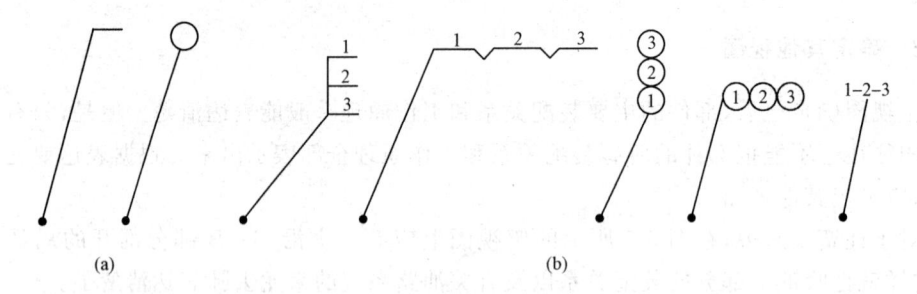

(a)　　　　　　　　　　　　(b)

图5-8　装配图零件编号

(2) 装配图中相同的零件只编一个号,不能重复;

(3) 对于标准化组件,如滚动轴承、油杯等可看作一个整体,只编一个号;

(4) 一组连接件及装配关系清楚的零件组,可以用公共指引线编号,如图5-8(b)所示;

(5) 指引线不能相交,当通过有剖面线的区域时,指引线尽量不与剖面线平行;

(6) 编号应按水平或垂直方向排列整齐,并按顺时针或逆时针方向顺序编号。

5.4.3 明细栏

明细栏是部件的全部零件目录,将零件的编号、名称、材料、数量等填写在表格内。明细栏格式及内容可由各单位具体规定,图5-9所示格式可供参考选用。

明细栏应紧靠在标题栏的上方,由下向上顺序填写零件编号。当标题栏上方位置不

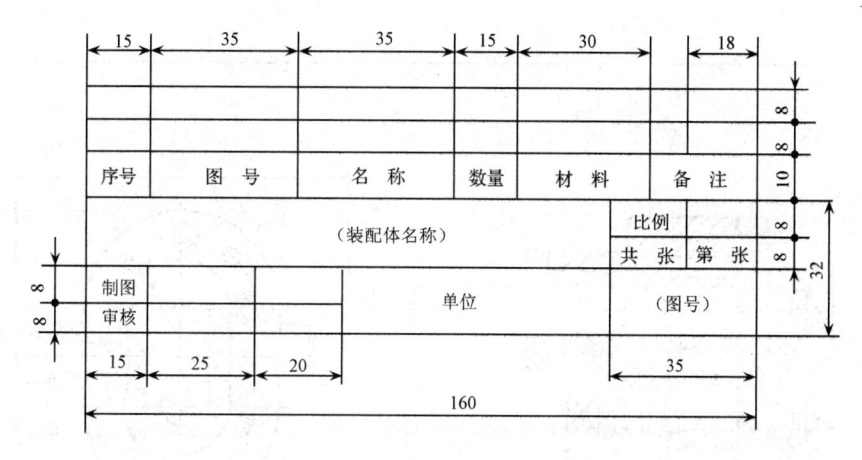

图 5-9 学习用标题栏和明细栏格式

够时,可移至标题栏左边继续填写。

5.5 看装配图的方法和步骤

在生产实际工作中,经常要看装配图。例如,在安装机器时,要按照装配图来装配零件和部件;在设计过程中,要按照装配图来设计和绘制零件图;在技术交流时,则要参阅装配图来了解零件、部件的具体结构等。

看装配图的目的和要求,主要有下列三点:①了解部件或机器的性能、功用和工作原理;②弄清各个零件的作用和它们之间的相对位置、装配关系、连接和固定方式以及拆装顺序等;③看懂各零件的结构形状。

看装配图的方法和步骤如下。

现以齿轮油泵(如图 5-10 所示)为例,来说明看装配图的方法和步骤。

1. 概括了解

(1) 从标题栏了解部件的名称、大致用途及图样比例。

(2) 从明细栏及零件编号,了解零件的名称、数量及所在位置。

(3) 分析视图,了解各视图、剖视、断面等的相互关系及表达意图。

图 5-10 的标题栏说明该部件是齿轮油泵,为一种供油装置。共有 12 个零件,图样比例是 1:1。

主视图采用了局部剖视,表达了齿轮油泵的主要装配关系;左视图沿端盖与泵体结合面剖开,并采用了局部剖视,表达了一对齿轮啮合情况及进、出口油路;俯视图采用了局部剖视,表达了齿轮油泵的外形轮廓与双头螺柱的连接情况,另外,还有 A 向视图,用以表达填料压盖及泵体外形轮廓。

2. 分析工作原理及传动关系

分析部件的工作原理,一般应从传动关系入手,根据视图及参考说明书进行了解。例如,图 5-10 所示的齿轮油泵,当外部动力传至主动齿轮轴 5 时,产生旋转运动,当主动齿

· 119 ·

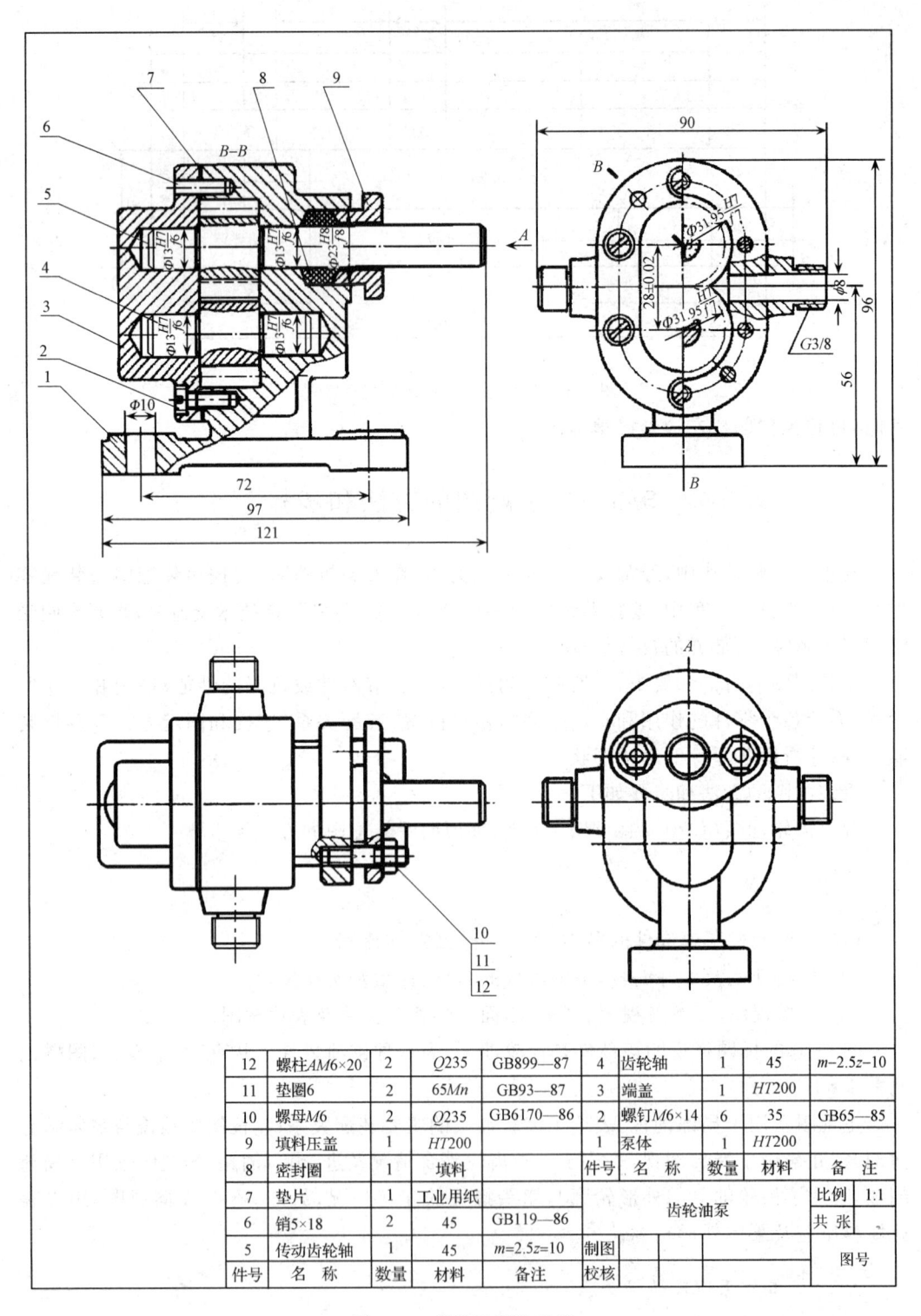

12	螺柱AM6×20	2	Q235	GB899—87	4	齿轮轴	1	45	m=2.5z=10
11	垫圈6	2	65Mn	GB93—87	3	端盖	1	HT200	
10	螺母M6	2	Q235	GB6170—86	2	螺钉M6×14	6	35	GB65—85
9	填料压盖	1	HT200		1	泵体	1	HT200	
8	密封圈	1	填料		件号	名 称	数量	材料	备 注
7	垫片	1	工业用纸		\multicolumn{3}{c}{齿轮油泵}	比 例	1:1
6	销5×18	2	45	GB119—86				共张	
5	传动齿轮轴	1	45	m=2.5z=10	制图			\multirow{2}{*}{图号}	
件号	名 称	数量	材料	备 注	校核				

图 5-10 齿轮油泵装配图

轮轴按逆时针方向旋转时,从动齿轮轴4则按顺时针方向旋转(如图5-11所示)。此时,齿轮啮合区的右边压力降低,油池中的油在大气压力的作用下,沿吸油口进入泵腔内。随着齿轮的旋转,齿槽中的油不断沿箭头方向送到左边,然后从出油口处将油压出去,输送到需要供油的部位。

整个齿轮油泵可分为主动齿轮轴系统和从动齿轮轴系统两条装配线。

3. 分析零件间的装配关系及部件结构

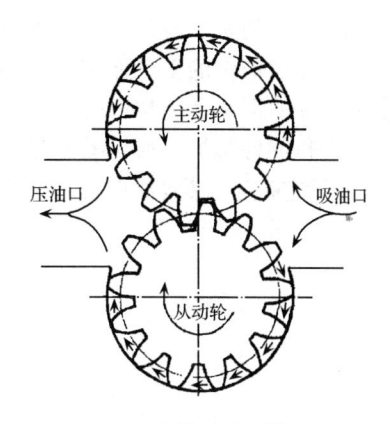

图 5-11 齿轮油泵工作原理

这是看装配图进一步深入的阶段,需要把零件间的装配关系和部件结构搞清楚。齿轮油泵主要有两条装配线,一条是主动齿轮轴系统,齿轮轴5装在泵体1及端盖3轴孔内,在齿轮轴右边伸出端,装有填料8及填料压盖9等;另一条是从动齿轮轴系统,齿轮轴4装在泵体1与端盖3轴孔内,与主动齿轮啮合在一起。

部件的结构主要应分析下列内容:

(1) 连接和固定方式。各零件之间是用什么方式来连接和固定的。如端盖3是靠螺钉2与泵体1连接的,并用销6来定位的。填料压盖9则用双头螺柱12、垫圈11、螺母10连接在泵体上。齿轮轴向定位则靠端盖3的端面及泵体内腔侧面分别与齿轮端面接触。

(2) 配合关系。凡是配合的零件,都是弄清楚基准制、配合种类、公差等级等,可由图上所标注的公差配合符号来判别,如齿轮轴与轴孔的配合为 $\Phi 13 H7/f6$。

(3) 密封装置。阀、泵等许多部件,为了防止液体或气体泄漏以及灰尘进入,一般都有密封装置。如齿轮油泵中主动齿轮轴伸出端有填料及填料压盖密封装置;端盖与泵体接触面间安放有垫片7,用以防止油的泄漏。

(4) 装拆顺序。部件的结构应当有利于零件按一定顺序装拆。如齿轮油泵的拆卸顺序:先松开螺钉2,将端盖3卸下,然后从左边抽出齿轮轴5及齿轮轴4,最后松开螺母10及垫圈11,卸下填料压盖9及填料8等。

4. 分析零件,看懂零件结构形状

分析零件,首先要会正确地区分零件,区分零件的方法主要是依靠不同方向或不同间隔的剖面线,以及各视图之间的投影关系进行判别。零件区分出来之后便要分析零件的形状、结构及功用。分析时一般从主要零件开始,再看次要零件。如图5-10中端盖3的形状,由装配图上的三视图较容易想象出来。端盖与泵体装配在一起,将齿轮轴密封在泵腔内,同时对齿轮轴起着支承作用,所以需要用圆柱销来定位,以便保证端盖上轴孔与泵体上轴孔能够很好地对中。

最后综合起来,想象出整个部件的形状和结构,如图5-12所示。

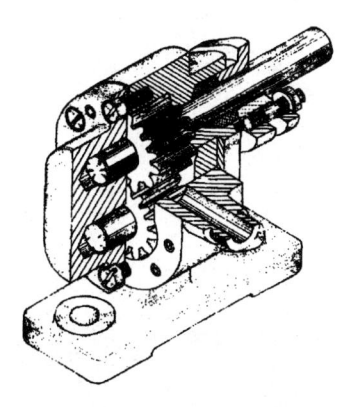

图 5-12 齿轮油泵立体图

以上讲的是看装配图的一般方法和步骤,事实上有些步骤不能截然分开,而是交叉进行。如分析部件的工作原理时,也要分析零件间的装配关系。在分析装配关系时,离不开分析零件的形状和结构。分析零件形状、结构时,有时要回过头来进一步分析零件间的装配关系和部件结构。所以看图是一个不断深入、综合认识的过程。看图时应有步骤、有重点,但不宜拘于一格,而应灵活地掌握。

第二篇　工程材料与热处理基础

　　材料用来做器件、结构或其他产品。材料是生产和生活的物质基础。历史表明，生产中使用的材料性质直接反映人类社会的文明水平，所以历史学家根据制造生产工具的材料将人类生活的时代划分为石器时代、青铜器时代、铁器时代。国民经济的各个部门和人民的衣、食、住、行直至生活用品，都离不开各种类型的材料。材料、能源、信息合称为现代社会的三大支柱，而能源和信息的发展，在一定程度上又依赖于材料的进步。因此，许多国家都把材料科学作为重点发展学科之一，使之为新技术革命提供坚实的物质基础。

　　材料按经济部门可分为：土建工程材料、机械工程材料、电工材料、电子材料等。按物质结构可分为：金属材料、有机高分子材料、陶瓷材料。按材料功用可分为：结构材料、功能材料。本教材所述及的主要是机械工程上所用的结构材料。由于金属材料具有许多优良的性能并广泛地应用于国民经济的各个领域，因此本篇主要讲述金属材料及其热处理工艺的知识。

　　工程材料与热处理篇对应本教材的第 6 章～第 12 章。通过本篇学习，了解常用金属材料的基本成分、组织、性能之间的关系；了解强化金属材料的基本途径；了解钢的热处理原理及基本概念，以及热处理工艺在机械零件加工工艺流程中的位置和作用。本篇还简要介绍了现代新型工程材料的基础知识。

第6章　金属材料的种类与性能

工程金属材料包括纯金属与合金。所谓合金，是由两种或两种以上的金属元素（或金属元素与非金属元素）组成的具有金属特性的材料。

金属材料具有较高的强度、良好的塑性、高的导电性、导热性以及金属光泽等特性。

金属材料除具有上述共同特性外，本身的性能亦具有多样性和多变性。不同化学成分的材料可以具有不同的性能，即使同一种金属材料其性能也能够改变，可以通过不同的加工和处理使金属材料得到所需要的性能。

所谓金属材料性能的提高，可以是提高硬度、提高强度，亦可以提高塑性，即通过热处理使材料软化从而改善压力加工工艺性能。但对大多数机械零件而言，在使用条件下一般均要求强化。材料强化后可以使零件和部件结构轻巧、可靠性和耐磨性提高，使用寿命延长。

金属材料的性能不仅与其化学成分有关，还与其内部组织和状态有关。为了全面了解机器生产的相关知识，就必须明白材料的成分、处理、组织与其性能之间关系的知识。其中"成分"是改变性能的基础，"处理"是改变性能的手段，而"组织"是性能变化的根据。

金属材料的基本分类如下所述。

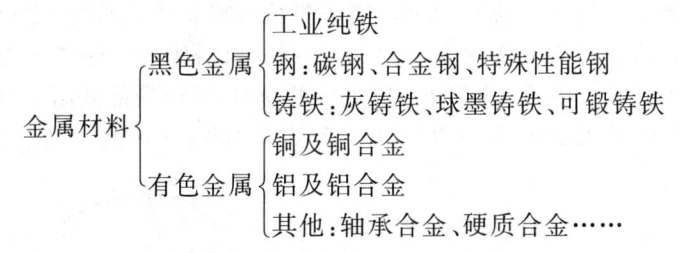

$$
\text{金属材料}\begin{cases}\text{黑色金属}\begin{cases}\text{工业纯铁}\\ \text{钢：碳钢、合金钢、特殊性能钢}\\ \text{铸铁：灰铸铁、球墨铸铁、可锻铸铁}\end{cases}\\ \text{有色金属}\begin{cases}\text{铜及铜合金}\\ \text{铝及铝合金}\\ \text{其他：轴承合金、硬质合金……}\end{cases}\end{cases}
$$

6.1　金属材料的机械性能

金属材料是使用最广泛的工程材料，为了合理地使用和加工金属材料，必须了解其在工程领域内的材料性能。

本篇讨论的对象是工程材料与热处理工艺基础，在此主要介绍金属材料使用性能中的机械性能；工艺性能将在相关的章节中进行介绍。

在使用性能中，若零件的材料不能满足使用中要求的某项性能时，就不能正常地工作，称为"失效"。

在通常的机械零件设计中选择材料时，往往以其机械性能为主要依据。材料的机械性能又称力学性能，即材料在外力作用下所显示的性能，力学性能指标通常是通过各种不同的试验来测定的。

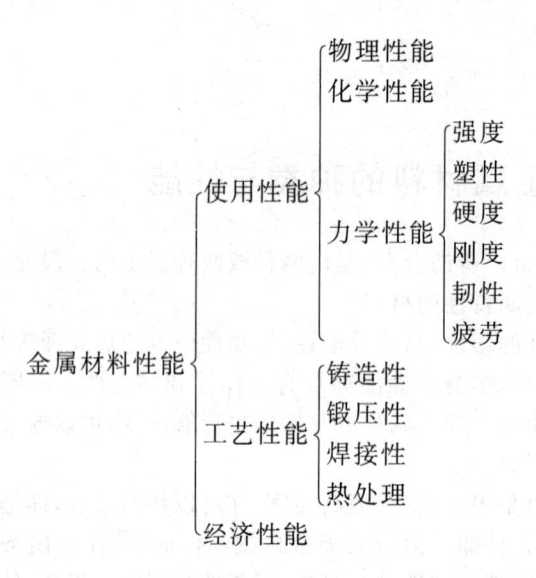

金属材料性能 {
- 使用性能 {
  - 物理性能
  - 化学性能
  - 力学性能 {
    - 强度
    - 塑性
    - 硬度
    - 刚度
    - 韧性
    - 疲劳
  }
}
- 工艺性能 {
  - 铸造性
  - 锻压性
  - 焊接性
  - 热处理
}
- 经济性能

6.1.1 静载荷下的机械性能

静载荷下材料的机械性能主要包括强度、刚度、弹性、塑性和硬度。除硬度可用硬度计测试外，其余皆通过静拉伸试验测得。

材料拉伸试验是用如图 6-1 所示标准试棒在拉伸试验机上拉伸，试样受力从零开始，随着载荷逐步增大，试棒有规律地伸长，直至被拉断。利用拉力和试棒伸长的数值变化可绘制出力-伸长图，如图 6-2 所示。当外力低于 P_e 时，变形与拉力成正比，属弹性变形范围。达到 P_s 时，变形大大增加，而外力并无明显变化，称屈服。以后所产生的变形为塑性变形，而且变形量与外力不成比例关系，达到 P_b，即最大载荷时，试样局部截面上直径缩小，称缩颈。由于缩颈部位明显地伸长，总拉力开始下降，直至缩颈区断裂。

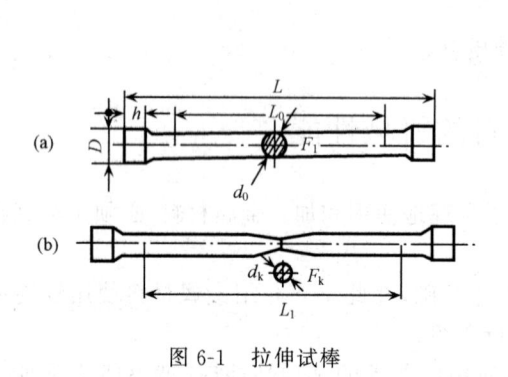

图 6-1 拉伸试棒

图 6-2 低碳钢拉伸曲线

1. 强度

金属材料在外力的作用下抵抗变形和断裂的能力称为强度。按照外力性质不同，强度又可分为抗拉强度、抗压强度、抗剪强度和抗弯强度等。

抗拉强度是最基本的强度指标。

如果用试棒的原始截面积 $F_0(\text{mm}^2)$ 去除拉力 $P(\text{N})$，则得到应力 σ。

$$\sigma = \frac{P}{F_0}$$

如果用试棒的原始长度 L_0 去除伸长量 ΔL，则得到应变 ε。

$$\varepsilon = \frac{\Delta L}{L_0}$$

根据 σ 和 ε 则可画出应力-应变曲线，其形状与拉伸曲线相似，只是坐标不同而已。在应力-应变图上可直接读出材料承受静载荷下的强度指标。按照拉伸过程中出现的弹性变形、弹塑性变形及断裂等阶段，强度指标有弹性极限、屈服极限和强度极限。

1) 弹性极限

材料在外力作用下，能保持弹性变形的最大应力，以 σ_e 表示。

$$\sigma_e = \frac{P_e}{F_0}(\text{MPa})$$

式中：P_e 为弹性极限载荷(N)。

2) 屈服极限（屈服强度）

材料在外力作用下开始产生屈服时的应力，以 σ_s 表示。

$$\sigma_s = \frac{P_s}{F_0}(\text{MPa})$$

式中：P_s 为屈服极限载荷(N)。

除低碳钢和中碳钢等少数合金有屈服现象外，许多金属材料没有明显的屈服现象（如高强度钢等）。因此，对这些材料，规定以产生 0.2％ 塑性变形时的应力作为屈服强度，以 $\sigma_{0.2}$ 表示。

$$\sigma_{0.2} = \frac{P_{0.2}}{F_0}(\text{MPa})$$

式中：$P_{0.2}$ 为产生 0.2％ 残余变形时的载荷(N)。

机器零件在工作中一般是不允许产生塑性变形的，所以屈服强度 σ_s 是金属材料最重要的机械性能指标之一，也是绝大多数零件设计时的依据。脆性材料（如灰口铸铁）拉伸时几乎不发生塑性变形，不仅没有屈服现象，也不产生缩颈，断裂是突然发生的，最大载荷即是断裂载荷。

3) 强度极限（抗拉强度）

材料在拉力的作用下，断裂时能承受的最大应力，以 σ_b 表示。

$$\sigma_b = \frac{P_b}{F_0}(\text{MPa})$$

式中：P_b 为试样所能承受的最大载荷(N)。

强度极限 σ_b 是材料的主要性能指标，也是设计和选材的重要依据之一，同时它还是脆性材料的零件设计的依据。

2. 刚度

外力作用下材料在弹性变形范围内抵抗变形的能力称为刚度。刚度的大小常用弹性变形范围内应力与应变的比 E（弹性模量）表示。

$$E = \frac{\sigma}{\varepsilon}$$

一般地，零件都在弹性变形状态下工作。但对于要求弹性变形小的零件，如柴油机曲轴、精密机床主轴等，应选 E 大的材料。在室温下，钢的弹性模量 E 大都在 190 000～220000(N/mm^2)。

3. 塑性

在外力作用下材料产生永久变形而不被破坏的能力称为塑性。塑性常用延伸率 δ 和断面收缩率 ψ 表示。

$$\delta = \frac{\Delta l}{L_0} \times 100\% = \frac{L_k - L_0}{L_0} \times 100\%$$

$$\psi = \frac{\Delta F}{F_0} \times 100\% = \frac{F_0 - F_k}{F_0} \times 100\%$$

式中：L_0 为试棒的原始长度(mm)；L_k 为试棒拉断后的长度(mm)；F_0 为试棒原始截面积(mm^2)；F_k 为试棒断口处的截面积(mm^2)。

δ 和 ψ 愈大，表示材料的塑性愈好。工程上一般把 $\delta > 5\%$ 的材料称为塑性材料，如低碳钢、防锈铝合金等；$\delta < 5\%$ 的材料称为脆性材料，如铸铁。良好的塑性是顺利地进行压力加工的重要条件。

4. 硬度

材料在被更硬的物体压入时表现出的抵抗能力称为硬度。压痕深度或压痕单位面积上所承受的载荷均可作为衡量硬度的指标。广泛应用的有布氏硬度、洛氏硬度。

1) 布氏硬度

用规定的载荷 P 把直径为 D 的淬硬钢球或硬质合金球压入试样表面，保持一定时间再卸除载荷后，以压痕单位球面积上所承受的压力表示材料的硬度，用符号 HBS(W) 表示，习惯用单位为(kgf/mm^2)，但不需要标出。当压头采用淬硬钢球时硬度用 HBS 标注，当压头采用硬质合金球时硬度用 HBW 标注。测试原理如图 6-3 所示。布氏硬度测试材料的硬度值，数据比较准确，但不能测太薄和硬度较高的材料。

$$HBS(W) = \frac{P}{F} = \frac{P}{\pi D h}$$

式中：F 为压痕球面积。

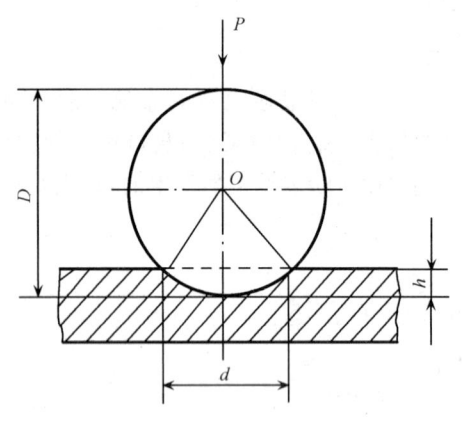

图 6-3 布氏硬度测试原理

2) 洛氏硬度

洛氏硬度用压痕深度表示。常用的两类压头是 120° 锥角的金刚石和直径为 1.588mm(1/16 英寸)的淬硬钢球。广泛应用的洛氏硬度测试法有 HRA、HRB 和 HRC 三种。

洛氏硬度试验的原理如图 6-4 所示。先加预载荷 P_1，使压头与试样表面紧密接触，并压到 h_0 的位置，作为衡量压入深度的起点。后加主载荷 P_2，使压头继续压入到深度 h_1 然后卸除 P_2 而保留 P_1，h_2 是试样弹性变形的恢复高度，h 则是压头在主载荷作用下压入金属表面的深度。因此，h 值的大小即可以衡量材料对局部表面塑性变形的抗力，即材料的硬度 h 值越小，则材料越硬。洛氏硬度测量简单、迅速，可测薄和硬的材料，但准确度不如布氏硬度测试方法。

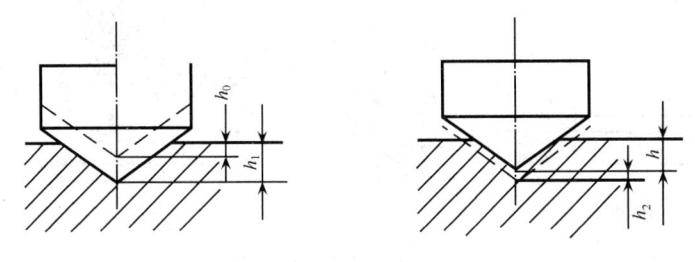

图 6-4 洛氏硬度测试原理

除布氏、洛氏硬度外，还有维氏硬度试验 HV、肖氏硬度试验 HS 及显微硬度试验等。工程上为了实用需要，制订了一些硬度之间的换算关系表格，以供查用。

硬度也是重要的机械性能指标，它影响到材料的耐磨性。一般说来，硬度愈高，耐磨性也愈好。

硬度和强度一样，都反映了材料对塑性变形的抗力，因此，强度愈高，硬度也愈高。

实践表明，一些材料的布氏硬度 HBS 和强度极限 σ_b 之间存在着近似关系。例如，对于普通碳素钢、普通低合金钢和调质钢，其近似关系为 $\sigma_b \sim 0.35\text{HBS}$。因此，可以根据 HBS 粗略地估算出材料的 σ_b。

鉴于硬度测定简单易行，且不破坏零件，因此，生产中常通过测定硬度来检查热处理零件的机械性能。

6.1.2 动载荷下的机械性能

1. 冲击韧性

材料抵抗冲击载荷的能力称为冲击韧性，简称韧性。

不少机器零件在工作时要承受冲击载荷，如火车挂钩、锻锤的锤头和锤杆、冲床的连杆和曲轴、锻模、冲模等。对于这些零件，如果仍用静载荷作用下的强度指标来进行设计计算，就很难保证零件工作时的安全性，必须根据材料的韧性来设计。

韧性的大小是以材料受冲击破坏时单位截面积上所消耗的能量来衡量的。工程上通常用摆锤一次冲击试验加以测定，其原理如图 6-5(c) 所示。

将被测材料按标准尺寸做成试样（如图 6-5(a) 所示），按图将试样安放在试验机支座上（如图 6-5(b) 所示），使具有重量为 G 的摆锤自高度 H_1 处落下，冲断试样，此时，摆锤对试样所做的功为 $A_k = G(H_1 - H_2)$，(J)。

A_k 除以试样断口处的截面积 $F(\text{cm}^2)$，即得冲击韧性 a_k。

$$a_k = \frac{A_k}{F} = \frac{G(H_2 - H_1)}{F}(\text{J/cm}^2)$$

冲击韧性的大小除了取决于材料本身外，还受试样的尺寸、缺口形状和试验温度等因素的影响。

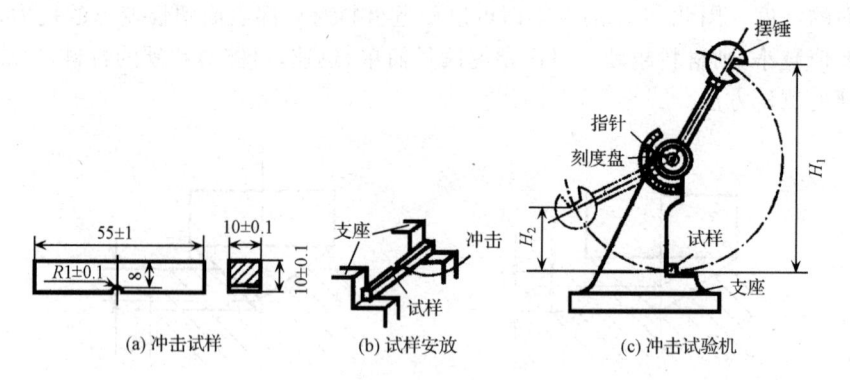

图 6-5　摆锤冲击试验示意图

2. 疲劳强度

很多零件在工作过程中受到方向、大小反复变化的交变应力的作用,如轴、弹簧、齿轮、滚动轴承等。在交变应力的长期作用下,零件会在远小于强度极限,甚至小于屈服极限的应力下断裂,即疲劳断裂。它与静载荷下的断裂不同,无论是塑性材料还是脆性材料,断裂都是突然发生的,之前并没有明显的塑性变形,因此具有很大的危险性。据统计,在承受交变应力作用的零件中,大部分是由于疲劳而损坏的。

交变应力 σ 与断裂前应力循环次数 N 之间的关系通常用疲劳试验得到的疲劳曲线来描述,如图 6-6 所示。

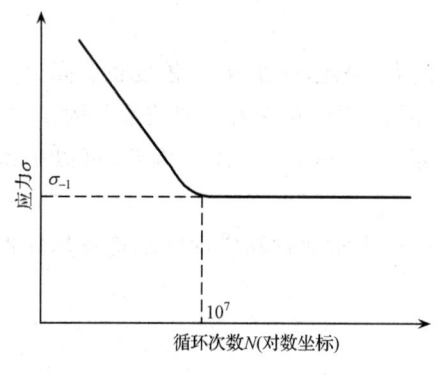

图 6-6　疲劳曲线示意图

曲线表明,当应力低于某一值时,材料可经受无限次应力循环而不断裂,此应力值叫做疲劳强度或疲劳极限。当应力循环对称时,疲劳极限用 σ_{-1} 表示。一般规定对钢铁材料零件,如 N 达 10^7 次,仍不发生疲劳断裂,就可认为能经受无限次应力循环而不发生疲劳断裂。对有色金属零件 $N=10^8$ 次。

6.2　金属材料的晶体结构与结晶

一切固态物质按其内部原子(离子)排列的特征可分为晶体和非晶体两大类。晶体的特点之一是其中的原子(或离子)作有规则的排列;而非晶体中的原子是无规则的堆砌在一起的。普通玻璃、沥青、松香等物质是非晶体;而所有的固态金属与合金都是晶体。晶体中的原子是按一定规则排列的,如图 6-7(a)所示,为便于理解和描述,常用一些假想的连线连接各原子的中心,而把原子看作一个点,这样形成的几何图形称为晶格,如图 6-7(b)所示。一种晶格反映出一定的排列规律。为研究方便,通常取晶格的一个基本单元——晶胞,如图 6-7(c)所示来描述晶体的构造。晶胞在空间的堆积就构成了晶格。

(a) 晶体　　　　　　　　(b) 晶格　　　　　　　　(c) 晶胞

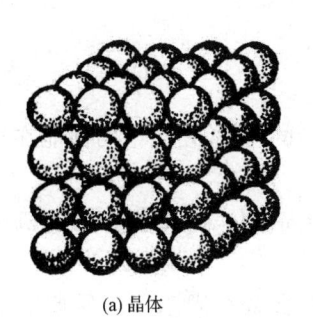

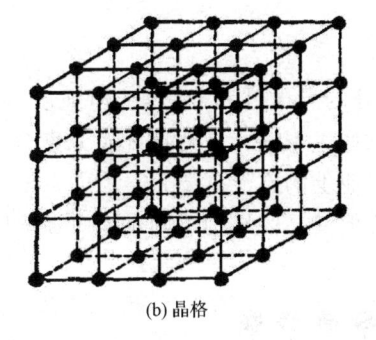

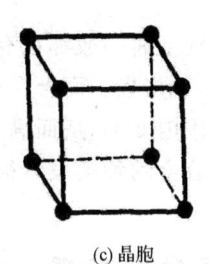

图 6-7　晶体、晶格和晶胞示意图

6.2.1　常见金属材料的晶体结构

1. 纯金属的晶体结构

晶体结构的类型有很多种，但绝大多数金属属于以下三种晶格形式：

(1) 体心立方晶格。如图 6-8(a)所示，其晶胞是一个立方体。原子排列在立方体的各节点上和立方体的中心。具有这种晶格的金属有铬、钼、钨、钒和 α-Fe（纯铁在 912℃ 以下称 α-Fe）等。

(2) 面心立方晶格。如图 6-8(b)所示，其晶胞也是一个立方体。除各节点处排列着原子外，在立方体每个面的中心也排列着原子。具有这种晶格的金属有铝、铜、镍、铅、金、银和 γ-Fe（纯铁在 912～1390℃ 称 γ-Fe）等。

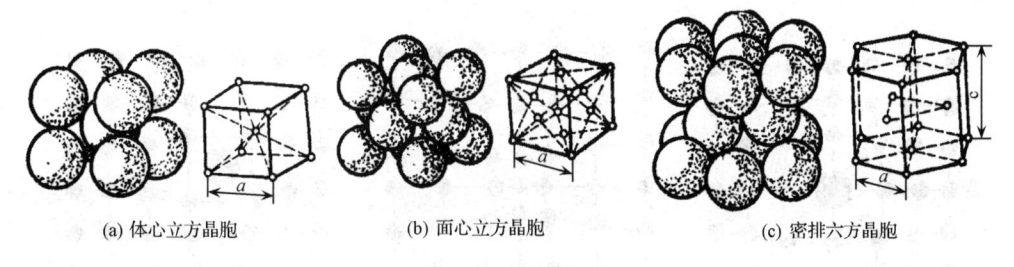

(a) 体心立方晶胞　　　(b) 面心立方晶胞　　　(c) 密排六方晶胞

图 6-8　晶胞的形式

(3) 密排六方晶格。如图 6-8(c)所示，其晶胞是一个六棱柱。除各节点处和上下底面中心排列着原子外，在上下底面之间还排列着三个原子。具有这种晶格的金属有镁、锌、镉和铍等。

晶胞的大小用晶格常数来表示；立方晶格只需要一个晶格常数 a 即可，如图 6-8(a)和 6-8(b)所示；密排六方晶格则需要 c 和 a 两个晶格常数，如图 6-8(c)所示。

以上讨论的是一种理想的晶体结构。而实际纯金属晶体中，虽原子排列基本上是有规律的，但在局部区域总是存在着各种不同的缺陷。晶体缺陷对金属材料的性能有很大影响，且金属中发生的许多理化现象与晶体缺陷密切相关。

金属的晶格缺陷很多，常见有原子空位和间隙原子，如图 6-9 所示，除此之外还有位错、晶界等。

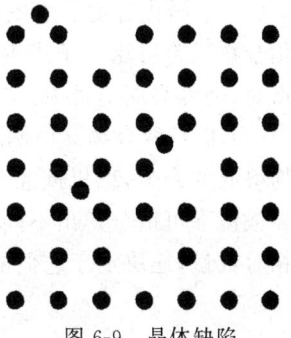

图 6-9　晶体缺陷

2. 合金的晶体结构

纯金属一般都具有良好的导电性和导热性,但强度、硬度低,价格贵。而合金可以通过不同元素的搭配及元素含量的变化,使合金的性能在较宽的范围内变动,从而满足工业上的广泛需要。

合金的种类虽然很多,但其晶体结构可归纳为 3 类,即固溶体、金属化合物和机械混合物。

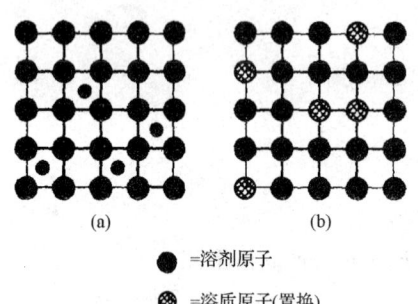

(1) 固溶体。合金在固态下溶质原子溶入溶剂,仍保持溶剂晶格的叫固溶体。

按溶质原子在溶剂晶格中所占据的位置,固溶体可分为置换固溶体和间隙固溶体两种。置换固溶体中溶质原子置换了溶剂晶格的部分原子,间隙固溶体的溶质原子则嵌在溶剂原子间的某些空隙中,如图 6-10 所示。

由于置换固溶体中溶剂原子与溶质原子的尺寸不同,以及间隙固溶体中溶质原子一般均比溶剂晶格的空隙尺寸大,因而引起固溶体的

图 6-10 间隙固溶体与置换固溶体

晶格畸变,如图 6-11所示。晶格畸变将使合金的强度、硬度和电阻值升高,而塑性、韧性下降,这种由于溶质原子的溶入,使基体金属(溶剂)的强度、硬度升高的现象,叫做固溶强化。

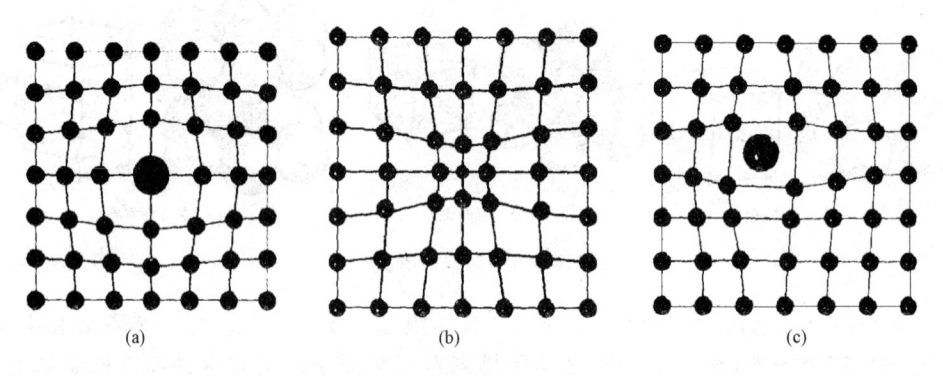

图 6-11 固溶体的晶格畸变

(2) 金属化合物。组成合金的元素相互化合形成一种新的晶格组成金属化合物。这种化合物通常可用分子式表示。如 Mg_2Si、$CuZn$、Cu_2Al、Fe_3C 等。金属化合物的特点是熔点高、硬度高而脆性大。

(3) 机械混合物。由两种或两种以上的组元或固溶体组成,或者由固溶体与金属化合物组成的合金,称机械混合物,其中组元、固溶体或金属化合物均保持各自的晶格类型。在显微镜下可以分辨出不同的组成部分。机械混合物的性能决定于各自组成部分的性能和相对数量,还决定于它们的大小、形状和分布。

6.2.2 金属的结晶

1. 金属的结晶

金属从液体状态变为晶体状态(固态)的过程称为结晶。从原子排列的情况来看,结晶就是原子从排列不规则状态(液态)变为规则排列状态的过程。

实验证明,结晶过程首先是从液体中形成一些称之为结晶核心的细小晶体开始的(结晶核心可由液体中一些原子集团形成,也可依附于液体中的杂质形成),然后,已形成的晶核按各自不同的位向不断长大。同时在液体中又产生新的结晶核心,并逐渐长大,直至液体全部消失为止。换言之晶体的结晶是形核、长大;从局部到整体的过程,如图 6-12 所示。

结晶的开始阶段,各晶核的长大不受限制,此后由于晶核的不断长大,在它们的接触处将被迫停止生长。全部凝固后,便形成了许许多多位向不同、外形不规则的多晶体构造。

金属结晶时,都存在着一个平衡结晶温度 T_0,这时;液体中的原子结晶到晶体上的数目,等于晶体上的原子熔入液体中的数目。从宏观范围来看,此时既不结晶,也不熔化,液体和晶体处于动平衡状态。只

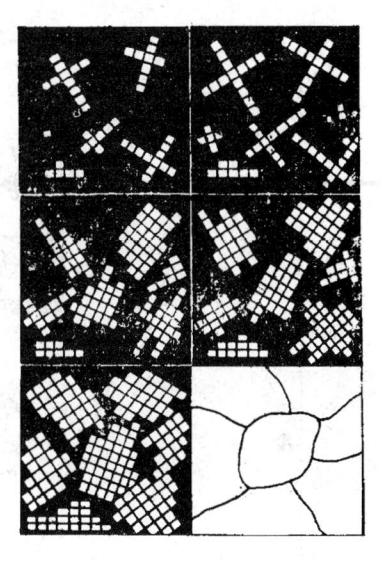

图 6-12 结晶过程示意图

有冷却到低于平衡温度时才能有效地进行结晶。因此,实际结晶温度 T_1 总是低于平衡结晶温度的。两者之差 (T_0-T_1) 称为过冷度 ΔT。过冷度的大小与冷却速度有关,冷却速度愈快,过冷度亦愈大。

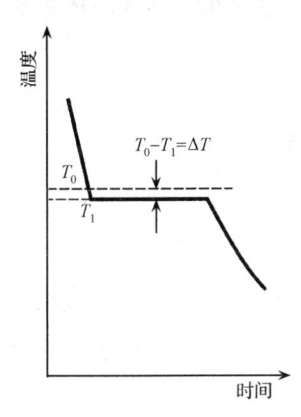

图 6-13 纯金属的冷却曲线

金属的实际结晶温度可用热分析法加以测定。将熔化的金属以缓慢的速度进行冷却,同时记录下温度随时间的变化规律,绘出如图 6-13 所示的冷却曲线。金属结晶时放出的结晶潜热,补偿了冷却时向外散出的热量,冷却曲线上暂时出现水平线段,即温度保持不变的恒温现象。该温度即为实际结晶温度 T_1。当散热极其缓慢,即冷却速度极其缓慢时,实际结晶温度与平衡结晶温度趋于一致。

结晶条件不同,晶粒的大小差别也很大。粗晶粒组织用眼睛就可分辨出来,而细晶粒组织必须通过金相显微镜才能分辨出来。在金相显微镜下观察到的金属晶粒的类别、大小、形态、相对数量和分布,通常称为显微组织。

金属晶粒的大小对其性能有很大的影响。一般情况下金属的强度、塑性和韧性都随晶粒的细化而提高。因此,在生产中常采取以下两种细化晶粒的措施以改善机械性能。

(1) 加冷却速度。增加冷却速度可增大过冷度,使晶核生成速率的增长大于晶粒长

大速率的增长,因而使晶粒细化。但增加冷却速度受铸件的大小、形状的限制。

(2) 变质处理。在液态金属中加少量变质剂(又称孕育剂)作为人工晶核,以增加晶核数,从而使晶粒细化。

此外,在结晶过程中采用机械振动、超声波振动和电磁振动,也有细化晶粒的作用。

2. 金属的同素异晶转变(重结晶)

某些金属,例如铁、锰、钛、锡等,凝固后在不同的温度下有着不同的晶格形式,这种金属在固态下由于温度的改变而发生晶格改变的现象称为同素异晶转变或同素异构转变,也称重结晶。图 6-14 表示纯铁的同素异晶转变。

纯铁从液体结晶后具有体心立方晶格,称 δ-Fe。在 1394℃时发生同素异晶转变,由 δ-Fe 转变成面心立方晶格的 γ-Fe。在 912℃,γ-Fe 又转变成体心立方晶格的 α-Fe。图 6-14 中,768℃处的温度停顿并非同素异晶转变,而是磁性转变。

同素异晶转变与液态金属的结晶相似,也是一个结晶过程,也必然通过原子的重新排列来完成,遵守结晶的一般规律,即有一定的转变温度,转变时需要过冷,转变过程也是通过生核和晶核长大来完成的。只不过固态转变的过冷度较大,且易在金属中引起较大的内应力,这是由于转变时体积变化所引起的。

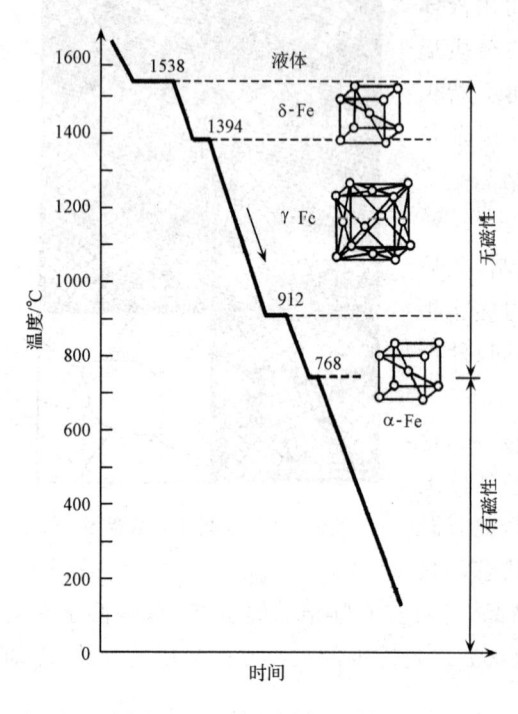

图 6-14 纯铁的同素异晶转变

复习思考题

1. 何谓强度,强度的主要指标有哪几种?写出它们的符号和单位。
2. 何谓塑性,材料的塑性指标有哪几种?写出它们的符号。
3. 何谓冲击韧性?写出冲击韧性的符号及单位。
4. 布氏硬度和洛氏硬度的测定方法有何区别?它们宜测什么材料?
5. 金属的结晶过程是怎样的,晶粒的大小对机械性能有何影响?如何获得细晶组织。
6. 什么是同素异晶转变,哪些金属具有这些特性,它与结晶有何区别?
7. 何谓过冷度,影响过冷度大小的因素是什么?过冷度与冷却速度有何关系?
8. 固溶体有哪两种类型,碳溶入铁中形成的固溶体一般属于哪一类?
9. 绘出低碳钢力-伸长曲线,并指出拉伸时的几个阶段。
10. 简述提高金属强度的方法。

11. 常见金属晶格有哪几种？常温下的纯铁属哪一种晶格？
12. 何谓应力、何谓应变？
13. 体心立方、面心立方和密排六方晶格中每个晶胞中包含几个原子？
14. 晶粒的大小对机械性能有何影响，如何控制晶粒的大小？
15. 比较固溶体、金属化合物和机械混合物。

第 7 章 铁 碳 合 金

铁碳合金是以铁元素为基础的合金,也是钢铁材料的统称,它是工业上应用最广的合金。钢铁材料虽是多成分的复杂合金,但基本上是由铁和碳两种最主要的成分所组成的。对于应用极广泛的碳素钢来说,就更是如此。

7.1 铁 碳 合 金

7.1.1 铁碳合金的基本组织

在铁碳合金中,碳通常以三种形式存在:一是以石墨形态而独立存在;二是以原子态溶解于纯铁的晶格中;三是与铁元素形成化合物。其基本组织有以下几种:

(1) 铁素体。用符号"F"表示。它是碳溶解于 α-Fe 中的间隙固溶体。碳原子的溶入引起晶格发生畸变,从而使合金的强度和硬度有所增加,而塑性和韧性下降。铁素体保留了 α-Fe 的体心立方晶格,但溶碳能力很小,随温度升高而略有增加,在 727℃ 时也只能固溶 0.0218% 的碳元素。

铁素体的性能接近纯铁,强度、硬度低,塑性、韧性很好,所以具有铁素体组织多的低碳钢,能够进行冷变形、轧制、锻造和焊接。

(2) 奥氏体。以符号"A"表示。它是碳溶解于 γ-Fe 面心立方晶格中的间隙固溶体。奥氏体具有 γ-Fe 的面心立方晶格,原子间空隙较大,能固溶较多的碳原子,在 1148℃ 时固溶量达到了 2.11%。由于奥氏体通常是高温组织,强度、硬度不高,塑性非常好,所以在锻造或轧钢时,常把钢材加热到奥氏体状态进行。

(3) 渗碳体。以分子式"Fe_3C"表示。它是铁和碳形成的金属化合物,具有复杂的晶格类型。渗碳体中碳的含量为 6.69%,其性能是硬度高、强度低、塑性几乎为零,是硬而脆的物质,故不能单独使用,而是在铁碳合金中以强化相的形式出现。渗碳体的形状、大小、分布和数量对铁碳合金的性能有极大的影响。

(4) 珠光体。以符号"P"表示,它是铁素体和渗碳体的机械混合物,碳的质量分数为 0.77%,具有较高的强度(σ_b = 800MPa)和硬度(HBS = 230),但塑性较铁素体低(δ = 12%)。

(5) 莱氏体。由奥氏体和渗碳体组成的机械混合物叫做莱氏体,碳的质量分数为 4.3%,用符号 L_d 表示,它只在高温(727℃ 以上)时存在。在 727℃ 以下时,莱氏体是由珠光体和渗碳体组成的机械混合物,用符号 L'_d 表示。莱氏体的机械性能和渗碳体相似,硬度很高(HB>700),塑性极差。

铁碳合金在室温时的基本组织是铁素体、渗碳体和珠光体,其中珠光体组织是两相机械混合物。其性能如表 7-1 所示。

表 7-1 铁碳合金基本组织的机械性能

名称	符号	结合类型	σ_b/MPa	HB	δ/%	a_k/(J/cm²)
铁素体	F	碳溶于 α-Fe 中的固溶体(体心立方晶格)	230	80	50	200
渗碳体	Fe₃C	铁与碳的金属化合物（复杂晶格）	30	800	≈0	≈0
珠光体	P	铁素体和渗碳体的层片状机械混合物	750	180	20~25	30~40

7.1.2 铁碳合金状态图及其分析

铁碳合金状态图是研究铁碳合金在平衡状态下的组织随温度和成分变化的图形。掌握它就能对钢和生铁的内部组织及其变化规律有一个较完整的概念，以便更好地利用它为制定热处理、压力加工等工艺规程打下基础。

1. 铁碳合金状态图

必须指出，这个状态图并不是碳的质量分数由 0→100% 的全部图形，而是碳的质量分数在 6.69% 以下的部分，实际是完整的铁-渗碳体状态图（Fe-Fe₃C 状态图）。其简化后的状态图如图 7-1 所示。

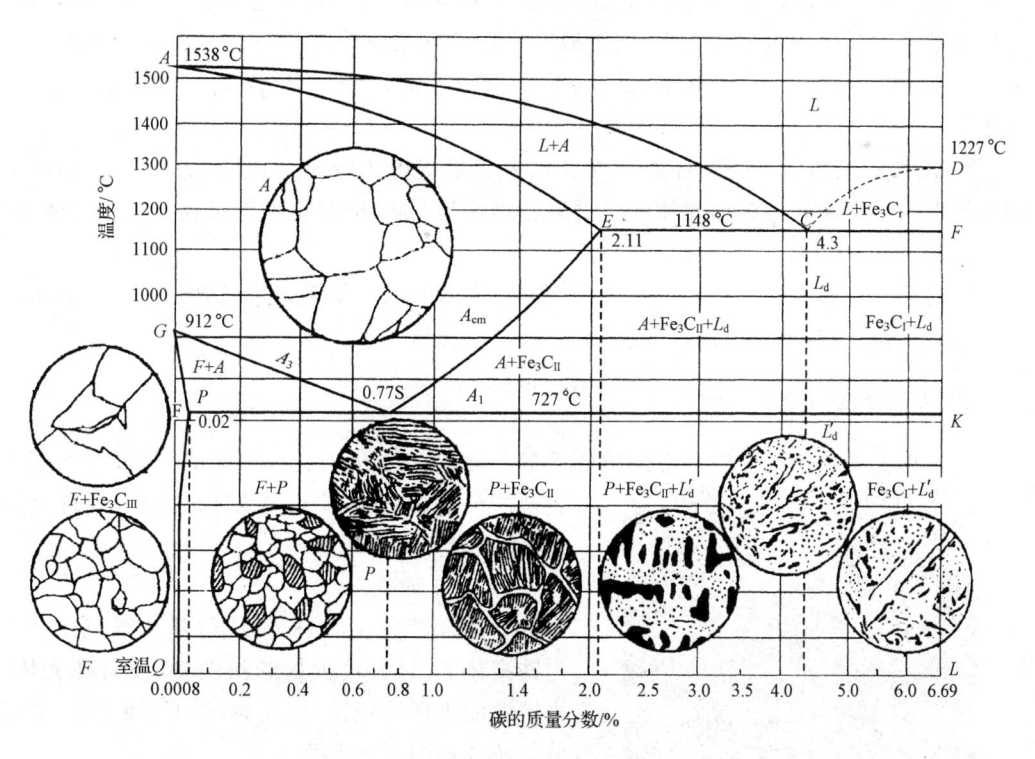

图 7-1 Fe-Fe₃C 状态图

状态图中用字母标注的点,都表示一定的特性(成分和温度),所以叫做特性点。各主要特性点的含义列于表 7-2。

表 7-2 铁碳合金状态图中主要特性点的含义

特性点符号	温度/℃	碳的质量分数/%	含 义
A	1538	0	纯铁的熔点
C	1148	4.3	共晶点 $L_C \longleftrightarrow A_E + Fe_3C$
D	1227	6.69	渗碳体的熔点
E	1148	2.11	碳在 γ-Fe 的最大溶解度
G	912	0	纯铁的同素异构转变点 α-Fe $\longleftrightarrow$ γ-Fe
S	727	0.77	共析点 $A_S \longleftrightarrow F_P + Fe_3C$
P	727	0.0218	碳在 α-Fe 的最大溶解度
Q	室温	0.0008	室温时碳在 α-Fe 的最大溶解度

状态图中各条线段都表示铁碳合金内部组织发生转变时的界线,或叫组织转变线。如图 7-1 中的:

ACD 线为液相线,此线以上的合金为液态,冷却到此线便开始结晶。

AECF 线为固相线,此线以下的合金为固态。加热到此线便开始熔化。

GS 线是冷却时从不同含碳量的奥氏体中开始析出铁素体的温度线,又称 A_3 线。

ES 线是碳在奥氏体中的溶解度曲线,又称 A_{cm} 线。

ECF 线是共晶线。碳的质量分数大于 2.11% 的铁碳合金冷却到此温度(1148℃)均发生共晶转变。共晶转变是在 1148℃ 的恒温下从含碳 4.3% 的液态合金中同时结晶出奥氏体和渗碳体晶体的机械混合物,该机械混合物又称莱氏体,用符号 L_d 表示。碳的质量分数为 2.11%～6.69% 的所有铁碳合金冷却到此线时,都会在恒温下发生共晶反应,故此线是一条水平线。

PSK 线是共析线,又称 A_1 线。含碳 0.77% 的奥氏体冷却到此线(727℃),在恒温下同时析出的铁素体和渗碳体晶体的机械混合物称为共析体,该机械混合物又称珠光体,用符号 P 表示。

碳的质量分数在 0.0218%～6.69% 的所有铁碳合金,缓慢冷却到 PSK 线,都会在恒温下发生共析反应,即重结晶,生成一定数量的珠光体。

2. 铁碳合金的分类及组织

工程上所使用的铁碳合金的碳的质量分数包含在 0.0218%～6.69%,成分不同所表现的性能也完全不同,一般以三个区间进行讨论,属性归类如下所述。

1) 工业纯铁

碳的含量在 0.0218% 以下,基本组织几乎全为铁素体 F,只有极少量的渗碳体,没有珠光体,机械性能表现为塑性、韧性高;强度、硬度低,金相显微照片如图 7-2 所示。

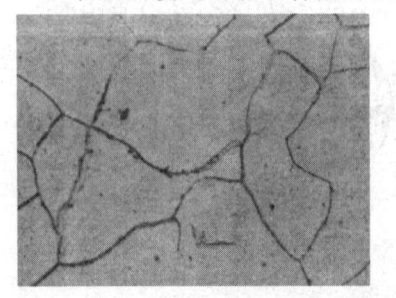

图 7-2 工业纯铁显微组织照片

2) 碳钢

铁碳合金中碳的质量分数在 0.0218%～2.11% 为碳钢部分，根据具体组织类型碳钢可分成三类：

(1) 亚共析钢。碳的质量分数小于 0.77% 的钢，常温组织由铁素体和珠光体 $F+P$ 组成，其显微组织照片如图 7-3(a) 所示。

(2) 共析钢。碳的质量分数为 0.77% 的钢，常温组织为珠光体 P。它是一种层片状组织，其显微组织照片如图 7-3(b) 所示。

(3) 过共析钢。碳的质量分数在 0.77%～2.11% 的钢，常温组织由渗碳体 Fe_3C 和珠光体 P 组成，其显微组织照片如图 7-3(c) 所示。

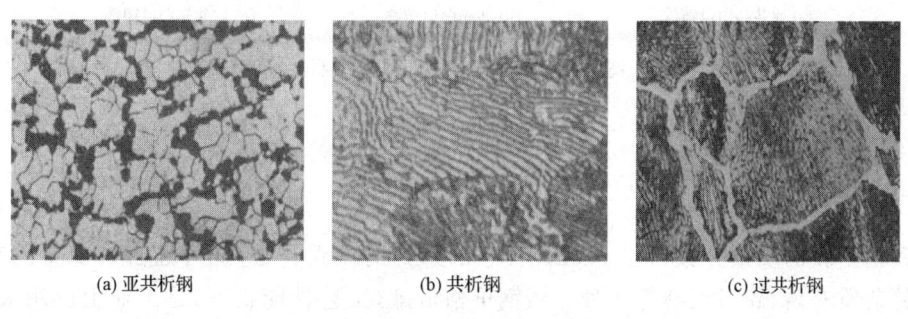

(a) 亚共析钢　　　　(b) 共析钢　　　　(c) 过共析钢

图 7-3　钢的金相显微组织照片

碳钢的重结晶变化如图 7-4 所示，材料在进行重结晶转变时，由于有潜热放出，冷却曲线为一水平线。

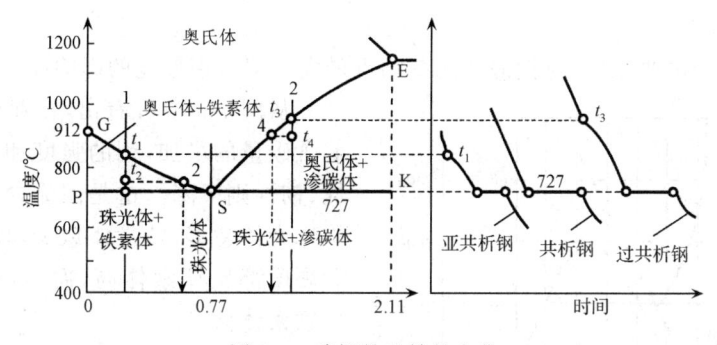

图 7-4　碳钢的重结晶变化

3) 铸铁

碳的含量大于 2.11% 的铁碳合金为白口铸铁，也俗称生铁。根据常温下的组织类型分为：亚共晶白口铸铁、共晶白口铸铁、过共晶白口铸铁，其成分和组织如下：

亚共晶白口铸铁(含 C<4.3%)由珠光体和莱氏体(珠光体＋渗碳体)组成。金相显微组织照片如图 7-5(a) 所示；

共晶白口铸铁(含 C＝4.3%)由莱氏体(珠光体＋渗碳体)组成。金相显微组织照片如图 7-5(b) 所示；

过共晶白口铸铁(含 C>4.3%)由渗碳体和莱氏体(珠光体＋渗碳体)组成。金相显微组织照片如图 7-5(c) 所示。

铸铁的机械性能表现为硬度高、强度差、塑性及韧性几乎为零,含碳量越高,硬度越高,强度越差。

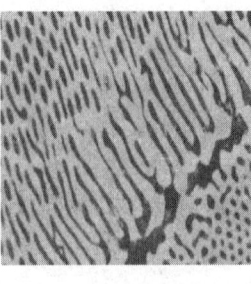

(a) 亚共晶白口铸铁　　(b) 共晶白口铸铁　　(c) 过共晶白口铸铁

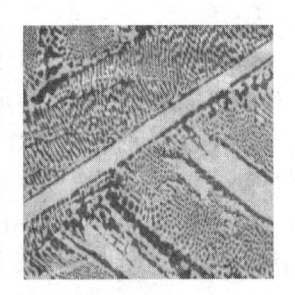

图 7-5　铸铁的金相显微组织照片

7.2　碳　钢

碳钢是碳的质量分数介于 0.0218%～2.11% 的铁碳合金,此外还含有少量的杂质,常见的杂质有磷、硫、锰、硅等 4 种。碳钢价格低廉,工艺性能良好,是工业上应用最广泛的金属材料。

7.2.1　碳及杂质对钢性能的影响

1. 碳

碳是钢中的主要元素,对钢的性能影响也最大。碳对钢性能的影响如图 7-6 所示。

从图 7-6 中可看出,在亚共析钢中,随着含碳量的增加,钢的强度和硬度增加,塑性、韧性则下降。这是因为含碳量愈大,钢中珠光体愈多,铁素体愈少,珠光体的强度和硬度都比铁素体高,而塑性和韧性则都较铁素体低。

当碳的质量分数超过共析成分 0.77% 以后,由于析出的网状渗碳体分布在珠光体晶粒的周围,削弱了珠光体晶粒之间的结合力,降低了钢的强度。因此,碳的质量分数超过 1% 后,随着含碳量的增加,钢的硬度虽然增加,但强度反而降低。

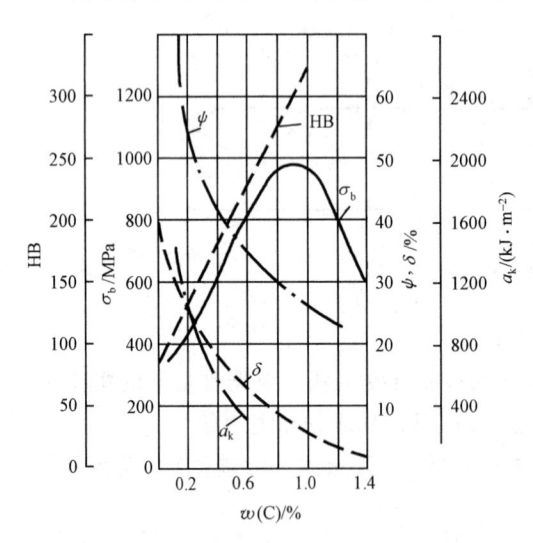

图 7-6　碳对钢机械性能的影响

2. 磷

磷溶于铁素体,使钢的强度、硬度增加,塑性、韧性降低。特别是在低温下影响更显著,这种现象称为"冷脆性"。当含磷量达到0.1%时,影响已很严重。因此,钢的含磷量必须加以限制。

3. 硫

硫在钢中与铁化合生成FeS,并生成共晶体(FeS+Fe),其熔点为985℃,多存在于晶界。当钢在1000～1200℃进行锻造或轧制时,共晶体熔化而使晶粒分离导致钢沿晶界开裂,这种现象称为"热脆性"。因此,硫的含量也必须加以限制。

硫和磷虽有其有害的一面,但有使切屑易断,改善切削性能的作用。所以易切削钢中的含磷量可达0.08%～0.15%,含硫量可达0.15%～0.30%。这种钢用于在自动机床上加工的零件以免切屑缠绕工件和刀具。同时在钢中加入少量的铅(0.15%～0.25%)和钙(0.001%～0.005%)也可以改善其切削性能。

4. 硅

硅溶于铁素体中,使钢的强度、硬度增加。但由于碳钢中含硅量很少(<0.4%),故对性能的影响不大。

5. 锰

锰能溶于铁素体,也能溶于渗碳体,使钢的强度、硬度增加。锰还与硫化合形成MnS,从而减少硫对钢的危害作用。但因碳钢中含锰较少(0.4%～0.8%),所以影响不显著。

7.2.2 碳素钢的分类

碳素钢有多种分类方法,现将几种主要的分类法简述如下:

1. 按钢中含碳量分类

低碳钢——碳的质量分数小于0.25%。
中碳钢——碳的质量分数在0.25%～0.60%。
高碳钢——碳的质量分数大于0.60%。

2. 按钢的质量分类

碳钢质量的高低,主要根据钢中有害杂质元素硫、磷的含量来划分,可分为普通碳素钢、优质碳素钢和高级优质碳素钢3类。

普通碳素钢——钢中硫、磷含量较高,硫不大于0.050%,磷不大于0.045%。
优质碳素钢——钢中硫、磷含量较低,硫、磷均不大于0.035%。
高级优质碳素钢——钢中含有硫、磷杂质很低,硫、磷含量均不大于0.030%。

3. 按钢的用途分类

结构类碳素钢——用于制造机械零件和工程结构件的碳钢,碳的质量分数大多在0.7%以下。
工具类碳素钢——用于制造各种工具(如刃具、模具、量具及其他工具等)用的碳钢,碳的质量分数大多在0.70%以上。

4. 按钢在冶炼时脱氧程度的不同分类

沸腾钢——为不脱氧的钢。钢在冶炼后期不加脱氧剂,浇注时钢液在钢锭模内产生沸腾现象(气体溢出)。

镇静钢——为完全脱氧钢。浇注时钢液镇静不沸腾。这类钢组织致密、偏析小,质量均匀。优质钢和合金钢一般都是镇静钢。

半镇静钢——为半脱氧钢。钢的脱氧程度介于沸腾钢和镇静钢之间。

7.2.3 常用碳素钢牌号

1. 碳素结构钢

碳素结构钢的碳的质量分数在0.06%~0.38%,硫、磷含量较高,一般在供应状态下使用,不需经热处理。其价格便宜,在满足性能要求的情况下,应优先采用。这类钢产量大、用途广,大多轧制成板材、型材(圆、方、扁、工、槽、角钢等型材)及异型材(如轻轨等),用于厂房、桥梁、船舶等建筑结构或一些受力不大的机械零件。

根据GB700—88碳素结构钢的钢号表示方法如下所述。

由字母Q、数值、质量等级符号、脱氧方法符号等4个部分按顺序组成,如Q235－A·F,其中:

Q——钢材屈服点,"屈"字汉语拼音首位字母。

数字——屈服点σ_s的大小,单位为MPa。

质量等级符号——A、B、C、D表示4个等级,其中A级质量最差,D级质量最好。

脱氧方法符号——用F、b、Z、TZ表示。

F是沸腾钢,"沸"字汉语拼音首位字母;

b是半镇静钢,"半"字汉语拼音首位字母;

Z是镇静钢,"镇"字汉语拼音首位字母;

TZ是特殊镇静钢,"特"、"镇"两字汉语拼音首位字母。

Z与TZ符号在钢号组成表示方法中予以省略。

Q235－A·F即表示碳素结构钢,屈服点σ_s为235MPa,A级沸腾钢。

碳素结构钢的化学成分和力学性能,如表7-3和表7-4所示。

表7-3 碳素结构钢的牌号和化学成分

钢号	质量等级	$w(C)$	$w(Mn)$	$w(Si)$	$w(S)$	$w(P)$	脱氧方法	相当旧牌号
				不大于				
Q195	—	0.06~0.12	0.25~0.50	0.30	0.050	0.045	F、b、Z	B_1 / A_1
Q215	A	0.09~0.15	0.25~0.55	0.30	0.050	0.045	F、b、Z	A_2
	B				0.045			C_2

续表

钢号	质量等级	化学成分的质量分数/% ω(C)	w(Mn)	w(Si)	w(S)	w(P)	脱氧方法	相当旧牌号
					不大于			
Q235	A	0.14~0.22	0.30~0.65*	0.30	0.050	0.045	F、b、Z	A$_3$
	B	0.12~0.20	0.30~0.70*		0.045			C$_3$
	C	≤0.18	0.35~0.80		0.040	0.040	Z	—
	D	≤0.17			0.035	0.035	TZ	—
Q255	A	0.18~0.28	0.40~0.70	0.30	0.050	0.045	Z	A$_4$
	B				0.045			C$_4$
Q275	—	0.28~0.38	0.50~0.80	0.35	0.050	0.045	Z	C$_5$

注：1. 表中数据摘自国家标准《GB700—88》。
   2. Q235A、B级沸腾钢锰的质量分数上限为0.60%。

表 7-4　碳素结构钢的机械性能和应用举例

钢号	质量等级	δ_a/MPa ≤16	>16~40	>40~60	>60~100	δ_s/MPa	δ_b/% ≤16	>16~40	>40~60	>60~100	应用举例
		钢材厚度(直径)/mm 不小于					钢材厚度(直径)/mm 不小于				
Q195	—	(195)	(185)	—	—	315~390	33	32	—	—	塑性好,有一定的强度,用于制造受力不大的零件,如螺钉、螺母、垫圈等,焊接件、冲压件及桥梁建筑等金属结构件
Q215	A B	215	205	195	185	335~410	31	30	29	28	
Q235	A B C D	235	225	215	205	375~460	26	25	24	23	
Q255	A B	255	245	235	225	410~510	24	23	22	21	强度较高,用于制造承受中等载荷的零件,如小轴、销子、连杆、农机零件等
Q275	—	275	265	255	245	490~610	20	19	18	17	

2. 优质碳素结构钢

优质碳素结构钢是按化学成分和力学性能分类的。钢中的硫、磷及非金属夹杂物的含量比较少,表面质量、组织结构的均匀性较好,常用作需要经过热处理的各种较重要的机械结构零件。按冶金质量等级可分为：

优质钢,磷、硫的质量分数均不大于0.035%；

高级优质钢,符号为A,磷、硫的质量分数均不大于0.030%；

特级优质钢,符号为E,磷的质量分数不大于0.025%、硫的质量分数不大于0.020%。

优质碳素结构钢的钢号用两位数字表示。两位数字表示钢中平均含碳量的万分之几。例如,钢号"20"表示钢中平均碳的质量分数为 0.20% 的优质碳素结构钢。

优质碳素钢按含锰量不同,分为普通含锰量(ω(Mn):0.35%~0.80%)及较高含锰量(ω(Mn):0.70%~1.20%)两组。较高含锰量的钢在钢号后附加"Mn",如 15Mn、60Mn 等。

沸腾钢、半镇静钢在钢号后分别附加 F、b。

优质碳素结构钢的化学成分、力学性能和用途,如表 7-5 所示。

表 7-5 优质碳素结构钢的化学成分、机械性能和用途

钢号	化学成分的质量分数/%					力学性能					应用举例
	$w(C)$	$w(Si)$	$w(Mn)$	$w(P)$	$w(S)$	$\dfrac{\sigma_b}{MPa}$	$\dfrac{\sigma_s}{MPa}$	$\dfrac{\delta_s}{\%}$	$\dfrac{\psi}{\%}$	$\dfrac{A_k}{J}$	
						不少于					
08F	0.05~0.11	≤0.03	0.25~0.50	≤0.035	≤0.035	295	175	35	60	—	受力不大但要求高韧性的冲压件、焊接件、紧固件,如螺栓、螺母、垫圈等
10F	0.07~0.14	≤0.07	0.25~0.50	≤0.035	≤0.035	315	185	33	55	—	
15F	0.12~0.19	≤0.07	0.25~0.50	≤0.035	≤0.035	355	205	29	55	—	
08	0.05~0.12	0.17~0.37	0.35~0.65	≤0.035	≤0.035	325	195	33	60	—	
10	0.07~0.14	0.17~0.37	0.35~0.65	≤0.035	≤0.035	335	205	31	55	—	渗碳-淬火后可制造要求强度不高的受磨零件,如凸轮、滑块活塞销等
15	0.12~0.19	0.17~0.37	0.35~0.65	≤0.035	≤0.035	375	225	27	55	—	
20	0.17~0.24	0.17~0.37	0.35~0.65	≤0.035	≤0.035	410	245	25	55	—	
25	0.22~0.30	0.17~0.37	0.50~0.80	≤0.035	≤0.035	450	275	23	50	71	
30	0.27~0.35	0.17~0.37	0.50~0.80	≤0.035	≤0.035	490	295	21	50	63	负荷较大的零件,如连杆、曲轴、主轴、活塞销、表面淬火轮、凸轮等
35	0.32~0.40	0.17~0.37	0.50~0.80	≤0.035	≤0.035	530	315	20	45	55	
40	0.37~0.45	0.17~0.37	0.50~0.80	≤0.035	≤0.035	570	335	19	45	47	
45	0.42~0.50	0.17~0.37	0.50~0.80	≤0.035	≤0.035	600	355	16	40	39	
50	0.47~0.55	0.17~0.37	0.50~0.80	≤0.035	≤0.035	630	375	14	40	31	
55	0.52~0.60	0.17~0.37	0.50~0.80	≤0.035	≤0.035	645	380	13	35	—	
60	0.57~0.65	0.17~0.37	0.50~0.80	≤0.035	≤0.035	675	400	12	35	—	要求弹性极限或强度较高的零件,如轧辊、弹簧、钢丝绳、偏心轮等
65	0.62~0.70	0.17~0.37	0.50~0.80	≤0.035	≤0.035	695	410	10	30	—	
70	0.67~0.75	0.17~0.37	0.50~0.80	≤0.035	≤0.035	715	420	9	30	—	
75	0.72~0.80	0.17~0.37	0.50~0.80	≤0.035	≤0.035	1080	880	7	30	—	
80	0.77~0.85	0.17~0.37	0.50~0.80	≤0.035	≤0.035	1080	930	6	30	—	
85	0.82~0.90	0.17~0.37	0.50~0.80	≤0.035	≤0.035	1130	980	6	30	—	
15Mn	0.12~0.19	0.17~0.37	0.70~1.00	≤0.035	≤0.035	410	245	26	55	—	应用范围和普通含锰量的优质碳素结构钢相同
20Mn	0.17~0.24	0.17~0.37	0.70~1.00	≤0.035	≤0.035	450	275	24	50	—	
25Mn	0.22~0.30	0.17~0.37	0.70~1.00	≤0.035	≤0.035	490	295	22	50	71	
30Mn	0.27~0.35	0.17~0.37	0.70~1.00	≤0.035	≤0.035	540	315	20	45	63	
35Mn	0.32~0.40	0.17~0.37	0.70~1.00	≤0.035	≤0.035	560	335	19	45	55	
40Mn	0.37~0.45	0.17~0.37	0.70~1.00	≤0.035	≤0.035	590	355	17	45	47	
45Mn	0.42~0.50	0.17~0.37	0.70~1.00	≤0.035	≤0.035	620	375	15	40	39	
50Mn	0.48~0.56	0.17~0.37	0.70~1.00	≤0.035	≤0.035	645	390	13	40	31	
60Mn	0.57~0.65	0.17~0.37	0.70~1.00	≤0.035	≤0.035	695	410	11	35	—	
65Mn	0.62~0.70	0.17~0.37	0.90~1.20	≤0.035	≤0.035	735	430	9	30	—	
70Mn	0.67~0.75	0.17~0.37	0.90~1.20	≤0.035	≤0.035	785	450	8	30	—	

注:表中数据摘自国家标准《GB699—88》。

08F、10F钢的含碳量低、塑性好、焊接性能好，主要用于制造冷冲压零件和焊接件，属于冷冲压钢。

15、20、25钢属于渗碳钢。这类钢强度较低，但塑性、韧性较高，切削加工性能和焊接性能很好，可以制造各种压力不大但要求高韧性的零件，还可用作冷冲压件和焊接件。渗碳钢经渗碳-淬火后，表面硬度可达60HRC以上，耐磨性好，而心部具有一定的强度和韧性，可用于制造表面要求硬度高、耐磨好并承受冲击载荷的零件。

30、35、40、45、50、55钢属于调质钢，经过热处理后，具有良好的综合力学性能。主要用于要求强度、塑性、韧性都较高的机件，如齿轮、套筒、轴类零件。这类钢在机械制造中应用非常广泛。

60、65、70、75、80、85钢属于弹簧钢，经过热处理可获得较高的弹性极限，主要用于制造弹簧等弹性零件及耐磨零件。

3. 其他专用碳素结构钢

在碳素结构钢的基础上发展了一些专门用途的钢，如易切削结构钢、锅炉钢、矿用钢等，这些专用钢在钢号的首或尾标明用途的符号，常见的表示钢材用途的符号如表7-6所示。例如，25MnK即表示在25Mn钢的基础上发展的矿用钢，钢中平均碳的质量分数为0.25%，含锰量较高。

表7-6 常见钢中表示用途的符号

名称	汉字	符号	在钢中的位置
易切削结构钢	易	Y	头
钢轨钢	轨	U	头
船用钢	船	C	尾
矿用钢	矿	K	尾
桥梁钢	桥	q	尾
锅炉钢	锅	g	尾
焊接用钢	焊	H	头

1）易切削结构钢

易切削结构钢指在自动机床上进行高速切削制作机械零部件用的钢材。这种钢材不仅应保证在高速切削条件下对刀具的磨损比较少，而且要求切削后的零件表面粗糙度较细。为提高切削加工性，需增加钢中的含硫量（S：0.18%～0.30%），同时加入0.6%～1.55%的锰，使之在钢内形成大量的MnS夹杂物。在切削时，这些夹杂物起断屑的作用，从而节省动力损耗。硫化物在切削过程中还有一定的润滑作用，可以减少刀具与工件表面的摩擦，延长刀具的寿命。适当提高磷的含量，使铁素体脆化，也能提高切削性能。易切削结构钢的钢号、化学成分及力学性能，如表7-7所示。

表 7-7 常见易切削钢的成分和力学性能

钢号	化学成分的质量分数/%				力学性能(热轧状态)	
	$w(C)$	$w(Mn)$	$w(S)$	$w(P)$	σ_b/MPa	δ_s/%不小于
Y12	0.08~0.16	0.70~1.00	0.10~0.20	0.08~0.15	390~540	22
Y20	0.17~0.25				450~600	20
Y30	0.27~0.35	0.70~1.00	0.08~0.15	≤0.06	510~655	15
Y35	0.32~0.40				510~655	14
Y40Mn	0.37~0.45	1.20~1.55	0.20~0.30	≤0.05	590~735	14

注：表内数据摘自国家标准《GB8731—88》。

易切削结构钢的钢号以"Y+数字"表示，Y是"易"字汉语拼音首位字母，数字为钢中平均含碳量的万分之几，如 Y12 表示其平均碳的质量分数为 0.12%（并含 S:0.10%~0.20%,P:0.08%~0.15%）。

含锰量较高的易切削结构钢，一般都在钢号后附加 Mn，如 Y40Mn 等。

目前，易切削结构钢主要用于制造受力较小、不太重要的大批生产的螺钉、螺母、缝纫机与计算机、仪表零件等。

2) 锅炉用钢

锅炉一般构件使用的钢，要求质地均匀，经过冷态变形后在长期存放和使用过程中，仍需保证足够高的韧性。在优质碳素结构钢的基础上发展了专门用于锅炉构件的钢种，如 20g、22g、16Mng 等。

4. 碳素工具钢

碳素工具钢简称碳工钢，碳工钢的冷、热加工性能和耐磨性能好，价格低廉，在工具钢中是被广泛采用的钢种。主要缺点是淬透性低、耐热性差。主要用于制造切削速度不高的刀具，尺寸不大、工作温度不高的一般模具和形状简单、精度要求不高的量具等耐磨零件。碳工钢属于优质钢。按冶金质量可分为以下列两类：

(1) 优质钢。硫的质量分数不大于 0.030%，磷的质量分数不大于 0.035%；

(2) 高级优质钢（牌号后加"A"）。硫的质量分数不大于 0.020%，磷的质量分数不大于 0.030%。

碳素工具钢的牌号用碳的汉语拼音首位字母"T"打头，其后用一位或两位数字表示碳含量的千分数。含锰量较高的碳素工具钢在数字后标出锰的元素符号 Mn，如：T7 为平均碳含量为 0.70% 的普通锰含量碳素工具钢；T8Mn 为平均碳含量为 0.80% 的较高锰含量碳素工具钢；T12A 为平均碳含量为 1.20% 的高级优质碳素工具钢。

碳素工具钢的具体牌号有：T7、T8、T8Mn、T9、T10、T11、T12、T13、T7A、T8A、T8MnA、T9A、T10A、T11A、T12A、T13A。常用牌号与化学成分如表 7-8 所示。

表 7-8 常用牌号、化学成分与应用

钢号	化学成分的质量分数/%					退火后硬度 (HBS) 不大于	淬火温度 /℃ 和冷却剂	淬火后硬度 (HRC) 不小于	应用举例
	$w(C)$	$w(Mn)$	$w(Si)$	$w(S)$	$w(P)$				
			不大于						
T7	0.65~0.74	≤0.40	0.35	0.030	0.035	187	800~820 水	62	錾子、模具、锤子、木工工具
T8 T8Mn	0.75~0.84 0.80~0.90	≤0.40 0.40~0.60	0.35	0.030	0.035	187	780~800 水	62	简单模具、木工工具、剪切用的剪刀、冲头
T9 T10 T11	0.85~0.94 0.95~1.04 1.05~1.14	≤0.40	0.35	0.030	0.035	192 197 207	760~780 水	62	刨刀、冲模、丝锥、板牙、锯条、卡尺
T12 T13	1.15~1.24 1.25~1.35	≤0.40	0.35	0.030	0.035	207 217	760~780 水	62	要求较高硬度的工具,如钻头、丝锥、锉刀、刮刀

注:表中数据摘自国家标准《GB1298—86》。

5. 铸钢

将钢液直接铸成零件毛坯,以后不再进行锻造的钢件称铸钢件。在重型机械、冶金设备、运输机械、国防工业部门中,许多形状复杂的零件很难用锻压等方法成型,用铸铁又难以满足性能要求,此时通常采用铸钢件,如变速箱体、起重运输机齿轮、轧钢机架、水泵体等。

铸造碳钢的碳的质量分数在 0.20%~0.60%范围内,含碳量过高则塑性差,易产生冷裂。硫、磷的含量一般控制在 0.040%以下。

铸造碳钢的钢号用"ZG+两组数字"表示。ZG 是"铸"、"钢"两字汉语拼音首位字母,两组数字分别表示最低屈服点和最低抗拉强度的值,单位是 MPa。如 ZG200-400,表示屈服点不小于 200MPa,抗拉强度不小于 400MPa 的铸造碳钢。合金铸钢则在合金钢的钢号前加"ZG",如 ZG35CrMo 等。

一般工程用铸造碳钢件的钢号、成分、力学性能和用途,如表 7-9 所示。

表 7-9 铸造碳钢件的钢号、成分、力学性能和用途

钢号	化学成分的质量分数/% ≤					力学性能 ≥			应用举例
	$w(C)$	$w(Si)$	$w(Mn)$	$w(S)$	$w(P)$	$\frac{\sigma_s 或 \sigma_{0.2}}{MPa}$	$\frac{\sigma_b}{MPa}$	$\frac{\sigma}{\%}$	
ZG200-400	0.20	0.50	0.80	0.04	0.04	200	400	25	受力不大、要求韧性的机件,如机座、变速箱壳体
ZG230-450	0.30					230	450	22	机座、机盖、箱体
ZG270-500	0.40					270	500	18	飞轮、机架、蒸汽锤、水压机工作缸、横梁
ZG310-570	0.50	0.60	0.90			310	570	15	载荷较大的零件,如大齿轮、联轴器、气缸
ZG340-640	0.60					340	640	10	起重运输机中的齿轮、联轴器

注:1. 表中所列的各钢号性能,适应于厚度为 100mm 以下的铸件。
2. 表中数据摘自国家标准《GB11352—89》。

从 Fe-Fe₃C 相图中可以看出,铸钢的凝固温度区间较大,流动性差,容易形成分散的缩孔,偏析严重,因而铸造性能较差。另外,铸件在凝固过程中的收缩率较大,容易因内应力而造成变形和开裂。

7.3 铸　　铁

铸铁是碳的质量分数大于 2.11% 的铁碳合金。工业上常用的铸铁,碳的质量分数一般在 2.5%～4.0% 的范围内,此外还有较多的硅、锰、硫、磷等杂质。

铸铁在机械制造业中应用很广。按重量百分数计算,在农业机械中铸铁件占 40%～60%,而在机床和重型机械制造业中占 60%～90%。它所以能获得广泛的应用,其原因是铸铁具有优良的铸造性能和其他性能。特别是由于成功地运用了球化处理和变质方法,大大改善了铸铁的组织和性能,不少原来采用锻钢、铸钢和有色金属制造的机器零件,目前已被铸铁所代替,从而使铸铁的应用更为广泛。

根据铸铁中碳存在的形式,可归类如下：

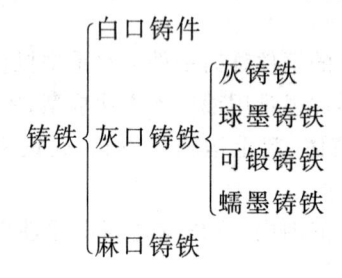

$$\text{铸铁}\begin{cases}\text{白口铸件}\\\text{灰口铸铁}\begin{cases}\text{灰铸铁}\\\text{球墨铸铁}\\\text{可锻铸铁}\\\text{蠕墨铸铁}\end{cases}\\\text{麻口铸铁}\end{cases}$$

1. 白口铸铁

其中碳几乎全部以渗碳体 Fe₃C 形式存在,断口呈银白色。由于存在大量硬而脆的渗碳体,很难进行切削加工,故很少直接使用。有时利用它硬度高、耐磨的特点,制造一些机件和工具,如铁锅、犁铧等。

2. 灰口铸铁

其中碳大部或全部以片状石墨形态存在,以 Fe₃C 形式存在的碳量不大于 0.68%,断面呈暗灰色。这种铸铁具有一定的机械性能、良好的铸造性能和切削性能,熔炼工艺简单,成本低,是目前生产中应用最广的一类铸铁。

3. 麻口铸铁

其组织介于上述二者之间,具有较大的硬脆性,工业上也很少应用。

下面介绍生产中应用最为广泛的灰口铸铁。

灰口铸铁的基体组织主要是铁素体、珠光体以及铁素体和珠光体的混合体,因此有时也称为钢的基体,其性能除了和成分与基体有关外,还取决于石墨的形状、大小、数量与分布。因此,灰口铸铁又可按石墨的形状来分类：

灰铸铁——此类铸铁中石墨呈片状,机械性能不太高,但生产工艺简单,价廉,在工业上得到广泛的应用。常用牌号、性能及用途见表7-10。显微组织如图7-7所示。

表7-10 灰铸铁常用牌号、性能及用途

牌 号	铸件壁厚/mm	抗拉强度/MPa 不小于	适用范围及应用举例
HT100	10～20	100	低负荷和不重要的零件,如盖、外罩、手轮、支架、重锤等
HT150	<20	150	承受中等负荷的零件,如气轮机泵体、轴承座、齿轮箱、工作台、底座、刀架等
HT200	10～20	200	承受较大负荷的零件,如气缸、齿轮、油缸、阀壳、飞轮、床身、活塞、刹车轮、联轴器、轴承座等
HT250		250	
HT300	10～20	300	承受高负荷的重要零件,如齿轮、凸轮、车床卡盘、剪床和压力机的机身、床身、高压液压筒、滑阀壳体等
HT350		350	

可锻铸铁——此类铸铁中石墨呈团絮状,其机械性能较高,但生产周期长,成本高,用来制造一些重要的小件。常用牌号、性能及用途见表7-11。显微组织如图7-8所示。

表7-11 可锻铸铁常用牌号、性能及用途

类 别	牌 号	σ_b/MPa	δ/%	硬度(HBS)	应用举例
		不小于			
黑心可锻铸铁	KTH300-06	300	6	不大于150	汽车、拖拉机的后桥外壳、转向机构、弹簧钢板支座等;机床上用的扳手;低压阀门、管接头和农具等
	KTH330-08	330	8		
	KTH350-10	350	10		
	KTH370-12	370	12		
珠光体可锻铸铁	KTZ450-06	450	6	150～200	曲轴、连杆、齿轮、凸轮轴、摇臂、活塞环等
	KTZ550-04	550	4	180～230	
	KTZ650-02	650	2	210～260	
	KTZ700-02	700	2	240～290	

注:表中数据均采用 Φ12mm毛坯试棒测得(GB9440—88)。

(a) 铁素体灰铸铁　　(b) 珠光体灰铸铁

图7-7 灰铸铁显微组织

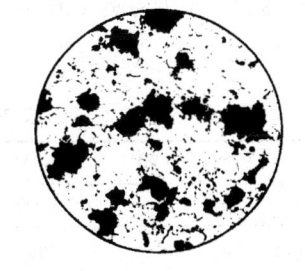

图7-8 可锻铸铁显微组织

球墨铸铁——此类铸铁中石墨呈球状,机械性能高,生产工艺比可锻铸铁简单,近年来日益得到广泛的应用,已成功地代替了部分碳钢和合金钢制造某些重要零件。常用牌号、性能及用途见表7-12。显微组织如图7-9所示。

表 7-12 球墨铸铁常用牌号、性能及用途

基体类型	牌号	σ_b/MPa	$\sigma_{0.2}$/MPa	δ/%	硬度 HBS	应用举例
铁素体	QT400-15 QT450-10	400 450	250 310	15 10	130~180 160~210	阀体;汽车、内燃机车零件;机床零件、减速器壳
铁素体加珠光体	QT500-7	500	320	7	170~230	机油泵齿轮;机车、车辆轴瓦
珠光体	QT700-2 QT800-2	700 800	420 480	2	225~305 245~335	柴油机曲轴、凸轮油;气缸体、气缸套、活塞环;部分磨床、铣床、车床的主轴等
下贝氏体	QT900-2	900	600	2	280~360	汽车的螺旋锥齿轮,拖拉机减速齿轮;柴油机凸轮轴

注:表内数据摘自《GB1348—88 单铸试块力学性能》。

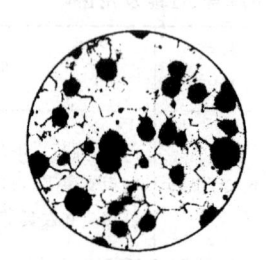

(a) 铁素体球墨铸铁　　(b) 珠光体球墨铸铁

图 7-9 球墨铸铁显微组织

蠕墨铸铁——此类铸铁是 20 世纪 60 年代发展的新型高强度铸铁,铸铁中石墨呈蠕虫状,强度比灰口铸铁高,同时它还具有较好的铸造性能、耐磨性能,熔炼工艺也较简单,目前国内多采用在炉前加入稀土硅铁的变质方法得到,因此这种铸铁也称稀土灰铸铁。该铸铁受到国内外铸造工作者的重视,目前在生产中已广泛应用。常见牌号及性能见表 7-13。

表 7-13 常用蠕墨铸铁牌号及性能

牌号	σ_b/MPa	$\sigma_{0.2}$/MPa	δ/%	硬度 HBS	蠕化率不小于①	主要基体组织
	不小于					
RuT420	420	335	0.75	200~280		珠光体
RuT380	380	300	0.75	193~274		珠光体
RuT340	340	270	1.0	170~249	50%	珠光体+铁素体
RuT300	300	240	1.5	140~217		铁素体+珠光体
RuT260	260	195	3.0	121~197		铁素体

① 蠕化率=蠕虫状石墨数/蠕虫状石墨数+球状石墨数。

复习思考题

1. 何谓奥氏体、铁素体、渗碳体、珠光体、莱氏体，它们的性能如何？
2. 何谓铁碳合金相图？
3. 什么是亚共析钢、共析钢和过共析钢，这3种钢在室温下的组织有什么不同？
4. 随着含碳量的增加，钢的性能有何变化，为什么？
5. 碳的质量分数为0.3%的钢，加热到700℃、780℃、920℃时分别得到什么组织？
6. 钢中的硫、磷杂质给钢的性能带来什么危害，原因是什么？
7. 通常所述的中碳钢含碳量范围是多少，低碳钢和高碳钢含碳量范围是多少？
8. 何谓碳素结构钢，何谓碳素工具钢，它们的含碳量范围如何？
9. 说明下列钢号的含义：45、Q215-B·b、Y35、12Mng、T10A、ZG270-500。
10. 举例说明下列各种材料的应用：T7、T10A、T12、65Mn、40、08F、ZG230-450。
11. 何谓铸铁？根据碳在铸铁中存在形态不同，铸铁可分为哪几类，各有何特征？
12. 灰铸铁的组织有哪几种，哪一种组织的强度最高？
13. 已知铁素体的硬度为80HBS，渗碳体的硬度约为800HBS，试根据两相混合物合金性能的变化规律，计算出珠光体的硬度。

第 8 章 钢的热处理

热处理是利用加热和冷却的方法来改变金属的内部组织,从而改善和提高其性能的一种工艺。通过热处理可充分发挥金属材料的潜力,延长机器零件的使用寿命和节约金属材料,因此很多零件都要进行热处理。

热处理的方法很多,最基本的有淬火、回火、退火、正火和表面热处理。

热处理操作由以下三个阶段组成:① 加热。把需要热处理的工件置于加热炉中,加热到所需的温度;② 保温。在该温度下保持一定的时间,使工件热透;③ 冷却。把加热好的工件置于适当的介质中进行冷却,以获得一定的冷却速度。

将以上三阶段绘在时间、温度坐标上,则构成如图 8-1 所示的热处理工艺曲线。

铁碳合金相图中 A_1、A_3、A_{cm} 线反映了不同含碳量的钢在加热和冷却时组织转变的临界温度。在热处理工艺中要经常用到这些线。但必须指出,所有的相图都是在极为缓慢的冷却条件下,即所谓平衡条件下制得的。因此,A_1、A_3 和 A_{cm} 都是平衡状态下的临界点,相图中的组织也称平衡组织。可是在实际生产条件下,冷却速度不可能无限缓慢,总有过冷现象;加热时,转变也有滞后现象,因而实际上的临界点(不平衡状态)就与相图中(平衡状态)有所不同。冷却或加热愈快则差别愈大。为了区别起见,把冷却时的临界点加上注脚 r,把加热时的临界点加上注脚 c,例如,冷却时奥氏体转变为珠光体的温度称为 A_{r1},加热时珠光体转变成奥氏体的温度称为 A_{c1},平衡状态下称为 A_1。同理,冷却时从奥氏体中析出铁素体的温度称为 A_{r3},加热时铁素体转变为奥氏体的温度称为 A_{c3},平衡状态下称为 A_3。实际加热和冷却时各临界点的位置如图 8-2 所示。热处理工艺中经常用到这种表示方法。

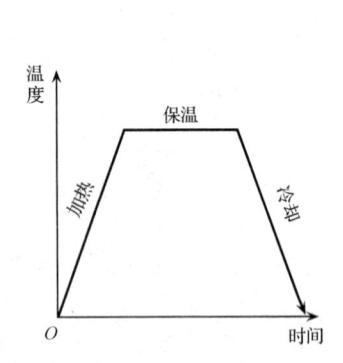

图 8-1 热处理工艺曲线

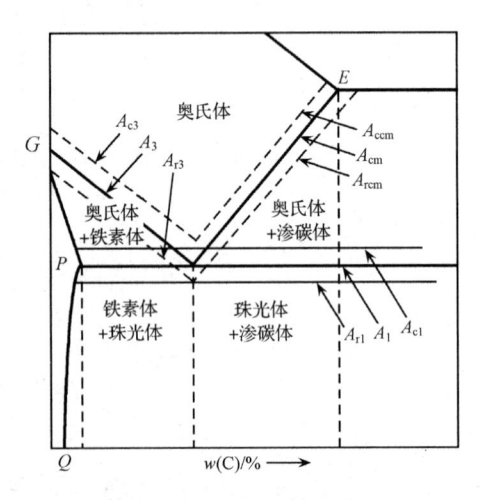

图 8-2 碳钢在加热和冷却时各临界点的实际位置

为了了解各种热处理方法对钢的组织和性能的影响,必须研究在加热和冷却过程中钢的相变规律。

8.1 钢在加热和冷却时的组织转变

8.1.1 在加热时的组织转变

现以共析钢为例。

由相图可知,共析钢在常温下具有珠光体晶粒,当它被加热到 A_{c1} 以上时,在渗碳体和铁素体片层的交界面上开始形成奥氏体晶核,通过原子的扩散作用,这些晶核逐渐长大形成一个一个的奥氏体晶粒。直至珠光体全部转变成奥氏体为止。

由于一个珠光体晶粒内,渗碳体与铁素体的相界面积很大,形成的晶核数目很多,故当加热温度超过 A_{c1} 不多时,不论原始晶粒如何,形成的奥氏体晶粒总是细小的,如图 8-3 所示。但随着温度的升高和保温时间的延长,奥氏体的晶粒也随之长大,加热温度超过 A_{c1} 愈多,所得的奥氏体晶粒愈粗大。引起奥氏体晶粒显著粗化的现象称为"过热"。过热是一种热处理缺陷,不同的钢具有不同的过热倾向。对于同一种钢,只要选择合适的加热温度和保温时间,就可控制奥氏体晶粒的大小。

实验表明,奥氏体冷却后转变成珠光体时,珠光体晶粒的大小将取决于奥氏体晶粒的大小。粗晶粒的奥氏体冷却后形成粗晶粒的珠光体;细晶粒的奥氏体冷却后形成细晶粒的珠光体。

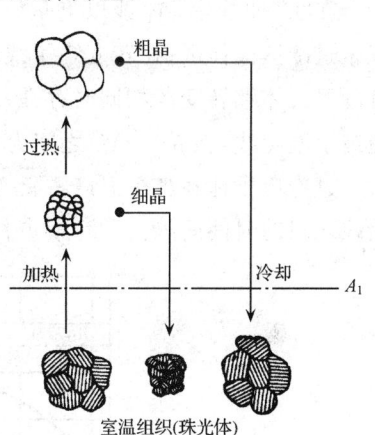

图 8-3 珠光体晶粒大小与奥氏体区加热温度的关系示意图

共析钢加热和冷却时晶粒的变化如图 8-3 所示。

亚共析钢和过共析钢的转变过程与共析钢基本相同。但是由于存在先共析铁素体和二次渗碳体,为了获得全部奥氏体组织,必须相应加热到 GS 线和 ES 线以上的温度。

8.1.2 在冷却时的组织转变

加热使钢变成奥氏体不是热处理的最终目的,它的作用在于为随后的冷却实现组织上的转变做准备。钢的最终性能将取决于奥氏体冷却转变后的组织。因此,研究在不同的条件下,奥氏体冷却时的转变具有重要的意义。

在热处理生产中,常见的冷却方式有等温冷却和连续冷却两种方式。等温冷却是把钢加热到奥氏体状态,然后快速冷却到 A_{r1} 以下的某一温度,并在此温度下停留一段时间,使奥氏体发生转变,然后再冷却到室温,如图 8-4 曲线 1 所示。

连续冷却是把加热到奥氏体状态的钢以一定的冷却速度连续冷却到室温,如图 8-4 曲线 2 所示。

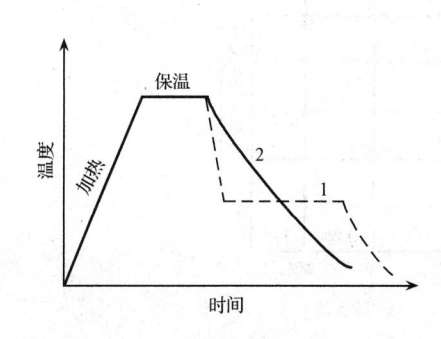

图 8-4 热处理的两种冷却方式

在生产上广泛采用连续冷却,但由于组织转变发生在一个较宽的温度范围,因而可能获得粗细不同或类型不同的混合组织,分析起来较为困难。在等温冷却条件下可分别研究温度和时间对冷却转变的影响,有利于理解转变过程和转变产物。

1. 过冷奥氏体等温冷却转变曲线

图 8-5 是共析钢的奥氏体等温转变曲线,因其形状类似字母"C",故又名"C"曲线。它是用实验的方法测定的。它不但表达出不同温度下过冷奥氏体转变量与时间的关系,同时也指出过冷奥氏体等温转变的产物。

在"C"曲线中,A_1 线以上是奥氏体稳定存在区;在 A_1 线以下,转变开始线以左的区域是过冷奥氏体区;在转变终了线的右方是转变产物区;在两条曲线之间是转变过渡区,过冷奥氏体和转变产物同时存在;水平线 M_s 为马氏体转变开始温度线,M_f 为马氏体转变终了温度线,在 $M_s \sim M_f$ 之间为马氏体转变温度区。

过冷奥氏体在各个温度进行等温转变时,都要经过一段孕育期,即纵坐标到转变开始线之间的时间间隔。孕育期愈长,表示过冷奥氏体愈稳定。由图 8-5 可知,过冷奥氏体

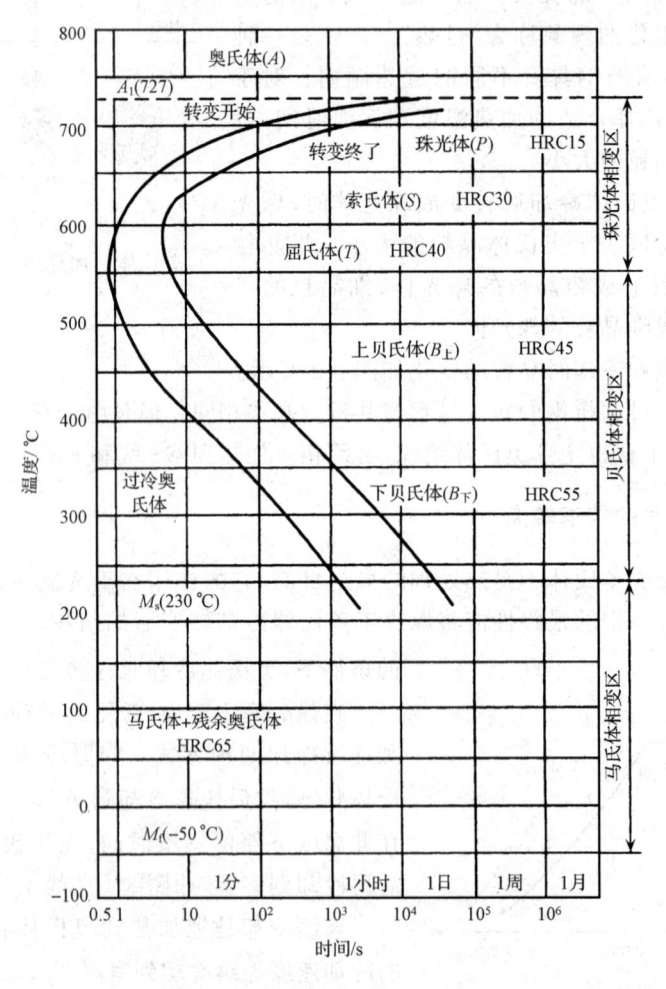

图 8-5 共析钢奥氏体等温转变曲线

在不同温度的稳定性是不相同的。在550℃以上,随过冷度增加孕育期缩短;在550℃以下,随过冷度增加孕育期增加,所以曲线呈"C"字形。

在550℃时,孕育期最短,过冷奥氏体最不稳定,转变速度最快,被称为"C"曲线的"鼻尖"。过冷奥氏体在不同温度下进行等温转变后将使钢得到具有不同性质的各种组织。

"C"曲线在温度-时间坐标中的位置和形状主要与过冷奥氏体中的含碳量、合金元素含量和钢加热时的温度、保温时间有关,它的位置和形状直接影响过冷奥氏体冷却转变产物的组织及性能。

2. 过冷奥氏体等温冷却转变产物的组织和性能

共析钢过冷奥氏体等温转变产物大致可分为3个类型。

1)高温转变(珠光体型转变)

在A_1线至550℃温度范围内转变产物为铁素体与渗碳体片层相间的珠光体型组织。转变温度愈低,形成的铁素体和渗碳体片层愈细。其中,A_1~650℃范围内形成的组织为粗片状珠光体(P);650~600℃范围内形成的组织为索氏体(S)——细珠光体;600~550℃范围内形成的组织为屈氏体(T)——极细珠光体组织,这3种高温转变产物,其相结构没有本质区别,仅在组织形态和性能上有差异,如表8-1所示。

表8-1 珠光体组织的形成温度、组织符号及硬度

组 织	符 号	形成温度/℃	硬度 HRC
珠光体	P	A_1~650	<20
索氏体	S	650~600	20~35
屈氏体	T	600~550	35~42

2)中温转变(贝氏体型转变)

在550℃~M_s温度范围内等温转变的产物属于贝氏体型(B)的组织。由于其转变温度较低,铁原子扩散困难,过冷奥氏体虽然仍分解成渗碳体和铁素体的机械混合物,但铁素体中碳的溶解度超过了正常的溶解度。根据组织形态转变温度不同,贝氏体一般可分为上贝氏体($B_上$)和下贝氏体($B_下$)两种。

上贝氏体转变温度为550~350℃,在显微镜下呈羽毛状的组织,硬度为40~45HRC,强度较低、塑性、韧性也较差;下贝氏体转变温度为350℃~M_s,在显微镜下呈黑色针状的组织,硬度为45~55HRC,具有较高的强度及较好的塑性和韧性。

3)低温转变(马氏体型转变)

奥氏体在M_s线以下铁、碳原子扩散极为困难。所以马氏体转变是无扩散型转变,马氏体是碳在α-Fe中的过饱和固溶体。马氏体转变速度极快。瞬间完成,其转变是在M_s~M_f温度范围内进行的,马氏体量随温度的降低而增加,一直到M_f点,马氏体转变一般不能进行彻底,总有一部分奥氏体残留下来,这部分奥氏体称为残余奥氏体。残余奥氏体的存在,不仅降低钢的硬度,而且直接影响零件的形状、尺寸的稳定性,故对一些高精度要求的工件常采用冷处理方法,即将钢的温度降到M_f以下,以减少残余奥氏体的量。

马氏体形态主要有板条状和针状两种,其形态主要与奥氏体含碳量有关:大于1.0%,马氏体呈针状,称针状马氏体,其性能特点是硬度高而脆性大;小于0.2%,马氏体

呈板条状，称板条状马氏体，其性能特点是具有良好的强度及较好的韧性；当在0.2%～1.0%时是针状马氏体和板条状马氏体的复合组织。

马氏体的硬度主要取决于含碳量，当小于0.6%时，随含碳量增加，马氏体硬度增加，当小于0.6%时硬度增加不明显。

8.2 钢的基本热处理工艺

8.2.1 基本热处理工艺种类

1. 退火

退火是将钢加热至适当温度，保温后缓慢冷却，以获得接近于平衡组织的热处理工艺。退火的目的如下：
(1) 降低钢的硬度，提高塑性，以利于切削加工及冷变形加工；
(2) 消除钢中的残余内应力，以防工件变形和开裂；
(3) 改善组织，细化晶粒，改变钢的性能或为以后的热处理作准备。

常用的退火方法有完全退火、球化退火、等温退火和去应力退火等。

(1) 完全退火。将钢加热到A_{c3}以上30～50℃，保温一定时间后，然后随炉缓慢冷却（或埋在砂中或石灰中冷却）至600℃以下，最后空冷。完全退火可获得接近平衡状态的组织，主要用于亚共析成分的各种碳钢和合金钢的铸、锻件及热轧型材，有时也用于焊接结构。也可用作不重要工件的最终热处理。过共析钢不宜采用完全退火，因为过共析钢完全退火需加热到A_{ccm}以上，在缓慢冷却时，钢中将析出网状渗碳体，使钢的机械性能变坏。

(2) 球化退火。将钢加热到A_{c1}以上20～30℃，保温一定时间缓慢冷却，使渗碳体成为颗粒状的热处理工艺称球化退火。其显微组织如图8-6所示。球化退火主要用于过共析钢，如碳素工具钢、合金量具钢、轴承钢等。其目的是使钢中渗碳体球化，以降低钢的硬度，改善切削加工性能，并为以后的热处理工序作好组织准备。若钢的原始组织中有严重的网状渗碳体，应先进行正火处理。

图8-6 过共析钢球化退火显微组织

(3) 等温退火。将钢加热至A_{c3}以上30～50℃，保温后较快地冷却到A_{r1}以下某一温度恒温一定时间，使奥氏体在恒温下转变成珠光体和铁素体，然后出炉空冷的热处理工艺。等温退火常用来代替亚共析钢的完全退火，可获得比完全退火更为均匀的组织，缩短退火时间，提高效率。

(4) 去应力退火。将钢加热到A_{c1}以下100～200℃，钢的组织不发生变化，只是消除内应力。主要用于消除铸、锻、焊工件的残余应力，减少变形，稳定尺寸。

(5) 扩散退火（均匀化退火）。将钢加热到略低于固相线温度，长时间保温（10～15h），然后随炉冷却，以使钢的化学成分和组织均匀化。主要用于质量要求高的合金钢铸锭、铸件或锻件。如图 8-7 所示为各种退火及正火的工艺规范。

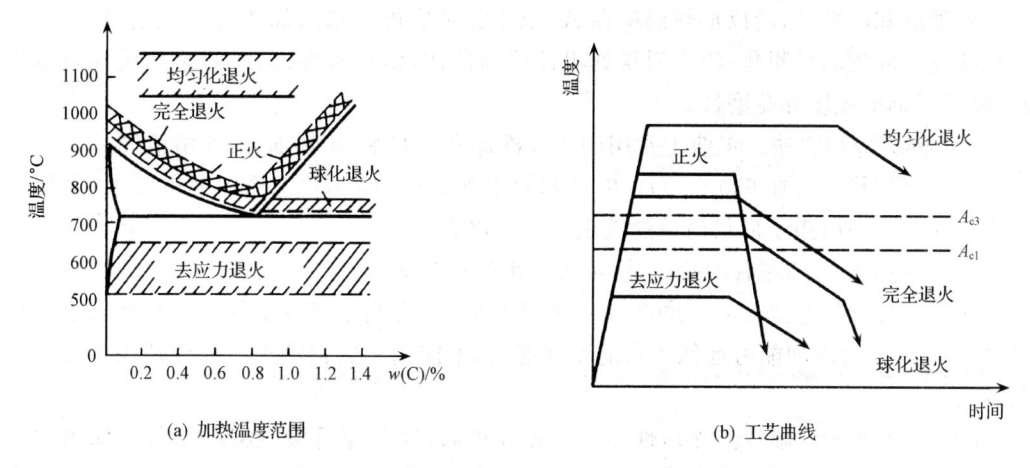

图 8-7 各种退火及正火的工艺规范示意图

2. 正火

将钢加热到 A_{c3} 或 A_{ccm} 以上 30~50℃，保温适当时间，出炉后在空气中冷却的热处理工艺称为正火，如图 8-7 所示。

正火与退火的主要差别是正火的冷却速度比退火稍快，故正火钢的组织比较细小，强度和硬度也高。正火生产周期短、能耗少。目前正火主要应用于以下几方面：

(1) 作为普通结构零件的最终热处理。

(2) 改善低碳钢和低合金结构钢的切削加工性能。一般硬度 170~230HBS 范围内，切削加工性较好，硬度太高，刀具易磨损；硬度太低，易"黏刀"，加工后零件表面光洁度差。低碳钢、低合金钢若退火，硬度 HBS<160，通过正火，则能达到良好切削加工硬度。

(3) 过共析钢球化退火前进行正火，可消除网状二次渗碳体，以保证球化退火后得到良好的球状珠光体组织。

3. 钢的淬火

淬火是将钢加热至 A_{c3} 或 A_{c1} 以上，保温一定时间，以适当速度冷却，获得马氏体或下贝氏体组织的热处理工艺。常用的淬火方法工艺，如图 8-8 所示。

(1) 淬火加热温度。钢的淬火加热温度主要根据 Fe-Fe$_3$C 相图来确定。

亚共析钢的淬火加热温度为 A_{c1} 以上 30~50℃，这是为了获得细晶粒的奥氏体，以便淬火后获得细小马氏体组织。如果加热温度过高，则马氏体组织粗大，使钢的机械性能下降。若加热温度过低（A_{c1}~A_{c3}），则淬火组织中将有先共析铁素体存在，造成钢的硬度不足。

共析钢和过共析钢的淬火加热温度为 A_{c1} 以上

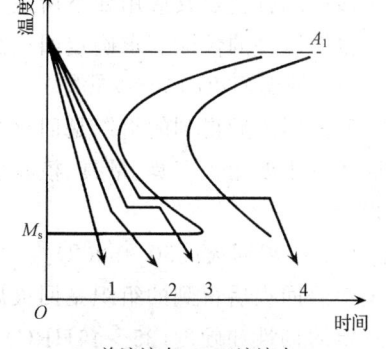

1. 单液淬火；2. 双液淬火；
3. 分级淬火；4. 等温淬火
图 8-8 常用淬火方法示意图

30~50℃，淬火后可得到马氏体及粒状渗碳体组织。由于渗碳体的硬度比马氏体高，能增加钢的硬度和耐磨性，所以加热温度在 A_{c1} 以上是适宜的。如果加热温度超过 A_{ccm} 以上，不仅使奥氏体的晶粒粗化，淬火后得到粗针状马氏体，增加脆性；同时残余奥氏体量也提高，降低了钢的硬度和耐磨性。

(2) 淬火冷却方法。工业上常用的淬火冷却介质有水、矿物油、盐水溶液等。

水的冷却特性是在 650~500℃ 内冷却速度快，300~200℃ 内冷却速度过大，易使工件变形开裂。一般用于形状简单的碳钢零件的淬火。

在水中加入 10% 左右的盐或碱，可改善水的冷却能力。

矿物油冷却特性是 300~200℃ 内冷却能力较小，有利于减少工件的变形和开裂。但在 650~500℃ 内冷却能力远低于水的冷却能力，不能用于碳钢淬火。主要适用于合金钢的淬火。

(3) 淬透性和淬硬性。淬透性——钢在淬火后，获得淬透层（也称淬硬层）深度的能力称为钢的淬透性。淬硬层愈深，则表明钢的淬透性愈好。如果淬硬层深度至心部，则表明全部淬透。淬硬层深度，通常以获取 50% 马氏体组织位置来测定。

机械制造中许多大截面零件和在动载荷下工作的重要零件，以及承受静压力的重要工件如螺栓、拉杆、锤杆等，常要求零件的表面和心部的力学性能一致，此时应选用能全部淬透的钢。

焊接件一般不选用淬透性高的钢，否则易在焊缝热影响区内出现淬火组织，造成焊件变形和裂纹。

淬硬性——指钢淬火时能达到的最高硬度，主要取决于马氏体中的碳含量。淬透性好的钢，其淬硬性不一定好，反之亦然。如低碳合金钢淬透性好，但其淬硬性都不高。

4. 淬火钢的回火

将淬火后的钢件加热至 A_{c1} 以下某一温度，保温一定的时间后，冷至室温的热处理工艺称为回火。回火的主要目的如下：

(1) 减少或消除淬火应力；
(2) 稳定工件尺寸，防止工件变形与开裂；
(3) 获得工件所需的组织和性能。

回火的种类及其应用如下所述。

根据钢件的性能要求确定回火温度，一般将回火分为三种：

(1) 低温回火（150~250℃）。

低温回火后得到的组织是回火马氏体，其性能是具有高的硬度（58~64HRC）和高的耐磨性。主要用于刀具、量具、模具、滚动轴承、渗碳件等淬火后及零件表面淬火后的回火处理。

(2) 中温回火（350~500℃）。

中温回火后得到的组织是回火屈氏体，其性能是具有较高的弹性极限和屈服强度，具有一定的韧性和硬度（35~45HRC）。主要用于处理各种弹性零件及热锻模等。

(3) 高温回火（500~650℃）。

高温回火后得到的组织是回火索氏体，这种组织既有较高强度，同时又具有较好的塑性、韧性,即综合机械性能良好。硬度一般为(25～35HRC)。广泛应用于各种重要的结构件,如连杆、齿轮、轴类等。生产上通常将淬火与高温回火相结合的热处理称为调质处理。

淬火钢在 250～400℃和 500～650℃两个温度范围内回火时,会出现冲击韧性明显下降的现象,称为回火脆性,前者称为低温回火脆性或第一类回火脆性,后者称为高温回火脆性或第二类回火脆性,主要发生在某些合金钢。

8.2.2 基本热处理使用分类

1. 预备热处理

预备热处理主要用于改善材料切削和冷加工工艺性能或为最终热处理前作组织调整。通常情况下预备热处理具体工艺的选用与钢材的含碳量密切相关,具体预备热处理工艺的常规选用见表 8-2。

表 8-2 预备热处理工艺的常规选用

工艺选用目的	亚共析钢		共析、过共析钢	应用
	低、中碳钢	高碳钢		
调整硬度、改善锻压和机械加工性能	正 火	完全退火或等温退火	正火+球化退火	铸件、锻件、热轧型材

2. 最终热处理

钢的最终热处理通常与零件最终的使用性能直接相关,因此性能要求不同的零件,最终热处理完全不相同。表 8-3 所示的是最终热处理的目的、工艺、材料及应用的相互关系。

表 8-3 最终热处理的目的、工艺、适用材料及应用

零件最终机械性能要求(整体)	常用工艺	主要适用材料	零件应用举例
硬度、耐磨性为主	淬火+低温回火	工具钢、高碳钢	刃具、量具、模具等
弹性、韧性为主	淬火+中温回火	弹簧钢、中、高碳钢	弹簧等弹性零件
机械综合性能为主	淬火+高温回火(调质)	调质钢、中碳钢	重要的机件,如轴、连杆、齿轮等
无特殊要求(一般)	正火	低、中碳钢	不重要的机件:非传力的齿轮、轴等

8.3 钢的表面热处理工艺

在机械制造业中,有许多零件(如齿轮、轴类等)是在冲击载荷、交变应力及表面摩擦条件下工作的。因此,这类零件表面应具有高的硬度、耐磨性和疲劳强度,而心部又要具有足够的塑性和韧性。为达到上述的性能要求,生产上广泛应用表面热处理工艺。

常用的表面热处理方法有表面淬火及表面化学热处理两种。

8.3.1 表面淬火

表面淬火是对钢件表层迅速加热至淬火温度,而心部温度仍保持在临界温度以下,然

后快速冷却,使钢的表面至一定深度的组织为马氏体,心部仍为原始组织的热处理工艺。

根据淬火加热方法的不同,生产上常用的有火焰加热表面淬火和感应加热表面淬火,激光加热表面淬火和电子束加热表面淬火。

图 8-9 火焰加热表面淬火

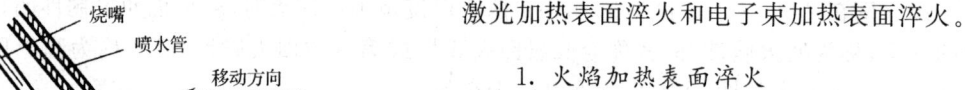

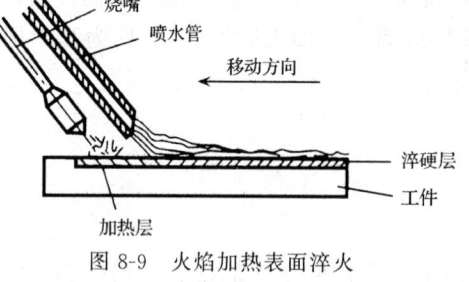

1. 火焰加热表面淬火

使用氧-乙炔或煤气火焰喷向工件表面,将工件表面迅速加热至淬火温度,立即喷水冷却的淬火方法,称为火焰加热表面淬火,如图 8-9 所示。

2. 感应加热表面淬火

将欲淬火的零件放入空心铜管绕成的感应线圈中,如图 8-10 所示。

当线圈通一定频率的交流电时,会在工件内部产生感应电流,由于集肤效应(表面电流密度最大,而中心几乎为零),电流产生的热效应迅速使工作表面加热,几秒钟即可使表面温度升至 850~1000℃,而心部温度没有太大变化。随即喷水冷却,可使表面层淬硬。

3. 激光加热表面淬火

激光加热表面淬火是 20 世纪 70 年代初发展起来的一种新型的高能量密度的表面强化方法。这种表面淬火方法是用激光束扫描工件表面使工件表面迅速加热到钢的临界点以上,而当激光束离开工件表面时,基体金属的大量吸热,使表面获得急速冷却,而无需冷却介质。

激光淬火淬硬层深度一般为 0.3~0.5mm。激光淬火后表层获得极细的马氏体组织,硬度高且耐磨性好,其耐磨性比淬火加低温回火提高 50%,激光淬火能对形状复杂的工件,如工件的拐角、沟槽、盲孔底部或深孔的侧壁进行处理,而这些部位是其他表面淬火方法极难做到的,原理示意如图 8-11 所示。

图 8-10 感应加热表面淬火

4. 电子束加热表面淬火

电子束加热表面淬火是 20 世纪 80 年代末国际材料热处理领域内的新成就,它是利用高能电子束射流高速轰击工件,使金属表面加热到相变点以上,而基体温度几乎不提高。与激光加热表面淬火相似,基体金属的大量吸热使表面获得急速冷却而无需冷却介质的高速冷却工艺,原理示意如图 8-11 所示。

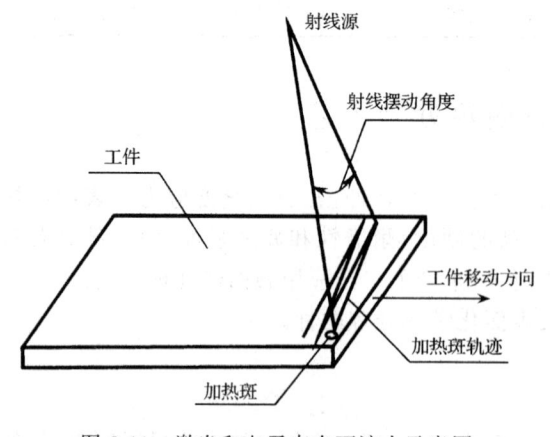

图 8-11 激光和电子束表面淬火示意图

电子束表面淬火特点有：

(1) 加热和冷却速度快,将金属材料表面由室温加热至奥氏体化温度或熔化温度仅需 1/1000s。故能获得超强细晶粒组织；

(2) 硬化层硬度高、变形小、表面能量高；

(3) 与激光相比使用成本低、能效高(75%转变为工件的热能)、结构简单,电子束加热的尺寸比激光大。

电子束表面淬火淬硬层深度一般为 0.3~1.5mm,硬道宽度为 30~50mm,工艺速度为 1~5cm/s。与激光淬火一样,能对形状复杂的工件进行较好的处理。

8.3.2 钢的表面化学热处理

钢的表面化学热处理是将钢件放入一定的活性介质中加热和保温,使介质中的活性原子渗入工件表面,以改变表面化学成分、组织和性能的热处理。根据渗入元素不同,化学热处理分为渗碳、渗氮、碳氮共渗(氰化)、渗硼、渗铬及多元金属共渗等。

1. 表面渗碳处理

渗碳是向钢的表层渗入碳原子的过程,将工件置于含碳的介质中加热和保温,使活性碳原子渗入钢的表面,以达到提高钢的表面含碳量的目的。渗碳后的工件经淬火及低温回火后,表面可获得高硬度、高耐磨性,而心部具有高韧性。

根据渗碳介质的状态,渗碳方法可分为气体渗碳、固体渗碳和液体渗碳 3 种。其中最常用的是气体渗碳。

气体渗碳是将工件置于密封的渗碳炉中,加热到 900~950℃,然后滴入煤油、丙酮、甲醇等渗碳剂。高温下渗碳剂产生活性碳原子,活性碳原子渗入高温奥氏体中,依靠碳浓度差不断从表面向内部扩展形成渗碳层。工件渗碳后,其表面含碳量可达 0.85%~1.05%,含碳量从表面到心部逐渐减少。

渗碳件经淬火＋低温回火后,其表面显微组织为细针状马氏体均匀分布的细粒状渗碳体和少量的残余奥氏体。心部组织随钢的淬透性而异,低碳钢为铁素体和珠光体；低碳合金钢则为低碳马氏体＋铁素体＋珠光体。渗碳钢的含碳量一般小于 0.25%,常用的钢号有 15、20、20CrMnTi 等,主要用于制造表面耐磨而心部抗冲击的零件,如汽车、拖拉机中的变速齿轮、内燃机上的凸轮轴、机床的变速齿轮等。

渗碳零件的一般工艺路线如下：

锻造→正火→机械加工→渗碳→淬火＋低温回火→精加工

2. 表面渗氮(氮化)处理

表面渗氮是向钢的表面渗入氮原子的过程。其目的是提高工件表面硬度、耐磨性、耐蚀性及疲劳极限。

渗氮的工艺过程是将工件置于渗氮介质中,加热至 500~550℃保温,渗氮介质分解出活性氮原子渗入工件表层形成坚硬而稳定的氮化物层,氮化层一般不超过 0.6~0.7mm,氮化几乎是加工工艺路线中的最后一道工序,最多进行精磨或研磨。

氮化用钢通常是含有 Al、Cr、Mo 等元素的合金钢,最典型的钢是 38CrMoAl,氮化后硬度可达 HV1000 以上。工件氮化后,表面形成高度弥散、硬度极高的氮化物,具有极高的硬度和耐磨性,不需再进行热处理。但为保证心部具有良好的综合机械性能,氮化前需进行调质处理。氮化零件的一般工艺路线如下:

锻造→退火→粗加工→调质→精加工→去应力退火→粗磨→氮化→精磨

渗氮处理广泛用于要求耐磨且变形小的零件,如精密齿轮、精密机床主轴等。

1) 气体渗氮

将工件置于井式炉中加热到 500～600℃后通入氨气(NH_3),氨气分解出活性氮原子[N]。活性氮原子[N]被零件表面吸收并与钢中的合金元素化合形成氮化物。氮化层深度为 0.1～0.6mm。

2) 离子渗氮

在高电压作用下,含氮的稀薄气体(氨气)中分离出氮离子,具有高能量的氮离子以极大速度轰击工件表面,并渗入工件表层形成氮化层。离子渗氮氮化速度快(仅为气体渗氮的 1/4),工件变形小。

3. 碳氮共渗(氰化)处理

碳氮共渗是向零件表面同时渗入碳原子和氮原子的过程,常用的有低温气体碳氮共渗和中温气体碳氮共渗两种。

低温气体碳氮共渗(气体软氮化)以渗氮为主,常用的共渗介质有尿素、二乙醇胺等。处理温度不超过 570℃,时间为 1～3h,渗层深度为 0.3～0.5mm。用于模具、量具及耐磨零件的处理。材料种类不限,碳钢、合金钢、铸铁以及粉末冶金材料均可。

中温气体碳氮共渗以渗碳为主,常用的共渗剂为煤油和氨气。处理温度为 820～860℃,时间为 1～9h。渗层深度为 0.3～0.6mm。目前主要用于形状复杂、要求变形小的小型耐磨零件,如轻载齿轮等,材料主要为低、中碳钢和合金钢,经过中温气体碳氮共渗工艺后还要进行淬火和低温回火处理,以提高表面硬度和耐磨性。

复习思考题

1. 解释下列符号的含义:A_{c1}、A_{c3}、A_{ccm}。
2. 试述共析钢加热时奥氏体形成的几个步骤,并分析亚共析钢和过共析奥氏体形成的主要特点。
3. "C"曲线的作用是什么,指出影响"C"曲线形状和位置的主要因素。
4. 正火和退火的主要区别是什么?生产中应如何正确选择?
5. 何谓预备热处理?何谓最终热处理?其作用分别如何?对应的具体操作如何?
6. 何谓淬透性,与淬硬性有何区别?
7. 什么是回火?回火的种类有哪些?
8. 渗碳的主要目的是什么?适合什么材料?
9. 比较激光、电子束表面热处理与普通表面热处理的特点。
10. 现有的钢制成的车刀,其工艺路线为:锻造→热处理→机加工→热处理→精加工。试写出上述热处理工序的具体方法及其作用。
11. 现有 45 钢制造的轴,工艺路线为:锻造→热处理→机加工→热处理→精加工。

试写出上述热处理工序的具体方法及其作用。

12. 现有 15 钢和 45 制造的齿轮，为提高齿面的硬度及其耐磨性，应如何选择其相应的热处理工艺？

13. 指出 45 钢加热至 700℃，760℃和 840℃水冷后的组织和硬度的高低。

14. 指出 T12 钢加热至 700℃、760℃和 900℃水冷后的组织和硬度的高低。

15. 钢淬火后为什么要回火？回火后的组织和性能与回火温度有何关系？

16. 何谓调质？45 钢经调质后硬度为 240HBS，若再经 200℃回火，能否使其硬度增加；又若 45 钢经淬火、低温回火后其硬度为 HRC57，若再进行 560℃回火，能否使其硬度降低？

17. 渗碳的主要目的是什么？

第9章 合 金 钢

随着科学技术和工业的发展,对材料提出了更高的要求,如更高的强度,抗高温、高压、低温、耐腐蚀、磨损以及其他特殊物理、化学性能的要求,碳钢就不能完全满足要求了。碳钢的性能主要有以下几方面的不足：

(1) 综合机械性能差。碳素钢的强度、硬度和弹性等,虽然会随着含碳量的增加而提高,但塑性、韧性却随之下降,不能得到配合完善的机械性能。

(2) 热稳定性差。碳素钢在温度超过250℃的负荷条件下工作,就会产生变形。

(3) 耐腐蚀性差。特别对酸几乎没有任何抵抗能力。

(4) 淬透性差。碳素钢不能适应大截面制件淬火,易产生裂纹、变形或淬不透。

(5) 不能满足某些特殊性能。如耐高温、高耐磨性等。

为了提高钢的性能,在铁碳合金中特意加入合金元素所获得的钢,称之为合金钢。合金钢用途广泛,种类也很多,为了便于生产、管理和选用,有必要对钢进行分类。以下是合金钢常见的分类方法。

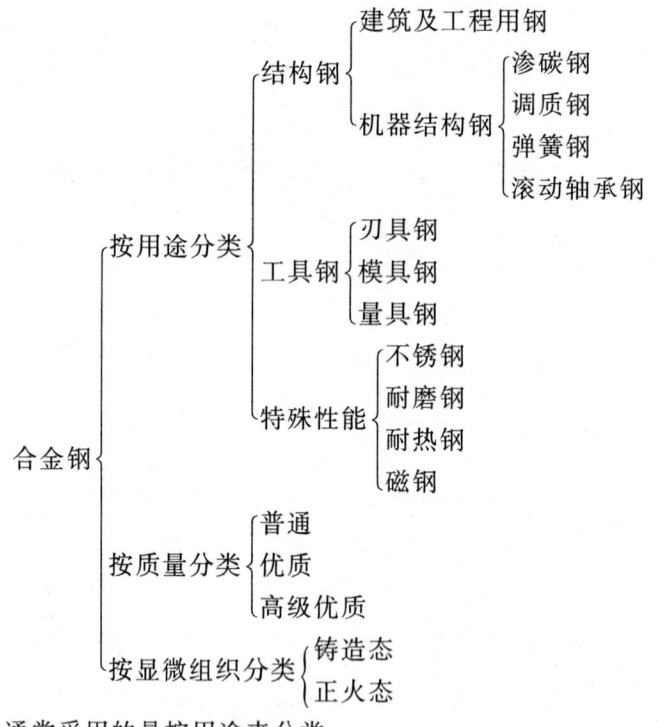

合金钢
- 按用途分类
  - 结构钢
    - 建筑及工程用钢
    - 机器结构钢
      - 渗碳钢
      - 调质钢
      - 弹簧钢
      - 滚动轴承钢
  - 工具钢
    - 刃具钢
    - 模具钢
    - 量具钢
  - 特殊性能
    - 不锈钢
    - 耐磨钢
    - 耐热钢
    - 磁钢
- 按质量分类
  - 普通
  - 优质
  - 高级优质
- 按显微组织分类
  - 铸造态
  - 正火态

我国工业中通常采用的是按用途来分类。

9.1 合金元素在钢中的作用

9.1.1 钢中的合金元素

钢中常常含有其他元素,但一般都将它们作为杂质或残余元素对待,而不认为是合金元素。它们的存在有时可起到一些有益的作用,但在大多数情况下会产生不利的影响。所以对优质钢都规定了残余元素的最高许可含量。

为了提高钢的某些性能,以满足使用上的需要,必须在钢中加入一定量的某一种或几种元素,这种为了合金化的目的而加入并且其含量有一定范围的元素,称为合金元素。

目前,钢中常用的合金元素有:硅、锰、铬、镍、钨、钼、钒、钛、铌、锆、铝、铜、钴、氮、硼、稀土元素等。不同国家通常使用的合金元素与各国的资源条件有很大的关系。一般情况下,当钢中合金元素的总含量小于或等于5%时,叫做低合金钢;合金元素总含量在5%～10%范围内的,叫做中合金钢;合金元素总含量超过10%时,叫做高合金钢。

9.1.2 合金元素的作用

合金钢之所以优于碳素钢,主要是由合金元素在钢中的作用决定的,从而,在根本上改变了钢的性能。其主要作用可概括为以下几方面。

1. 合金元素对钢中基本相的影响

1) 合金元素固溶于铁素体

合金元素以固溶方式溶解于铁素体之后,会使 α-Fe 晶格产生歪扭和畸变,从而起到固溶强化,提高钢的强度的作用。特别可贵的是有些合金元素只要配比得当,在提高钢的强度的同时,并不降低塑性。我国的普通低合金高强钢,就是利用这种机理发展起来的。

2) 合金元素溶解于奥氏体

合金元素溶解于奥氏体后,除在一定程度上起固溶强化作用外,更重要的是增加钢的高温稳定性。因而在淬火时,能推迟或阻碍奥氏体向非马氏体组织转变。这就能使大截面制件在缓冷介质中淬透。

3) 合金元素形成碳化物

合金元素除以固溶体形式存在于钢中之外,还依它们与碳、非金属元素亲和力大小以及合金元素含量多少,形成稳定性很高的合金渗碳体、特殊复杂碳化物和金属、非金属化合物,这些化合物都是硬而脆的强化相,有些还具有相当高的热稳定性,它们都是耐磨钢和耐高温钢不可缺少的组织。

2. 合金元素对平衡相图的影响

1) 合金元素改变相变温度

当合金元素加入碳素钢后,就会对组织转变临界点产生影响。由此可将合金元素分成两大类:扩大奥氏体区的称为奥氏体形成元素,缩小或封闭奥氏体区的称为铁素体形成元素。合金元素的这种影响,除可根据机理制取一些具有特殊性能的钢,如呈单一相的不锈钢等，更重要的是可依据合金含量，确定合金钢的热处理温度，以便获得更高的性能。

2) 合金元素改变共析点的成分

合金元素在改变相变温度的同时，也改变共析成分。因此，由于合金元素的影响，要判断合金钢是亚共析还是过共析钢，以及确定其热处理加热或缓冷时相变温度，就不能单纯地依靠铁碳相图，而应根据多元铁基合金系相图来分析。大多数合金元素均使共析点的成分降低。

3. 合金元素对热处理工艺的影响

合金元素对热处理工艺的影响主要归纳为三个热处理阶段：加热保温阶段、冷却转变阶段、回火分解阶段，下面分别对这三个阶段进行讨论。

1) 合金钢中合金元素在加热保温阶段的主要作用

合金钢中合金元素在加热保温阶段的主要作用：减慢奥氏体的形成，阻止奥氏体晶粒长大。

合金钢的奥氏体化的基本过程与碳钢一样，即通过晶核的形成、长大及碳化物的溶解和均匀化等过程。而这个过程基本上是由碳的扩散来控制。合金元素的加入直接对碳的扩散及碳化物的稳定性有影响，大部分合金元素减慢奥氏体的形成，使碳的扩散能力降低，形成特殊碳化物，阻碍碳的扩散，减慢奥氏体形成的速度。这种碳化物又难分解，使奥氏体的均匀化过程变得困难。因此，对含有这类元素的合金钢通常采用升高钢的加热温度或延长保温时间的方法来促进奥氏体成分的均匀化。合金元素对钢在热处理时的奥氏体晶粒度也有不同程度的影响。相当部分合金元素阻止了奥氏体晶粒长大；例如，Ti、Nb、V 等可强烈阻止奥氏体晶粒长大；W、Mo、Cr 等起到一定的阻碍作用；Co、Cu 等影响不大；Al 与 N 形成 AlN 时，在低于 950℃时可强烈阻止奥氏体晶粒长大，形成本质细晶粒钢。

2) 合金钢中合金元素在冷却转变阶段的主要作用

合金钢中合金元素在冷却转变阶段的主要作用：减缓过冷奥氏体分解，在等温转变曲线（C 曲线）上表现为时间与温度上的空间；增加残余奥氏体的量。

在时间空间上，由于大多数合金元素不同程度地阻碍碳的扩散，因而也必然地减慢奥氏体分解能力。一些合金元素溶入奥氏体后，使其稳定性大增，并减慢其分解。C 曲线表现右移，如图 9-1 所示。引起这些变化的元素有 Ni、Mn、Si、Cu 和 Cr、Mo、W、V、Ti 等，前者为非碳化物或（弱）碳化物形成元素，后者为碳化物形成元素。

在温度空间上，大多数合金元素均不同程度地降低了马氏体开始转变点 Ms 的温度。

合金元素的加入，过冷奥氏体的稳定性大大增强，从而导致了常温下钢中残余奥氏体量大增。

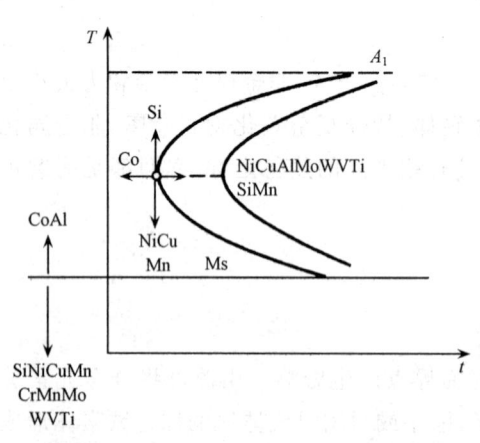

图 9-1 合金元素加入对 C 曲线的影响

3) 合金钢中合金元素在回火分解阶段的

主要作用

合金钢中合金元素在回火分解阶段的主要作用：提高钢的回火稳定性；产生二次硬化。

将淬火后的合金钢进行回火时，其回火过程的组织转变与碳钢相似，但由于合金元素的加入，钢的回火稳定性大大提高。

回火稳定性实际上是钢对回火时发生软化过程的抵抗能力。主要表现在马氏体中碳化物的析出、马氏体及残余奥氏体的分解。合金元素的加入使得马氏体及残余奥氏体分解的温度大大提高，同时它们的分解速度大大减慢，回火温度得到提高，内应力消除的较彻底，其塑性、韧性也较高。这使得经淬火和回火后零件保持机械性能的工作温度范围大大加宽。此外，还产生了二次硬化。含 W、Mo、V、Ti 量较高的淬火钢，在 500~600℃ 温度范围回火时，其硬度并不降低，反而升高。这是因为含上述合金元素较多的合金钢，在该温度范围内回火时，将析出细小弥散的特殊碳化物，如 Mo_2C、WC、VC、TiC 等。这类碳化物硬度很高，在高温下也非常稳定，难以聚集长大，使钢具有高温强度。如具有高热硬性的高速钢就是靠 W、Mo、V、Ti 元素的这种特性来实现的。

但事物往往不是一成不变的，某些合金元素加入也会带来一些不良影响，如合金钢在 500~600℃ 回火往往会产生脆化现象，它称之为回火脆性，但可通过回火后快冷的方式或在合金钢中加入适量 W 和 Mo 消脆来处理。故此类回火脆性也称可逆性回火脆性。（钢在 250~400℃ 的回火脆性是不可逆的，因此无论是合金钢还是碳钢均应避开此温度范围进行回火。）

总之，绝大多数合金元素在合金钢中，使钢现有组织的稳定性增强。譬如，当合金钢的组织为珠光体时，在加热时转化成奥氏体比碳钢就更难；若合金钢的组织为奥氏体，在冷却时转化成马氏体、珠光体或屈氏体也更困难，同理在回火时也是如此。换言之，合金钢的"惰性"相比碳钢大大增强了。

9.2 合金钢编号方法及应用

9.2.1 我国钢铁产品牌号表示方法简述

牌号是用来识别产品及其他对象的名称、符号、代码或它们的组合。有了牌号，人们对所确定的某种产品就有了共同的概念和共同的语言，从而给生产、使用、设计、供销、科研、教学、出版、科学技术交流及发展贸易等方面带来很大便利。

2000 年 4 月 11 日我国发布了 GB/T221—2000《钢铁产品牌号表示方法》，并于 2000 年 11 月 1 日实施，从实施之日起代替原有 GB221—79《钢铁产品牌号表示方法》。但是，随着我国经济、特别是钢铁工业的发展，存在的问题也越来越多，为此部分钢铁产品单独制订了牌号表示方法；部分未单独颁布牌号表示方法标准的钢铁产品，其牌号表示方法变化也很大。

根据《钢铁产品牌号表示方法》GB221—2000，现行我国的钢铁及合金各种牌号，基本都为汉语拼音字母（或拉丁字母）—化学元素符号—阿拉伯数字体系，其组成大体可分为五个部分，即

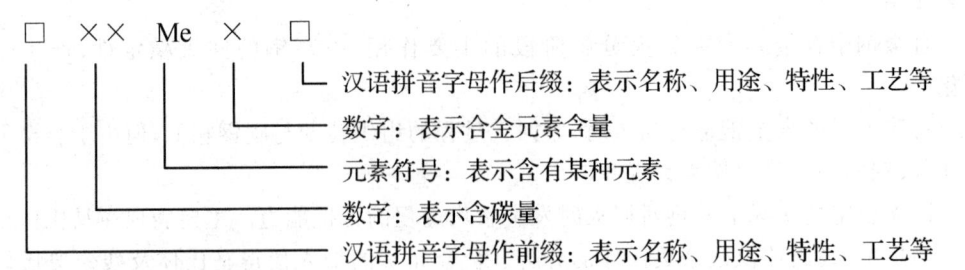

```
    □  ××  Me  ×  □
    │   │   │   │  └── 汉语拼音字母作后缀：表示名称、用途、特性、工艺等
    │   │   │   └───── 数字：表示合金元素含量
    │   │   └───────── 元素符号：表示含有某种元素
    │   └───────────── 数字：表示含碳量
    └───────────────── 汉语拼音字母作前缀：表示名称、用途、特性、工艺等
```

但并非所有钢号均含有这五个部分，因此体系繁杂、混乱也很难区分，更不利与现代计算机管理。国家于1998年12月14日颁布了我国第一个《钢铁产品牌号统一数字代号体系》标准 GB/T17616—1998。

9.2.2 合金钢的编号方法

根据 GB/T159—94《低合金高强度结构钢》、GB/T3077—1999《合金结构钢》、GB/T1299—2000《合金工具钢》、GB1220—92《不锈钢》和 GB1221—92《耐热钢》等标准，合金钢的编号的方法可简单归纳为表9-1所示。

表9-1 合金钢的编号方法

分 类	编 号 方 法	举 例
低合金结构钢	钢的牌号由代表屈服点的汉语拼音字母（Q）、屈服点数值、质量等级符号（A、B、C、D、E）3个部分按顺序排列	Q 345 C Q — 屈服点的"屈"字汉语拼音首位字母 345 — 屈服点数值，单位MPa C — 质量等级符号
合金结构钢	数字+化学元素符号+数字，前面的数字表示钢的平均含碳质量分数，以万分之几来表示，后面的数字表示合金元素的质量分数，以平均含量的百分之几表示。质量分数少于或等于1.5%时，一般不标明含量。若为高级优质钢，则在钢号的最后加"A"字 滚动轴承钢在钢号前加"G"，铬的质量分数用千分之几表示	60 Si2 Mn 60 — 平均w(C) 0.60% Si2 — 平均w(Si) 2% Mn — 平均w(Mn)<0.5% GCr15SiMn Cr15 — 平均w(Cr) 1.5%
合金工具钢	平均w(C)≥1.0%时不标出，w(C)<1.0%以千分之几表示。高速钢例外，其平均w(C)<1.0%时也不标出 合金元素含量的表示方法与合金结构钢相同	5CrMnMo 5 — 平均w(C) 0.5%
特殊性能钢	平均含碳质量分数以千分之几表示。但当平均w(C)≤0.03%及w(C)≤0.08%时，钢号前分别冠以00及0表示 合金元素含量的表示方法与合金结构钢相同	2Cr13 2 — 平均w(C) 0.2%

9.2.3 常用合金钢牌号及其应用

1. 合金结构钢

合金结构钢分低合金结构和机器制造用合金结构钢两类。

1) 低合金结构钢

低合金结构钢又称低合金高强度结构钢。GB/T221—2000新牌号表示方法将低合金高强度结构钢分为通用钢和专用钢两类,新牌号表示方法与GB/T1591—94《低合金高强度结构钢》、GB700—88《碳素结构钢》相同,并与碳素结构钢的牌号组成工程用钢的系列。低合金高强度结构钢按脱氧方法分为镇静钢和特殊镇静钢,但在牌号中没有表示脱氧方法的符号。

(1) 通用低合金高强度结构钢牌号组成。

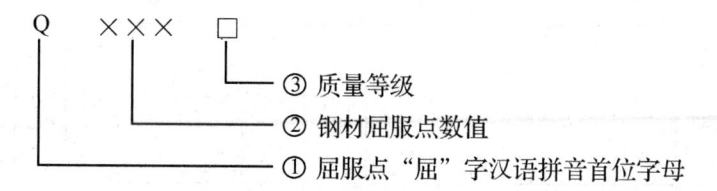

```
Q  ×××  □
         ├── ③ 质量等级
         ├── ② 钢材屈服点数值
         └── ① 屈服点"屈"字汉语拼音首位字母
```

通用低合金高强度结构钢采用代表屈服点的拼音字母"Q"、屈服点数值(单位为MPa)和质量等级符号表示,按顺序组成牌号。例如:

钢材屈服点数值,计量单位为MPa。分为295、345、390、420、460五个号,表示其屈服点分别不小于295MPa、345MPa、390MPa、420MPa、460MPa。

质量等级符号,根据钢材冶金质量划分A、B、C、D、E五个等级。

A-A级,表示一般质量。硫、磷均不大于0.045%,冲击功不予保证。

B-B级,表示硫、磷含量比A级低,硫、磷均不大于0.040%,另外保证20℃(室温)冲击功不小于34J。

C-C级,表示硫、磷含量比B级低,硫、磷均不大于0.035%,另外保证0℃冲击功不小于34J。

D-D级,表示硫、磷含量比C级低,硫、磷均不大于0.030%,另外保证-20℃冲击功不小于34J。

E-E级,表示硫、磷含量最低,硫、磷均不大于0.025%,另外保证-40℃冲击功不小于27J。

低合金高强度结构钢的具体牌号如下。

根据新标准的牌号表示方法与组成,按①、②、③排列要求,可规定以下具体牌号,这就是:

Q295——Q295A、Q295B

Q345——Q345A、Q345B、Q345C、Q345D、Q345E

Q390——Q390A、Q390B、Q390C、Q390D、Q390E

Q420——Q420A、Q420B、Q420C、Q420D、Q420E

Q460——Q460C、Q460D、Q460E

(2) 专用低合金高强度结构钢牌号。

专用低合金高强度结构钢一般采用代表屈服点的拼音字母"Q"、屈服点数值(单位为MPa)和产品用途的符号等表示。例如:压力容器用钢牌号表示为"Q345R";焊接气瓶用钢牌号表示为"Q295HP";锅炉用钢牌号表示为"Q390g";桥梁用钢牌号表示为"Q420q"等。

几种常用的有代表性的牌号见表 9-2 所示。

表 9-2 我国常用的几种低合金结构钢

钢号	化学成分的质量分数/%									力学性能			用途
	$w(C)$ ≤	$w(Mn)$	$w(Si)$ ≤	$w(V)$	$w(Nb)$	$w(Ti)$	$w(Al)$ ≥	$w(Cr)$ ≤	$w(Ni)$ ≤	$\dfrac{\sigma_b}{MPa}$	$\dfrac{\sigma_s}{MPa}$	$\dfrac{\delta}{\%}$	
Q295	0.16	0.80~1.50	0.55	0.02~0.15	0.015~0.060	0.02~0.20				390~570	295	23	油槽、油罐、车辆、桥梁等
Q345	0.20	1.00~1.60	0.55	0.02~0.15	0.015~0.06	0.02~0.20	0.015	0.30	0.70	470~630	345	22	油罐、锅炉、桥梁、车辆、压力容器、输油管道、建筑结构等
Q390	0.20	1.00~1.60	0.55	0.02~0.20	0.015~0.06	0.02~0.20	0.015	0.30	0.70	490~650	390	20	同上
Q420	0.20	1.00~1.70	0.55	0.02~0.20	0.015~0.60	0.02~0.20	0.015	0.40	0.70	520~680	420	19	船舶、压力容器、电站设备、车辆、起重机械等
Q460	0.20	1.00~1.70	0.55	0.02~0.20	0.015~0.06	0.02~0.20	0.015	0.70	0.70	550~720	460	17	同上

2) 机器制造用合金结构钢

根据零件的工作条件要求,机器结构钢对力学性能的要求是多方面的,它们不仅要具有高的强度和塑、韧性,还要具有良好的疲劳强度和耐磨性。此外,还必须具有良好的工艺性能,尤其是应具有较好的切削加工性和热处理工艺性。

机器制造用结构钢常为优质钢或高级优质钢,通常是在优质碳素结构钢的基础上加入一些合金元素而形成,合金元素加入量不大,属中、低合金钢。由于合金元素的加入,提高了钢的淬透性,就有可能使零件在整个截面上得到均匀一致的良好的综合机械性能或某些特殊性能,从而保证零件的长期安全使用,满足机器结构钢对力学性能的多方面要求。

使用状态一般为淬火加回火态,决定其力学性能的主要因素是钢中的含碳量、热处理工艺和合金元素的种类和数量。

下面分别介绍常用合金结构钢中的合金渗碳钢、合金调质钢、合金弹簧钢以及滚动轴承钢。

(1) 合金渗碳钢。

合金渗碳钢通常指经过渗碳淬火、回火后使用的钢。主要用于承受循环载荷、很大接触应力、在冲击和严重磨损条件下工作的;要求表面高硬度、耐磨,心部有较高韧性和足够强度、尺寸较大的机械零件。如动力机械中的齿轮、凸轮轴、活塞销及部分量具等。

渗碳钢含碳量一般为 0.1%~0.25%,以保证零件心部有足够韧性。主加元素为铬、锰、镍、硼等,目的是提高钢的淬透性,保证渗碳淬火后表面与心部都能得到强化。另外辅加少量强碳化物形成元素,在渗碳加热时阻碍晶粒长大、防止零件渗碳时过热、渗碳后可直接淬火、简化热处理工艺。形成的特殊碳化物还可增加渗碳层的耐磨性。常用钢种有12CrNi2、12CrMoV、15MnVB、15Cr、20Cr、20CrMnTi、20Mn2、20MnV、20Cr2Ni4 等。

渗碳钢的热处理一般都是渗碳后进行淬火及低温回火，以获得高硬度的表层（58～64HRC），其组织为隐晶回火马氏体加粒状碳化物及少量残余奥氏体，心部组织视钢的淬透性及零件尺寸而定（20～48HRC）。

（2）调质钢。

调质钢是指经调质（淬火＋高温回火）后使用的钢，常为中碳的优质碳素钢与合金结构钢，主要用于制造受力较为复杂的重要结构零件，如机器中传递动力的轴、汽车后桥半轴、连杆、齿轮等。这类零件要求钢材具有较高的综合力学性能。调质钢经调质处理后获回火索氏体组织，其综合力学性能好。

调质钢含碳量一般为 0.3%～0.5%，以保证钢的综合性能。含碳量过低，经淬火与回火后强度不足；过高则韧性不足。随合金元素的增多，含碳量趋于下限，主加元素为硅、锰、铬、镍、硼等，合金元素总含量一般为 3%～7%，目的是提高钢的淬透性，使零件获得均匀的综合力学性能。常用钢种有 40、45、40MnVB、40CrMnTi、40Cr、40CrMnMo、40CrNiMoA、45CrNi 等。

调质钢的预备热处理一般采用正火或退火。目的是降低硬度、改善切削加工性能、消除热加工产生的组织缺陷、细化晶粒、改善组织，为最终热处理做好准备。

调质钢的最终热处理一般采用调质，若某些零件还要求工件表面的耐磨性较高，此时应在调质后加表面淬火及低温回火处理；如果要求表面的耐磨性更高，则用氮化钢调质后再氮化处理。

（3）弹簧钢。

弹簧钢是指用来制造各种弹性元件，尤其是弹簧的钢种。弹簧依靠其工作时产生的弹性变形，在各种机械设备中吸收冲击能量，起到缓冲、吸振的作用，还可利用起储存能量的作用。因此，要求材料具有高的弹性极限和屈强比，保证弹簧有足够的弹性变形能力，承受大载荷时不发生塑性变形；此外，还应具有一定的塑性和韧性及某些特殊性能要求。

弹簧钢含碳量一般为 0.5%～0.7%，以保证高的弹性极限和疲劳强度。主添加元素为硅和锰，以提高钢的淬透性、回火稳定性及屈强比，强化铁素体。常用钢种有 65、65Mn、60Si2Mn、50CrVA、60CrMnB、55Si2Mn、60CrMnMoA 等。

弹簧的加工工艺方法有两种：

冷成型弹簧。对于钢丝直径小于 10mm 的弹簧，常用冷拉弹簧钢丝冷卷成型。根据钢丝供货状态的不同，进行不同的热处理，如定型处理或淬火加中温回火处理。

热成型弹簧。多用热轧钢丝或钢板制成。通常是在热卷成簧后进行淬火及中温回火处理，热处理后的组织为回火屈氏体，其硬度可达 40～50HRC，从而保证在获得高的屈服强度时又具有足够的韧性。

弹簧钢也可采用等温淬火来获得下贝氏体，能提高钢的韧性和强度；热处理后常进一步采用喷丸处理来强化表面，以提高钢的屈服强度和疲劳强度。

（4）滚动轴承钢。

滚动轴承钢是指制造滚动轴承套圈和滚动体的专用钢。它除制作滚动轴承外，还广泛用于制造各类工具和耐磨零件，如刃具、量具等。

滚动轴承是一种高速转动的零件,工作条件非常复杂和苛刻,因此,材料应具有高的接触疲劳抗力、高而均匀的硬度和耐磨性、高的弹性极限、足够的韧性和淬透性及一些特殊条件的要求。

滚动轴承钢含碳量为0.95%~1.15%,以保证高强度和硬度,并形成足够的合金碳化物以提高耐磨性。主加元素为铬,用以提高淬透性,并使钢材经热处理后形成细小而均匀分布的合金渗碳体,从而显著提高钢的强度、接触疲劳抗力和耐磨性。

铬轴承钢对硫、磷含量控制十分严格,所以是一种高级优质钢。常用钢种有GCr9、GCr15、GCr15SiMn、GCr9SiMn等。

滚动轴承钢的预备热处理采用正火加球化退火,以降低硬度、改善切削加工性能,为最终热处理作好组织准备。

滚动轴承钢的最终热处理采用淬火加低温回火,处理后硬度为61~65HRC,组织为在极细的回火马氏体基体上,均匀分布着细小的碳化物及少量残余奥氏体。精密轴承应在淬火后立即进行冷处理,然后再低温回火,磨削加工后再施以稳定化处理。

2. 合金工具钢

1) 刃具钢

刃具钢是用来制造各种切削加工工具的钢种。刃具种类繁多,如车刀、铣刀、刨刀、钻头、丝锥、板牙等。其材料应具备高的硬度(60~65HRC)与耐磨性,组织为在高碳回火马氏体基体上均匀分布着适量而细小的碳化物。此外,还应具备高的红硬性、足够的强度和韧性等。

(1) 低合金刃具钢有Cr2、9SiCr、8MnSi、9Cr2等。

这类钢的红硬性较差,但优于碳素工具钢,主要用于制造低速切削刃具,工作温度一般低于250~300℃,成分特点是高碳,常含有铬、锰、硅、钨、矾等合金元素,其主要作用是提高淬透性、回火稳定性及细化晶粒。

其预备热处理为正火+球化退火,最终热处理为淬火+低温回火。

(2) 高速钢。

高速钢是红硬性、耐磨性较高的高合金工具钢,是为适应高速切削而逐渐发展起来的钢种。它的工作温度可达600℃,强度比碳素工具钢提高30%~50%。常用的钢有W18Cr4V、W6Mo5Cr4V2、W6Mo5Cr4V2Al等。

这类钢含碳量为0.7%~1.65%,其作用是保证获得高硬度的高碳马氏体,与碳化物形成元素生成碳化物,增大耐磨性。主添加元素为碳化物形成元素,如钨、钼、钒、铬等。

其预备处理工艺为:锻造与球化退火。高速钢的铸造组织中含有大量共晶莱氏体,通常进行反复锻造将其打碎,以改善碳化物的不均匀分布,改善性能。锻后进行球化退火,组织为索氏体基体加粒状碳化物,硬度为207~255HBS,以改善其切削性能、消除锻造应力,并为淬火做组织准备。

最终热处理工艺为:淬火与回火。高速钢的优越性能需经正确的淬、回火后方能具备。其淬火加热温度很高,达1250~1300℃,淬火后应及时多次回火,回火后的组织为极细的回火马氏体、较多的粒状碳化物及少量的残余奥氏体,硬度为63~66HRC。

2) 模具钢

模具钢是制造各种锻造、冲压或压铸成型工件模具的钢种。种类分冷模钢和热模钢两类。

冷模钢是指用于冷态金属变形的模具用钢,如冷冲模、冷拔模、冷挤压模、冷镦模、弯曲模等。材料应具备高硬度、高强度、高耐磨性及足够的韧性、良好的工艺性能等。

这类钢一般为高碳钢,含碳量多为0.85%以上。铬、锰、硅等合金元素主要用于提高淬透性及强度,钨、钼、矾等可形成弥散的特殊碳化物,产生二次硬化及细化晶粒,可进一步提高耐磨性和强韧性并减小过热倾向。

尺寸较小、形状简单、负荷一般的冷作模具,可选用低合金刃具钢或轴承钢,常用的有9SiCr、9Mn2V、CrWMn、GCr15等,它们均属低变形冷作模具钢。

尺寸大、形状复杂、负荷重、耐磨性高、变形小的冷作模具,须选用淬透性高的高合金或中合金模具钢,如高碳高铬钢(Cr12、Cr12MoV)和高碳中铬钢(Cr6WV、Cr4W2MoV)等,它们均属微变形钢。

冷模钢的通用生产工艺如下。

下料→锻造→等温球化退火→机械加工→淬火→低温回火→精磨或电火花加工→成品

热模具钢是指使金属在加热状态下或在液体状态下成型的模具用钢,主要包括热锻模、热挤压模、压铸用模3类。材料主要应具有足够的高温硬度及高温强度,高温下有高的耐磨性和足够的塑、韧性,高的抗热疲劳性和抗氧化能力,高的淬透性和较小的热处理变形等。

这类钢的含碳量为0.3%~0.6%,主添加元素为铬、锰、硅、钼、钨、矾等,主要用以提高钢的淬透性、回火稳定性、耐磨性。常用热模具钢有5CrMnMo、6SiMnV、3Cr2W8V等。

热模钢的通用生产工艺为

下料→锻造→退火→机械加工→淬火→(中或高)温回火→精加工→成品(修形、抛光)

3) 量具钢

量具钢是用以制造各种测量工具的钢种,要求量具应有精确而稳定的尺寸。因此材料应具有高的尺寸稳定性、高硬度和高耐磨性、足够的韧性等。

根据量具的种类和精度要求,一般选用含碳较高的过共析钢,以保证具有高硬度和高耐磨性,为了减小热处理变形、增加尺寸稳定性、进一步提高耐磨性,钢中常加入一些铬、锰、钨等元素。量具所用的过共析钢,经正确的淬火及回火后即可获得所需的高硬度和高耐磨性,但同时还需采取各种措施保证量具在长期使用中的尺寸稳定,如冷处理、时效处理等。钢种有碳素工具钢、低合金工具钢、高合金工具钢、不锈钢、氮化钢、渗碳钢及中碳钢等。具体用途如表9-3所示。

表9-3 量具钢的具体用法

钢 种	用 途
低合金工具钢,如CrWMn、CrMn、GCr15等	制作精度较高、尺寸要求稳定的量具,如块规、塞规等
渗碳钢,如20、20Cr等	制作形状简单、精度不高、使用中易受冲击的量具,如卡板、卡规、大型量具等
高合金工具钢,如Cr12MoV,Cr12等	制作形状复杂、大尺寸、使用频繁的量具或块规等基准量具
不锈钢,如4Cr13、9Cr18等	制作在腐蚀条件下工作的量具
渗氮钢,如38CrMoAlA	制作要求很高硬度、耐磨性(即尺寸稳定性)的复杂量具,如花键规

3. 特殊性能钢

具有特殊的物理、化学性能的钢及合金种类很多,本节仅对机械工程比较重要的不锈钢,耐热钢和耐磨钢作些简单介绍。

1) 不锈钢

不锈钢是指在空气、碱或盐的水溶液等腐蚀介质中具有高度化学稳定性的钢。不锈钢并不是绝对不腐蚀,只不过腐蚀速度慢一些。在同一介质中,不同种类的不锈钢耐腐蚀能力不同。在不同介质中,同一种不锈钢其腐蚀速度也不一样。因此,掌握各类不锈钢的特点,对于正确选用不锈钢是很重要的。

金属的腐蚀一般分化学腐蚀和电化学腐蚀两种。化学腐蚀是指金属与外界介质发生纯化学反应而被腐蚀。如钢在高温加热时发生的氧化现象,就属于化学腐蚀。电化学腐蚀是在腐蚀过程中有电流产生。这类腐蚀现象比较普遍,如金属在电解质溶液中发生的腐蚀现象,钢在室温下的氧化(生锈)等,都属于电化学腐蚀。

上述各种因素会造成钢的腐蚀,因此,必须采取有效的办法提高钢的耐腐蚀能力。呈单相固溶体组织的钢,可避免微电池的形成。如果是双相组织,可加进某些合金元素提高基体的电极电位,力求使两相的电极电位接近,如加入 Cr、Ni 元素以提高基体的电极电位。提高抗腐蚀能力。此外在金属表面形成致密、连续的氧化膜,也可起到防止腐蚀的作用。如加进 Cr、Al 等,形成 Cr_2O_3、Al_2O_3。

按化学成分区分不锈钢有:铬不锈钢、铬镍不锈钢两大类。碳对不锈钢耐蚀性不利,因此含碳量多为 0.1%～0.2%,最多不超过 0.4%。

铬不锈钢。它是用于弱腐蚀性介质中的钢种。其中 Cr13 型不锈钢在加热到高于 950℃时,将全部转变为奥氏体组织,在空气中也能淬硬成马氏体组织,因此,又叫马氏体型铬不锈钢。这类钢的特点是在硝酸中可显示其高抗腐蚀性能,但对盐酸、硫酸的耐腐蚀性就很差。

其主要牌号有 1Cr13、2Cr13、3Cr13、4Cr13 等。Cr13 型不锈钢的含碳量是适应机械性能需要的。必须指出,随着含碳量的提高,其耐蚀性将下降。

1Cr17 属于铁素体类型的钢,它在升温时不发生 α→γ 转变,因而不能采用淬火进行强化,与 1Cr13 相比,其耐蚀性和塑性都较好。因此,广泛用于耐硝酸和耐磷酸腐蚀的设备中。

铬镍不锈钢。在含铬 18% 的钢中加入 9%～10% 的镍,这是常用的 18-8 型不锈钢。其主要牌号有 1Cr18Ni9、0Cr19Ni9N、1Cr18Ni9Ti、0Cr18Ni11Nb 等。这类钢具有许多优良性能,经过热处理后,呈单一奥氏体组织,能获得良好的耐蚀性,并有良好的焊接性、冷加工性及低温韧性,广泛用于制造各种在腐蚀介质中使用的产品。

2) 耐热钢

耐热钢一般是指在 450℃ 以上高温条件工作,能够保持足够强度和抗氧化不起皮的一些特殊合金钢钢种。耐热性是一个包括热稳定性与高温强度的综合概念。

金属的热稳定性是指钢在高温下抗氧化或抗高温介质腐蚀的能力。其抗氧化性程度一般用单位时间、单位面积上氧化后重量增加或减少的数值表示,即重量法,有国家标准判定。它是保证零件在高温下能持久工作的重要条件,抗氧化性的高低主要由材料成分来决定。目前,主要用铬来作为抗氧化的合金元素,钢中应加的铬量与零件的工作温度有关。

金属的高温强度是指钢在高温时抵抗塑性变形及破断的能力。其评定指标很多,但通常以条件蠕变极限和持久强度来表征。它与常温的力学性能不同,不仅与合金的成分有关,而且与合金的组织状态和加工工艺过程都有密切的联系。提高钢的高温强度,可通过合金化方法和热处理来实现,如加入钨、钼、铬、镍、钴等。

按照正火组织耐热钢可分为:珠光体钢、马氏体钢和奥氏体钢。

珠光体耐热钢在 600℃ 以下使用,属低、中碳合金钢,合金元素总量不超过 3%～5%。由于合金元素较少,因而具有良好的工艺性能和物理性能,广泛用于石油、化工、动力等工业部门,作为锅炉用钢及管道材料等,常用牌号:15CrMo、12CrMoV 等。一般在退火或正火—回火态下使用。

马氏体耐热钢主要用于制造汽轮机叶片及汽油机或柴油机的排气阀等两类钢。前者在 500℃ 以下具有良好的抗蠕变能力和减振性能,后者可用于制造使用温度低于 750℃ 的某些零件。它们的合金元素总量一般都大于 10%,大部分牌号都属于高合金钢。如 1Cr13、4Cr9Si2、4Cr10Si2Mo 等。全部在调质状态下使用。

奥氏体耐热钢的耐热性能优于马氏体耐热钢和珠光体耐热钢,这类钢的冷塑性变形性能和焊接性能都很好,一般工作温度在 600～700℃。如 0Cr18Ni9Ti、4Cr14Ni14W2Mo 等。

3) 耐磨钢

耐磨钢指在冲击载荷下发生冲击硬化,具有高耐磨性的钢,通常是指高锰钢,其典型的钢号是 ZGMn13(Z 表示铸造)含碳是 1.0%～1.3%,含锰量是 11%～13%。由于切削加工及锻压成型困难,因此大多做成铸件。

高锰钢在铸态下存在着碳化物,性能硬而脆,无法直接使用,常作水韧处理,即将钢加热至 1000～1100℃,使碳化物溶入奥氏体,然后在水中快冷至室温,而得到单相奥氏体组织,水韧处理后、钢的硬度不高(HBS200),塑性、韧性良好,却有很高的加工硬化能力。在冲击载荷的作用下,表面产生强烈的硬化现象,并使奥氏体转变成马氏体表面硬度达到 500～600HBW,因而获得高的耐磨性,而内部仍为塑性、韧性良好的奥氏体。高锰钢主要用于制造受冲击和耐磨的零件,如拖拉机及坦克的履带、铁路道叉、破碎机颚板、挖掘机铲斗和防弹钢板等。

复习思考题

1. 为什么合金钢的机械性能高,热处理变形小?
2. 区别过冷奥氏体和残余奥氏体,并解释过冷奥氏体的稳定性,指出其影响因素和在生产中的实际意义。
3. 比较各种合金结构钢。
4. 合金工具钢较碳素工具钢有何优点?
5. 判断下列钢号的钢种、成分及最常用的热处理方法:
   40、T12、16Mn、20CrMnTi、40Cr、60Si2Mn、GCr15,W6Mo5Cr4V2,1 Cr18Ni9Ti、ZGMn

6. 合金钢常用有几种分类方法？哪种方法最常用？
7. 合金元素在钢中存在的形式和主要的作用是什么？
8. 试叙述合金结构钢和合金工具钢的牌号表示方法？
9. 何谓回火稳定性,合金钢是如何提高其回火稳定性的？
10. 分析说明如何根据机器零件的服役条件选择机器零件用钢中的含碳量和组织状态。
11. 下列零件和构件要求材料具有哪些主要性能,应选用何种材料,如何热处理？
 大桥,汽车齿轮,汽车板簧,汽轮机叶片,硫酸、硝酸容器

第10章 有色金属

工业上使用的金属材料,可分为黑色金属及有色金属两大类。黑色金属主要是指钢与铸铁,有色金属是指非铁金属及其合金,如铝、铜、镁、锌、钛等金属及其合金。有色金属及其合金具有钢铁材料所没有的许多特殊的机械、物理和化学性能,因而在科技和工程中占有重要的地位,成为不可缺少的工程材料。

有色金属材料分有色纯金属和有色合金,在有色合金中按合金系统分,又可分重有色金属合金、轻有色金属合金、贵金属合金、稀有金属合金等;按合金用途则又可分形变(压力加工用)合金、铸造合金、轴承合金、印刷合金、硬质合金、焊料合金、中间合金、金属粉末等。此外,按形状分类时可分为:板、条、带、箔、管、棒、线、型等品种。本章就机械、飞机、仪器制造业中广泛使用的铜、铝合金作一基本的介绍。

10.1 铜及其铜合金

铜及其铜合金具有优良的物理、化学性能,良好的加工性能和优良的减摩性和耐磨性。工业应用的铜及铜合金,主要有工业纯铜、黄铜、青铜和白铜。

10.1.1 工业纯铜

纯铜是玫瑰红色金属,表面形成氧化铜膜后呈紫色,故工业纯铜常称紫铜或电解铜。密度为 $8.96g/cm^3$,熔点 $1083℃$。纯铜导电性很好,大量用于制造电线、电缆、电刷等;导热性好,常用来制造须防磁性干扰的磁学仪器、仪表,如罗盘、航空仪表等;工业纯铜的强度不高($\sigma_b=200\sim250MPa$),硬度较低($40\sim50HBS$),具有面心立方晶格,塑性极好($\delta=45\%\sim50\%$),易于热压和冷压力加工,可制成管、棒、线、条、带、板、箔等铜材;但无同素异构转变,故不能通过热处理强化,一般进行塑性变形加工硬化强化。

工业纯铜的牌号用代号+序号来表示。T 是"铜"字汉语拼音字首。工业纯铜共有 T1、T2、T3、T4 这 4 种,序号愈大,纯度愈低。

10.1.2 铜合金

工业纯铜因强度低而使其工业应用受到限制,实际使用广泛的是铜合金。
根据主加元素的不同,铜合金可分为黄铜、青铜和白铜 3 类。

1. 黄铜

黄铜是铜与锌为主的合金。最简单的黄铜是铜-锌二元合金,称为简单黄铜或普通黄铜。在黄铜中加入其他合金元素的黄铜称特殊黄铜。

1) 普通黄铜

普通黄铜是铜锌二元合金,具有面心立方晶格,塑性好,可进行冷热加工。工业中应

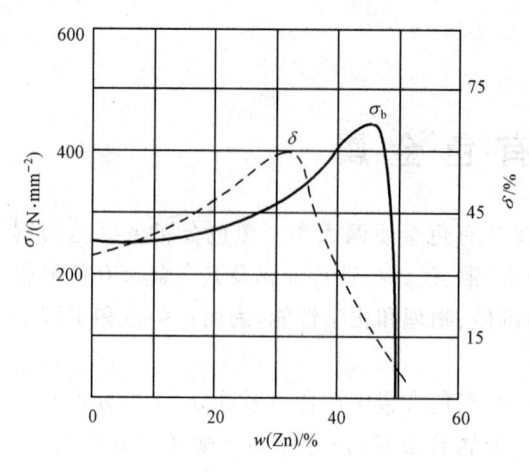

图 10-1 黄铜的机械性能和含锌量的关系

用的普通黄铜,按其平衡状态的组织可分为两种类型:当锌含量小于39%时,室温组织为单相固溶体(单相黄铜);当锌含量为39%~45%时,室温的组织为两相(双相黄铜)。黄铜的强度和塑性与含锌量有密切的关系,如图10-1所示。由图可知,随含锌量的增加,黄铜的强度、塑性不断提高。当含锌量达到30%~32%时,黄铜的塑性达到最好。当含锌量在42%~43%时黄铜的强度达到最高,继续增加含锌量,则强度、塑性下降,当黄铜的含锌量超过了45%,在生产中已无使用价值。

普通黄铜的耐蚀性良好,但当锌含量大于7%(尤其大于20%)并经冷加工的黄铜制品存在残余应力,在大气中,特别是在氨气环境中易产生应力腐蚀破坏现象(季裂)。因此,冷加工的制品需进行去应力退火处理。

铸造黄铜具有较好的流动性,较小的偏析倾向,所获铸件组织比较致密。

普通黄铜的牌号用"黄"字汉语拼音字首"H"来表示,其后数字表示平均含铜量的百分数。如H62表示铜的质量分数为62%的黄铜。如为铸造产品,则在代号前加"Z",如ZCuZn38。

2) 特殊黄铜

为了改善黄铜的某种性能,在一元黄铜的基础上加入其他合金元素的黄铜称为特殊黄铜。常用的合金元素有硅、铝、锡、铅、锰、铁与镍等。在黄铜中加铝能提高黄铜的屈服强度和抗腐蚀性,稍降低塑性。$w(Al)$小于4%的黄铜具有良好的加工、铸造等综合性能。在黄铜中加1%的锡能显著改善黄铜的抗海水和海洋大气腐蚀的能力,因此称为"海军黄铜"。锡还能改善黄铜的切削加工性能。黄铜加铅的主要目的是改善切削加工性和提高耐磨性,铅对黄铜的强度影响不大。锰黄铜具有良好的机械性能、热稳定性和抗蚀性;在锰黄铜中加铝,还可以改善它的性能,得到表面光洁的铸件。

特殊黄铜的编号方法是:H+主加元素符号+铜含量+主加元素含量……如HPb59-1表示含$w(Cu)$为59%,$w(Pb)$为1%的铅黄铜。若为铸造产品,按照GB/T1176—1987《铸造铜合金技术条件》表示方法为:ZCu+主加元素符号+主加元素含量+次加元素符号+次加元素含量……

常用黄铜牌号如:H70、H80、H62、HPb59-1、H68、ZCuZn38、ZCuZn33Pb2、ZCuZn16Si4等。

2. 青铜

青铜是历史上应用最早的一种合金,原指铜锡合金,因颜色呈青灰色,故称青铜。为了改善合金的工艺性能和机械性能,大部分青铜内还加入其他合金元素,如铅、锌、磷等。由于锡是一种稀缺元素,所以工业上还使用许多不含锡的无锡青铜,它们不仅价格便宜,还具有所需要的特种性能。无锡青铜主要有铝青铜、铍青铜、锰青铜、硅青铜等。此外还有成分较为复杂的三元或四元青铜。现在除黄铜和白铜（铜镍合金）以外的铜合金均称为青铜。

锡青铜有较高的机械性能，较好的耐蚀性、减摩性和好的铸造性能；对过热和气体的敏感性小，焊接性能好，无铁磁性，收缩系数小。锡青铜在大气、海水、淡水和蒸汽中的抗蚀性都比黄铜高。铝青铜有比锡青铜高的机械性能和耐磨、耐蚀、耐寒、耐热、无铁磁性，有良好的流动性，无偏析倾向，可得到致密的铸件。在铝青铜中加入铁、镍和锰等元素，可进一步改善合金的各种性能。

青铜的编号方法是：Q＋主加元素＋主加元素含量＋其他元素含量。如 QAl5 表示含铝量为 5％（余量为铜）的铝青铜。青铜的铸造产品也按照 GB/T1176—1987《铸造铜合金技术条件》表示与黄铜的表示方法相同。

常用青铜牌号有：QSn6.5-0.1、QSn4-3、QAl9-4、QAl7、QBe2、QSi3-1、ZCuSn10Pb5、ZCuPb30、ZCuAl9Mn2 等。

3. 白铜

以镍为主要添加元素的铜基合金呈银白色，称为白铜。铜镍二元合金称普通白铜，加锰、铁、锌和铝等元素的铜镍合金称为复杂白铜，纯铜加镍能显著提高强度、耐蚀性、电阻和热电性。工业用白铜根据性能特点和用途不同分为结构用白铜和电工用白铜两种，分别满足各种耐蚀和特殊的电、热性能。白铜多经压力加工成白铜材。

白铜的编号方法为 B＋镍的平均含量。"B"为白铜。如 B30 表示含 $w(Ni)$ 为 30％的普通白铜。普通白铜中加入锌、锰、铁等元素后分别称为锌白铜、锰白铜、铁白铜。编写方法是：B＋其他元素符号＋镍的平均含量＋其他元素平均含量，如 BMn3-12 表示含 $w(Ni)$ 为 3％、$w(Mn)$ 为 12％的锰白铜。白铜主要用于制造化工机械零件、船舶零件、医疗器械及传感器件等。

常用白铜牌号有：B25、B19、B5、BMn3-12 等。

10.2 铝及铝合金

铝是一种轻金属，密度小（2.79g/cm³），纯铝强度较低但具有良好的塑性，铝合金具有较好的强度，超硬铝合金的强度可达 600MPa，普通硬铝合金的抗拉强度也达 200～450MPa，它的比强度远高于钢，因此在机械制造中得到广泛的运用。铝的导电性仅次于银和铜，居第三位，用于制造各种导线。有良好的导热性，可用作各种散热材料。还具有良好的抗腐蚀性能和较好的塑性，适合于各种压力加工。

铝合金按加工方法可以分为变形铝合金和铸造铝合金。变形铝合金又分为不可热处理强化型铝合金和可热处理强化型铝合金。不可热处理强化型不能通过热处理来提高机械性能，只能通过冷加工变形来实现强化，它主要包括、工业高纯铝、工业纯铝以及防锈铝等。可热处理强化型铝合金可以通过淬火和时效等热处理手段来提高机械性能，它可分为硬铝、锻铝、超硬铝和特殊铝合金等。

目前变形铝合金普遍采用的是 GB340—76 规定，该规定的表示方法特征明显，便于掌握，因此下面内容也采用该规定方法表示。为了便于计算机管理 1996 年我国出台了

GB/T16474—1996规定,采纳了国际四位数字体系牌号表示方法。

10.2.1 工业纯铝

工业纯铝中,常见的杂质是铁与硅,铝中所含杂质愈多,其导电性、耐蚀性及塑性愈低。工业纯铝的牌号是根据其杂质的含量来编制的,其牌号有L1,L2,…,L7。"L"是铝字的汉语拼音字首,编号越大,纯度越低。工业纯铝可制作电线、电缆、器皿及配制合金。

高纯铝的牌号以LG1,LG2,…表示,编号越大,纯度越高,主要用于科学研究及制作电容器等。

10.2.2 铝合金

纯铝的强度低,不适宜做结构材料。为了提高其强度,通常在铝中加入硅、铜、镁、锰等合金元素形成铝合金,铝合金具有密度小、强度高、耐蚀、导热性高等特殊性能。可用于制造承受较大载荷的机器零件和构件。

根据铝合金的成分以及生产工工艺特点,可将铝合金分为普通铝合金和铸造铝合金两大类。铝合金的一般类型相图,如图10-2所示。由图可见,成分在D点以左的合金,当加热到DF线以上时,可得到单相固溶体组织,塑性好,适宜于压力加工,故称形变铝合金。其中成分在F点以左的合金,冷却时其组织不随温度变化,故不能通过热处理方法使之强化,称为热处理不能强化铝合金;而成分在F~D的铝合金,其固溶体的溶解度随温度而沿DF线变化,可用热处理强化,故称其为热处理强化合金。

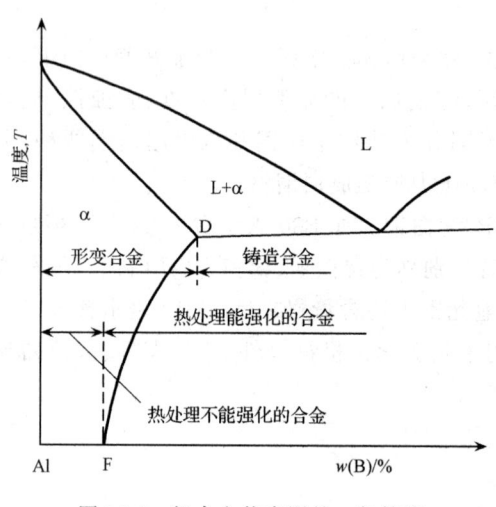

图10-2 铝合金状态图的一般情况

因此铝合金的分类可归纳如下:

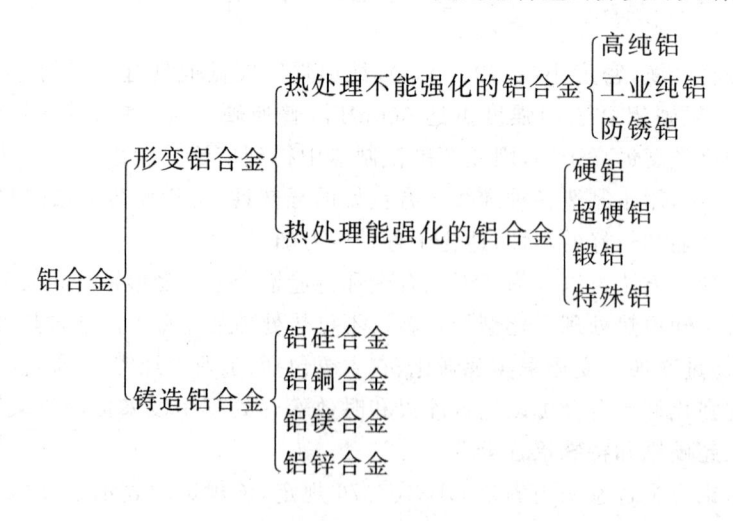

铝合金
├─形变铝合金
│ ├─热处理不能强化的铝合金
│ │ ├─高纯铝
│ │ ├─工业纯铝
│ │ └─防锈铝
│ └─热处理能强化的铝合金
│   ├─硬铝
│   ├─超硬铝
│   ├─锻铝
│   └─特殊铝
└─铸造铝合金
   ├─铝硅合金
   ├─铝铜合金
   ├─铝镁合金
   └─铝锌合金

1. 防锈铝合金

防锈铝合金中的主要合金元素是锰和镁。Mn、Mg 主要作用是产生固溶强化和提高耐蚀性,这类合金不能热处理强化,只能通过冷加工硬化强化。防锈铝合金的代号为"铝防"二字汉音字音"LF"＋顺序号表示。常用的有 LF5、LF21 等。

这类合金常用拉延法制造各种高蚀性的薄板容器(如油箱等),由于其具有良好的焊接性能,亦常用于制作焊接容器、管道以及承受中等载荷的零件及生活器皿等。

2. 硬铝合金

硬铝合金主要含有锌、镁、铜等元素,属于 Al-Cu-Mg-Mn 系合金。加入铜与镁的作用是为了在时效过程中产生强化相,提高强度和耐热性。

硬铝的代号用"铝"、"硬"两字的汉语拼音字首"LY"＋顺序号表示。常用的有 LY1、LY10(低合金硬铝)、LY11(标准硬铝)及 LY12(高强度硬铝)等。

硬铝通过淬火、时效处理可显著提高强度,σ_b 可达 420MPa,其比强度与高强度钢相近,主要用于制造骨架、隔框、螺旋桨叶片及铆钉等。

硬铝的耐蚀性比纯铝差,更不耐海洋大气的腐蚀,所以在使用时为提高其抗蚀性,在其表面常包一层高纯度铝。

3. 超硬铝合金

超硬铝合金是在硬铝的基础上再加入锌形成的 Al-Cu-Mg-Zn 系合金。超硬铝经淬火、人工时效处理后,其强度可达 600MPa,比硬铝还高,故称超硬铝。

超硬铝代号为"铝超"两字的汉语拼音字首"LC"＋顺序号表示。常用的 LC4、LC6 等。多用于制造受力较大的结构件,如:飞机的起落架、大梁等。超硬铝的耐蚀性也较差,一般也要包高纯度铝以提高耐蚀性。

4. 锻铝合金

锻铝多数为 Al-Cu-Mg-Si 等系合金。机械性能与硬铝相近,但热塑性及耐蚀性较高,更适合锻造,故称锻铝。

锻铝的代号用"铝锻"两字的汉语拼音字首"LD"＋顺序号表示,常用的有 LD2、LD5、LD10 等。主要用于航空及仪器仪表中,形状复杂、重量轻并且强度要求较高的锻造零件,如离心式压气机的叶轮等。

5. 铸造铝合金

铸造铝合金的种类很多,常用的有 Al-Si 系、Al-Cu 系、Al-Mg 系及 Al-Zn 系等 4 种,其中以铝—硅系合金应用最为广泛。

Al-Si 系铸造合金通常称硅铝明。其共晶成分 $w(Si)$ 为 11.7%,由于共晶成分附近具有优良的铸造性能,故常用铝-硅合金的硅质量分数为 10%～13%。生产中常采用变质处理细化合金组织,提高合金的强度及塑性。有时还加入铜、镁等元素,通过淬火时效以进一步提高强度。铸造铝硅合金一般用来制造质轻、耐蚀、形状复杂但强度要求不高的铸件,如发动机气缸、风动工具以及仪表的外壳。加入了镁、铜的铝硅系合金(如 ZL109 等),其强度、硬度较高、耐热性较好,常用于制造内燃机活塞等。

Al-Cu 系铸造合金具有较高强度、韧性和耐热性,但铸造性能不好,耐蚀性较差。常用的 ZL201 用于制造内燃机气缸头、活塞等。

Al-Mg 系铸造合金的特点是强度高、耐蚀性好,但铸造性和耐热性较差,可进行时效处理,多用于承受冲击载荷,在腐蚀性介质下工作的零件,如氨用泵体等。

Al-Zn 铸造合金密度较大,耐热性差,但铸造性能好,价格便宜,常用于制造发动机零件及形状复杂仪表元件,也可用于制造日用品。

<h2 style="text-align:center">复习思考题</h2>

1. 何谓青铜、黄铜,它们各可分为哪几类?
2. 说明下列牌(代)号的意义和材料类别:HPb59-1、LF21、LD6、ZL201、H62、LC4、QAl9-4、ZChSnSb11-6、LY11、T2。
3. 硅铝明为何种材料,其性能、用途如何?
4. 铝合金分哪几类,各有何特点?
5. 试述含锌量对黄铜机械性能的影响。
6. 铝合金变质处理的目的是什么?
7. 热处理强化是针对哪些铝合金?不能热处理强化的铝合金该如何提高强度?

第11章　其他结构及功能材料简介

材料是技术大厦的砖石,材料是所有科技进步的核心。

没有专门为喷气发动机设计的材料,就没有靠飞机旅行的今天;没有固体微电子电路,就没有我们大家都了解的计算机。我们每天享用的所有物质都是由材料组成的:从半导体芯片到柔韧的摩天大厦,从塑料袋到芭蕾舞演员的人造臀骨以及航天飞机的复合结构。新型工程材料无时无刻不在被人们研发出来,新型工程材料的开发和使用是任何一个国家和社会发展的基础。

随着科学技术的突飞猛进和生产技术的迅速发展,传统的工程材料越来越不能胜任各种极端场合对其提出的性能要求。20世纪以来,各种新型工程材料正越来越多地应用在各个领域,成为一类独立使用的甚至是一种不可取代的材料。本章主要对高分子、陶瓷、复合和功能等四类材料作简要的介绍。

11.1　高分子材料

高分子材料是指以高分子化合物为主要成分的材料。高分子化合物是指分子量很大的有机化合物,又称作聚合物或高聚物。其分子量一般在5000以上。如聚氯乙烯的分子量在2万~16万。而普通的无机物或有机物的分子量一般都在几百以下。如水(H_2O)的分子量为18。高分子化合物分为天然的和人工合成的两种。天然的有松香、纤维素、蛋白质、蚕丝、天然橡胶等。人工合成的有各种塑料、合成橡胶、合成纤维等。工程上使用的高分子材料主要是人工合成的。

11.1.1　高分子化合物的组成

高分子化合物的分子量虽然很大,但它的组成都比较简单。通常由碳(C)、氢(H)、氮(N)、氧(O)、硫(S)等元素组成,而且主要是碳氢化合物及其衍生物,并且是以这些简单化合物为结构单元重复链接而成。如由乙烯合成的聚乙烯:

$$n CH_2 = CH_2 \rightarrow H\ \!\!-\!\!(CH_2-CH_2)_n\!\!-\!\!H$$

高分子化合物的分子是很长的,像链条,称之为大分子链。其中构成聚合物的简单化合物称为单体;重复排列的结构单元称为链节;链节重复的次数 n 称为聚合度。如聚乙烯的单体为乙烯,链节为—CH_2—CH_2—。大分子链可以由一种或几种单体聚合而成。

高分子化合物的分子量(M)是链节的分子量(M_0)与聚合度(n)的乘积,即

$$M = M_0 \times n$$

高分子材料是由大量的大分子链聚集而成的,但大分子链的长短并不一样,该现象称之为分子量的分散性。通常所说的高分子材料的分子量是指平均分子量。平均分子量的大小及分布情况对高分子材料的性能有较大的影响。

11.1.2 高分子化合物的合成

由单体聚合成高分子化合物的基本方法有加聚和缩聚反应两种。

(1) 加聚反应。由一种或几种单体聚合生成高聚物的反应称之为加聚反应。这种高聚物的化学结构与单体的结构相同。由同一种单体加聚生成的高聚物称之为均聚物,如聚乙烯、聚苯乙烯、聚丙烯等。由两种以上不同单体加聚生成的高聚物称之为共聚物,如ABS塑料。加聚反应是当前高分子合成工业的基础,大约有80%的高分子材料是利用加聚反应生产的。

(2) 缩聚反应。由一种或几种单体聚合生成高聚物的同时还生成如 H_2O、HX 等副产物的反应称之为缩聚反应。这种高聚物的链节结构与单体的不同,其反应也分为均缩聚和共缩聚两种。

常见的缩聚物有酚醛树脂、尼龙、环氧树脂、聚酰亚胺等。如氨基己酸经缩聚反应生成聚酰胺6(尼龙6)及副产物水。

目前,对性能要求严格和特殊的新型耐热高分子材料大都采用缩聚反应的方法制成。

11.1.3 高分子化合物的结构与性能

1. 大分子链的形状

大分子链是由许多链节构成的长链,这种长链在空间中可以呈现出不同的几何形状。主要分为线型和体型两种,如图11-1所示。线型结构由许多链节连接成一个长链,如图11-1中的(a)、(b)所示。一般成卷曲线团状。这种结构的高聚物,具有良好的弹性和塑性,但硬度低。加热时可软化或熔化,具有可反复塑制的特性。各种热塑性塑料如聚乙烯、聚丙烯都属于这种结构。体型结构分子链之间有许多链节互相交联形成立体网状结构,称之为体型结构,如图11-1(c)所示。具有这种结构的高聚物,不溶于任何溶剂,加热时不熔化,具有良好的耐热性和强度,但很脆、弹性和塑性低,是热固性塑料,如酚醛塑料、聚氨酯等。

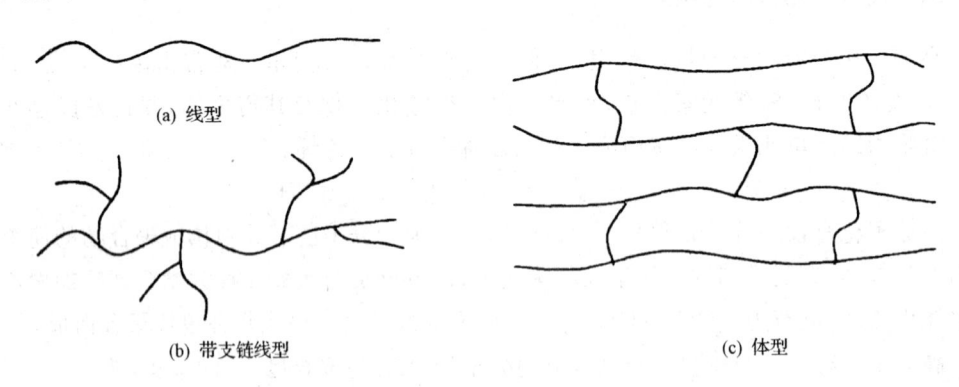

图 11-1 大分子链的形状

2. 大分子的聚集态结构

组成物质的分子聚集在一起的状态称之为聚集态。一般物质的聚集态可分为气态、液态和固态。高聚物由于分子量很大,所以分子间作用力也很大,容易凝聚成固体或高温熔体,而不存在气体。

按照大分子的排列形态通常将高分子分为两类:结晶型和无定型。结晶型高聚物分子排列有序,而后者排列无序。结晶度越大,分子间的作用力就越强,其强度、硬度和耐热、耐蚀性越高,但其弹性、冲击韧性下降。

3. 高分子化合物的力学状态

(1) 线型无定型高聚物在恒定载荷下的形变——温度曲线,如图 11-2 所示。从图中可见在不同的温度下高聚物的力学性能呈现 3 种状态:玻璃态、高弹态和黏流态。

常温下处于玻璃态的物体其表现与非晶相玻璃相似,可作为结构件使用,处于该状态的高聚物具有较好的力学性能,能进行切削加工,如工程塑料和纤维等。

常温下处于高弹态的高聚物分子活动的能量提高,在外力的作用下会产生很大的弹性变形,外力去除后,可恢复原状可作为橡胶使用。

常温下处于黏流态的高聚物,在外力作用下大分子链间可以相对滑动,外力去除后,形变也不能恢复。通常作为黏接剂使用。

(2) 线型结晶型高聚物在恒定载荷下的形变——温度曲线相对要复杂一些,如图 11-3 所示。晶区和非晶区都表现为高强度,可作硬质塑料。而在过渡区表现出硬而韧的特性,可作韧性塑料。温度很高时转入了黏流态。所以其整体的变化为结晶态→高弹态→黏流态。

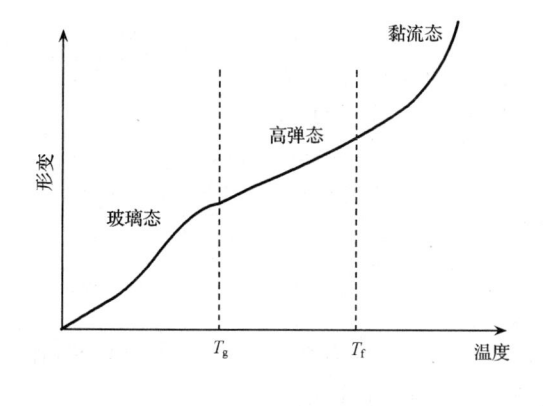

图 11-2 线型无定型恒载下的形变——温度曲线

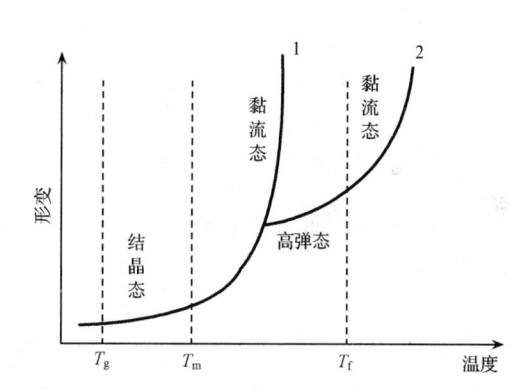

图 11-3 线型结晶型恒载下的形变——温度曲线

11.1.4 高分子材料的命名

常用的高分子材料多采用习惯命名法命名,在原料单体名称前加"聚"字,如聚乙烯、聚丙烯等。也有一些是在原料名称后加"树脂"两字,如酚醛树脂、醇酸树脂等。

还有许多高分子材料采用商品名称,它没有统一的命名原则,对同一材料可能各国的名称都不相同。商品名称多用于纤维和橡胶,如聚己内酰胺又称尼龙 6、锦纶、卡普隆;聚丙烯醇缩甲醛称维尼纶;聚丙烯腈纶(人造羊毛)称腈纶、奥纶;丁二烯和苯乙烯的共聚物称丁苯橡胶等。

11.1.5　高分子材料的分类

1. 按性能和用途分类

(1) 塑料——在室温下有一定形状,强度较大,受力后能发生一定形变的聚合物。

(2) 橡胶——在室温下具有高弹性,即在很小的外力作用下,变形很大,可达原长的十余倍,外力去除后可以恢复原来的形状。

(3) 纤维——在室温下分子的轴向强度很大,受力后形变较小,在一定的温度范围内力学性能变化不大的聚合物。

塑料、橡胶和纤维 3 类高聚物很难严格区分,可用不同的加工方式制成不同的种类,聚氯乙烯是典型的塑料,但也可以抽成纤维(氯纶)。有时把聚合后未经加工成型的聚合物称为树脂,以区分加工后的塑料或纤维制品,如电木未固化前称酚醛树脂,涤纶纤维未纺丝之前称涤纶树脂。

2. 按聚合反应的类型分类

(1) 加聚物——单体经加聚合成高聚物,链节的化学结构与单体的分子式相同,如聚乙烯和聚氯乙烯等。

(2) 缩聚物——单体经缩聚合成高聚物,聚合过程中有小分子副产物析出,链节的化学结构与单体的化学结构不完全相同,如酚醛树脂等。

3. 按聚合物主链上的化学组成分类

(1) 碳链聚合物。主链由碳原子一种元素组成,即—C—C—C—C—。
(2) 杂链聚合物。主链除碳外还有其他元素,如—C—C—N—C—C—N—。
(3) 元素有机聚合物。主链由氧和其他元素组成,如—O—Si—O—Si—。

11.1.6　常用的高分子材料

1. 塑料

塑料是在玻璃态使用的高分子材料。它以有机合成树脂为基础,加入某些添加剂,在一定温度和压力作用下加工成型。在现代化工业中得到了广泛的应用。

1) 塑料的组成

塑料是由合成树脂和某些添加剂组成。

树脂是塑料的主要组成物,它在塑料中起黏结作用,并决定了塑料的基本性能。大多数塑料是以所用树脂的名称命名的。如聚乙烯塑料是以聚乙烯树脂为主要组成物并命名的。

添加剂是为了改善塑料的某些性能而特意加入的物质。常用的添加剂有填料、稳定剂、增塑剂、固化剂和着色剂等。填料的作用是改善塑料的性能(主要是提高强度)并扩大它的使用作用。例如,加入纤维可提高塑料的强度;加入铝粉可以提高塑料对光的反射能力并能防老化。另外,填料的加入还可以降低塑料的成本。稳定剂的作用是提高树脂的抗热和抗光能力,延长其使用寿命。增塑剂是用来增加树脂的可塑性和柔软性的物质。

如在聚氯乙烯树脂中加入邻苯二甲酸二丁酯可使其变得像橡胶一样柔软。固化剂的作用是使热固性塑料受热时产生交联变为体型结构。着色剂作用是改变塑料的颜色,以满足美观和装饰的要求。

2) 塑料的分类

按热性能分:热塑性塑料和热固性塑料两类。

热塑性塑料在加热时可熔融,并可多次反复加热使用。如聚乙烯、聚氯乙烯、聚丙烯、聚酰胺,聚四氟乙烯、ABS塑料、聚甲基丙酸甲酯(有机玻璃)等塑料。可采用注射、挤压、吹塑等方法加工成型。

热固性塑料经一次成型后,受热不变形,不软化,无法用溶剂溶解,不能重复使用。如酚醛塑料、氨基塑料、有机硅塑料和环氧塑料等。可用模压、层压或浇铸等工艺加工成型。

按应用范围分:通用塑料、工程塑料和特种塑料。

通用塑料产量大、价格低、应用最广泛的塑料,如聚乙烯、聚氯乙烯、聚丙烯、氨基塑料等。它们占塑料总产量的70%以上,多用于生活用品和农业薄膜等。

工程塑料主要作为结构材料在机械设备和工程结构中使用的塑料。主要有聚酰胺、聚甲醛、有机玻璃、聚碳酸酯、ABS塑料、聚砜、氟塑料等。它们的力学性能较高,耐热、耐腐蚀性能也比较好,是目前重点发展的塑料品种。

特种塑料是指具有某些特殊性能的塑料,如耐高温、耐腐蚀等。这塑料的产量低、价格高,仅用于特殊使用的场合,如聚四氟乙烯、聚酰亚胺等。

常用塑料的性能特点及应用如表11-1所示。

表11-1 常用塑料的特点及应用

塑料名称	性能特点	应用实例
聚乙烯(PE)	绝缘,耐腐蚀性高;低压PE:熔点高,机械性能高,高压PE:透明性高,塑性好	耐蚀件,绝缘件,涂层,薄膜
聚氯乙烯(PVC)	耐蚀、绝缘、易老化	耐蚀件,化工零件,薄膜
聚丙烯(PP)	机械性能优于PE,耐热性高,可在120℃下使用,无毒,耐蚀、绝缘,耐磨性差	医疗器械,生活用品,各种机械零件
聚苯乙烯(PS)	耐腐蚀,绝缘,无色透明,着色性好,吸水性极小,性脆易燃且易被溶剂溶解	绝缘件,仪表外壳,日用装饰品
ABS塑料	耐冲击,综合机械性能好,尺寸稳定,耐蚀,绝缘,但耐热性不高	一般零件,耐磨件,传动件
聚酰胺(尼龙)(PA)	坚韧,耐磨,耐疲劳,耐蚀,无毒,吸水性强,尺寸稳定性低	一般零件,干摩擦耐磨件,传动件
聚四氟乙烯(PTFE)	耐腐蚀,绝缘,摩擦系数小,不粘水,可在-180~250℃范围内长期使用,又称塑料王	减摩件,耐蚀件,密封件,绝缘件
有机玻璃(PMMA)	透明性高,力学性能、加工性能好,耐磨性差,能溶于某些有机溶剂	光学镜片,仪表外壳及防护罩
酚醛塑料(PF)	较好的机械强度,电绝缘性好,兼有耐热、耐蚀等性能	各种绝缘件,耐蚀件,水润滑轴承
环氧塑料(EP)	强度高,韧性好,具有良好的化学稳定性、绝缘性和耐热耐寒性能	塑料模具,船体,绝缘件
有机硅塑料	绝缘,电阻高,耐热,可在100~200℃范围内长期使用,耐低温	耐热件,绝缘件

2. 橡胶

橡胶是具有轻度交联的线型高聚物,它的突出特点是在很宽的温度范围(－40～120℃)处于高弹态。在较小的外力作用下,能产生很大的变形,外力去除后,能恢复到原来的状态。纯弹性体的性能随温度变化很大,如高温发黏,低温变脆,必须加入各种配合剂,经硫化处理后,才能制成各种橡胶制品。硫化处理是使分子链间产生交联形成网状结构。硫化剂加入量大时,橡胶硬度增加弹性降低。硫化前的橡胶称为生胶。橡胶的配合剂有硫化剂、硫化促进剂、防老剂、软化剂、填充剂、发泡剂和着色剂等。

橡胶具有储能、耐磨、隔音、绝缘等性能,广泛用于制造密封件、减振件、轮胎、电线电缆和传动件等。

按橡胶应用范围分为通用橡胶和特种橡胶;按其原材料的来源分为天然橡胶和合成橡胶。

天然橡胶是由热带植物橡胶树流出的乳胶加工而成,它是轻度交联的线型高分子聚合物,即生胶。天然橡胶是综合性能最好的橡胶之一,但由于原料的缘故,产量比例逐年降低。

合成橡胶是由石油、天然气等为原材料人工合成的,具有类似橡胶性能的高聚物。主要有丁苯橡胶、顺丁橡胶、异戊橡胶、氯丁橡胶、丁基橡胶、乙丙橡胶和丁腈橡胶7大种。其中产量最大的是丁苯橡胶,占橡胶总产量的60%～70%;发展最快的是顺丁橡胶。

3. 合成纤维

凡能保持长度比本身直径大100倍的均匀条状或丝状的高分子材料称为纤维,包括天然纤维和化学纤维。化学纤维又分为人造纤维和合成纤维。人造纤维是利用自然界的纤维加工制成的,如叫"人造丝"、"人造绵"的黏胶纤维和硝化纤维、醋酸纤维等。合成纤维以石油、煤、天然气为原料制成,其发展速度很快,以下是常用的6个品种:

(1) 涤纶俗称的确良,强度高、耐磨、耐蚀,易洗快干是很好的衣料。

(2) 尼龙又称锦纶,强度大、耐磨性好、弹性高,缺点是耐光性差。

(3) 腈纶,国外叫奥纶、开司米纶,柔软、轻盈、保暖,有人造羊毛之称。

(4) 维纶的原料易得,成本低,性能与棉花相似且强度高。缺点是弹性较差,织物易皱。

(5) 丙纶是后起之秀,以轻、牢、耐磨著称。缺点是可染性差,日晒易老化。

(6) 氯纶耐燃、保暖、耐晒、耐磨,弹性好,但染色性差,热收缩大。

4. 胶黏剂

胶黏剂统称为胶,它以环氧树脂、酚醛树脂、聚酯树脂及氯丁橡胶、丁腈橡胶等具有黏性的高分子材料作为基础,加入所需的添加剂组成。胶黏剂可替代传统的铆接、焊接和螺纹连接等,使各种不同材质的零件或结构件牢固地胶接在一起。胶黏剂之所以能胶接两个不同的材料,是由于它使被胶接的物体表面产生了极牢固的黏合力的结果。万能的胶黏剂是不存在的。为了得到最好的胶接效果,必须根据具体情况如被胶接材料的种类、工作温度、胶接的结构类型等选用适当的胶黏剂。它有天然胶黏剂和合成胶黏剂之分,也可分为有机胶黏剂和无机胶黏剂。

常用的胶黏剂有环氧胶黏剂、改性酚醛胶黏剂、聚氨酯胶黏剂、α-氰基丙烯酸酯胶和厌氧胶等。

环氧胶黏剂其主要成分是环氧树脂,配方很多,应用最广的是双酚 A 型,性能较全面,俗称"万能胶"。

改性酚醛胶黏剂的耐热性、耐老化性好,黏结强度高,使用时须加其他树脂改性。

聚氨酯胶黏剂的柔韧性好,可低温使用,但不耐热,强度低,通常作非结构胶使用。

α-氰基丙烯酸酯胶是常温快速固化胶黏剂,又称"瞬干胶",黏结性能好,但耐热性和耐溶剂性较差。

厌氧胶是一种常温下有氧时不能固化,当氧气排除后即能迅速固化的胶。主要成分是甲基丙烯酸的双酯,根据使用条件加入引发剂。其具有良好的流动性和密封性,耐蚀性和耐热冷性均比较好。主要用于螺纹的密封,因强度不高仍可拆卸。也可用于堵塞铸件的砂眼和构件细缝。

11.2 陶瓷材料

陶瓷是无机非金属材料,其应用十分广泛。尤其在近几十年来它已突破了传统的陶瓷应用范围,成为现代工业中不可缺少的材料之一。

传统陶瓷是以黏土、石英、长石作为原料制成的,是日用陶瓷、建筑陶瓷、绝缘陶瓷、耐酸陶瓷等的主要原料。近代陶瓷是化学合成陶瓷,是经人工提炼纯度较高的金属氧化物、碳化物、氮化物、硅酸盐等化合物,经配料、烧结而成的陶瓷材料。近代陶瓷能满足现代飞跃发展的科学技术对材料的特殊性能要求。例如,内燃机的火花塞要耐高温并具有较好的绝缘性及耐腐蚀性,火箭、宇航工业要求能耐 5000～10000℃ 的高温材料,要满足这些性能,显然金属材料或工程塑料是无能为力了,而近代陶瓷却可满足这种要求。

陶瓷材料由于熔点高,无可塑性,所以它的加工工艺性差。当前常用的工艺是粉末冶金法,即原料的粉碎→配料混合→压制成型→高温烧结形成制品。

11.2.1 陶瓷材料的组织、结构特点

陶瓷是由金属元素和非金属元素的化合物构成的多晶材料。其显微组织是由晶相、玻璃相和气相组成的。

(1) 晶相。晶相是陶瓷的最基本组成部分,它决定了陶瓷材料的基本性能。金属晶体结构是由金属键结合而成的,而陶瓷晶体则是以离子键或共价键为主结合形成的离子晶体(如 Al_2O_3、MgO)或共价晶体(如 SiC、BN)。离子键或共价键具有很强的方向性,且键能很大,致使陶瓷材料具有高硬高强很脆的性能。组成陶瓷晶体相的主要晶体结构有氧化物结构和硅酸盐结构。

氧化物结构的特点是较大的氧离子紧密排列成晶体结构,较小的正离子填充其空隙内。它是以离子键为主的晶体,一般形成 AB 型如 CaO、AB_2 型如 TiO_2 等结构。

构成硅酸盐结构的基本单元是硅氧四面体,如图 11-4 所示,一个硅被 4 个氧离子所包围。可以数个连在一起,呈岛状;也可以很多连在一起呈链状;还可以形成立体结构,呈

○ 氧离子
● 硅离子

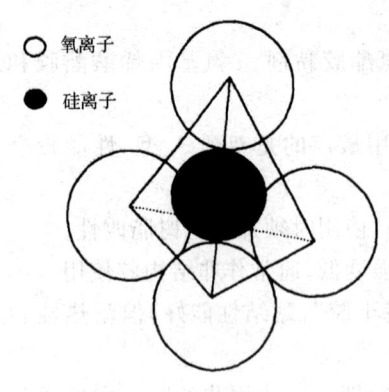

图11-4 硅氧四面体结构

骨架状。此外,陶瓷材料的晶相可以不止一个。因此,常将晶相进一步划分为主晶相、次晶相、第三相等。

如普通电瓷的主晶相是 $3Al_2O_3 \cdot 2SiO_2$ 为主要成分的莫来石晶体,次晶相为石英晶体。晶相中晶粒的大小对陶瓷的性能有较大的影响,晶粒越细,抗弯强度越高。

(2) 玻璃相。玻璃相是一种非晶态的固体。它是陶瓷材料内各种成分在高温烧结时产生物理、化学反应的结果。玻璃相的主要作用是把陶瓷中分散的晶体黏结起来,其次可充填气孔使陶瓷致密,还可抑制晶粒长大等。

(3) 气相。气相就是陶瓷中的气孔,通常陶瓷中的残留气孔量为5%~10%。气孔的数量、形状、分布对陶瓷的性能也会产生很大的影响。气孔会导致应力集中,又是裂纹源,降低材料的强度。因此,工业陶瓷力求气孔小、数量少并分布均匀。

11.2.2 陶瓷的基本性能

离子键和共价键具有明显的方向性且键能很大,又有同性相斥的特点,导致陶瓷材料的滑移系很少且又存在大量的气孔,因而无塑性,抗冲击性能差,是典型的脆性材料,这也是陶瓷材料的最大弱点。它在断裂前没有预兆,所以使用的安全性差。

陶瓷材料具有很高的硬度和弹性模量及抗压强度,但抗拉强度较低。

陶瓷材料基本上是由稳定的氧化物或碳化物组成,因而其化学稳定性好,对酸、碱、盐等都有极好的抗腐蚀能力,并具有很好的高温强度和耐热性。

陶瓷材料的导电能力可以在很大的范围内变化,大部分陶瓷可作绝缘材料,有的可作半导体材料,还可作压电材料、磁性材料。利用陶瓷的光学性能,可作激光材料、光学材料等。陶瓷材料还可以用来制作某些人体器官。总之,陶瓷作为功能材料有广泛的应用前景。

11.2.3 常用的工业陶瓷

(1) 普通陶瓷。普通陶瓷就是黏土类陶瓷,它以高岭土、长石、石英为原料制成的。它的产量大,应用广。除日用陶器、瓷器外,大量用于建筑工业,耐蚀性要求不高的化学工业等。

(2) 氧化铝陶瓷。它是以 Al_2O_3 为主要成分的陶瓷,其含量大于45%,也称高铝陶瓷。Al_2O_3 含量大于90%时称为刚玉。氧化铝瓷熔点高,耐高温,并有较高的强度、硬度及耐磨性,但脆性大,其机械性能随氧化铝含量的增加而提高,被广泛用于制造耐高温材料、刀具材料和电绝缘材料。

(3) 碳化硅陶瓷。碳化硅陶瓷具有优异的高温强度,其抗弯强度在1400℃时仍有500MPa以上,是目前高温强度最高的陶瓷。此外,它还具有良好的热稳定性、耐磨性、耐蚀性及抗蠕变性。主要用于制造热电偶套管、炉管、火箭喷嘴、高温轴承和热交换器及砂轮、磨料等。

(4) 氮化硅陶瓷。氮化硅是键能很高的共价晶体,稳定性极强,除氢氟酸外,能耐各种酸和碱的腐蚀,也能抵抗熔融有色金属的侵蚀。此外,氮化硅陶瓷还具有良好的耐磨性,摩擦系数和热膨胀系数小,且有自润滑性。可用于制造耐磨、耐腐蚀、耐高温、绝缘及切削刀具等零部件。

11.3 复合材料

复合材料是由两种以上化学性质不同的材料组合而成的。它保留了组成材料各自的优点,获得单一材料无法具备的优良综合性能,有的性能指标还要超过各组成材料性能的总和,它是人们按照性能要求而设计的一种新型工程材料。

近年来,由于现代科学技术发展的需要,结构材料向着质轻、强度高、耐高温等方面发展,从而也促进了复合材料的飞速发展。复合材料一般是由强度高、模量大的脆性增强材料和低强度、低模量、韧性好的基体材料构成。

按增强剂的种类和形状,复合材料可分为纤维增强、层合、颗粒复合三种类型,目前使用最多的是纤维复合材料。

下面分别对纤维增强复合材料、层状增强复合材料和颗粒增强复合材料3种材料进行介绍。

11.3.1 纤维增强复合材料

纤维增强复合材料是以树脂、塑料、橡胶或金属为基体,主要以强度很高的无机纤维为增强材料。这种材料既有树脂的化学性能和电性能且具有比重小易加工等特点,又有无机纤维的高模量、高强度的性能,因而得到了广泛的应用。

常用的增强纤维有玻璃纤维、碳(石墨)纤维、硼纤维、晶须和有机合成纤维等。

1. 玻璃纤维增强复合材料

玻璃纤维增强复合材料又称玻璃钢,它以玻璃纤维及制品为增强剂,以树脂为粘接材料制成的。

以尼龙、聚烯烃类、聚苯乙烯类等热塑性树脂为黏结剂制成的热塑性玻璃钢,具有较高的力学、介电、耐热和抗老化性能,工艺性能好。可用于制造轴承、齿轮、仪表盘、壳体、叶片等零件。以环氧树脂、酚醛树脂、有机硅树脂等热固性塑料为黏结剂制成的热固性玻璃钢,具有密度小,强度高,介电性能和耐腐蚀性能好,成型工艺性好等优点,被用于制造车身、船体、直升机旋翼等。但其弹性模量小,刚性差,容易变形。

2. 碳纤维增强复合材料

这种材料是以碳纤维或其织物为增强剂,以树脂、金属、陶瓷等为黏结剂制成的。目前有碳纤维树脂、碳纤维碳、碳纤维金属、碳纤维陶瓷复合材料等。其中,以碳纤维树脂复合材料应用最为广泛。碳纤维树脂复合材料中采用的有环氧、酚醛、聚四氟乙烯等树脂。它与玻璃纤维相比有更优越的性能。其抗拉强度高于玻璃纤维,弹性模量是玻璃纤维的4～6倍。玻璃纤维在300℃以上时,强度会逐渐下降,而碳纤维却具有良好的高温性能。

玻璃钢在潮湿的环境中强度损失15%,而碳纤维增强复合材料几乎没有影响。在抗高温老化实验中,其强度损失也比玻璃纤维小得多。碳纤维增强复合材料还具有优良的减摩性、耐蚀性、导热性和较高的冲击强度和疲劳强度。

碳纤维增强复合材料目前被广泛用于制造要求比强度、比模量高的飞行器结构件,如火箭与导弹的头部锥体,火箭发动机的喷嘴和飞机喷气发动机的叶片等。还可以制造重型机械的轴瓦、齿轮、化工设备的耐蚀件等。

11.3.2 层状复合材料

层状复合材料是由两层或两层以上的不同材料结合而成的,其目的是为了将每层材料的最佳性能组合起来,以得到更为有用的材料。

这类复合材料的典型代表是(SF)3层复合材料,它以钢为基体,铜网为中间层,塑料为表面层制成的一种自润滑材料。它的物理、力学性能主要取决于基体,而摩擦磨损性能取决于表面塑料层。中间多孔性青铜网使3层之间获得较强的结合力。一旦塑料磨损,露出的青铜可以保护轴颈不致受到严重地磨损。

常用的表面层塑料为聚四氟乙烯(SF-1型)和聚甲醛(SF-2型)。这种复合材料适用于制造在高应力(140MPa)、高温(270℃)或低温(−195℃)、无润滑或少油润滑状态下使用的各种机械、车辆轴承。

11.3.3 颗粒复合材料

颗粒复合材料是由一种或多种颗粒均匀分布在基体材料内而制成的。这些颗粒作为增强粒子以阻止基体的塑性变形(金属材料)或大分子链的运动(高分子材料),粒子的直径一般在 $0.01 \sim 0.1 \mu m$ 范围内,太小易形成固溶体,太大易产生应力集中,降低增强效果。

常见的颗粒复合材料有两类:

(1) 颗粒与树脂复合,如塑料中加颗粒填料,橡胶用碳黑增强等。

(2) 陶瓷粒与金属复合,如金属陶瓷。这种材料具有高强度、高硬度,高耐磨性、耐腐蚀、耐高温以及膨胀系数小等特性,被广泛用作切削刀具。

其中的陶瓷相主要有氧化物(Al_2O_3、MgO、BeO 等)和碳化物(TiC、SiC、WC 等);金属基体一般为钛(Ti)、铬(Cr)、镍(Ni)、钴(Co)、钼(Mo)、铁(Fe)等。

11.4 功 能 材 料

现代工程材料按性能特点和用途大致分为结构材料和功能材料两大类。金属材料、高分子材料、陶瓷材料和复合材料作为结构材料主要被用来制造工程结构、机械零件和工具等,因而要求具备一定的强度、硬度、韧性及耐磨性等机械性能。那些要求具备特殊的声、光、电、磁、热等物理性能的材料,正引起人们越来越多的重视。例如,激光唱片、计算机和电视机的存储及显示系统,现代武器用激光器等,都有特殊物理性能材料的贡献。现在把具有某种或某些特殊物理性能或功能的材料叫做功能材料。

铜、铝导线及硅钢片等都是最早的功能材料;随着电力技术工业的发展,电工合金、磁与电金属功能材料得到较大发展；20世纪50年代微电子技术的发展带动了半导体功能材料的迅速发展；60年代激光技术的出现与发展，又推动了光功能材料的发展；70年代以后，光电子材料、形状记忆合金、储能材料等发展迅速；90年代起，智能功能材料、纳米功能材料等逐渐引起了人们的兴趣。太阳能、原子能的被利用，微电子技术、激光技术、传感器技术、工业机器人、空间技术、海洋技术、生物医学技术、电子信息技术等的发展，使得材料的开发重点由结构材料转向了功能材料。

按材料的功能，功能材料可分为电功能材料、磁功能材料、热功能材料、光功能材料、智能功能材料等。

11.4.1 电功能材料

电功能材料以金属材料为主，可分为金属导电材料、金属电阻材料、金属电接点材料以及超导材料等。金属导电材料是用来传送电流的材料，包括电力、电机工程中使用的电缆、电线等强电材料和仪器、仪表用的导电弱电材料两大类。电阻材料是制造电子线路中电阻元件及电阻器的基础材料。下面对电接点功能材料和超导材料作一简单的介绍

1. 金属电接点材料

电接点是指专门用以建立和消除电接触的导电构件。电接点材料是制造电接点的导体材料。电力、电机系统和电器装置中的电接点通常负荷电流较大，称之为强电或中强电电接点；仪器仪表、电子与电讯装置中的电接点的负荷电流较小，称之为弱电接点。弱电接点材料是制造仪器仪表、电子与电讯装置中的各种电接触元件，如连接器、小型继电器、微型开关、电位器、印刷电路板插座、插头座、集成电路、引线框架、导电换向器等的关键材料，并决定着电能和信号的传递、转换、开断等的质量，从而直接影响着仪器仪表和电装置的稳定性、可靠性和精度等。因此选择合适的电接点材料是至关重要的。

常用的电接点材料有 Au、Ag、Pt 金属，在所有导体材料中化学性能最稳定，由于以上材料较贵，所以在弱电接点上用得较多，它大大提高了产品的可靠性。在强电接点用材上，为了降低成本，生产中常用采用表面涂层或者贵金属与非贵金属复合。

2. 超导材料

有些物质在一定的温度 T 以下时，电阻为零，同时完全排斥磁场，即磁力线不能进入其内部，这就是超导现象。具有这种现象的材料叫超导材料。自从1911年发现超导现象以来，人们已发现了1万种以上的超导材料，包括几十种金属元素及其合金、化合物、甚至一些半导体材料和有机材料等，它们的转变温度 T 都不相同。绝大多数超导材料的转变温度 T 均在 23.2K(-250℃)以下，高温超导材料的转变温度 T 在 125K(-148℃)以上。

零电阻及完全抗磁性是超导现象的基本特征和第二特征。

通常根据超导材料在磁场中不同的特征，超导体被分为第一类超导体和第二类超导体。一般除 Nb 和 V 外，其他所有纯金属是第一类超导体；Nb、V 及多数金属合金和化合物超导体、氧化物超导体为第二类超导体。由于第二类超导体具备了在更强磁场和更强电流下工作的条件特征，为超导体的实际应用提供了可能性。

超导材料按临界转变温度 T 可分为低温超导材料和高温超导材料。已发现的超导

材料中绝大多数须用极低温的液氦冷却,是低温超导材料。自1987年,美、中、日三国科学家分别独立发现了T超过90K超导材料之后,T高于100K的超导材料陆续被发现。这些超导体可以用极廉价的液氮(77K)作冷却剂,这就是高温超导材料。

现今已有大量的高温超导材料,除了氧化物陶瓷外,有机超导材料也已受到人们越来越多的重视。

但由于超导材料的稳定性、成材工艺等方面存在的问题,所以超导材料和超导技术的应用领域还十分有限。尽管如此,在有的方面,超导材料和超导技术已体现出了其强大的生命力和广阔前景。超导磁体已广泛应用于加速器、医学诊断设备、热核反应堆等,体现出了无与伦比的优点。随着这一研究的不断深入,超导材料和超导技术在能源、交通、电子等高科技领域必将发挥越来越重要的作用。

11.4.2 磁功能材料

众所周知,磁性是物质普遍存在的属性,这一属性与物质其他属性之间相互联系,构成了各种交叉耦合效应和双重或多重效应,如磁光效应、磁电效应、磁声效应、磁热效应等。这些效应的存在又是发展各种磁性材料、功能器件和应用技术的基础。磁功能材料在能源、信息和材料科学中都有非常广泛的应用。

1. 软磁材料

软磁材料在较低的磁场中被磁化而呈强磁性,但在磁场去除后磁性基本消失。这类材料被用作电力、配电、通信变压器、继电器、电磁铁、电感器铁芯、发电机与电动机转子和定子以及磁路中的磁轭材料等。

软磁材料根据其性能特点又被分为高磁饱和材料(低矫顽力)、中磁饱和材料、高导磁材料。软磁材料还包括耐磨高导磁材料、矩磁材料、恒磁导材料、磁温度补偿材料和磁致伸缩材料等。典型的软磁材料有纯铁、Fe-Si合金(硅钢)、Ni-Fe合金、Fe-Co合金、Mn-Zn铁氧体、Ni-Zn铁氧体和Mg-Zn铁氧体等。

2. 永磁材料

磁性材料在磁场中被充磁,当磁场去除后,材料的磁性仍长时保留。这种磁材料就是永磁材料(硬磁材料)。高碳钢、Al-Ni-Co合金、Fe-Cr-Co合金、钡和锶铁氧体等都是永磁材料。永磁材料制作的永磁体能提供一定空间内的恒定工作磁场。利用这一磁场可以进行能量转化等,所以永磁体广泛应用于精密仪器仪表、永磁电机、电声器件、微波器件、核磁共振设备与仪器、粒子加速器以及各种磁疗装置中。

永磁材料种类繁多,性能各异。普遍应用的永磁材料按成分可分为五种:Al-Ni-Co系永磁材料、永磁铁氧体、稀土永磁材料、Fe-Cr-Co系永磁材料和复合永磁材料。

Al-Ni-Co系永磁材料:较早使用的永磁材料,其特点是高剩磁、温度系数低、性能稳定,在对永磁体性能稳定性要求较高的精密仪器仪表和装置中多采用这种永磁合金。

永磁铁氧体:20世纪60年代发展起来的永磁材料,主要优点是矫顽力高、价格低。该种材料应用于产量大的家用电器和转动机械装置等。

稀土永磁材料:20世纪70年代以来迅速发展起来的永磁材料,至80年代初已发展出三代稀土永磁材料。这种材料是目前最大磁能积最大、矫顽力特别高的超强永磁材料。目前广泛应用于制造汽车电机、音响系统、控制系统、无刷电机、传感器、核磁共振仪、电子表、磁选机、计算机外围设备、测量仪表等。

Fe-Cr-Co系永磁材料：可加工性良好，不仅可冷加工成板材、细棒，而且可进行冲压、弯曲、切削和钻孔等，甚至还可铸造成型，弥补了其他材料不可加工的缺点。磁性能与Al-Ni-Co系合金相似，缺点是热处理工艺复杂。

3. 信息磁材料

信息磁材料是指用于光电通信、计算机、磁记录和其他信息处理技术中的存取信息类磁功能材料。信息磁材料包括磁记录材料、磁泡材料、磁光材料等。

磁记录材料：利用磁记录材料制作磁记录介质和磁头，可对声音、图像和文字等信息进行写入、记录、存储，并在需要时输出。目前使用的磁记录介质有磁带、磁盘、磁卡片及磁鼓等。这些介质从结构上又可分为磁粉涂布型介质和连续薄膜型介质。随着计算机等的发展，磁记录介质的记录密度迅速提高，因而对磁记录介质材料的要求也越来越高。在新型磁记录介质中，磁光盘具有超存储密度、极高可靠性、可擦除次数多、信息保存时间长等优点。

磁泡材料：小于一定尺寸迁移率很高的圆柱状磁畴材料，可作高速、高存储密度存储器。

磁光材料：应用于激光、光通信和光学计算机的磁性材料，其特性是效率高、损耗低及工作频带宽。

11.4.3 热功能材料

材料在受热或温度变化时，会出现性能变化、产生一系列现象，如热膨胀、热传导（或隔热）、热辐射等。根据材料在温度变化时的热性能变化，可将其分为不同的类别，如膨胀材料、测温材料、形状记忆材料、热释电材料、热敏材料、隔热材料等。目前，热功能材料已广泛用于仪器仪表、医疗器械、导弹等新式武器、空间技术和能源开发等领域，是不可忽视的重要功能材料。

1. 膨胀材料

热膨胀是材料的重要热物理性能之一。通常，绝大多数金属和合金都有热胀冷缩的现象，只不过不同金属和合金，这种膨胀和收缩不同而已。一般用线膨胀系数来表示热膨胀性的大小。根据膨胀系数的大小可将膨胀材料分为三种：低膨胀材料、定膨胀材料和高膨胀材料。

低膨胀材料主要用于：精密仪器仪表等器件；长度标尺、大地测量基线尺；谐振腔、微波通讯波导管、标准频率发生器；标准电容器叶片、支承杆；液气储罐及运输管道；热双金属片被动层。

定膨胀材料主要用于：电子管、晶体管和集成电路中的引线材料、结构材料；小型电子装置与器械的微型电池壳；半导体元器件支持电极。

高膨胀材料主要用于：热双金属片主动层材料，制造室温调节装置、自断路器、各种条件下的温度自动控制装置等。

2. 形状记忆材料

具有形状记忆效应(shapememoryeffect,SME)的材料叫形状记忆材料。材料在高温下形成一定形状后冷却到低温进行塑性变形为另外一种形状,然后经加热后通过马氏体逆相变,即可恢复到高温时的形状,这就是形状记忆效应。形状记忆材料,通常是两种以上的金属元素构成,所以也叫形状记忆合金(shapememoryalloys,SMA)。

按形状恢复形式,形状记忆效应可分为单程记忆、双程记忆和全程记忆三种。

单程记忆:在低温下塑性变形,加热时恢复高温时形状,再冷却时不恢复低温形状;

双程记忆:加热时恢复高温形状,冷却时恢复低温形状,即随温度升降,高低温形状反复出现;

全程记忆:在实现双程记忆的同时,冷却到更低温时出现与高温形状完全相反的形状。

形状记忆材料是一种新型功能材料,在一些领域已得到了应用。其中应用较成熟的是钛镍合金、铜基合金和应力诱发马氏体类铁基合金。图 11-5 为形状记忆合金的应用图示,图 11-5①表示冷态,图 11-5②表示仅在 1、2 端通电加热时的状态,图 11-5③表示 1、2 端通电加热同时 2、3 端也通电加热时的状态。

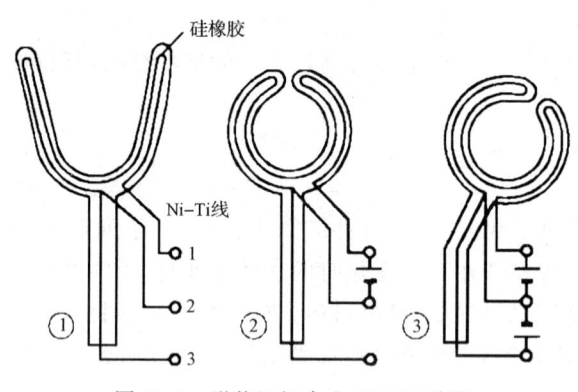

图 11-5　形状记忆合金(SMA)手臂

3. 测温材料

测温材料是仪器仪表用材的重要一类。测温元件是利用了材料的热膨胀、热电阻和热电动势等特性制造的,利用这些测温元件分别制造双金属温度计、热电阻和热敏电阻温度计、热电偶等。

测温材料按材质可分为:高纯金属及合金,单晶、多晶和非晶半导体材料,陶瓷、高分子复合材料等;按使用温度可分为:高温、中温和低温测温材料;按功能原理可分为:热胀、热电阻、磁性、热电动势等测温材料。目前,工业上应用最多的是热电偶和热电阻材料。热电偶材料包括制作测温热电偶的高纯金属及合金材料和用来制作发电或电致冷器的温差高掺杂半导体材料。

热电阻材料包括最重要的纯铂丝、高纯铜线、高纯镍丝以及铂钴、铑铁丝等。

4. 隔热材料

防止无用的热、甚至有害热侵袭的材料是隔热材料,隔热材料的最大特性是有极大的热阻。利用隔热材料可以制造涡轮喷气发动机燃烧室、冲压式喷气机火焰喷口等,高温材料电池、热离子发生器等也都离不开隔热材料。

高温陶瓷材料、有机高分子和无机多孔材料是生产中常用的隔热材料。如氧化铝纤维、氧化锆纤维、碳化硅涂层石墨纤维、泡沫聚氨酯、泡沫玻璃、泡沫陶瓷等。随着现代航空航天技术的飞速发展,对隔热材料也提出了更严格的要求,目前主要向着耐高温、高强度、低密度方向发展,尤其是向着复合材料发展。

11.4.4 光功能材料

光功能材料也有各种分类方法。例如,按照材质分为光学玻璃、光学晶体、光学塑料等;按用途可以分为:固体激光器材料、信息显示材料、光纤、隐形材料等。

光学玻璃包括有色和无色两种形式,目前已有几百个品种,用于可见光和非可见光(紫外光和红外光)的光学仪器核心部件,主要有各种特殊要求的透镜、反射镜、棱镜、滤光镜等。这些光学玻璃元件可用于制造测量尺寸、角度、光洁度等的仪器,如经纬仪,水平仪,高空及水下摄影机,生物、金相、偏光显微镜,望远镜,测距仪,光学描准仪,照相机,摄像机,防辐射、耐辐射屏蔽窗等。

光学晶体是指用在光学、电学仪器上的结晶材料,有单晶和多晶两种。按照用途可分为两种:光学介质材料和非线性光学材料。

光学介质材料主要用于光学仪器的透镜、棱镜和窗口材料;非线性光学材料主要用于光学倍频、声光、电光及磁光材料。

光学塑料是指加热加压下能产生塑性流动并能成型的透明有机合成材料。常用的光学塑料有聚甲基丙烯甲酯、聚甲基丙烯酸羟乙酯、聚苯乙烯、双烯丙基缩乙二醇碳酸酯和聚碳酸酯等。光学塑料除了代替光学玻璃外,还有一些独特的应用:如隐形眼镜、人工水晶体、仪器反射镜面、无碎片眼镜等。

下面将简单介绍固体激光器材料及常用现代光功能材料。

1. 固体激光器材料

自1960年红宝石用于世界第一台激光器开始,到目前已有产生激光的固体激光器材料上百种。这些材料分为玻璃和晶体两大类,都是由基质和激活离子两部分组成。激光玻璃透明度高、易于成型、价格便宜,适合于制造输出能量大、输出功率高的脉冲激光器;激光晶体的荧光线宽比玻璃窄、量子效率高、热导率高,应用于中小型脉冲激光器、特别是连续激光器或高重复率激光器。

2. 信息显示材料

信息显示材料就是把人眼看不到的电信号变为可见的光信息的材料,是信息显示技术的基础。信息显示材料分为两大类:主动式显示用发光材料和被动式显示用材料。

主动式显示用发光材料是在某种方式的激发下发光的材料。

在电子束激发下发光的称为阴极射线发光材料,用于真空荧光显示屏,如示波管、显示管、显像管等。

在电场直接激发下发光的称为电致发光材料,包括高电驱动场致发光材料和低电压驱动发光二极管。

用带电粒子激发的称为闪烁晶体,可检测 α、β、γ 射线和快、慢中子等。

将不可见光转化为可见光的材料称为光致发光材料,包括不可见光检测材料和照明材料。

被动式显示用材料在电场等作用下不能发光,但能形成着色中心,在可见光照射下能够着色从而显示出来。这类材料包括液晶、电着色材料、电泳材料等多种,其中使用最广泛、最成熟的是液晶。

3. 光纤

光纤的出现不仅大大扩展了光学玻璃的应用领域,同时也实现了远距离的光通信,光纤通信网络、海底光缆都已成为了现实。

光纤是高透明电介质材料制成的极细的低损耗导光纤维,具有传输从红外线到可见光区的光和传感的两重功能。因而,光纤在通信领域和非通信领域都有广泛应用。

通信光纤是由纤芯和包层构成:纤芯是用高透明固体材料(如高硅玻璃、多组分玻璃、塑料等)或低损耗透明液体(如四氯乙烯等)制成,表面的包层是由石英玻璃、塑料等有损耗的材料制成。按纤芯折射率分布不同,光纤可分为阶跃型光纤和梯度型光纤两大类;按传播光波的模数不同,光纤可分为单模光纤和多模光纤;按材料组分不同,光纤可分为高硅玻璃光纤、多组分玻璃光纤和塑料光纤等,生产中主要用高硅玻璃光纤。

复习思考题

1. 什么是高分子材料?聚合度对高分子材料机械性能有何影响?
2. 加聚反应与缩聚反应异同有哪些?
3. 什么是工程塑料,它有哪些种类和性能?
4. 试举出常温下处于玻璃态、高弹态和黏流态工作的高分子材料。
5. 橡胶的种类有哪些,其性能特点如何?
6. 什么是陶瓷,它有哪些显微组织结构?
7. 陶瓷中的玻璃相起什么作用?
8. 何谓复合材料,它有哪些典型特点和类型?
9. 举例说明复合材料在工业中的应用。
10. 何谓功能材料?目前常用功能材料有哪几大类?

第 12 章　材料的选用

机械制造中,设计产品、设计工艺装备(刃具、夹具、模具、量具等)以及生产零件时,都会遇到选择材料,确定热处理方法,安排加工工艺路线等方面的问题。本章的主要目的是介绍工程材料的基本选用原则和在典型零件上的选择方法。

合理地选择材料与热处理工艺不仅能保证零件内在的质量,同时直接关系到产品的经济效益。

12.1　工程材料选用原则和方法

12.1.1　引子

为了使大家对工程材料的选用有一大概的认识,首先从一个简单的例子进入材料选用的介绍。

如何来选择电工用的改锥(螺丝刀)的材料?

改锥由锥杆和锥柄两部分组成。锥杆在工作拧动螺丝时,承受一定的扭矩与轴向弯曲应力,改锥的头部直接与螺丝接触,要承受相当大的摩擦,工作应力也较大。通常,锥杆头部的损坏形式是头部卷刃、磨损或崩刃,杆部往往会发生过大的弹性或塑性扭转或弯曲变形。因此,锥杆应有较大的弹性模量(直接决定其刚度)、较高的屈服强度,头部应有较高的硬度。此外,还应有足够的韧性,以免工作中断裂。如果选用高分子材料做锥杆,尽管它有足够的韧性,但由于弹性模量太低,硬度与强度也很低,显然是不合适的。若选用玻璃或陶瓷材料,虽具有较高的弹性模量、硬度与强度,但因韧性太低,极易发生脆断,当然也不适用。假定选用金属材料,特别是选择适当的钢材,则有可能较全面地满足弹性模量、强度、硬度与韧性等多方面地要求。因此改锥杆大多用高碳钢制成,头部进行局部的淬火、回火处理,以满足硬度与耐磨性的要求,而杆身为正火状态,具有足够的韧性和强度,以防止变形与断裂。同时钢的价格也比较便宜。

锥柄的直径往往比锥杆的直径大得多,因此它的弹性模量和强度要求较低。对锥柄的要求主要是重量轻,有良好的绝缘性能,外观漂亮,而且能很方便而牢固地与锥杆装配在一起,手感好,并与手之间有较大的摩擦。从这些要求看工程塑料是较为理想的材料,如有机玻璃(PMMA)等。当然选用一种天然复合材料木材也是可以的,但其使用性能不如高分子材料,而且与锥杆不能可靠的连接在一起,绝缘性能也不太理想。此外,有机玻璃的价格也不太贵,不会增加太多成本。

从上面的例子看,针对具体的应用条件选择机件合适的材料时,需要考虑的基本原则有三项,即材料的使用性、材料的工艺性和材料的经济性。下面将根据这三个方面进入中心内容。

12.1.2 材料选用的一般原则

1. 材料的使用性

材料的力学性能、物理性能和化学性能,是选材时首先应予保证的。

对于机器零件和工程构件,最重要的是力学性能。如何才能准确地了解具体零件的力学性能指标,这就要能正确地分析零件的受力状态、载荷性质、工作温度、环境条件等几方面。受力状态有拉、压、弯、扭、剪等;载荷性质有静态载荷、动态冲击载荷和动态交变载荷等;工作温度可分为高温、低温;除应考虑以上所提的机械性能外,还应考虑零件的特殊要求和使用的环境。

钢材的机械性能如图 7-4 所示。塑性、冲击韧性随着材料含碳量的增加而呈非线性下降;硬度随含碳量的增加而上升;强度在含碳量小于 0.9% 范围,随含碳量的增加而上升,但超过了 1.0% 则随含碳量的增加而下降,并非呈单调趋势。

工业铸铁的机械性能与石墨形态有关,一般抗拉强度低,塑性较差,但承压、耐磨、几乎不具有缺口敏感性。

铜和铝合金具有良好的抗腐蚀性和塑性,并有一定的强度。铝合金还具有较高的比强度。

工程塑料抗腐蚀性良好,绝缘、强度和韧性较好。但工作温度范围较窄,同时还具有不可避免的老化现象。

但对金属材料时可通过改性强化方式或方法,可将一廉价材料制成性能更好的零件。所以选材时要把材料成分与强化手段紧密结合起来综合考虑。

2. 材料的工艺性

在制造业中所谓的工艺就是将原材料经过一系列的加工变为零件或机器的过程。材料加工成零件的难易程度,将直接影响零件的质量、生产效率和成本。表 12-1 给出了各种材料机械加工工艺性能的相互对比。

表 12-1　各种材料机械加工工艺性能对比

材料	加工性指数	材料	加工性指数
Y12	100	18-8 不锈钢	25
Y12Pb	152	18-8 易切削不锈钢	45
Y45	95	灰铸铁	58~80
45	60	可锻铸铁	70~120
30CrMo	65	铝	1000
40CrNiMoA	45	硬铝	1000
50CrV	45	铜	60
GCr15	30	黄铜	80
W18Cr4V	25	磷青铜	40

金属材料常用的加工工艺有铸造、压力加工、焊接、切削加工及热处理等。

工程塑料的工艺性能良好。

设计的是铸件,最好选用共晶或靠近共晶成分的合金,保证金属有较好的流动性。

若设计的是锻件、冲压件,应选择固溶体组织为主的合金,保证材料有良好的塑性和较低的变形抗力。

用钢材设计焊接结构,最适宜的材料应该是低碳钢或低碳合金钢,可保证焊接材料有良好的焊接性。

铜合金和铝合金的工艺性能良好。

热处理和机械切削加工是制造业中的两大工艺。绝大部分零件毛坯都需经过切削加工和热处理。便于切削,钢坯材料的硬度一般控制在170～230HBS之间,当材料选定后则化学成分同样也已确定,此时可通过热处理来改变材料的金相组织和力学性能,达到改善切削加工性能的目的。机械零件的使用性能,很大程度上取决于热处理工艺。碳钢的淬透性较差,强度也不是很高,并且加热时容易过热而晶粒粗大,淬火时容易变形与开裂,因此制造高强度及大截面、形状复杂的零件,需选用合金钢。

3. 材料的经济性

在满足使用性能、工艺性能的前提下,选用材料时应注意降低零件的总成本。零件的总成本包括材料本身的价格、加工等直接成本和其他一切间接所开支的成本,如运费与安装等。表12-2、表12-3和表12-4分别说明了工程材料的相对价格和相对加工费用。

在金属材料中,碳钢和铸铁的价格比较低廉,而且加工方便。因此,在能满足零件力学性能的前提下,选用碳钢和铸铁可降低成本。对于一些只要求表面性能较高的零件,可选用廉价钢种进行表面强化处理来达到。另外,在考虑材料的经济性时,切记不宜单纯以单价来比较材料的优劣,而应以综合经济效益来评价材料的经济性高低。

此外,在选材时还应立足于我国的资源,考虑我国的生产和供应情况。对某工厂来说,所选材料种类、规格,应尽量少而集中,以便于采购和管理。

表12-2 我国常用金属材料的相对价格

材　　料	相对价格	材料	相对价格
碳素结构钢	1	铬不锈钢	5
低合金结构钢	1.25	铬镍不锈钢	15
优质碳素结构钢	3～1.5	普通黄铜	13～17
易切钢	1.7	锡青铜、铝青铜	19
合金结构钢(除铬-镍)	1.7～2.5	灰铸铁	1.4
铬镍合金结构钢(中合金钢)	5	球墨铸铁	1.8
滚动轴承钢	3	可锻铸铁	2～2.2
合金工具钢	1.6	碳素铸钢件	2.5～3
低合金工具钢	3～4	铸造铝合金、铜合金	8～10
高速钢	16～20	铸造锡基轴承合金	23
硬质合金	150～200	铸造铅基轴承合金	10

表 12-3　常用工程塑料相对价格

材　料	单位重量相对价格	单位体积相对价格	单位强度相对价格
聚苯乙烯	1	1	1
聚乙烯(高压)	0.597	0.512	2.500
聚乙烯(低压)	0.77	0.682	1.129
聚丙烯	0.70	0.592	0.860
ABS	1.62	1.620	1.285
聚氯乙烯	0.48	0.647	0.682
聚氯乙烯(板)	0.81	1.090	0.885
尼龙(1010)	4.69	4.609	4.307
尼龙(610)	4.74	4.811	4.496
尼龙(6)	2.92	3.159	2.393
聚碳酸酯	3.55	3.991	2.978
聚甲醛	2.49	3.305	2.360
聚砜	4.27	4.949	3.152
有机玻璃(板)	4.40	4.864	4.186
酚醛树脂	1.12	1.332	1.263

表 12-4　常用热处理方法相对加工费用

热处理方法	相对加工费	热处理方法		相对加工费
退火(电炉)	1	调质		2.5
球化退火	1.8	盐浴炉淬火及回火	刀具、模具	6~7.5
正火	1		结构零件	3
渗碳淬火+回火	6	冷处理		3
氮化	38	高频感应加热淬火		按长度计算,比一般渗碳淬火价廉
软氮化	10			

12.2　典型零件选材和工艺路线简介

12.2.1　齿轮类零件的选材与工艺路线

齿轮在机器中主要担负传递功率与调节速度的任务,有时也起改变运动方向的作用。它在工作时,通过齿轮的接触传递动力,周期性地受弯曲应力和接触应力作用。在啮合的齿面上还承受强烈的摩擦,有些齿轮在换挡、启动或啮合不均匀时还承受冲击力等。因此,要求齿轮材料应具有高的弯曲、疲劳和接触疲劳强度,齿面有高的硬度和高的耐磨性,齿轮心部要有足够的强度和韧性。

齿轮通常采用钢材锻制,主要钢种大致有两类:调质钢和渗碳钢。

1. 调质钢

调质钢主要用于制造两种齿轮,一种是对耐磨性要求较高,而冲击韧性要求一般的硬齿面(HRC>40)的齿轮,如车床、钻床、铣床等机床的变速箱齿轮,通常采用 45、40Cr、42SiMn 等钢,经调质后表面高频淬火,再回火。另一种是对齿面硬度要求不高的软齿面(HBS≤350)齿轮,这类齿轮一般用于低速、低载荷下工作,如车床溜板箱的齿轮、车床挂轮架齿轮等,通常采用 45、40Cr、42SiMn、35SiMn 等,经调质或正火处理后使用。其制造工艺路线为:下料→锻造→正火→粗加工→调质→精加工→高频淬火→低温回火→精磨。

2. 渗碳钢

渗碳钢主要用于制造高速、重载、冲击较大的硬齿面(HRC>50)齿轮,如汽车变速箱齿轮、汽车驱动桥齿轮等,常用 20CrMnTi、20CrMnMo、20CrMo 等钢,经渗碳—淬火—低温回火后得到表面硬而耐磨,心部强韧耐冲击的组织。其制造工艺路线为:下料→锻造→正火→粗加工→渗碳→预冷淬火→低温回火→喷丸→精磨。

此外,对一些受力不大或无润滑条件下工作的齿轮,如仪表齿轮、无声齿轮等,可选用工程塑料(如尼龙、聚碳酸酯等)来制造。

12.2.2 轴类零件的选材

轴是机器中最基本的最关键零件之一。轴的主要作用是支承传动零件并传递运动和动力。

1. 轴类零件的几个共同特点

(1) 要传递一定的扭矩;
(2) 大都要承受一定的冲击载荷;
(3) 都需要用轴承支持,在轴颈处应有较高的耐磨性;
(4) 可能还承受一定的弯曲应力或拉压应力。

因此,用于制造轴类零件的材料应具有优良的综合机械性能以防变形和断裂,具有高的疲劳抗力以防疲劳断裂,同时具有良好的耐磨性。

2. 根据轴的不同受力情况其选材分类如下所述

(1) 承受交变拉应力和动载荷的轴类零件,如船用推进器轴、锻锤锤杆等,应选用淬透性高的调质钢,如 30CrMnSi、40MnVB、40CrMnMo 等。

(2) 主要承受弯曲和扭转应力的轴类零件,如变速箱传动轴、发动机曲轴、机床主轴等。这类轴在整个截面上所受的应力分布不均匀,表面应力较大,心部应力较小。这类轴不需选用淬透性很高的钢种。可选用 45 钢或合金调质钢。如汽车半轴常采用 40Cr、45Mn2 等钢。

(3) 高精度、高速传动的轴类零件如镗床主轴,则常选用氮化钢 38CrMoAlA 等,并进行调质及氮化处理。

对中、低速内燃机曲轴以及连杆、凸轮轴,还可采用球墨铸铁,不仅满足了力学性能要求而且制造工艺简单,成本低。

3. C620车床主轴选材

C620车床主轴(如图12-1所示)是车床上重要的零件之一,用于安装装夹工件的卡盘等工装,主要承受弯曲与扭转应力,但承受的载荷不大,转速也不高,有时还承受到一些不太大的冲击,轴颈、内锥面有相对摩擦。

根据承载情况应选用45钢制造,其工艺路线安排应为:

下料→锻造→正火→粗加工→调质→精车→高频表面淬火→低温回火→精磨

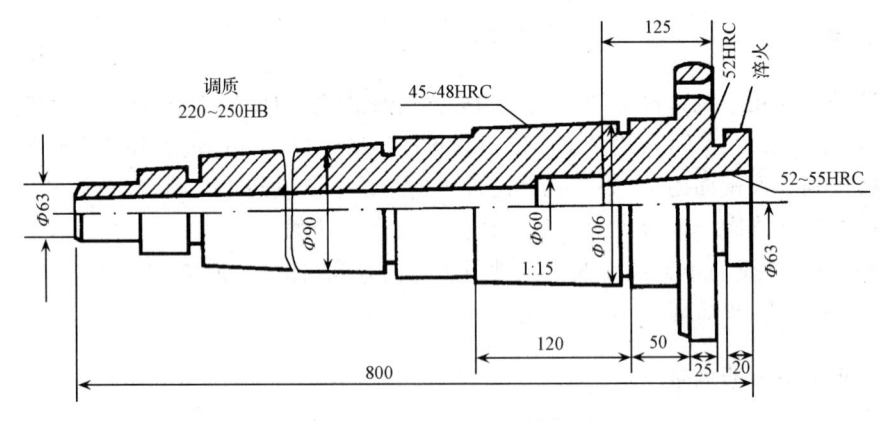

图12-1 C620车床主轴简图

正火的目的是为了得到合适的硬度,便于加工,同时改善锻造组织,为调质处理做好准备。调质是为了使主轴得到较好的综合机械性能。对轴颈、内锥孔、外锥面进行表面淬火、低温回火,是为了提高硬度,增加耐磨性,延长主轴的使用寿命。

12.2.3 箱体和支架类零件的选材

主轴箱、变速箱、进给箱、溜板箱、缸体、缸盖、机床床身等都可视为箱体和支架类零件。由于箱体和支架零件大多结构复杂,一般都是采用铸造方法来生产。

受力较大,要求高强度、高韧性甚至在高温高压下工作的箱体类零件,如汽轮机机壳,应选用铸钢。

受冲击力不大,而且主要承受静压力的箱体或支架应选用灰铸铁。

受力不大,要求自重轻或热导性良好的箱体或支架,应选用铸造铝合金,如摩托车发动机的缸体、台式电风扇电动机的前后罩等。

受力很小,要求自重轻或有绝缘要求,如电动工具的外壳等,应选用工程塑料。

受力较大,形状简单的单件或小批生产箱体和支架类零件,应采用型钢焊接而成。

12.2.4 常用工具的选材

(1) 锉刀。锉刀是钳工的工具,刃部要求有高的硬度(64~67HRC)和耐磨性。通常采用T12或T13钢制成。它的热处理工艺为:加热→水淬至200℃左右热校直→冷透→低温回火→清洗→检查。

(2) 手工锯条。手工锯条要求高硬度、高耐磨性、较好的韧性和弹性,通常用T10、T12或20钢渗碳制成。一般采用淬火加低温回火,对销孔处进行处理以降低该处硬度。大量生产时,可采用高频感应加热淬火,使锯齿淬硬而保证锯条整体的韧性和弹性。

(3) 钳工锤。钳工锤要求锤头部分有较高的硬度和良好的抗冲击性,通常采用T7、T8钢制成。大批量生产钳工锤,采用连续式加热炉,局部淬火-低温回火。单件、小批量生产采用盐浴炉局部加热淬火。

(4) 麻花钻。麻花钻是一种机用的刃具,由于工作状况较差,要求有较高的热硬性和强韧性。对于小直径的钻头,通常采用高速钢(如W18Cr4V)等,批量生产采用高频感应加热轧制,淬火后经560℃多次回火后制得。

(5) 其他常用工具。如表12-5所示为常用五金和木工工具选材及热处理一览表。

表12-5 常用五金和木工工具选材及热处理

工具名称	材料	硬度(HRC)	淬火加热方式	淬火加热温度/℃	冷却介质	回火温度/℃
钢丝钳	T7、T8	52~60	大批量生产:气体保护炉整体加热。小批、少量盐浴炉局部加热	780~800	钳口冷油3~4s后,全部油冷,水冷或淬碱浴	200~220
双头扳手	50	全部41~47	盐浴炉或连续炉加热	820~840	水	380~420
	40Cr			840~860	油、硝盐	400~440
活动扳手	45	全部41~47	盐浴炉或连续炉加热	810~830	水油分级	380~420
	40Cr			840~860	油、硝盐	400~440
鲤鱼钳	50	48~54	局部加热或整体加热局部淬火	820~840	水	290~310
木工刨刀	轧焊刀片:GCr15 刀体:20	61~63	整体加热全淬	840~860	油	150~170
	T8	57~62	局部淬火	770~790	水	200~230

复习思考题

1. 选材时应考虑哪些原则?
2. 车床主轴箱传动齿轮,工作平稳要求表面硬度高并耐磨,工厂库存材料仅为20CrMnTi、45A、9SiCr、T12、T8,请选出合适的材料,同时给出合理的热处理工艺。
3. 请你给电工用的十字螺丝刀选材(包括手柄),并给出大致工艺路线。
4. 某越野车变速齿轮,冲击大速度高且频繁换向,现有以下几种可供选用的材料:20CrMnTi、45A、9SiCr、T12、T8,请选出合适的材料,同时给出合理的热处理工艺。
5. 锉刀是钳工的基本工具,选材上有什么具体要求,什么材料较合适,热处理工艺如何?
6. 机用麻花钻的工况如何?材料性能有何要求,何种材料较为合适?
7. 从下列材料中选出最合适的材料填表,并确定相应的最终热处理方法或使用状态。Q235A、T10、16Mn、9SiCr、GCr15、W18CMV、45A、20CrMnTi、60Si2Mn、HT300、QT600-3、Cr12MoV、3Cr13、0Cr18Ni9Ti

零件名称	选用材料	最终热处理方法或使用状态
圆板牙		
手工锯条		
越野车变速箱齿轮		
普通车床主轴		
载重汽车减振簧板		
铣床床身		
纪念币落料模的凹模		
汽车发动机曲轴		
食堂蒸饭架		
牙科医用器械		
整体型麻花钻		
钢窗		
滚动轴承		

第三篇　成型工艺基础

按成型的性质不同,成型工艺可分为金属液态金属成型、金属塑性成型、金属焊接成型、非金属材料成型等几大类。

金属液态成型工艺是将金属进行熔炼,得到所需成分并具有足够的流动性的液态金属,然后将液态金属浇入到铸型的型腔中,冷却凝固后得到具有与型腔一样形状、尺寸的铸件的生产方法。金属液态成型工艺俗称铸造,其历史悠久,应用广泛。

金属塑性成型(也称为压力加工)**工艺**是利用金属在外力作用下所产生的塑性变形,来获得具有一定形状、尺寸和力学性能的原材料、毛坯或零件的生产方法。

塑性成型可分为体积成型和板料成型两大类。体积成型是将金属板料、棒料、厚板等在高温或室温下加工成型,主要包括锻造、轧制、挤压、拉拔等;板料成型是对较薄的金属板料在高温下加工成型,习惯上称为冲压。

金属焊接成型工艺是通过加热或加压(或既加热又加压),使被焊件分离两表面的原子间距足够小,形成金属键而获得永久性接头的生产方法,通常连接工艺简称为焊接。焊接可以将简单型材或零件连接成复杂零件和机器部件。

随着科学技术的发展和实际生产的需要,材料成型工艺发展也非常迅速,所有的材料只有通过一定的成型方法才能改变其形状或性能,获得所需的毛坯或零件。成型工艺的选择合理与否,不仅影响每个零件的制造质量和使用性能,而且对整台机器的使用性能、生产周期和生产成本等也有很大的影响。

本篇主要讲述金属液态成型、金属塑性成型和金属焊接成型的基础知识与基本工艺,同时介绍各种成型方法的新工艺和技术发展趋势。对应教材第13章～第15章。

第 13 章　金属液态成型

　　金属液态成型工艺俗称铸造,它是将金属进行熔炼,得到所需成分并具有足够流动性的液态金属,然后将液态金属浇入到铸型的型腔中,冷却凝固后得到具有与型腔形状和尺寸一样的金属铸件生产工艺。

　　铸造生产方法很多,通常将它们分为砂型铸造和特种铸造两类。

　1. 砂型铸造

　　应用最广泛并采用型砂作为铸型材料的铸造生产工艺。其造型材料(型砂)来源广泛,价格低廉,且工艺方法适应性强,因此仍然是目前生产中用得最多、最基本的金属液态成型工艺,本章将作重点介绍。

　2. 特种铸造

　　与砂型铸造工艺有着显著区别和特点的其他铸造方法,如熔模铸造、金属型铸造、压力铸造、低压铸造和离心铸造等。

　　铸造生产的原材料来源广,生产成本低,工艺灵活性大,几乎不受零件的尺寸大小、形状及结构复杂程度的限制。铸件的质量可由几克到几百吨;壁厚可薄至 0.5mm;同时铸造不仅是生产毛坯的重要方法,而且用精密铸造还可制得精度高和表面粗糙度低的零件,因此,铸造在机械、动力、汽车、拖拉机等工业部门中获得了广泛的应用。但由于是金属液态成型工艺,组织较锻件粗大、疏松,机械性能相对较差。

　　铸造工艺对金属材料几乎不受限制。钢、生铁、铝合金和铜合金等都可进行,范围极其广泛。

13.1　铸造工艺基础

　　铸造生产过程比较复杂,影响铸件质量的因素颇多,废品率一般较高。铸造废品不仅与铸型工艺、铸型材料、浇注条件有关,而且还与合金的铸造性能密切相关。在铸造工艺中铸造性能是表示合金铸造成型获得优质铸件的能力。因此,它是一个极其重要的铸造工艺指标,是铸造工艺的基础。通常铸造性能采用流动性、收缩性来衡量。为了更好地了解金属液态成型工艺,不妨先从铸造性能入手。

13.1.1　液态合金的充型

　　液态合金填充铸型的过程,简称充型。

　　液态合金充满铸型型腔,获得形状完整、轮廓清晰的优质铸件的能力,叫做液态合金的流动性,又称液态合金的"充型能力"。在液态合金的充型过程中,有时伴随着结晶现象,若充型能力不足,在型腔被填满之前,形成的晶粒将充型的通道堵塞、金属液被迫停止流动,于是铸件将产生浇不足或冷隔等缺陷。浇不足使铸件未能获得完整的形状;冷隔时,铸件虽可获得完整的外形,但因存有未完全熔合的垂直接缝,铸件的机械性能严重受损。

影响液态合金充型能力的因素很多,概括起来主要有以下三个方面。

1. 合金的化学成分

共晶成分合金在恒温下结晶凝固范围最窄,同时共晶成分合金凝固温度最低,推迟了合金的凝固,故流动性最好,充型能力也较强;反之合金成分愈远离共晶,结晶温度范围愈宽,流动性愈差,充型能力就愈弱。

2. 浇注条件

浇注温度对合金的充型能力有着决定性的影响。浇注温度提高,合金的黏度下降,且因过热度高,合金在铸型中保持流动的时间长,故充型能力强;反之,充型能力差。但浇注温度过高,铸件容易产生缩孔、缩松、黏砂、气孔、粗晶等缺陷,故在保证充型能力足够的前提下,浇注温度不宜过高。铸铁的浇注温度为 1200~1380℃,铸钢为 1520~1620℃,铝合金为 680~780℃。此外,液态合金在流动方向上所受的压力愈大,充型能力愈好。如压力铸造、低压铸造、和离心铸造时,因充型压力得到提高,所以充型能力较强。

3. 铸型填充条件

液态合金充型时,铸型的阻力将影响合金的流动速度,而铸型与合金间的热交换又将影响合金保持流动的时间。因此,铸型的温度、铸型的传蓄热特性和铸型的表面特性将直接影响液态合金的充型。为提高液态合金充型能力,应降低铸型材料的传蓄热能力,提高铸型浇铸时的温度,提高铸型表面的质量。此外,铸件结构的设计应有利于液态合金的充型。

合金的化学成分是影响液态合金充型能力的主要因素;浇注条件、铸型填充条件是影响液态合金充型能力的外在因素。

13.1.2 合金的收缩性

铸造合金从浇注、凝固直至冷却到室温的过程中,其体积或尺寸缩减的现象称为收缩。

合金的冷凝收缩一般经历三个阶段,即液态、凝固态和固态。

(1) 液态收缩。从浇注温度到凝固开始温度(即液相线温度)间的收缩。

(2) 凝固收缩。从凝固开始温度到凝固终止温度(即固相线温度)间的收缩。

(3) 固态收缩。从凝固终止温度到室温间的收缩。

浇入铸型的金属液在冷凝过程中,若其液态和凝固态收缩得不到补充,铸件将产生缩孔、缩松缺陷;若固态收缩严重并受阻碍,则会引起变形、开裂。

缩孔是合金液态和凝固态收缩量集中在一起的表现,形成过程如图 13-1(a),(b),(c),(d),(e)所示,若缩孔发生在铸件内部,将会导致铸件报废。通常为避免缩孔在铸件内部发生,在铸造工艺中采取设置冒口的工艺措施,使冒口最后凝固,缩孔移至冒口处,工

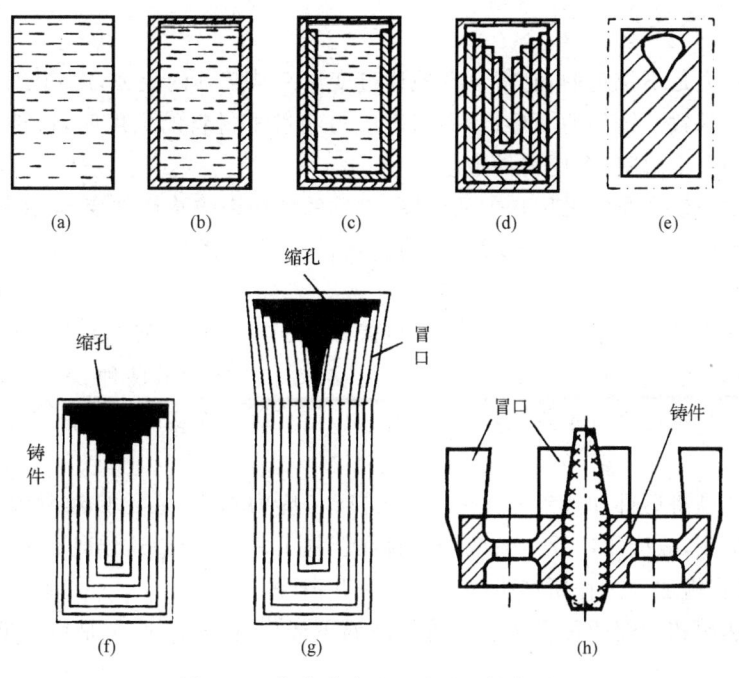

图 13-1 缩孔形成过程及冒口的应用

作原理如图 13-1(f),(g),(h)所示。缩松则是合金液态和凝固态收缩量的分散表现(图 13-2)。对于那些结晶范围宽的合金较易形成分散性的缩孔—缩松。

合金的总收缩率为上述三种收缩的总和。在常用合金中，铸钢的收缩最大,灰口铸铁为最小。

13.1.3 铸造内应力、变形、开裂及其预防措施

铸件在凝固之后的继续冷却过程中,其固态收缩若受到阻碍,铸件内部即将产生内应力。这些内应力有时是在冷却过程中暂存的,有时会一直保留到室温,后者称为铸造残余内应力。

铸造内应力是铸件产生变形和裂纹的基本原因。

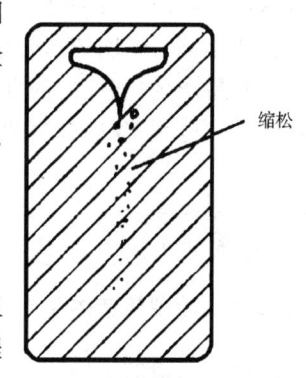

图 13-2 缩松形成过程

1. 铸造内应力的种类

按照内应力的产生原因,可分为热应力和机械应力两种。

热应力——它是由于铸件的壁厚不均匀、各部分冷却速度不同,以致在同一时期内铸件各部分收缩不一致而引起的。

机械应力——它是合金的线收缩受到铸型或型芯机械阻碍而形成的内应力。机械应力使铸件产生拉伸或剪切,并且是暂时的,在铸件落砂之后,这种内应力便可自行消除。

但机械应力在铸型中可与热应力共同起作用,增大了某些部位的拉伸应力,促使铸件变形开裂。

2. 变形、开裂及其预防

铸造内应力是不稳定的,它将自发地通过变形来减缓其内应力,以趋于稳定状态。因此,它的存在,导致了铸件的变形;当局部内应力超过了材料的强度时,铸件将产生裂纹。裂纹是铸件的严重缺陷,多使铸件报废。

在铸件结构设计时常采用均匀的壁厚、对称的结构来防止铸件变形,在铸造工艺上也常采用同时凝固办法,使铸件冷却均匀,防止铸件变形。对于长而易变形的铸件,还采用"反变形"工艺。

对于不允许发生变形的重要机件(如机床床身、变速箱、刀架等)必须进行时效处理,以提高铸件形状的稳定性。时效处理可分自然时效和人工时效两种。

自然时效是将铸件置于露天场地半年以上,使其缓慢地实现应力松弛,从而使内应力消除。

人工时效是将铸件加热到550~650℃进行去应力退火,它比自然时效速度快、内应力去除较为彻底,故应用广泛。时效处理宜在粗加工之后进行;这样既有利于原有内应力的消除,又可将粗加工过程所产生的内应力一并消除。

裂纹分热裂和冷裂两种。热裂是铸件高温下产生的裂纹,冷裂是铸件低温下产生的裂纹。

影响热裂的主要因素是合金的高温性质和铸型阻力。因此,预防热裂的措施首先是改善合金高温状态的性质,同时提高铸型的退让性。铸件的冷裂倾向与铸造内应力的大小密切相关。不同铸造合金的冷裂倾向不同。灰口铸铁、白口铸铁、高锰钢等塑性较差的合金较易产生;塑性好的合金因内应力可通过其塑性变形自行缓解,故冷裂倾向小。为防止铸件的冷裂,除应设法减小铸造内应力外,还应控制钢、铁的含磷量。

13.2 砂型铸造

13.2.1 砂型铸造的生产过程

砂型铸造的工序较多,其工艺过程如图13-3所示。

根据零件图的形状和尺寸,设计制造模样和芯盒;配制型砂和芯砂;用模样制造砂型,用芯盒制造芯子;把烘干的芯子装入砂型并合箱;将熔化的液态金属浇入铸型;凝固后经落砂、清理、检验合格便得铸件。铸型是包括形成铸件形状的空腔、芯子和浇冒口系统的组合整体,用型砂制成。型砂用砂箱支撑时,砂箱也是铸型的组成部分。造型的目的是制得合格的铸型,铸造出形状完整、轮廓清晰而无缺陷的铸件。

13.2.2 型砂与芯砂性能与制备

型砂应具有高的强度和耐火性,以保证砂型在浇注时不被冲坏,型砂不被烧熔;型砂还应具有透气性,以免铸件产生气孔;此外,型砂还应有退让性,以保证铸件冷却收缩时不致阻碍收缩而使铸件产生裂纹。

常用的型砂是由石英砂(SiO_2)、黏土和水混合而成。二氧化硅是型砂中的主要成分,

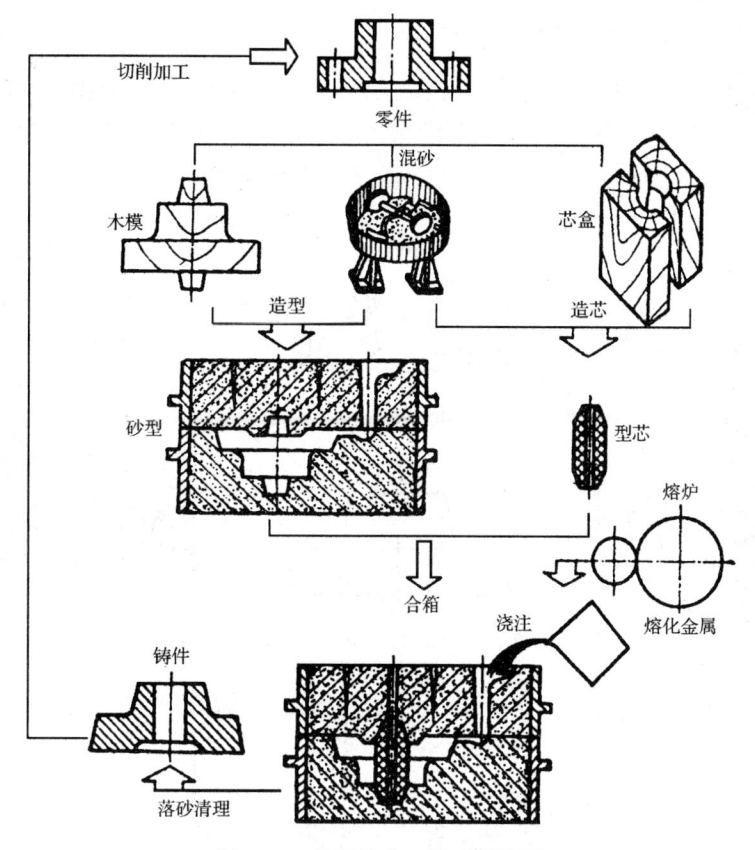

图 13-3 砂型铸造工艺过程简图

它具有很高的耐火性(1713℃);黏土是黏结剂,与水混合后把石英砂黏结在一起,使型砂具有一定的强度;砂粒之间的间隙使型砂具有一定的透气性。但水分过多、过少都会使强度和透气性降低。黏土过多,型砂的强度虽然增加,但透气性、退让性降低。为了提高退让性,可在型砂中加入少量木屑;为了使铸件的表面光洁,可在型砂中加入煤粉。

型芯主要用来形成铸件的内表面。浇注后型芯被高温液体金属所包围。因此,型芯砂应具有比型砂更高的耐火性、强度、透气性和退让性。为此,对于那些尺寸较小、形状复杂的或重要的型芯,要用桐油、合成树脂、"合脂"作黏结剂。

铸造合金不同,铸件的形状和大小不同,对型砂、芯砂的要求也有所不同;因此,就要选用不同的造型材料,按不同的比例进行配制。例如,小型铸铁件的型砂比例是:新砂 2%～20%、旧砂 98%～80%;另加黏土 8%～10%、水 4%～8%、煤粉 2%～5%,芯砂应多用新砂或全用新砂。

型砂和芯砂是在混砂机中混拌的。混拌时,先将新砂、旧砂、黏土和煤粉进行干混 2～3min,然后加水或其他黏结剂湿混 10min。

13.2.3 模型的制造

模型是根据零件图设计制造出来的,它是造型的基本工具。设计制造模型必须考虑以下几个问题。

1. 分型面

分型面是指两个砂型之间的分界面。选择分型面必须使造型、起模方便,同时易于保证铸件质量。如图 13-4 所示联轴节,当选定大端面为分型面时,可采用整模造型,模型全部在上砂箱,不但制模、造型方便,而且不会使铸件产生错箱缺陷。

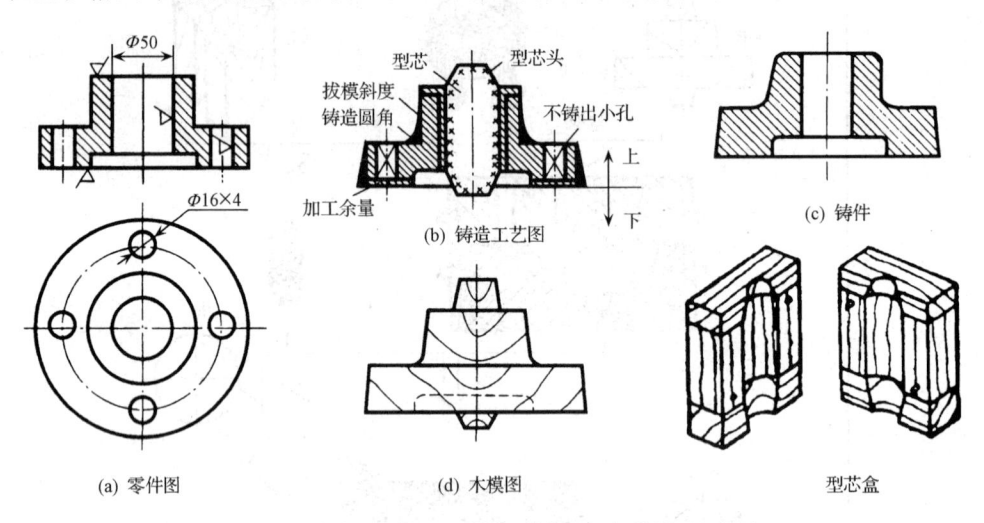

图 13-4　零件图、铸造工艺图、铸件图,木模图(示意图)

2. 拔模斜度

为了便于从砂型中取出模型,凡垂直于分型面的模型表面都应做成 0.6°～4°的斜度。模型愈高,斜度愈小;外表面比内表面斜度小;采用金属模型或机器造型比用木模或手工造型时斜度小。

3. 机械加工余量

铸件的加工余量就是指切削加工时需切掉的金属层厚度。在制模时,凡加工的表面都应留有加工余量,其值取决于铸件的形状和大小,合金的种类和造型方法。

灰口铸铁件比铸钢件小,小件比大件小。如手工造型时,小型铸铁件 3～4mm,小型铸钢件 4～6mm。

铸铁件上直径小于 25mm 的孔,铸钢件上直径小于 35mm 的孔,手工造型时通常不铸出,留待切削加工时钻出。

4. 铸造圆角

模型上壁与外壁之间应做成圆角过渡,因为尖角不但在造型时砂型易被冲坏,而且铸件转弯处质量较差,易产生缩孔、裂纹和黏砂等缺陷。

5. 型芯头

为了在砂型中做出安置型芯的位置,必须在模型上做出相应的型芯头。

6. 收缩量

合金固态下冷却收缩使铸件尺寸缩小,因此,模型尺寸应比铸件大一个收缩量。收缩量的大小取决于金属的线收缩率。制造木模时,常用已考虑了收缩率的缩尺来进行度量。

制造模型前,应将上述各项分别用不同颜色的符号绘在零件图上,以制成铸造工艺图,并在图旁注出收缩率。

在单件小批生产中,模型及型芯盒通常用木材制成,在大批、大量生产中则用铝合金制造。

13.2.4 造型

制造砂型可用手工和机器来进行。手工造型主要用于单件小批生产,机器造型用于大量大批生产。

1. 手工造型

手工造型的方法很多,应根据铸件的形状、尺寸、生产量、设备和技术条件等因素来进行选择。常用的有以下几种。

1) 整模两箱造型

整模两箱造型过程如图 13-5 所示。其特点是模型是一个整体,造型时模型在一个砂

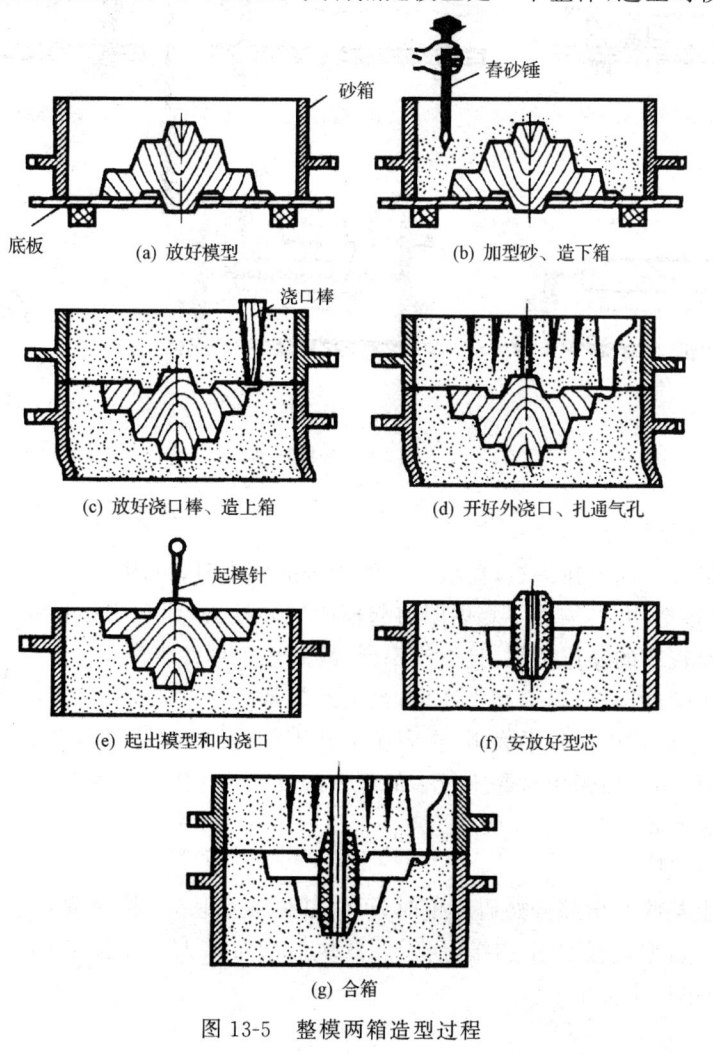

图 13-5 整模两箱造型过程

箱内。整模造型操作方便,铸件不会由于上下砂箱错动而产生错箱缺陷。整模造型用于制造形状简单的铸件。

2) 两箱分模造型

两箱分模造型如图13-6所示,将模型沿最大截面分成两半。分别在上、下两个砂箱中造型,上下半模用销钉定位。此法应用最广。

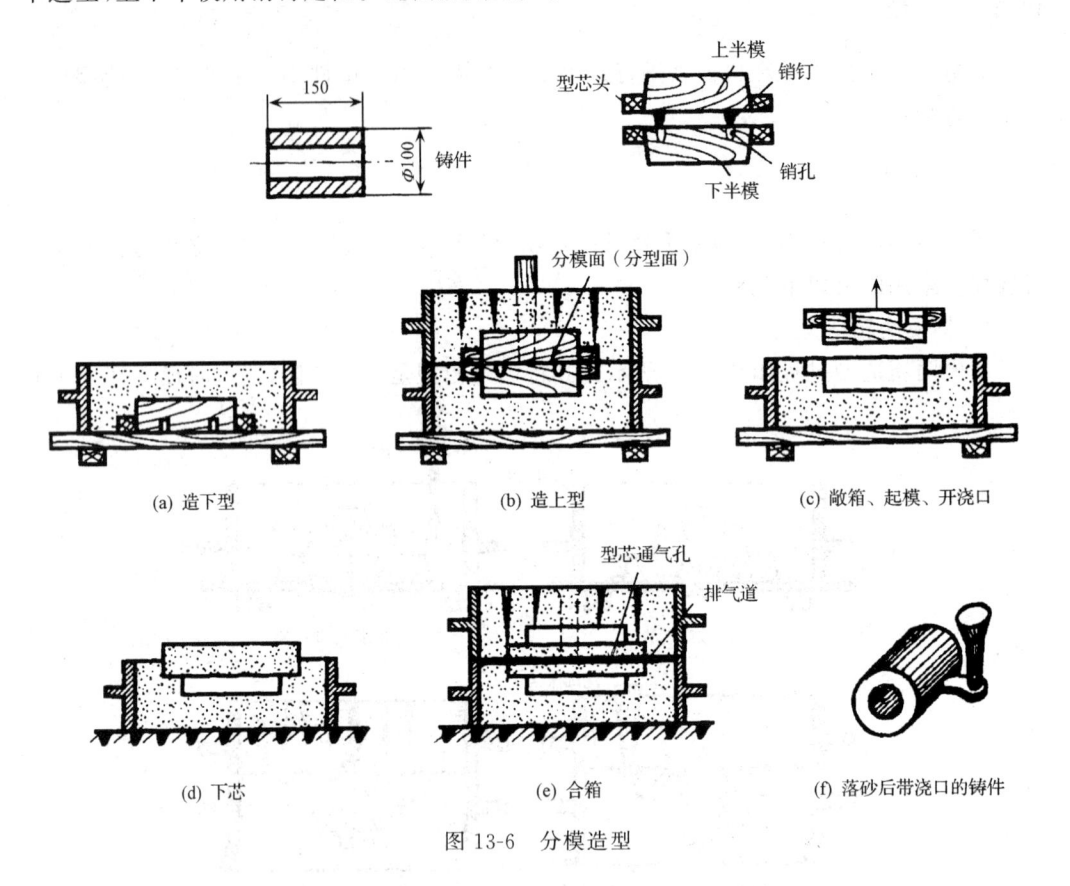

图 13-6 分模造型

3) 挖砂造型

当铸件最大截面不在一端,模型又不便于分成两半时,可用整模进行挖砂造型。如图13-7所示,挖砂造型时,需将下箱中阻碍起模的型砂挖去,而且必须挖至最大截面处。挖砂造型要求有较高的操作技能,且生产率低,故只用于单件生产。

为了省去挖砂操作,以提高生产率,当生产数量较多时,可采用假箱造型。如图13-8所示,先做一个假箱以代替平底板,在假箱上造下型,然后翻转下型造上型。假箱不参加浇注,可多次使用。假箱用含黏土较多的型砂制成。当生产量更多时,可用木材或金属成型底板以代替假箱,如图13-9所示。

4) 活块造型

当模型上某些凸出部分妨碍起模时,可将其做成活块,起模时先将模型主体取出,然后取出活块。造型过程如图13-10所示。活块造型对工人操作技术水平要求高,生产率低,故亦用于单件小批生产。

216

(a) 造下型　　(b) 翻下型，挖修分型面

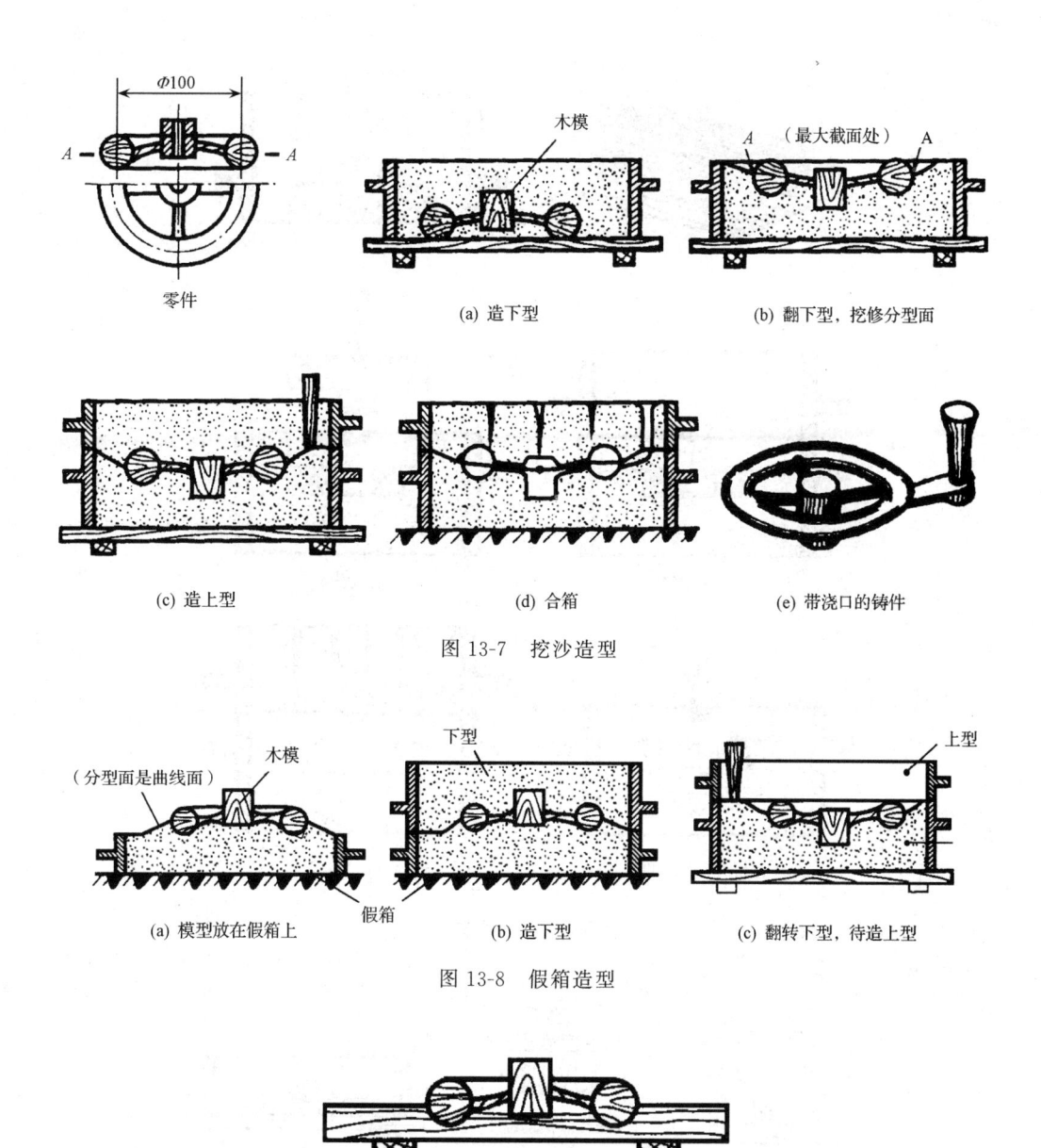

(c) 造上型　　(d) 合箱　　(e) 带浇口的铸件

图 13-7　挖沙造型

(a) 模型放在假箱上　　(b) 造下型　　(c) 翻转下型，待造上型

图 13-8　假箱造型

图 13-9　成型底板造型

5) 三箱造型

某些形状复杂，具有两端截面大，而中间截面小的铸件，用一个分型面取不出模型，则需用两个分型面，采用三箱造型，如图 13-11 所示。

三箱造型比较复杂，生产率低，且难以用机器造型，只适用于单件小批生产。在成批、大量生产中，可采用外型芯，将三箱造型改为两箱造型，如图 13-12 所示。

6) 刮板造型

对于某些尺寸较大的旋转体铸件，如带轮、飞轮、大齿轮等，为节省木材和制模工时，

· 217 ·

(a) 拖板模型　(b) 造下箱

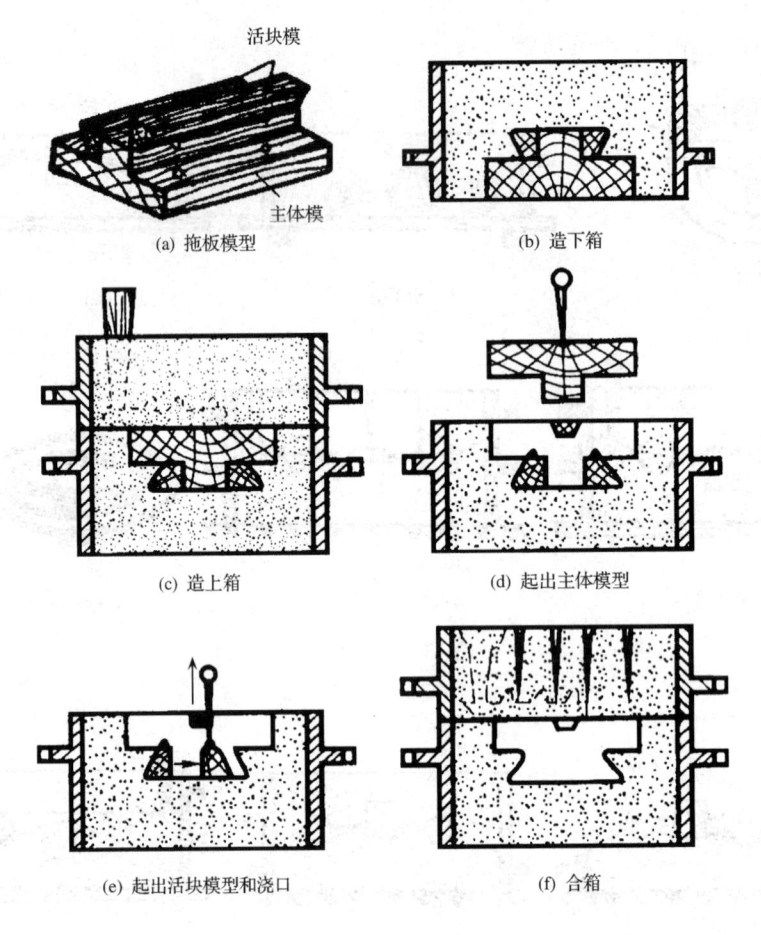

(c) 造上箱　(d) 起出主体模型

(e) 起出活块模型和浇口　(f) 合箱

图 13-10　活块造型

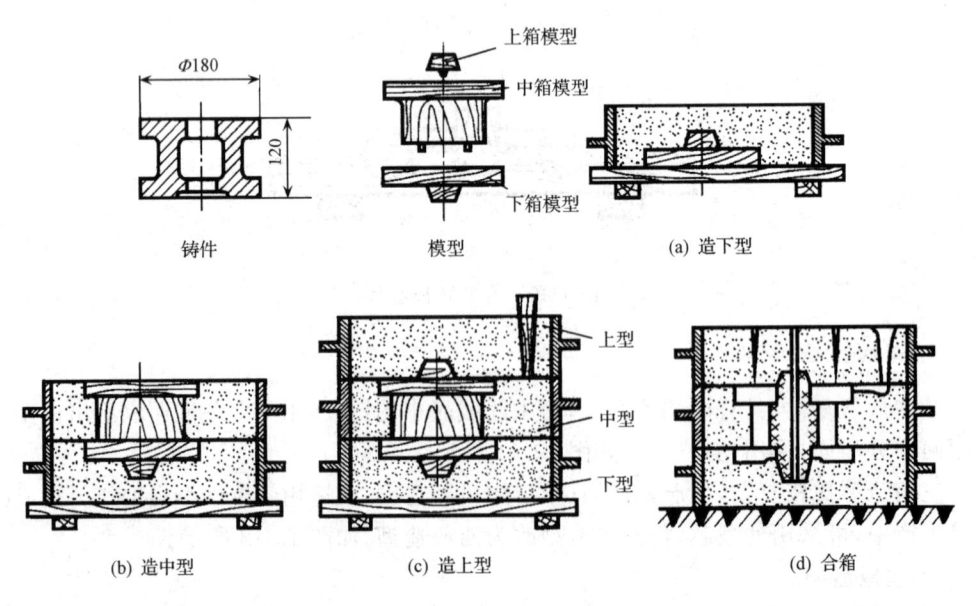

铸件　模型　(a) 造下型

(b) 造中型　(c) 造上型　(d) 合箱

图 13-11　三箱造型

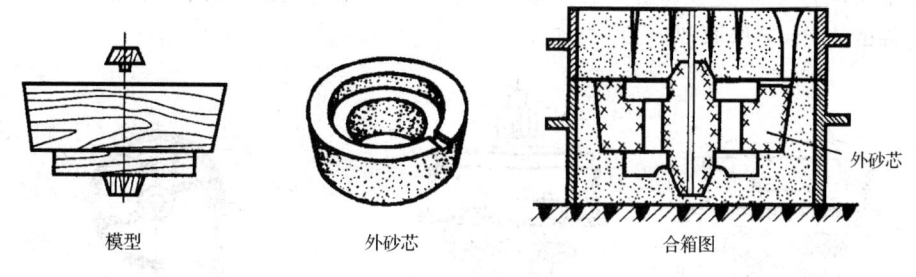

图 13-12 采用外型芯的两箱造型

可采用与断面形状相适应的刮板来代替整体模型。造型时,刮板绕轴旋转,在砂型中刮出型腔,如图 13-13 所示。

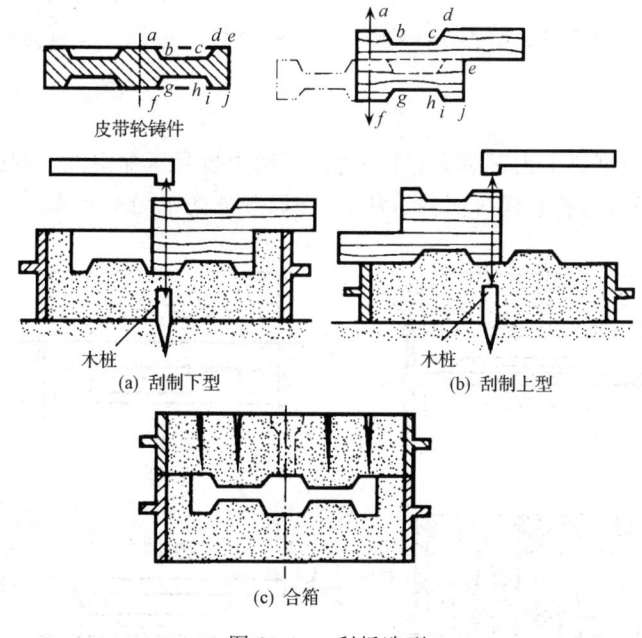

图 13-13 刮板造型

刮板造型同样由于操作困难、生产率低,仅适用于单件小批生产。

在单件生产中,铸造大型铸件时,为节省砂箱,可利用地面做下型,称为地坑造型。

2. 机器造型

机器造型是大量、大批生产中制造铸型的基本方法。它是将紧砂和起模两个造型基本动作全部或部分实现机械化,从而大大改善劳动条件,提高生产率和铸件精度,降低表面粗糙度,减少加工余量。

1) 紧砂方法

常用的紧砂方法有振动紧实、压实和抛砂紧实三种。

目前使用较广的振压式造型机就是同时用振实和压实两种方法来紧砂的,工作原理如图 13-14 所示,振压式造型机主要用于中小铸件。抛砂机是利用高速旋转的叶片将型砂连续地抛向砂型而使型砂紧实的。抛砂机紧实均匀,并且机头可沿水平方向运动,适用于大铸件的生产,工作原理如图 13-15 所示。

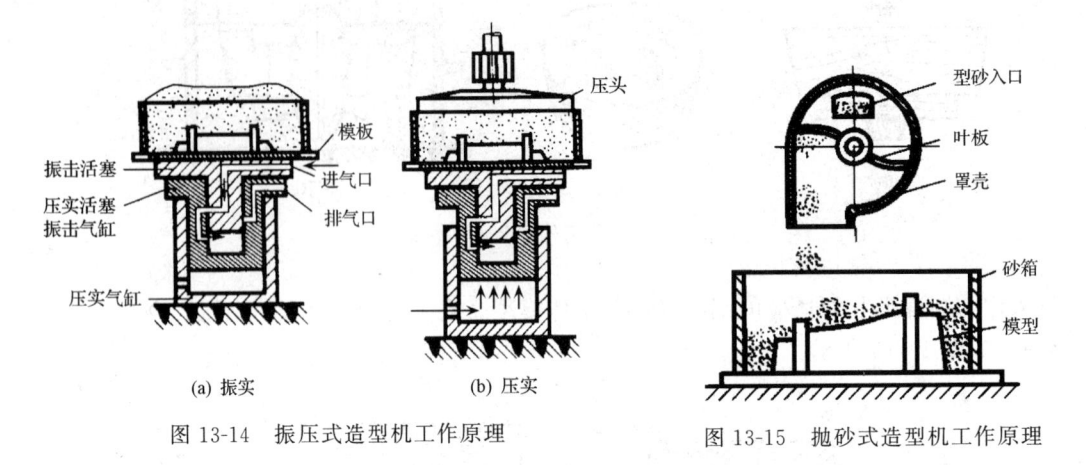

图 13-14 振压式造型机工作原理

图 13-15 抛砂式造型机工作原理

2) 起模方法

除抛砂机外,造型机上大都装有起模机构,其动力也是压缩空气。起模机构有顶箱起模、落模、漏模和翻转落箱起模等四种方法,工作原理如图 13-16 所示。

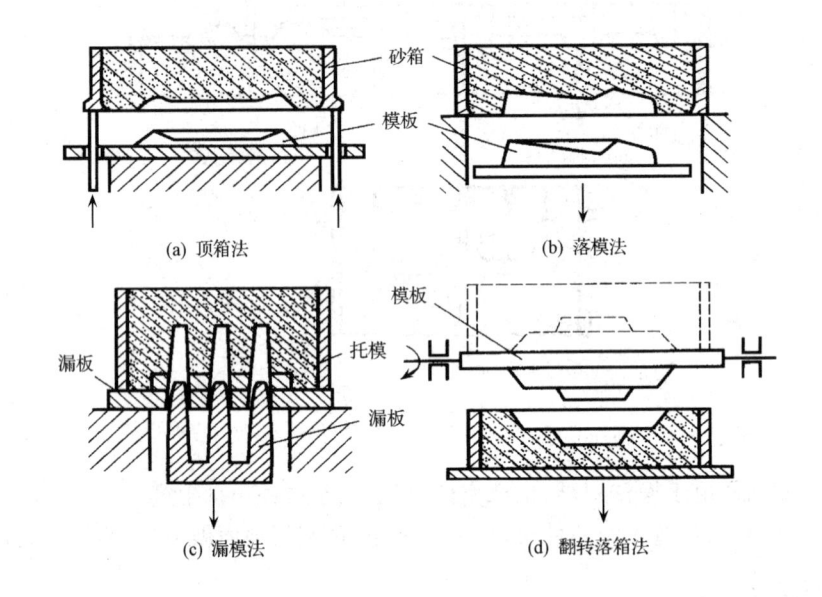

图 13-16 起模方法

13.3 特种铸造

砂型铸造的主要缺点是砂型只能用一次,生产效率低,且铸件的表面精度低。因此,生产上采取一些特殊的工艺措施,来弥补砂型铸造的不足,从而创造了许多特殊的铸造方法。常用的特种铸造方法有金属型铸造、压力铸造、低压铸造、离心铸造和熔模铸造等。

13.3.1 金属型铸造

金属型铸造是采用金属制造铸型，常用材料为铸铁。型芯可用钢制金属型芯，也可用砂芯，由于金属型可重复使用，因此又称永久型铸造。

为了提高金属型的使用寿命，型腔和型芯表面都要刷以涂料；浇注前应将金属型预热，以降低液体金属的冷却速度，避免产生浇注不足的缺陷，减少铸件的内应力。

金属型通常在分型面上开有 0.3～0.5mm 深的排气槽，以排出型腔中的空气。

金属型基本上克服了砂型铸造的缺点。铸件精度可达 IT12～IT16，表面粗糙度 R_a 为 2.5～6.3μm，并且由于冷却较快，晶粒较细，组织紧密，机械性能也明显提高。但由于冷却快，降低了合金的流动性，所以不适宜于铸造薄壁铸件和形状复杂的铸件；此外，金属型成本高，在生产黑色金属铸件时金属型寿命很低，因此限制了它的使用。主要用来在大量大批生产中铸造中小型有色金属铸件，如内燃机活塞、油泵体等。

13.3.2 压力铸造

压力铸造是将金属液体在高压、高速下压入铸型的铸造方法。所用压力为 400～600 大气压，速度达 5～50m/s。压力铸造也采用金属型，常用材料为合金模具钢。

压铸是在专门的压铸机上进行的，工作原理如图 13-17 所示。

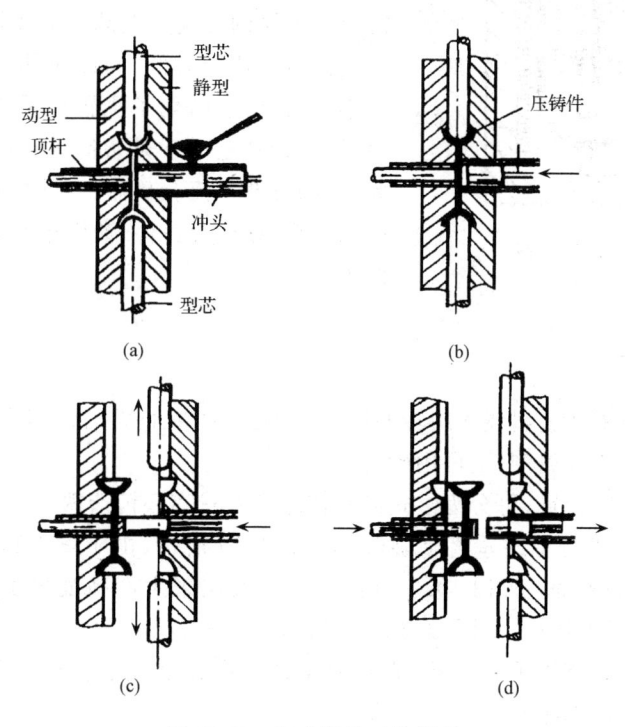

图 13-17 压力铸造工作原理

高压、高速，大大提高了液态金属充满铸型的能力，因此，可以制得薄壁和形状相当复杂的铸件，如铝合金压铸件可铸出的最小壁厚为 0.5mm，最小孔径为 0.7mm；螺纹的最小螺距为 0.75mm；压铸件的精度可达 IT11～IT13，表面粗糙度 R_a 达 3.2～0.8μm，无须切削加工;生产率高达 60~150 件/h;由于冷却快,晶粒细,压铸件的强度比砂型铸件高 25%~40%。

但由于冷却太快,浇注补缩作用很小,空气也很难完全排出,铸件内部往往形成缩松和气孔。因此,压铸件不能切削加工,以免暴露出孔洞;也不能进行热处理和在高温下工作,以免气孔中空气膨胀产生压力使铸件开裂。

压力铸造设备造价较高,因此只用于大量大批生产。此外,由于铸型材料性能和压铸机功率的限制,压铸通常用来生产 10kg 以下低熔点的有色金属合金铸件,占比重最大的是铝合金压铸件,其次是锌合金压铸件。

13.3.3 低压铸造

低压铸造是液体金属在 0.2~0.7 大气压力下注入铸型的。所用铸型在大量大批生产中用金属型;在单件小批生产中采用砂型等。低压铸造的工作原理如图 13-18 所示。液体金属在压缩空气压力下由浇注管进入铸型型腔,并在压力下保持适当时间,使型腔内的液体金属结晶,由浇注管内的金属进行补缩。最后去掉压力,浇注管上部的金属液体落回坩埚内。电阻丝用来保持坩埚内液体金属的温度。上部气动装置用来启闭铸型。

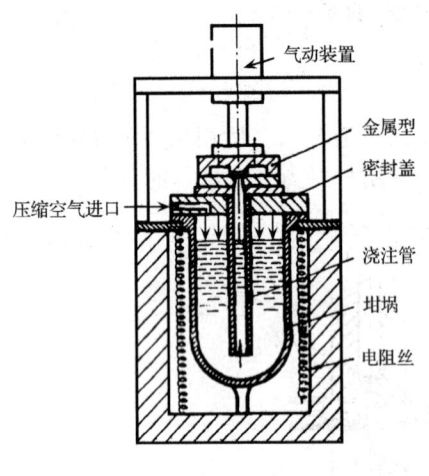

图 13-18 低压铸造

低压铸造压力低,因此液体金属充填平稳,成品率高;并由于简化了浇冒口系统,使金属的利用率提高;特别是由于设备简单,投资少,成本低,因此,应用日益广泛。目前主要用来生产质量要求高的铝合金、镁合金铸件,如汽车发动机气缸盖、气缸体等。

13.3.4 离心铸造

离心铸造是将液体金属浇入旋转的铸型中,使其在离心力的作用下充满铸型并凝固的铸造方法。铸型用金属型,也可用砂型。

按旋转轴的空间位置,可分为立式离心铸造和卧式离心铸造两种。

立式离心铸造机铸型绕垂直轴旋转,如图 13-19 所示,由于重力和离心力的综合作用,铸件内表面呈抛物面,图 13-19（a）所示;故主要用来生产高度小于直径的圆环类铸件;也可用来生产成型铸件,如图 13-19（b）所示。

卧式离心铸造机绕水平轴旋转,它主要用来生产长度大于直径的套类铸件和管子。图 13-20 为卧式离心铸管机。

离心力的作用使液体金属中的气体、熔渣等都集于铸件的内表面,因而铸件外侧组织紧密,无缩孔、无气孔、无夹渣等缺陷,铸件质量较好。并且由于不用浇注系统而节省了金属。此外,铸造空心铸件不需型芯。但内孔尺寸不准,内表面质量差。

目前离心铸造除了主要用来生产空心旋转体铸件外;也可用来浇注双层金属铸件。

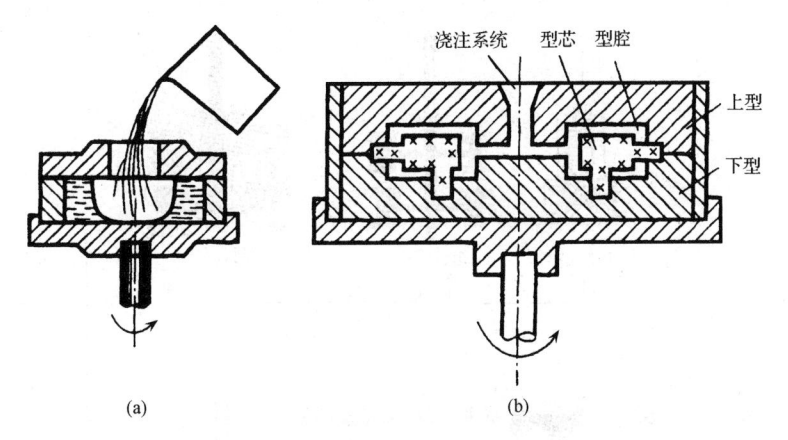

图 13-19 立式离心铸造

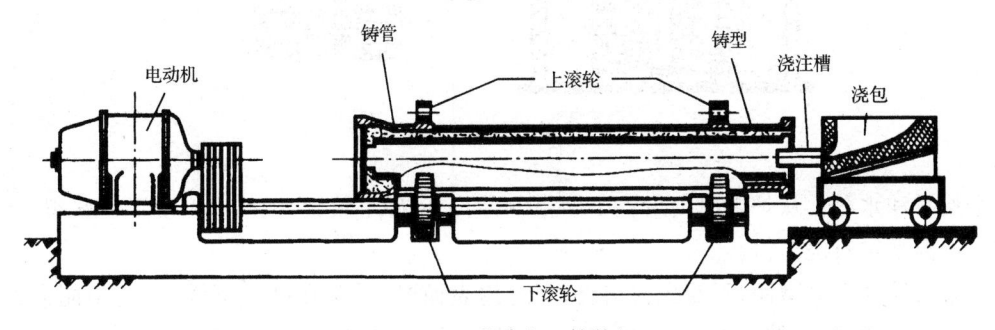

图 13-20 卧式离心铸管机

13.3.5 熔模铸造

熔模铸造是先用蜡制模型制造铸型,然后加热使蜡模熔化而排出型腔,最后进行浇注的铸造方法,故又称失蜡铸造。熔模铸造不需要起模、合箱工作,铸型是一个没有分型面的整体铸型。

熔模铸造的工艺过程较复杂,由以下几个工序组成,如图 13-21 所示。

(1) 制造压型。因蜡模只能用一次,故需准备用来制造蜡模的压型。低熔点锡铋合金压型用母模浇注并经加工制成,钢或铝合金压型用切削加工制造。

(2) 压制蜡模。蜡模材料用 50% 石蜡和 50% 硬脂酸配制而成,其熔点为 70~90℃。制模时将其加热至糊状后压入压型。为提高生产率,节省浇注系统,常将几个蜡模焊在一根蜡制浇注系统上,形成蜡模组。

(3) 制造壳型。蜡模不能用一般的砂型铸造的方法制造铸型,而是用它制造壳型。制造壳型时,先将蜡模浸入用水玻璃和石英粉配成的涂料中,取出后撒上一层石英砂,再浸入硬化剂氯化铵溶液中使其硬化。如此重复 4~6 次,使蜡模表面结成 6~10mm 的硬壳。然后将包着蜡模的硬壳浸入 90~95℃ 的水中,使蜡模熔化,排出蜡液后便获得中空的硬壳铸型,通称壳型。

(4) 浇注。浇注前将壳型放入 850~900℃ 的电炉中进行焙烧,以提高其强度和排除

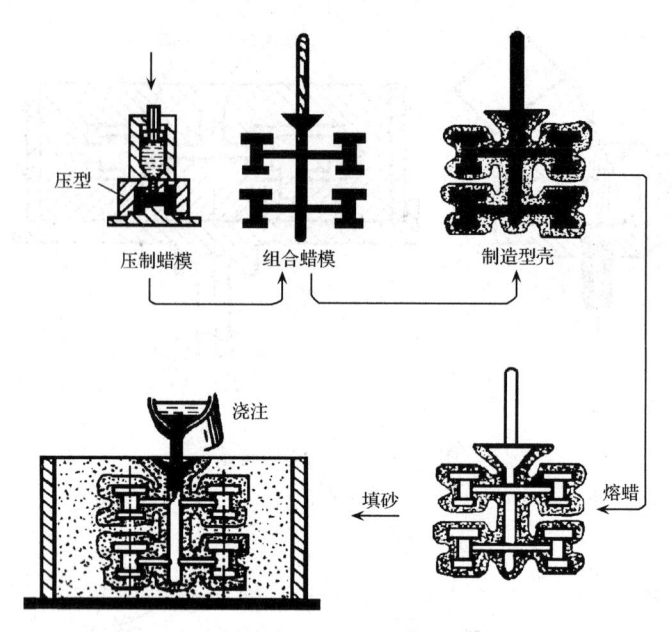

图13-21 熔模铸造的工艺过程

残余蜡料和水分。从炉中取出后置于砂箱中,周围用砂子填紧,以防壳型变形或破裂。壳型在高温下进行浇注。

熔模铸造无分型面、不需拔模斜度、壳型内表面光洁,又在高温下浇注,充型能力强,所以铸件轮廓清晰,精度、表面质量高,适合任何复杂的铸件,是一种重要的少无切削加工方法。

但熔模铸造工艺复杂,生产周期长,成本高,且铸件不宜过大,故其应用受到一定的限制,主要用于生产形状复杂、精度要求高,以及熔点高、并难以切削加工的小型铸件。

13.4 常用铸造方法的比较

各种铸造方法均有其优缺点和适用范围,不能认为某种最为完善,必须结合具体情况进行比较,如合金的种类、生产批量、铸件的形状和大小、质量要求及现有设备条件等,才能选出合适的铸造方法。

表13-1列出几种铸造方法的综合比较。可以看出,砂型铸造尽管有着许多缺点,但其适应性最强,因此,在铸造方法的选择中应优先考虑;而特种铸造仅在特定条件下,才能显示其优越性。

表 13-1 常用铸造方法的比较

铸造方法 比较项目	砂型铸造	熔模铸造	金属型铸造	压力铸造	低压铸造
适用金属	任意	不限制,以铸钢为主	不限制,以有色合金为主	铝、锌、镁等低熔点合金	以有色合金为主,也可用于黑色金属
适用铸件大小	任意	小于25kg,以小铸件为主	以中、小铸件为主	一般为10kg以下,也可用于中型铸件	以中、小铸件为主
批量	不限制	一般用于成批、大量生产,也可用于小批量	大批、大量	大批、大量	成批、大量
铸件尺寸公差/mm	100±1.0	100±0.3	100±0.4	100±0.3	100±0.4
铸件表面粗糙度 $R_a/\mu m$	粗糙	25~3.2	25~12.5	6.3~1.6	25~6.3
铸件内部质量	结晶粗	结晶细	结晶细	表层结晶细,内部多有气孔	结晶细
铸件加工余量	大	小或不加工	小	小或不加工	较小
生产率（一般机械化程度）	低、中	低、中	中、高	最高	中
铸件最小壁厚/mm	3.0	通常0.7	铝合金2~3,铸铁4.0	0.5~1.0	一般2.0

复习思考题

1. 什么是铸造,铸造包括哪些主要工序?
2. 型砂应具备哪些性能,用哪些基本材料配制?
3. 手工造型常用哪几种造型方法,各适用于何种零件?
4. 概述分模造型工艺过程。
5. 机器造型有何优缺点,机器造型通常用哪几种紧砂方法?
6. 如图 13-22 所示套筒类铸件都是单件生产,可采用什么造型方法？若是大批量生产应采用什么生产工艺?
7. 常用的特种铸造方法有哪几种,它们有何优缺点,各适用于何种铸件?
8. 试比较压力铸造和熔模铸造的异同点,并叙述熔模铸造的生产过程。
9. 何谓铸件的缩孔和缩松,冒口主要的作用是什么?对于哪些合金较易形成缩松?

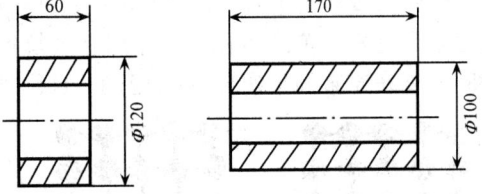

图 13-22 套筒类铸件

10. 合金的固态收缩严重会给铸件产生什么样的影响?
11. 常用哪些方法防止铸件的变形和开裂?

第 14 章　金属的塑性成型

金属的塑性成型是利用外力,使金属毛坯产生塑性变形,改变其尺寸、形状并改善其性能,以获得型材或毛坯的加工方法。它包括锻造、冲压、轧制、拉拔和挤压等。

锻造是机器零件或毛坯生产的主要方法之一。按塑性成型方式的不同,锻造又分为自由锻造(简称自由锻)和模型锻造(简称模锻)。锻造过程中,金属经塑性变形,压合了原材料内的一些内部缺陷(如气孔、微裂纹等),晶粒得到细化,组织致密并呈流线状分布,改善和提高了材料的力学性能。所以,承受重载及冲击载荷的重要零件,如机床主轴、传动轴、发动机曲轴、起重机吊钩等,多以锻件为毛坯。但由于锻造属于固态塑性成型,金属的流动性差,因此锻件的形状不能太复杂。

冲压的材料多为板材。冲压件具有结构轻、刚度好、强度高、外形美观等优点,并且可实现机械化、自动化生产,生产效率高,广泛用于汽车外壳、仪表、电器及日用品的生产。

在锻压加工中作用在金属坯料上的外力主要有两种:冲击力和压力。锤类设备产生冲击力使金属变形;轧机与压力机对金属坯料施加静压力使金属变形。塑性变形是锻压加工的基础。大多数钢和有色金属及其合金都具有一定的塑性,均可在热态或冷态下进行锻压加工,而铸铁是脆性材料,不能进行锻压加工。

锻压生产广泛用于机械、电力、电器、仪表、电子、交通、冶金、矿山、国防和日用品等部门。例如,飞机的锻压件重量约占其全部零件重量的 85%;汽车约占 80%;机车约占 60%。在电器、仪表和日用品中,冲压件占绝大多数。

锻压加工的不足之处是不能加工脆性材料或形状复杂的零件,特别是具有复杂形状内腔的毛坯或零件。

14.1　金属的塑性变形及可锻性

14.1.1　金属的塑性变形

塑性变形是指材料受到外力后产生永久变形的现象,也是锻压加工的基础。

工业用金属一般都是多晶体,为了更好地了解材料受力后的塑性变形,先看单晶体的塑性变形过程。单晶体在外力作用下被拉伸时,在平行于某晶面的切应力 τ 的作用下,迫使原子离开原来的平衡位置(如图 14-1(b)所示),改变了原子间的相互距离,当切应力增

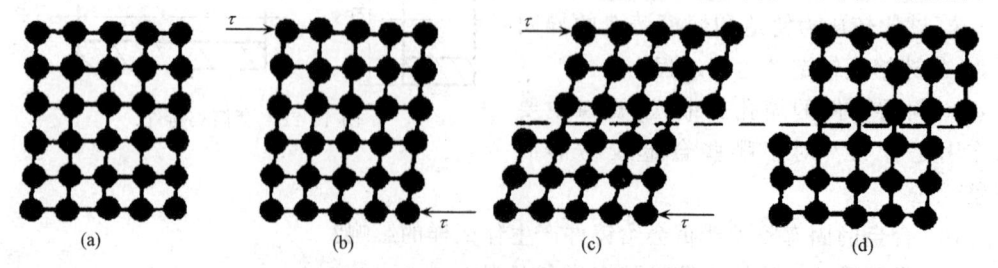

图 14-1　单晶体的塑性变形过程示意图

大到大于原子间的结合力后,使某晶面两侧的原子产生相对滑移(如图14-1(c)所示)。晶体滑移后,若去除切应力 τ,则已滑移的原子处于新的平衡状态而不能恢复到滑移前的位置,被保留下来的这部分变形即塑性变形(如图14-1(d)所示)。

多晶体的塑性变形较单晶体复杂,除晶粒内部的滑移变形外,还有晶粒与晶粒间的滑动和转动,即晶间变形(如图14-2所示)。由于多晶体中每个晶粒的位向不同,各晶粒的塑性变形将受到周围位向不同的晶粒及晶界的影响和约束。一般情况下,多晶体变形是分批逐步进行的,其变形抗力也比同种金属的单晶体高得多。

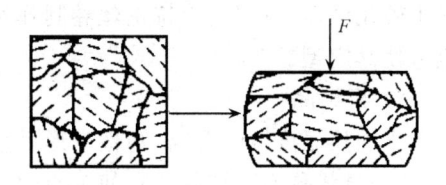

图14-2 多晶体的塑性变形示意图

14.1.2 塑性变形对金属组织和性能的影响

金属在常温下经过塑性变形后,其内部组织发生的变化有:①晶粒沿变形最大方向上伸长并发生转动;②在晶粒内部及晶粒间产生了碎晶粒;③晶格发生了扭曲畸变并产生了内应力。随金属内部组织的变化,其力学性能也发生了很大变化。

1. 加工硬化

在常温下,金属随塑性变形程度的增加,其强度和硬度提高,而塑性和韧性下降的现象,称为加工硬化。例如,当用手反复弯曲铁丝时,会发现越弯越硬,而且也越费力,最后在弯曲处因硬脆而断裂。这正是塑性变形过程中的加工硬化现象。

加工硬化的产生是由于金属塑性变形后,滑移面上产生了很多晶格位向混乱的微小碎晶块,滑移面附近晶格也处于强烈的歪扭状态,产生了较大的应力,增加了继续滑移的阻力,使塑性变形难以进行下去,造成了金属塑性变形的强化。

加工硬化在工业生产中很有实用意义,某些不能通过热处理方法来强化的金属材料,如低碳钢、纯铝、防锈铝、镍铬不锈钢等,可以通过冷轧、冷拔、冷挤压等工艺,使其产生加工硬化,以此来提高其强度和硬度。

但是加工硬化给金属进一步变形带来困难,所以需要在变形工序之间消除加工硬化,恢复金属塑性。

2. 回复与再结晶

加工硬化是一种不稳定现象。具有自发地回复到稳定状态的倾向,但在常温下,金属原子的活动能量较低,加工硬化很难自动消除,如果将其加热到一定温度,原子运动加剧,将有利于原子恢复到平衡位置,使金属回复到稳定状态。

1) 回复

当加热温度不高时,原子的扩散能力较弱,不能引起明显的组织变化,只能使晶格扭曲程度减轻,并使内应力下降,使金属的加工硬化得到部分消除,即材料的强度、硬度略有下降,而塑性略有升高,这一过程称为"回复"。使金属得到回复的温度,称为回复温度。各种金属的回复温度与其熔点有关。可用下式来表示:

$$T_{回} = (0.25 \sim 0.3) T_{熔}$$

式中：$T_回$ 为以热力学温度表示的金属回复温度(K)；
$T_熔$ 为以热力学温度表示的金属熔化温度(K)。

生产中常用的低温去应力退火就是利用回复现象,消除工件应力,稳定组织,并保留加工硬化性能。例如,冷拉钢丝卷制弹簧,在卷成后进行一次低温去应力退火,可以消除应力使其定型。

2）再结晶

当加热温度继续升高,塑性变形后金属被拉长了的晶粒重新生核、结晶,变为等轴晶粒,这一过程称为再结晶。它使金属的加工硬化现象全部消除。需要注意的是:再结晶产生的新晶粒的晶格类型与原来相同,只是晶格扭曲的外形得到改变。开始产生再结晶现象的最低温度称为再结晶温度。各种金属的再结晶温度与其熔点的关系大致如下式

$$T_再 = (0.35 \sim 0.4) T_熔$$

式中：$T_再$ 为以热力学温度表示的再结晶温度(K)。

为加速再结晶过程的进行,工业生产中实际再结晶退火温度要比计算的再结晶温度高 100～200℃。但如果实际再结晶温度过高,保温时间过长,再结晶后的等轴细晶粒将不断长大成粗晶粒,金属的力学性能将下降(如图 14-3 所示)。

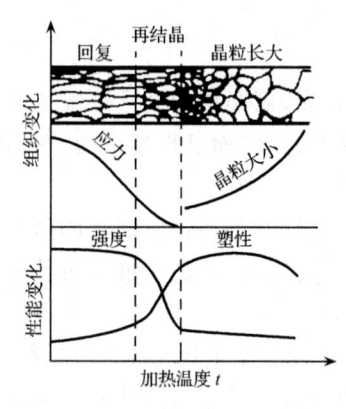

图 14-3 加工硬化的金属在加热时组织和性能的变化

3. 冷变形和热变形

金属在再结晶温度以下进行的变形加工,称为冷变形。由上可知:冷变形过程中只有加工硬化,而无回复与再结晶现象。所以冷变形时的变形抗力大,需用较大吨位的设备,考虑到金属的塑性能力,冷变形的程度不宜过大,以免产生裂纹。

金属在再结晶温度以上进行的变形加工,称为热变形,在热变形过程中,加工硬化组织被同时发生的再结晶过程所消除。变形后,金属具有再结晶组织而无加工硬化现象。热变形加工能以较小的功得到较大的变形,变形抗力通常只有冷变形的 1/10～1/5,又可获得力学性能较好的再结晶组织。

在锻压成型中,板料冲压采用冷变形方式,各种锻造工艺采用热变形方式。铸锭大多具有粗大的结晶组织以及气孔、缩松等缺陷,生产中经锻造、轧制等热变形加工后,可压合气孔、微裂纹和缩松,获得细化的再结晶组织,使组织更加致密,强度比原来提高 1.5 倍以上,塑性和韧性提高得更多。

4. 锻造流线

金属材料内存有不溶于基体金属的非金属化合物,在热变形过程中,脆性杂质被破碎,顺着金属主要伸长方向呈碎粒状或链状分布,塑性杂质随晶粒伸长方向呈带状分布,这种具有方向性的组织称为锻造流线(也称纤维组织)。值得注意的是:①锻造流线随塑性变形的程度增加而明显;②锻造流线不会随着再结晶而消失。图 14-4 是工业纯铁在不同变形程度下的锻造流线情况。

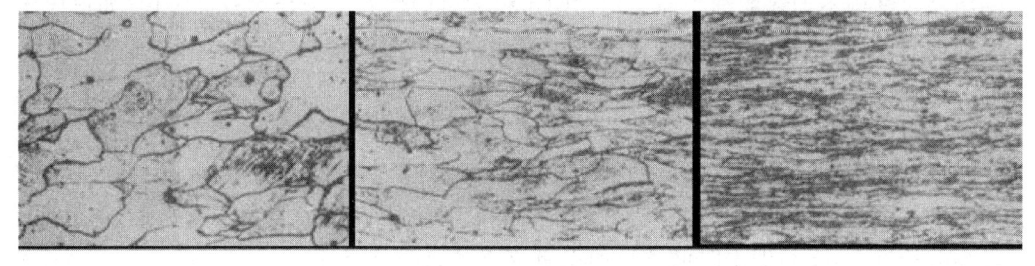

|20%变形度|50%变形度|70%变形度|

图 14-4　工业纯铁在不同变形程度下的锻造流线情况

锻造流线使锻件的塑性和韧性在纵向增加,在横向降低,使金属性能呈现各向异性。为发挥材料的最大性能,常使零件工作时的最大正应力方向与流线方向平行,最大剪应力方向与流线方向垂直,流线的分布应与零件外轮廓相符而不被剪断。

例如,若采用棒料直接用切削加工方法制造的螺钉(如图 14-5(a)所示),螺钉质量不好,寿命短;而用局部镦粗的方法制造的螺钉(如图 14-5(b)所示),质量好,寿命长。

又如曲轴采用全流线锻造方法,使流线沿曲轴外形连续分布(如图 14-6(b)所示),提高了曲轴性能,降低了材料消耗。

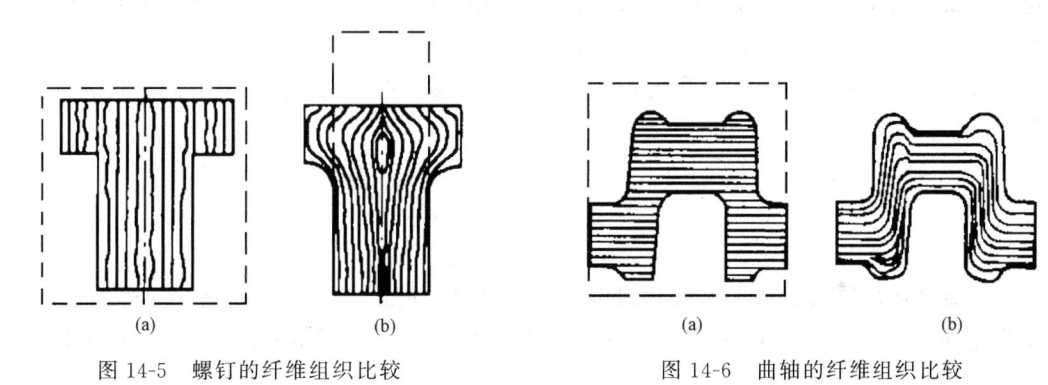

图 14-5　螺钉的纤维组织比较　　　　图 14-6　曲轴的纤维组织比较

14.1.3　金属的可锻性

金属的可锻性是指金属锻压成型的难易程度,常用塑性和变形抗力两个指标来综合衡量。塑性越好,金属塑性变形的能力越强,而变形抗力越小,金属在塑性变形时所需的外力就越小。金属可锻性是金属材料的重要工艺性能,影响可锻性的主要因素是金属材料本身的性质(内因)和加工条件(外因)。

1. 材料性质的影响

(1) 化学成分。不同化学成分的材料其可锻性不同。一般地说,纯金属的可锻性比合金的可锻性好,而钢中由于合金元素含量高,合金成分复杂,其塑性差,变形抗力大。因此纯铁、低碳钢和高合金钢,它们的可锻性是依次下降的。

(2) 金属组织与结构。金属内部的组织和结构对金属可锻性影响很大,铸态柱状组织和粗晶粒结构不如晶粒细小而又均匀的组织的可锻性好。纯金属及固溶体(如奥氏体)的可锻性好,而碳化物(如渗碳体)的可锻性差。

2. 加工条件的影响

(1) 变形温度。提高金属变形温度,可使原子动能增加,结合力减弱,塑性增加,变形抗力减小。同时,高温下再结晶过程很迅速,能及时克服冷变形强化现象。所以,在不产生过热的条件下,提高加工时的变形温度可改善金属的可锻性。

(2) 变形速度。变形速度即单位时间内的变形量。一般来说,随着变形速度的提高,金属加工硬化的程度增加,不能通过回复和再结晶及时克服,使塑性下降,变形抗力增加,锻压性能变差。但是,当变形速度超过某临界值后,由于塑性变形的热效应(消耗于塑性变形的部分功转化成热能且来不及扩散,使变形金属温度升高的现象),使金属温度升高,加快了再结晶过程,使塑性增加,变形抗力减小。变形速度越高,热效应越明显。所以,生产中除高速锤锻造和高能成型外,常用的锻造设备都不可能超过临界变形速度。因此,塑性较差的金属(如高合金钢等)或大型锻件,宜采用较小的变形速度。

(3) 应力状态。用不同的锻压方法使金属变形时,其内部产生的应力大小和性质(压或拉)是不同的。实践证明,三向受压时金属的塑性最好,出现拉应力时则塑性降低。这是因为在三向压应力状态下,金属中的某些缺陷难以扩展,而拉应力的出现使这些缺陷易于扩展,从而易导致金属的破坏。

从以上分析可知,当材料确定以后,可以通过改变加工变形条件,来提高材料的可锻性。

14.2 锻 造

锻造是在加压设备及工(模)具的作用下,使坯料、铸锭产生局部或全部的塑性变形,以获得具有一定几何尺寸、形状和质量的锻件的加工方法。按所用的设备和工(模)具的不同,可分为自由锻和模锻两类。

14.2.1 自由锻

只用简单的通用性工具,或在锻造设备的砧座间直接使坯料变形而获得所需的几何形状及内部质量锻件的加工方法称自由锻。自由锻时,金属只有部分表面受到工具限制,其余则为自由表面(如图 14-7 所示)。

图 14-7 大型锻件自由锻

常用的自由锻设备有空气锤、蒸汽-空气自由锻锤、水压机等。

常用的自由锻基本工序(如图 14-8 所示)有:镦粗(使毛坯高度减小,横断面积增大)、拔长(使毛坯横断面积减小,长度增加)、冲孔(在坯料上冲出通孔或不通孔)、弯曲、错移、扭转、切割等。

自由锻的基本目的是经济地获得所需的形状、尺寸和内部质量的锻件。钢锭经过锻造,粗晶被打碎,

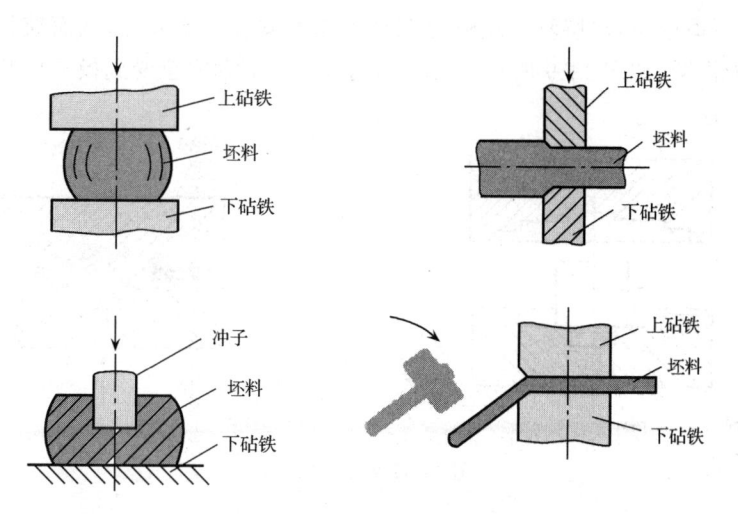

图 14-8 自由锻基本工序示意

非金属夹杂物及异相质点被分散,内部缺陷被锻合,致密程度提高,流线分布合理,综合力学性能大大提高。

自由锻设备的通用性好、工具简单,锻件组织细密、力学性能好。但其操作技术要求高,生产效率低,锻件形状较简单、加工余量大、精度低。自由锻主要用于单件小批生产,同时也是特大型锻件唯一的生产方法。

表 14-1 是常见自由锻件分类以及主要锻造工序

表 14-1　常见自由锻件分类及主要锻造工序

锻件类型	锻件简图	自由锻主要工序
盘类		镦粗,冲孔
轴及杆类		拔长,压肩
筒及环类		镦粗,冲孔,在芯轴上拔长(或扩孔)
弯曲类		拔长,弯曲

14.2.2　模锻

模锻是模型锻造的简称。将加热到锻造温度的坯料放入固定在模锻设备下方的锻模模膛中,在上下锻模闭合过程中,坯料受力在模膛中被迫流动成型,从而获得所需锻件的加工方法称为模锻(如图14-9所示)。模锻时,金属的流动完全受到模具模膛的限制。

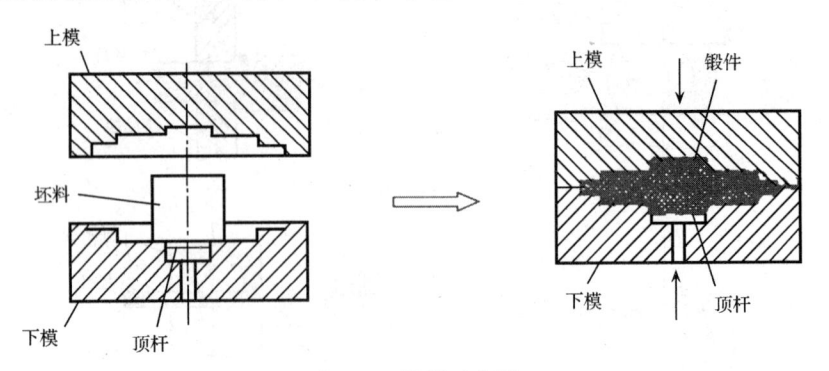

图 14-9 模锻示意图

模锻生产效率较高、模锻锻件的形状和尺寸比较精确,表面粗糙度低,机械加工余量较小,能锻出形状复杂的锻件(如图14-10所示),因此材料利用率高;但模具制造周期长、成本高,一种模具只能生产一种锻件,因此只有在批量生产中才能获得低成本。受锻压设备吨位的限制,模锻件重量较小,适用于小型锻件的成批大量生产。

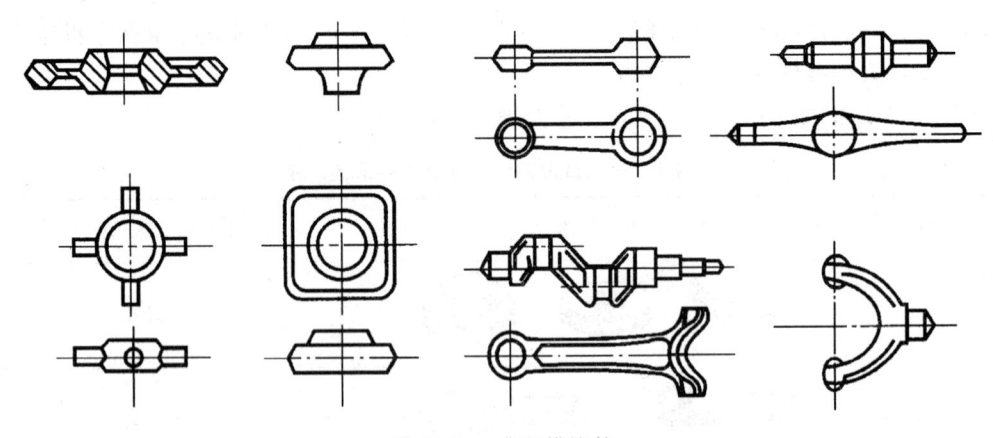

图 14-10 典型模锻件

常用的模锻设备有蒸汽-空气模锻锤、锻造压力机、螺旋压力机和平锻机等。

在蒸汽-空气模锻锤上进行模锻称为锤上模锻,是我国应用最多的一种模锻方法,可锻造多种类型的锻件,且设备费用较低。但其工作时振动和噪声大,生产效率较低。

锤上模锻按所用设备和模具不同,可分为锤模锻和胎模锻两类。

1. 锤模锻

最常用的模锻设备是蒸汽-空气模锻锤,其工作原理与蒸汽-空气自由锻锤基本相同,所不同的是装有上模的锤头运动轨迹精确,砧座较重并安装有下模。上模和下模构成锻模模膛。

锤模锻时,金属的变形是在锻模的各个模膛中依次完成的,坯料在一个模膛中的锻打变形称为一个工步。一个模锻件的成型需经过制坯—预锻—终锻等工步,其中制坯使坯料金属按模锻件的形状合理分布,以利于随后在模锻模膛中成型;预锻使坯料接近锻件形状和尺寸;终锻最终获得锻件的形状和尺寸。图 14-11 表示汽车摇臂锻件的模锻工步和锻模(下模)。

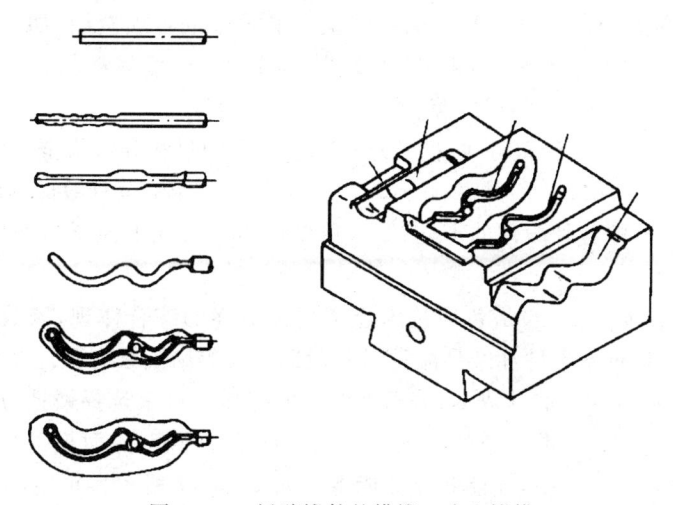

图 14-11 摇臂锻件的模锻工步和锻模

2. 胎模锻

胎模锻造是在自由锻设备上采用简单的可移动模具(胎模)来生产模锻件的锻造方法。生产时胎模无需固定在设备上,可根据工艺过程随时放上或取下。

胎模锻一般先用自由锻工序制坯,然后在胎模中预制和终锻成型(如图 14-12 所示)。胎模锻与自由锻相比,生产率和锻件精度都较高;与模锻相比,工艺灵活。目前在没有模锻生产设备的中小型工厂,常采用胎模锻成批生产小型锻件。

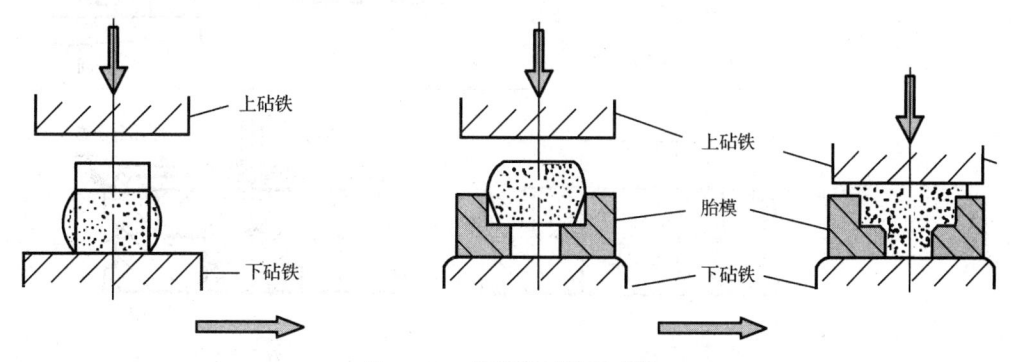

图 14-12 胎膜锻过程示意图

14.2.3 锻造生产的经济性

锻造生产的成本由下列几项组成:
(1) 原材料费用。主要是锯割好的各类型材或坯料的费用。

(2) 燃料费用。加热炉用的燃油、煤、煤气等的费用。

(3) 动力费用。包括电力、蒸汽和压缩空气。

(4) 生产工人工资及其附加费用。

(5) 专项费用。如添置过程装备费用,购置锻模等。

(6) 车间经费。包括为管理和组织车间生产所发生的各项费用,如车间管理人员的工资及附加费、办公费、水电费、折旧费、修理费、运输费、低值易耗品、劳动保护费、差旅费、停工损失、在存产品盘亏和损毁等。

(7) 企业管理费。在计算时,若把(2)~(7)项费用的总和分摊给全月完成工时总量,得出单位小时生产费用成本;若把(2)~(7)项费用总和分摊给全月锻件总质量,则得出每单位质量生产费用,即各种锻件的平均(kg)单位成本。再加上原材料费用,就可得到锻件的实际成本。

锻件的千克成本(元/kg)是各项技术经济指标最终的综合体现,该数值的大小与该车间生产规模、设备技术条件和产品品种以及锻造方式等诸因素有关。在生产中,为降低锻件成本,需根据锻件的实际产量来选择锻造方式。比如自由锻在单件小批生产规模时经济性较好,而模锻只有在批量生产中,才能获得低成本。如图 14-13 所示齿轮坯,当批量为 10 件、200 件、8000 件时应相应选择自由锻造、胎模锻造和锤模锻造,表 14-2 为该齿轮坯锻件在三种批量下选用锻造方法的分析。

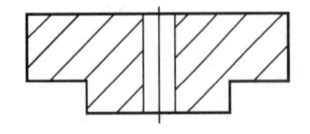

图 14-13　45 钢齿轮坯

表 14-2　齿轮坯锻件在三种批量下选用锻造方法的分析

批量/件	锻造方法	锻造工艺简图
10	自由锻	镦粗　双面冲孔　修整外圆
200	胎模锻	局部镦粗　双面冲孔
8000	锤模锻	

14.3 板料冲压

利用冲模,在外力作用下使板料产生分离或者变形从而获得制件的工艺方法称为板料冲压。板料冲压通常用来加工具有良好塑性和较低变形抗力的金属板料(如低碳钢、铜及其合金、铝及其合金以及塑性好的合金钢)或非金属板料(如石棉板、绝缘纸板、胶木板、云母、橡胶、有机玻璃)等。这种方法通常在常温下进行,板料厚度一般小于 6 mm,故又称为冷冲压或薄板冲压。

冲压生产广泛应用于汽车、飞机、火箭、电机、电器、仪表、轻工业和日用品等工业部门,冲压用模具一般加工复杂、生产周期长、成本高,所以冲压在大批量生产时才能充分体现其优越性。

14.3.1 板料冲压的基本工序

板料冲压的基本工序分为分离工序和变形工序两大类。

1. 分离工序

使冲压件与板料沿一定的轮廓线相互分离的冲压工序,称为分离工序。分离工序包括剪裁、冲裁(落料和冲料)等工序。

1) 剪裁

将板料沿直线相互分离的方法称为剪裁。剪裁通常是板料冲压件的备料工序,或作为使板料剪切成型的工序。剪裁可在剪床上或依靠剪切模在冲床上进行。

2) 冲裁

用冲模将板料以封闭轮廓与坯料分离的冲压方法称冲裁,它包括落料和冲孔。

落料和冲孔两种工序的板料变形过程和模具结构相同,只是作用不同。其区别在于:冲孔时冲落部分为废料,留下部分为成品;落料则相反,冲落部分为成品,余下部分是废料(如图 14-14 所示)。

2. 变形工序

在外力作用下使板料的一部分相对另一部分发生塑性变形而不破裂的冲压工序称为变形工序,它包括弯曲、拉深、收口、成型、滚弯、胀形、翻边、旋压等。

1) 弯曲

弯曲是用冲模将平直坯料弯成一定角度或圆弧的变形工序(如图 14-15 所示)。弯曲时,板料受弯部分的内层金属被压缩容易起皱,外层金属受拉伸容易拉裂。为防止板料弯曲时产生裂纹应尽量选用塑性好的原材料、限制坯料最小弯曲半径、使坯料弯曲部分的切线方向与板料纤维方向一致(如图 14-16 所示)。

在弯曲工序中,弹性变形部分的恢复使弯曲后工件的弯曲角大于冲模的角度,这种现象称为回弹,回弹角的大小与材料的屈服强度以及工件弯曲程度有关。所以弯曲模具上的弯曲角要比工件要求弯曲的角度小一个回弹角。

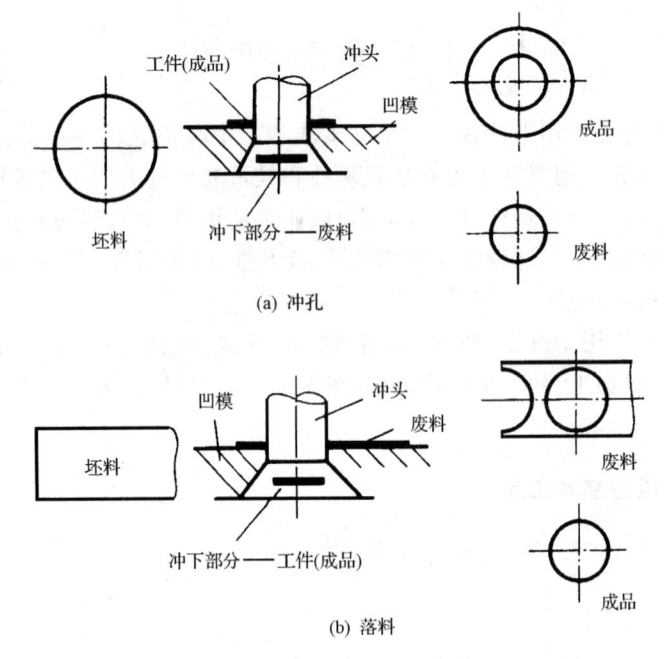

(a) 冲孔

(b) 落料

图 14-14 冲裁工序示意图

图 14-15 弯曲示意图

图 14-16 弯曲时板料纤维组织的方向

2）拉深

拉深是用冲模将平板状的坯料制成中空带底形状制件的变形工序（如图 14-17 所示），拉深的应用十分广泛，可成型各种直壁或曲面类空心件。为防止拉深件边缘产生皱折常采用压边圈。

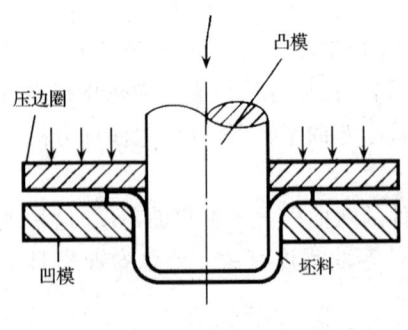

图 14-17 拉深示意图

在拉深过程中，工件的底部并未发生变形，而工件的周壁部分则经历了很大程度的塑性变形，引起了相当大的加工硬化作用。当坯料直径 D 与工件直径 d 相差越大，则金属的加工硬化作用就越强，拉深的变形阻力就越大，甚至有可能把工件底部拉穿。因此，d 与 D 的比值 m，即拉深系数，应有一定的限制，一般取 $m=0.5 \sim 0.8$。若在拉深系数的限制下，较大直径的坯料不能一次被拉成较小直径的工件，则应采用多次拉深，必要时在多次拉深过程中进行适当的中间退火,以消除金属因塑性变形所产生的加工硬化,以便恢复材料塑性使下次拉深工序顺利进行。图 14-18 是黄铜(H59)弹壳的多次拉深过程,工件壁厚经过多次减薄拉深成型,由于变形程度较大,工序间要进行多次退火。

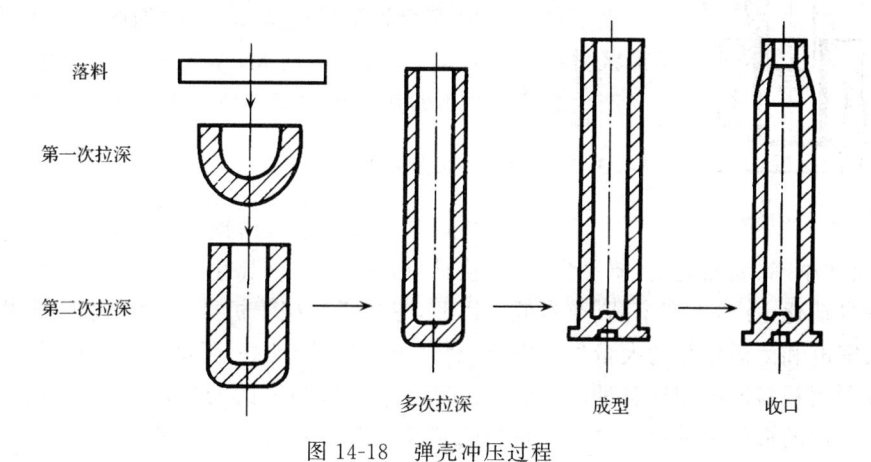

图 14-18 弹壳冲压过程

3) 收口

将管件或空心制件的端部沿径向加压,使其径向尺寸缩小的加工方法,如图 14-19(a)所示。变形区材料受切向压应力作用,产生压缩变形,厚度增加,直径减小,变形时易起皱,常用于弹壳、管件等的收口。

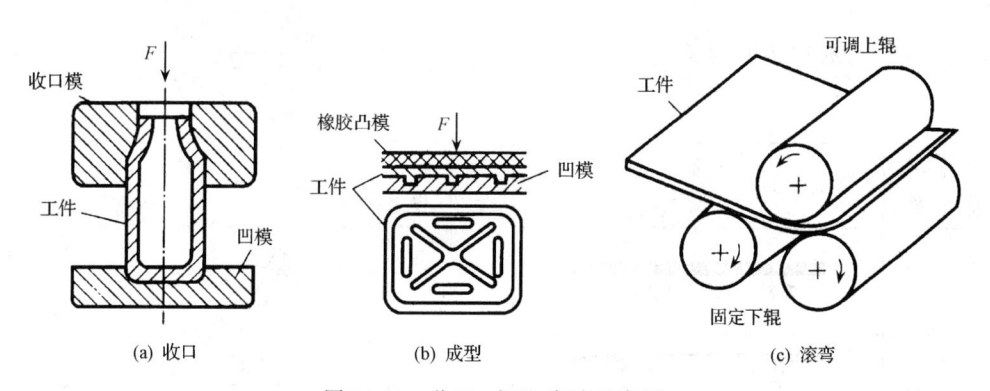

图 14-19 收口、成型、弯滚示意图

4) 成型

在板坯或制品表面上通过局部变薄获得各种形状的凸起与凹陷的成型方法,如图 14-19(b)所示。变形区材料受切向拉应力作用,产生伸长变形,厚度减薄,表面积增大,变形程度过大时易产生裂纹。成型工序常用于提高工件的刚度或形成配合面,或在工件上制出肋、花纹、文字等。

5) 滚弯(含卷板)

将板料(工件)送入可调上辊与两个固定下辊间,根据上下辊的相对位置不同,对板料施以连续的塑性弯曲的成型方法。改变上辊的位置可改变板材滚弯的曲率,如图 14-19(c)所示。滚弯用于生产直径较大的圆柱、圆环、容器及各种各样的波纹板以及高速公路

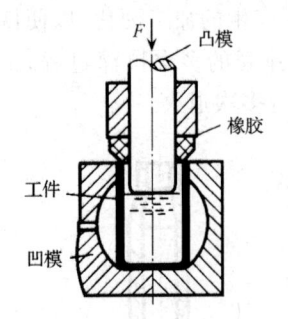

护栏等，尤其适合于厚壁件。

6）胀形

板料或空心坯料在硬橡胶芯或液体的双向拉应力作用下，产生塑性变形取得所需制件的成型方法，如图14-20所示。变形区材料产生伸长变形，直径增大，厚度减薄，变形程度过大时易产生裂纹。胀形常用于增大空心坯料中间部分尺寸。

14.3.2 工艺特点及应用

图14-20 胀形示意图

板料冲压产品的形状和质量由模具保证，故可以获得形状复杂、尺寸精确、表面光洁、质量稳定、互换性好的产品。冲压生产操作简便，易于实现机械化和自动化生产，生产率高、成本低。因此，它广泛应用于机械、汽车、仪表、电机、电器、航空及家电和生活用品的大量生产中，可获得重量轻、刚性好、强度高的制件。

在利用板料冲压制造各种制件时，各工序的选择、顺序的安排，以及应用次数的多少需根据零件的形状和每道工序允许材料的塑性变形量来确定的。例如，表14-3列举了铝质滤水筛的主要生产过程。

表14-3 铝质滤水筛的主要生产过程

序号	名称	简图	序号	名称	简图
1	落料	落料 冲孔（冲滤水孔）	4	卷边	用旋压法完成卷边
2	拉深				
3	外翻边				

铝质滤水筛
原料为无孔铝板条

14.4 金属塑性成型新工艺简介

提高塑性成型件的质量和精度，改善塑性成型件的公差，使毛坯接近或等于零件尺寸,从而实现少、无切削加工,达到降低成本目的,是现代塑性成型工艺发展的趋势。随着科学技术的不断发展,在塑性成型加工生产中出现了许多新工艺、新技术,如超塑性成型、粉末锻造、精密模锻、精密冲压、液态模锻等。这些新技术和新工艺可以使塑性成型加工的产品形状更加复杂,有些甚至可以直接生产出各种形状复杂的零件;有些不仅能应用于易变形材料,而且还可以应用于难变形材料。

本节仅对超塑性成型、粉末锻造以及液态模锻等工艺作一简要介绍。

14.4.1 超塑性成型

超塑性是指金属或合金在特定的组织、温度和变形条件下,塑性伸长率指标提高几倍到几百倍,而变形抗力降低到几分之一甚至几十分之一的性质。如钢的伸长率超过500%,纯钛超过300%,铝锌合金超过1000%。

在超塑性状态下进行拉伸时,金属不产生缩颈现象,变形抗力很小,金属流动性极好,极易制作形状复杂的零件,利用材料超塑性进行成型加工的方法称为超塑性成型。超塑性成型扩大了适合锻压生产的金属材料的范围。如用于制造燃气涡轮零件的高温高强合金,用普通锻压工艺很难成型,但用超塑性模锻就能得到形状复杂的锻件。

目前常用的超塑性成型材料主要有铝合金、镁合金、低碳钢、不锈钢及高温合金等。以下简要介绍利用超塑性进行成型的几种方法。

1. 板料气压成型

板料气压成型方法主要有真空成型法和吹塑成型法。

真空成型法有凹模法和凸模法,如图 14-21 所示。将超塑性板料放在模具中,并把板料和模具都加热到预定的温度,向模具内吹入压缩空气或将模具内的空气抽空形成负压,使板料紧贴在凹模或凸模上,从而获得所需形状的工件。

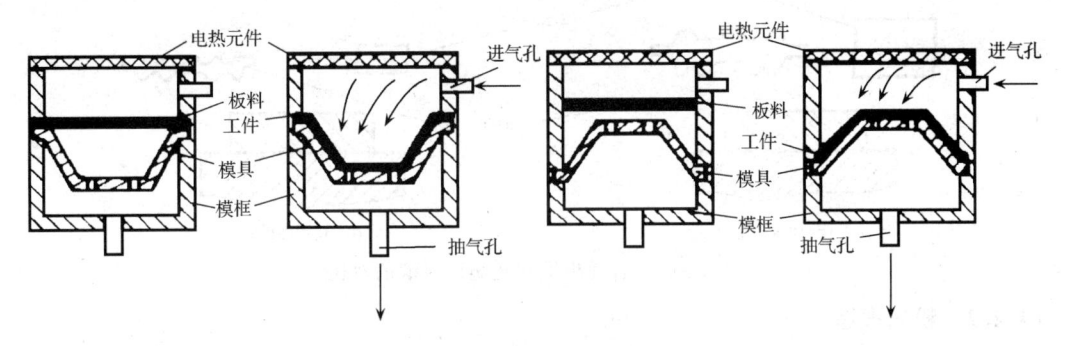

图 14-21 超塑性板料气压成型示意图

真空成型法所需的最大气压为 10^5 Pa,其成型时间根据材料和形状的不同而不同,一般只需 20~30s。它仅适于厚度为 0.4~4mm 的薄板零件的成型,而对于厚度较大、强度较高的板料,可用空气或氮气吹塑成型。

2. 板料深冲成型

图 14-22 为超塑性板料深冲的示意图。在超塑性板料的法兰部分加热,并在外围加

油压,一次深拉出非常深的容器(容器深度与直径之比普通拉深件的 15 倍左右)。

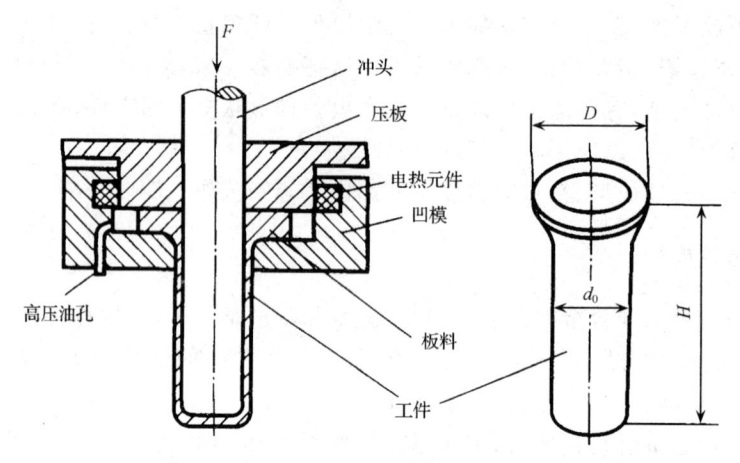

图 14-22 超塑性板料深冲成型示意图

3. 模锻成型

目前高温合金及钛合金在飞行器及宇航工业中的应用日益广泛,但这些合金的可锻性非常差,即变形抗力很大,塑性极差,并具有不均匀变形时所引起的各向异性的敏感性,机械加工困难。若采用普通模锻毛坯进行机械加工成型,材料损失达 80% 左右,材料利用率低,致使产品成本极高。如图 14-23 所示为同一个钛合金涡轮盘锻件用普通模锻和超塑性模锻的工艺对比,由此可以看出,采用超塑性模锻节约了原材料,降低了成本。

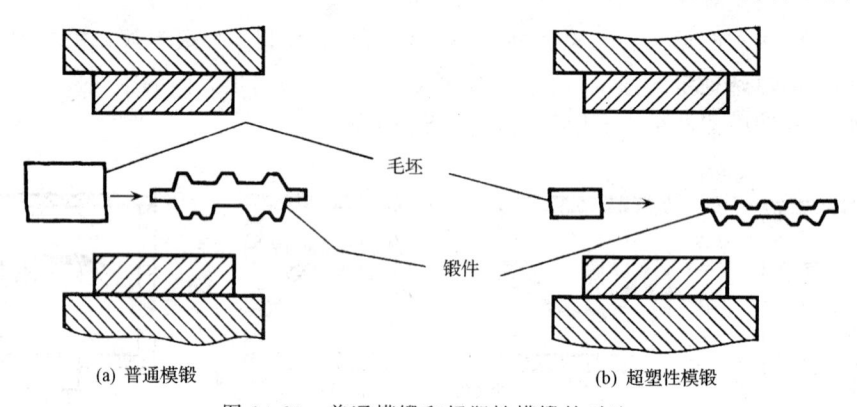

(a) 普通模锻　　(b) 超塑性模锻

图 14-23 普通模锻和超塑性模锻的对比

14.4.2 粉末锻造

粉末锻造是 20 世纪 60 年代后期发展起来的一种少、无切削加工工艺,它将粉末冶金成型方法和精密锻造优点相结合,锻件尺寸精度高、表面质量好、内部组织致密。粉末锻造可制造形状复杂的锻件,特别适于锻造热塑性不良的锻件。粉末锻造工艺流程简单、生产率高,易于实现自动化生产,目前许多工业化国家非常重视粉末锻造工艺,并制造出大量的产品,如汽车用齿轮和连杆等。

粉末锻造的原材料是金屑粉末或金属与非金属粉末的混合物,将各种原料先制成很细的粉末,按一定的比例配制成所需的化学成分,经混料后用锻模压制成型,然后放在有保护气体的加热炉内,进行烧结。再将烧结体加热到锻造温度后模锻成型。其工艺流程如图 14-24 所示。

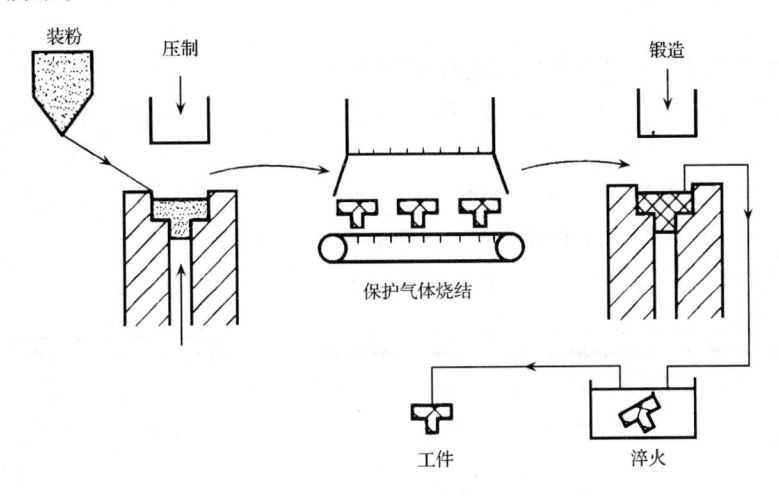

图 14-24　粉末锻造示意图

14.4.3　液态模锻

液态模锻是把液态金属直接浇注入金属模具内,然后以一定的静压力作用于液态(或半液态)金属上一定时间,使之成型的模锻方法。液态模锻是在研究压力铸造的基础上逐步发展起来的。它实际上是铸造加锻造的复合工艺,它兼有铸造工艺简单、成本低,又有锻造产品性能好、质量可靠等优点。金属在压力下同时结晶和塑性变形,内部缺陷少,尺寸精度高,强度高于一般的轧制材料。

液态模锻过程包括浇注、加压成型、脱模三个步骤,其过程如图 14-25 所示。

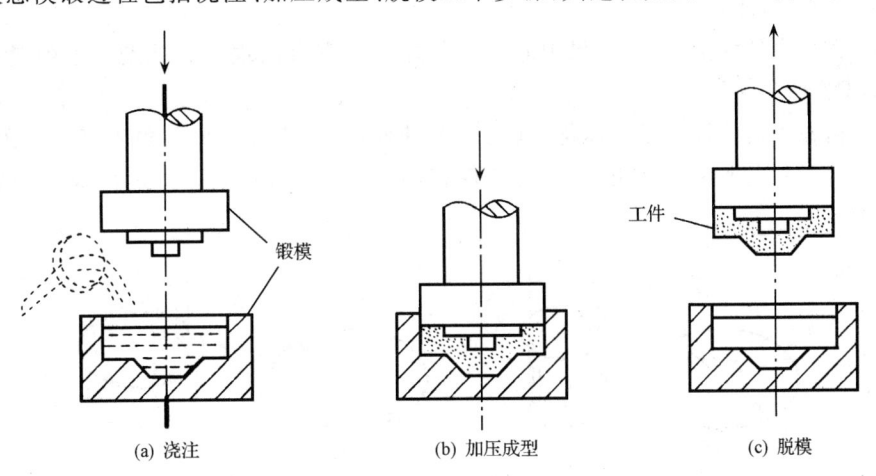

图 14-25　液态模锻示意图

复习思考题

1. 为什么同种材料的锻件比铸件的力学性能高?
2. 何谓冷变形?何谓热变形?冷变形后金属的组织和性能会产生怎样的变化?热

变形后金属的组织和性能会产生怎样的变化？

3. 何谓加工硬化？产生的原因是什么？碳钢在 900～1100℃ 变形是否会产生加工硬化？

4. 何谓再结晶？它对金属的性能有何影响？

5. 铅($T_{熔}=327℃$)在 20℃、钨($T_{熔}=3380℃$)在 1100℃ 变形，各属哪种变形？为什么？

6. 锻造组织是怎样形成的？它对金属的力学性能有何影响？试分析用棒料切削加工成型和用棒料锻造成型六角螺栓的力学性能有何不同？

7. 试比较 20CrMnTi 和 40Cr 钢的可锻性大小。

牌号	温度/℃	σ_b/MPa	ψ/%	牌号	温度/℃	σ_b/MPa	ψ/%
20CrMnTi	700	240	88	40Cr	700	178	78
	800	140	94		800	100	98
	900	97	96		900	71	100
	1000	80	100		1000	44	100
	1100	44	100		1200	24	100
	1200	26	100				

8. 重要的巨型锻件（如水轮机主轴）是否可以采用模锻方法生产？为什么？

9. 锻造流线是如何形成的？它的存在有何利弊？

10. 自由锻有哪些主要工序？

11. 与自由锻相比较，为什么胎模锻可以锻造出形状较为复杂的锻件？

12. 冲压工序分几大类？每大类的成型特点和应用范围如何？

13. 用什么方法能保证将厚度为 1.5mm、直径为 250mm 的低碳钢钢板加工成直径为 50mm 的筒形件？

14. 在多次拉深成型时，如果中间不进行任何处理会出现什么问题？如何避免这些问题的出现？

15. 搪瓷脸盆的坯料是冲压件，其毛坯成型加工需哪些工序？每道工序起什么作用？

16. 若材料与坯料的厚度及其他条件相同，图 14-26 所示两种零件，哪个拉深较困难？为什么？

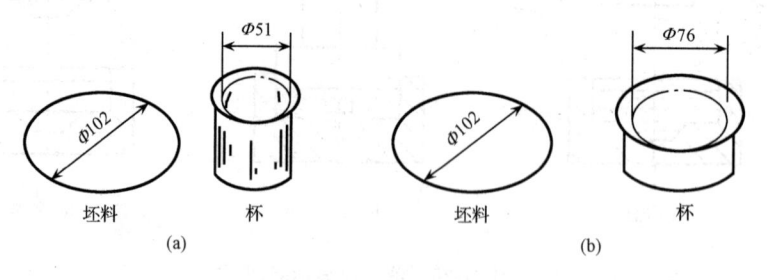

图 14-26 拉深零件

17. 材料的回弹现象对弯曲件有何影响？怎样消除这种影响？

18. 板料冲压与锻压生产的特点是什么？应用如何？

19. 超塑性成型与普通板料冲压、锻造工艺相比有什么特点？应用如何？

第15章 焊接成型

焊接是指通过加热或加压或二者并用，并且用或不用填充材料，使同种或异种材质的两个分离的工件达到原子间的结合与扩散，从而形成永久性连接的工艺过程。

焊接与其他连接方式不同，不仅在宏观上形成永久性的接头，而且在微观上建立了组织上的内在联系，实现密封连接，因而常用于制造各类容器。与锻造、铸造相结合，焊接可制成大型、经济合理的铸焊结构和锻焊结构，经济效益很高。焊接结构件比铆接件、铸件和锻件重量轻。采用焊接方法制造的船舶、车辆、飞机、飞船、火箭等运输工具，可以减轻自重，提高运载能力和行驶性能。

焊接省工省料、效率高，适于焊接的材料广泛，目前已基本取代铆接成为金属连接成型的主要方法。但焊接部位可能产生气孔、裂纹等焊接缺陷，焊件上常存在焊接应力和焊接变形，某些高熔点金属、活泼金属及异种材料焊接尚有一定困难。

焊接不仅是传统制造领域的基本加工手段之一，而且在微电子工业、表面工程、新材料工程中也发挥着独特的作用。

根据焊接过程的特点不同，可将焊接方法分为熔焊、压焊、钎焊等三大类。

(1) 熔焊：将待焊处的母材金属熔化以形成焊缝的焊接方法。常用的熔焊方法有气焊、电弧焊、电渣焊等。熔焊是最基本的焊接方法，在焊接生产中占主导地位。

(2) 压焊：焊接过程中，必须对焊件施加压力（加热或不加热），以完成焊接的方法，常用的压焊方法有电阻焊、摩擦焊等。

(3) 钎焊：指采用比母材熔点低的金属材料作钎料，将焊件和钎料加热到高于钎料熔点，低于母材熔化温度，利用液态钎料润湿母材。填充接头间隙并与母材相互扩散实现连接的方法。常用的钎焊方法有火焰钎焊、电阻钎焊、感应钎焊等。

15.1 焊接过程与金属的可焊性

15.1.1 焊接过程与焊缝的组成

在焊接加热和冷却过程中，焊缝及其附近的母材上某点的温度会随时间发生变化，使得焊缝及其附近的母材上各点在不同时间经受的加热和冷却作用不同，导致组织和性能的不同。现以熔焊为例，说明焊接过程以及产生的焊缝组织。

焊接时，利用焊条与焊件之间产生的高温电弧作热源，使焊件接头处的金属和焊条端部迅速熔化，形成金属熔池。同时药皮也产生汽化和熔化，形成对熔池的屏蔽作用并产生熔渣。在熔池中熔化的母材与焊芯两种成分的金属和细颗粒的熔渣激烈地搅拌，进行混合和精炼，其结果是，比重小的细粒熔渣向上浮出，形成薄膜状的熔渣。薄膜状的熔渣与保护气体一道，起防止熔化金属氧化和氮化的作用。当焊条向前移动热源移走后，熔池中的液体金属立刻开始冷却结晶，从熔合区中许多未熔化完的晶粒开始，以垂直熔合线的方式向熔池中心生长为柱状树枝晶,形成焊缝。随着新的熔池不断产生,原先的熔池不断冷却、凝固及结晶,从而使两分离的焊件焊成一体。其焊接过程如图 15-1 所示。

受焊接时加热和冷却的影响,焊缝附近的母材中组织或性能发生变化的区域,称为焊接热影响区。熔焊焊缝和母材的交界线称为熔合线,熔合线两侧有一个很窄的焊缝与热影响区的过渡区,叫熔合区,也称半熔化区。因此,焊接接头由焊缝区、熔合区和热影响区组成,如图 15-2 所示。

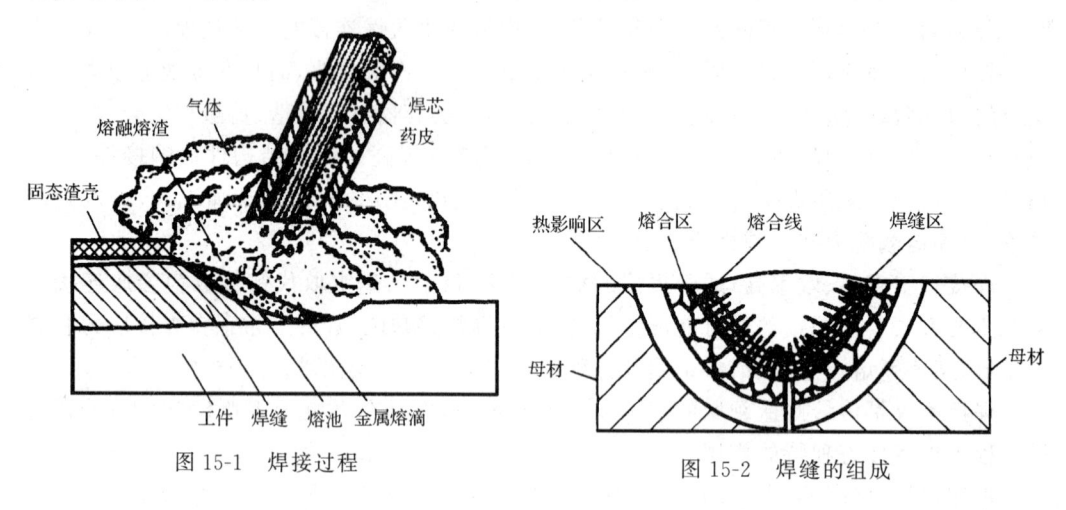

图 15-1 焊接过程

图 15-2 焊缝的组成

15.1.2 焊接接头形式和焊接位置

两构件进行焊接时所采用的连接形式称焊接接头形式,常用焊接接头形式如图 15-3 所示,其中对接接头使用最广泛。

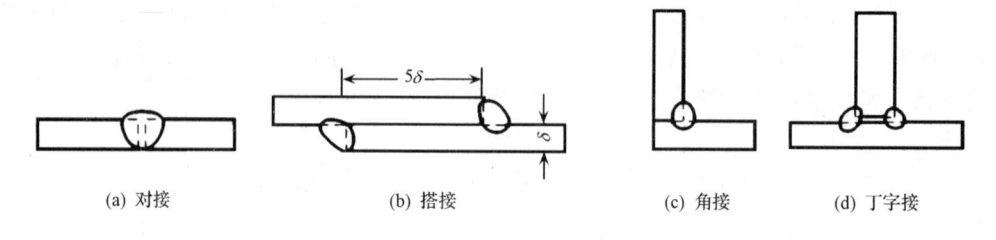

(a) 对接　　(b) 搭接　　(c) 角接　　(d) 丁字接

图 15-3 常用焊接接头形式

焊缝在空间所处的位置称为焊接位置。通常分为平焊、横焊、立焊和仰焊(如图 15-4 所示)。

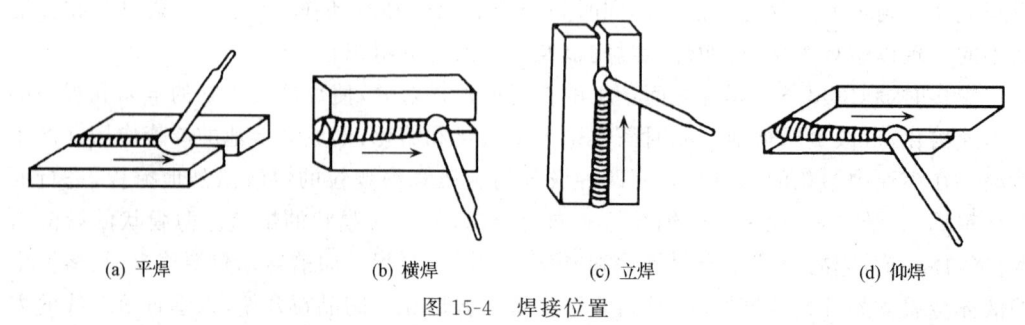

(a) 平焊　　(b) 横焊　　(c) 立焊　　(d) 仰焊

图 15-4 焊接位置

平焊操作方便、焊缝质量易于保证；横焊和立焊时，因熔滴受重力作用易向下流淌，所以不易操作；仰焊时焊条位于下方，焊工仰视工件进行焊接，操作难度大，质量不易保证，生产率低。因此，焊缝应尽量采用平焊。

15.1.3 金属的可焊性

金属材料的可焊性是指材料在一定的焊接方法、焊接材料、焊接工艺参数和结构形式等条件下获得具有所需性能的优质焊接接头的难易程度。可焊性好，则容易获得合格的焊接接头。

可焊性包括两个方面：一是工艺焊接性，即在一定工艺条件下，材料形成焊接缺陷的可能性，尤其是指出现裂纹的可能性；二是使用性能，即在一定工艺条件下，焊接接头在使用中的可靠性，包括力学性能、耐热性、耐磨性等。

金属材料的可焊性与母材本身的化学成分、厚度、结构和焊接工艺条件密切相关。同一金属材料的可焊性，随焊接技术的发展有很大差异。例如，铝及铝合金采用电弧焊焊接时，难以获得优质焊接接头，表现出较差的焊接性，但随着氩弧焊技术的成熟和应用，铝及铝合金焊接接头质量明显改善，可焊性良好。尤其是出现电子束焊、激光焊等新的焊接方法后，以前可焊性很差，甚至不能焊接的材料都可以获得性能优良的焊接接头，如钨、钼、锆、陶瓷等。

影响金属材料可焊性的因素很多，一般是通过焊前间接评估法或用直接焊接试验法来评定材料的焊接性能。

金属材料的化学成分是影响焊接性能的最主要因素。机械焊接结构中最常用的材料是钢材，它除了含有碳外，还有其他的合金元素，其中碳含量对焊接性能影响最大，其他合金元素可按影响程度的大小换算成碳的相对含量，两者加在一起便是材料的碳当量，碳当量法是评价钢材可焊性最简便的方法。

国际焊接学会推荐的碳钢和低合金结构钢的碳当量公式为

$$C_E = w(C) + \frac{w(Mn)}{6} + \frac{w(Cr) + w(Mo) + w(V)}{5} + \frac{w(Ni) + w(Cu)}{15}$$

式中：w 表示各元素在钢中的质量百分数。

钢材焊接时的冷裂倾向和热影响区的淬硬程度主要取决于化学成分，碳当量越高，焊接性越差。$C_E<0.4\%$ 时，钢材塑性良好，淬硬和冷裂倾向较小，可焊性优良，所以低碳钢是常用的焊接材料。$C_E>0.6\%$ 时，钢材塑性较低，淬硬和冷裂倾向严重，可焊性很差，焊前需高温预热，焊接时要采取减少焊接应力和防止开裂的工艺措施，焊后要及时保温缓冷并进行适当的热处理，才能保证焊接接头质量。高碳钢焊接可焊性很差，且焊接成本较高。

由于碳当量法仅考虑了钢材的化学成分，忽略了焊件板厚、结构、焊缝残余应力等其他影响可焊性的因素，评定结果较为粗略。工程上常采用小型抗裂试验法，模拟实际的焊接结构，按实际产品的焊接工艺进行焊接，根据焊后出现裂纹的倾向评判材料的焊接性以改进焊接方法和焊接结构。

15.2 熔　　焊

熔焊是指焊接过程中将工件接头加热至熔化状态,不加压力完成焊接的方法,熔焊的主要特征是焊接中两工件接合处具有共同的熔池。熔焊适合于各种金属材料、任何厚度焊件的焊接,且焊接强度高,因而获得广泛应用。

根据加热源的不同,熔焊又有电弧焊、电渣焊,气焊等。

15.2.1 手工电弧焊

手工电弧焊是手工操纵焊条,利用焊条与被焊工件之间产生的电弧热量将焊条与工件接头处熔化,冷却凝固后获得牢固接头的电弧焊方法。

手工电弧焊的电焊条由焊芯和药皮组成。焊芯的作用是作电极和填充焊缝的金属,药皮包裹在焊芯外面,由多种矿石粉和铁合金粉等按一定比例配制而成。它的主要作用是使电弧容易引燃和稳定燃烧;在电弧的高温作用下产生气体和熔渣,保护熔池金属不被氧化;渗入合金元素来保证焊缝的性能。

焊接前,将电焊机的输出端分别与工件和焊钳相连,然后在焊条和被焊工件之间引燃电弧,电弧热使工件(基本金属)和焊条同时熔化成熔池,焊条药皮也随之熔化形成熔渣覆盖在焊接区的金属上方,药皮燃烧时产生大量 CO_2 气流围绕于电弧周围,熔渣和气流可防止空气中的氧、氮侵入,起保护熔池的作用。随着焊条的移动,焊条前的金属不断熔化,焊条移动后的金属则冷却凝固成焊缝,使分离的工件连接成整体,完成整个焊接过程(如图 15-5 所示)。

手工电弧焊是熔化焊中最基本的一种方法,操作灵活、方便,适用于各种接头形式和任意空间位置的焊接,设备简单,但劳动条件较差,生产效率低,对工人技术水平要求较高,焊接质量不够稳定。因此,手工电弧焊主要用于结构件的单件小批生产,如焊接碳钢、低合金结构钢、不锈钢及对铸铁的焊补等。手工电弧焊的应用十分广泛,在焊接生产中占有很重要地位。

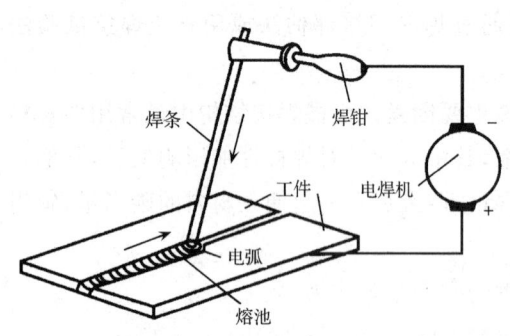

图 15-5　手工电弧焊示意图

15.2.2 埋弧自动焊

焊接过程中的引燃电弧、焊丝送进及电弧移动等动作均由机械化和自动化来完成,且电弧在焊剂层下燃烧的焊接方法称为埋弧自动焊。

埋弧自动焊的焊接如图 15-6 示意。将工件和导电嘴分别接在电源的两极上,由漏斗管流出的颗粒状焊剂均匀地覆盖在装配好的工件上,40～60mm 厚。光焊丝经送丝滚轮和导电嘴插入焊剂内引弧,电弧热熔化焊丝、焊剂和工件,熔化的金属形成熔池,熔化的熔剂形成熔渣浮在熔池表面,熔池和熔滴受熔渣和焊剂蒸气的保护与空气隔绝。随着焊丝的不断送进和电弧的移动,金属熔池和渣池不断冷却凝固,形成焊缝和渣壳。

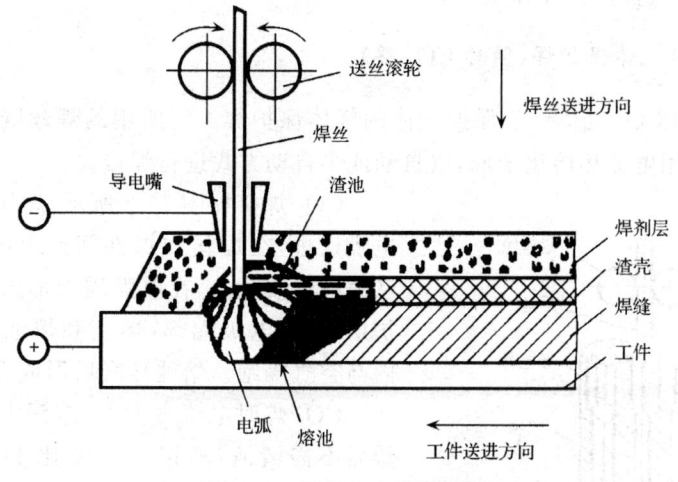

图 15-6　埋弧自动焊示意图

埋弧自动焊与手工电弧焊相比,具有以下特点:

(1) 生产率高。因焊丝外无药皮覆盖,故焊接电流可以比焊条电弧焊大得多。且焊接过程中无需停弧换焊条,所以生产率比焊条电弧焊提高 5~10 倍。

(2) 焊缝质量好。由于熔滴、熔池金属得到焊剂和熔渣泡双重保护,有害气体侵入减少。焊接操作自动化,工艺参数稳定,无人为操作的不利因素,焊缝成型光洁平直,内部组织均匀,焊接质量好。

(3) 劳动条件好。无弧光伤害,烟尘较少,机械化操作劳动强度小,对焊工技术水平的依赖程度大大降低。

与手工电弧焊相比,埋弧焊也有一些缺点,如埋弧焊不适用于立焊、横焊、仰焊和不规则形状焊缝。由于埋弧焊电流强度较大,所以不适于焊接 3mm 以下厚度的薄板。此外,焊接设备较复杂,设备费一次性投资较大。

埋弧自动焊主要用于成批生产厚度为 6~60mm,工件处于水平位置的长直焊缝及较大直径(一般不小于 250mm)的环形焊缝。在造船、锅炉、压力容器、桥梁、起重机械、车辆、工程机械、核电站等工业生产中得到广泛应用。

图 15-7 是埋弧焊焊接大直径筒体环焊缝的示意图,焊接时采用滚轮架,使被焊筒体转动,为防止熔池和液态熔渣从筒体表面流失,焊丝施焊位置要偏离中心线一定距离。

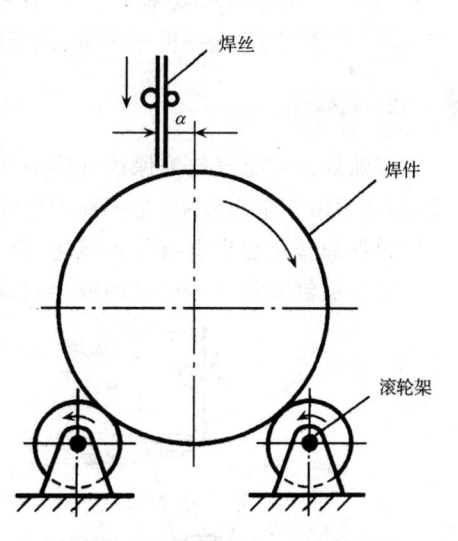

图 15-7　埋弧焊焊接环焊缝示意图

15.2.3　气体保护焊

用外加气体作为电弧介质并保护电弧和焊接区的电弧焊方法,称为气体保护焊。常用的有二氧化碳气体保护焊和氩弧焊。

1. 二氧化碳气体保护焊（简称 CO_2 焊）

CO_2 焊是用 CO_2 气体作为保护气体的气体保护焊。它所用的焊丝既作为电极又作为填充金属，利用电弧热熔化金属，以自动或半自动方式进行焊接。

CO_2 焊接如图 15-8 所示，焊丝由送丝轮经导电嘴送进，在焊丝和焊件间产生电弧，CO_2 气体从喷嘴连续喷出，在电弧周围形成局部的气体保护层，保护电极端部，熔滴和熔池处于保护气体内与空气隔绝。熔池冷凝后形成焊缝。

CO_2 焊时电流密度大，熔深大，焊接速度快，焊后不需清渣，所以生产率比手工电弧焊提高 1~4 倍。

CO_2 气体价廉，使其焊接成本仅为手工电弧焊和埋弧自动焊的 40% 左右。

CO_2 是一种氧化性气体，高温分解后使电弧气氛具有强烈的氧化性，导致焊件金属和合金元素烧损而降低焊缝金属力学性能，而且还会产生焊接飞溅和气孔。因此，CO_2 焊不适于焊接易氧化的有色金属和高合金钢。

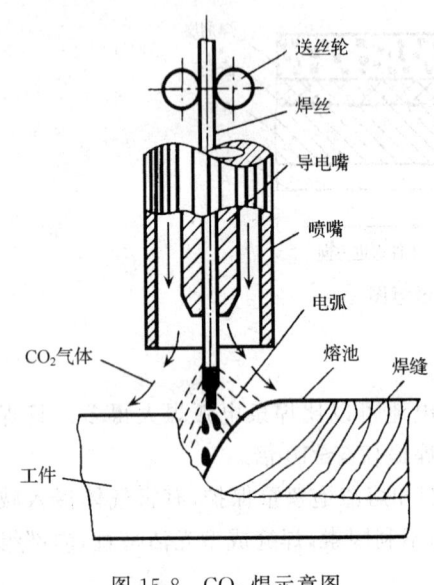

图 15-8 CO_2 焊示意图

CO_2 焊适用于适合于各种位置的焊接。主要焊接低碳钢和强度等级不高的低合金结构钢，也可用于堆焊磨损件或焊补铸铁件。工件厚度一般为 0.8~4mm，最厚可达 25mm。广泛用于造船、机车车辆、汽车制造等工业生产。

2. 氩弧焊

氩弧焊是用氩气作为保护气体的气体保护焊。氩气是惰性气体，它不与金属起化学反应，又不溶于金属液中，是一种理想的保护气体。

根据焊接过程中电极是否熔化，分为熔化极氩弧焊和不熔化极（钨极）氩弧焊。

熔化极氩弧焊可采用自动或半自动方式（如图 15-9(a) 所示），其焊接过程与 CO_2 焊

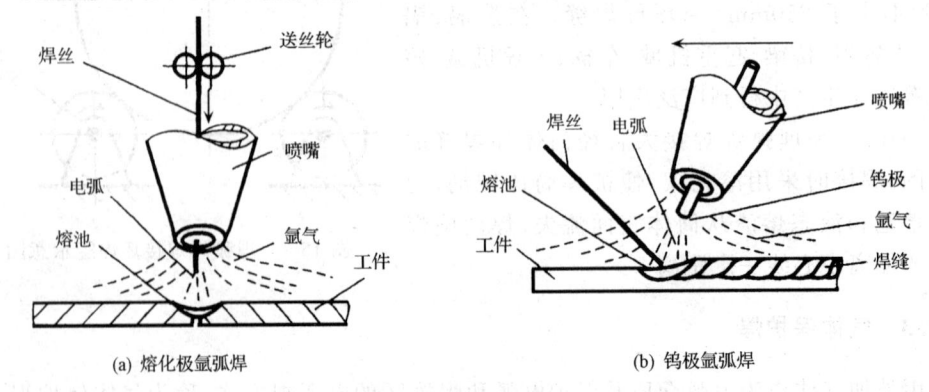

(a) 熔化极氩弧焊　　　　(b) 钨极氩弧焊

图 15-9 氩弧焊示意图

相似,焊接厚度最厚可达 25mm。

钨极氩弧焊可采用手工或自动方式进行。其焊接过程如图 15-9(b)所示,常用钨或钨合金作电极,焊丝只起填充金属作用。焊接时,在钨极和工件之间产生电弧,焊丝从一侧送入,从喷嘴中喷出的氩气在电弧周围形成一个厚而密的气体保护层,在其保护下,电弧热将焊丝与工件局部熔化,冷凝后形成焊缝。钨极在焊接过程中不熔化,但有少量损耗,为减小其损耗,焊接电流不能过大。钨极氩弧焊一般用于焊接厚度为 0.5～6mm 的薄板。

氩弧焊保护效果好,表面无熔渣,焊缝成型好,质量高。焊接时便于观察、操作与控制,且适合于各种空间位置的焊接,易于实现机械化和自动化。但氩气价格较贵,焊接设备和控制系统较复杂,焊接成本也较高,但近年来,随着技术的改进,氩弧焊的成本也大大降低,目前已广泛应用于工业生产中。

氩弧焊主要用于焊接化学性质活泼的金属(铝、镁、钛及其合金)、稀有金属(锆、钼、钽及其合金)、高强度合金钢、不锈钢、耐热钢及低合金结构钢等。

15.2.4 气焊

气焊是利用气体火焰作热源的焊接方法,最常用的是氧乙炔气焊。气焊时乙炔(C_2H_2)和氧气 O_2 在焊炬中混合均匀,从焊嘴中喷出燃烧,将工件和焊丝熔化形成熔池,冷却凝固后形成焊缝(如图 15-10 所示)。

与手工电弧焊相比,气焊火焰的温度比电弧低,加热缓慢,热影响区较宽,焊接变形大,生产率低。气焊火焰还会使熔池金属氧化,保护效果差,焊缝易产生气孔、夹渣等缺陷,焊接接头质量不高。但火焰加热容易控制熔池温度,保证均匀焊透,而且气焊设备和操作技术简单、灵活方便,不需要电源,可在野外施焊。

气焊主要用于焊接薄钢板(板厚为 0.5～2mm)和铜、铝等有色金属及其合金,以及钎焊刀具和铸铁的焊补等。

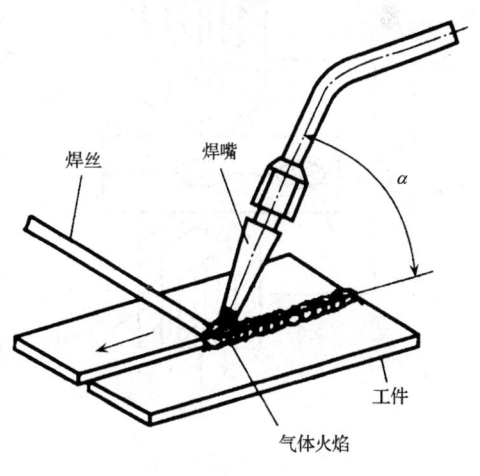

图 15-10 气焊示意图

15.3 压 力 焊

压力焊是焊接过程中,必须对焊件施加压力(加热或不加热),以完成焊接的方法。压力焊加工时不需外加填充金属,通过加压在焊接部位产生一定的塑性变形、晶粒细化,促进原子的扩散使两工件焊接在一起。

压力焊广泛应用于汽车、拖拉机、航空、航天、原子能、电子技术及轻工业等工业部门。压力焊的方法较多,最常用的是电阻焊和摩擦焊。

15.3.1 电阻焊

电阻焊是工件组合后通过电极施加压力,利用电流通过接头的接触面及邻近区域产生的电阻热进行焊接的方法。电阻焊焊接时间极短,一般为0.01秒至几十秒,生产率高,焊接变形小。另外,电阻焊不需用填充金属和焊剂,焊接成本较低,而且操作简单、易实现机械化和自动化;焊接过程中无弧光、烟尘,且有害气体少,噪声小,劳动条件较好。但是,由于影响电阻大小和引起电流波动的因素均导致电阻热的改变,因此电阻焊接头质量不稳,从而限制了在某些受力构件上的应用。此外,电阻焊设备复杂,价格昂贵,耗电量大。

按焊件接头形式,电阻焊分为点焊、缝焊和对焊三种。其中点焊和缝焊是将焊件加热到局部熔化状态并同时加压,电阻对焊是将焊件局部加热到高塑性状态或表面熔化状态,然后施加压力。

1. 点焊

点焊是焊件装配成搭接或对接接头,并压紧在两电极之间、利用电阻热熔化固态金属,形成焊点的电阻焊方法(如图15-11所示)。

点焊前先将表面清理干净的工件装配准确后,送入上、下电极(电极材料为导热性能好的铜或铜合金)之间,加压使其接触良好;通电后,电极中间通水冷却,使电极与工件接触面因电阻所产生的热量被迅速传走,电阻热主要集中在两个工件的接触处,使该处金属局部熔化形成熔核。断电后,保持或增大电极压力,熔核在压力下冷却凝固,形成组织致密的焊点。焊点形成后,去除压力移动焊件,依次形成其他焊点。

点焊接头一般采用搭接接头形式,图15-12为几种典型的点焊接头形式。

点焊是一种高速、经济的连接方法。主要用于各种薄板零件、冲压结构及钢筋构件等无密封性要求的工件焊接,尤其适用于汽车、飞机制造业和日用生活用品,如汽车驾驶室、车厢、金属网、罩壳等的生产。点焊可焊接低碳钢、不锈钢、铜合金、铝镁合金等,主要适用于厚度为4mm以下的薄板冲压结构及钢筋的焊接。

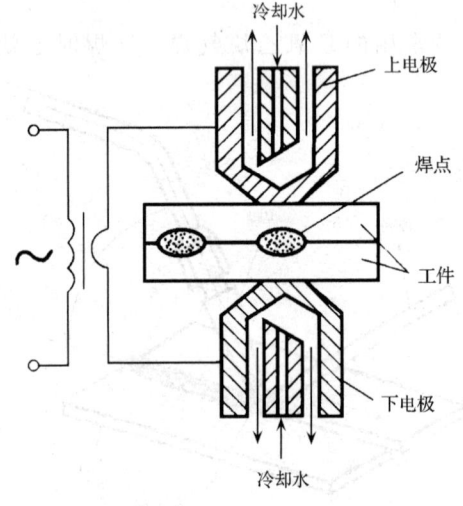

图15-11 点焊示意图

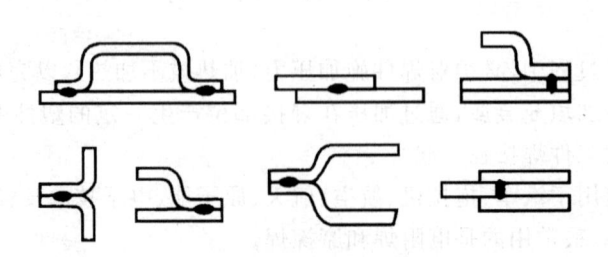

图15-12 几种典型的点焊接头形式

2. 缝焊

缝焊是将工件装配成搭接或对接接头并置于两滚轮电极之间,滚轮加压工件并转动,连续或断续送电,形成一条连续焊缝的电阻焊方法。缝焊的焊接过程与点焊相似,只是用圆盘形电极代替点焊的柱状电极。焊接时圆盘状电极既对焊件加压,又导电,同时还旋转并带动工件移动(如图15-13所示)。

缝焊时焊点连续,使得一部分电流经已焊好的焊点流走,导致焊接处电流减少,影响焊接质量。所以焊接相同厚度的工件,其焊接电流为点焊的1.5～2倍。缝焊一般仅适用于3mm以下的薄板搭接。主要用于焊缝较规则,有密封性要求的薄板结构的焊接,如油箱、小型容器、消音器、管道等。

3. 对焊

对焊是将焊件装配成对接的接头,使其端面紧密接触,利用电阻热加热至塑性状态,然后迅速施加顶锻力完成焊接的方法。

对焊时要求工件的断面形状应尽量相同,圆棒直径、方棒边长和管子壁厚之差不应超过15%。对焊主要适于刀具、管子、钢筋、钢轨、锚链、链条等的焊接。

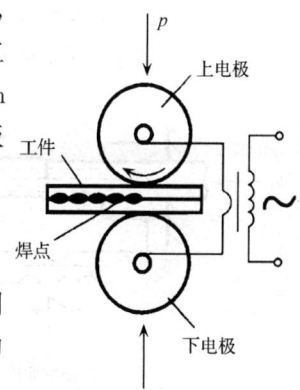

图15-13 缝焊示意图

按工艺过程特点,对焊又分为电阻对焊和闪光对焊。

1) 电阻对焊

电阻对焊是焊件以对接的形式利用电阻热在整个接触面上被焊接起来的电阻焊。

电阻对焊时,将两个工件装夹在对焊机的电极钳口当中,先施加预压力使两工件端面压紧,然后通电。电流通过工件和接触端面时产生电阻热,使接触面及其邻近地区加热至塑性状态,随后向工件施加较大的顶锻力并同时断电。处于高温状态的两工件端面便产生一定的塑性变形而焊接起来(如图15-14(a)所示)。电阻对焊操作简便,焊接接头表面光滑,通常用于焊接断面简单,直径小于20mm和强度要求不高的焊件。

2) 闪光对焊

闪光对焊将工件装配成对接接头,接通电源后使其两端面逐渐移近达到局部接触,利用电阻热加热接触点(产生闪光),当端面金属熔化至一定深度范围内并达到预定温度时,迅速施加顶锻力并同时断电完成焊接的方法称为闪光对焊(如图15-14(b)所示)。

由于闪光对焊时有液态金属挤出,因此焊前对工件端面的平整和清理要求较低,接头质量高。但金属消耗较多,焊后需清理接头毛刺。闪光对焊常用于焊接受力较大的重要工件。闪光对焊可以焊同种金属或异种金属(如铝-钢、铝-铜等)。焊件截面可以是小到0.01mm^{2}的金属丝,也可以是大到20000mm^{2}的金属棒和金属板,广泛用于刀具、钢筋、钢轨、管道及自行车、摩托车轮圈的焊接。

15.3.2 摩擦焊

摩擦焊是利用工件表面互相摩擦所产生的热,使端面达到热塑性状态,然后迅速顶

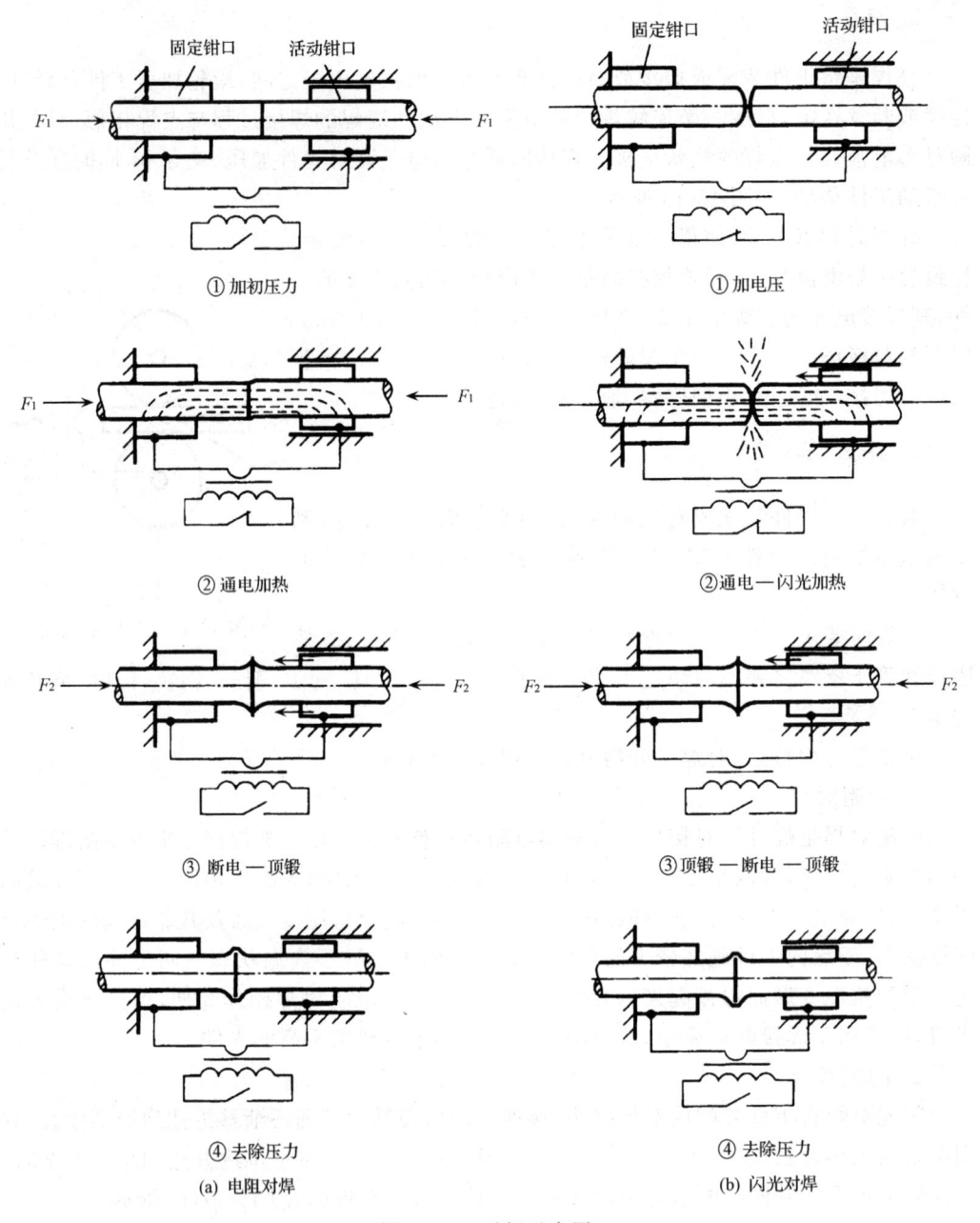

(a) 电阻对焊　①加初压力　②通电加热　③断电—顶锻　④去除压力

(b) 闪光对焊　①加电压　②通电—闪光加热　③顶锻—断电—顶锻　④去除压力

图 15-14　对焊示意图

锻,完成焊接的一种压焊方法。

如图 15-15 所示,将两工件在卡盘中夹紧,然后一工件以恒定的转速旋转,另一工件向旋转工件移动、接触并施加轴向压力,因摩擦而产生的热量将焊件端面加热到塑性状态时,立即停止工件的转动,同时施加更大的顶锻力,保持一段时间后,松开两个卡盘,取出焊件,完成焊接过程。

摩擦焊仅用于焊接圆形截面的棒料或管子,或将棒料、管子焊在其他工件上。可焊实心工件的直径为 2~100mm,管子外径可达几百毫米。摩擦焊不需填充金属和另加保护措施,焊接接头质量好而且稳定,可焊接同种金属或异种金属。但摩擦焊对非圆断面工件的焊接很困难;由于受设备功率和压力的限制,焊件截面不能太大;摩擦系数特别小的和易碎的材料难以进行摩擦焊。

摩擦焊操作简单,易于实现机械化和自动化;加工成本低,生产率高。目前在机械、石油、汽车、拖拉机、电力电器和纺织等工业部门中广泛使用。

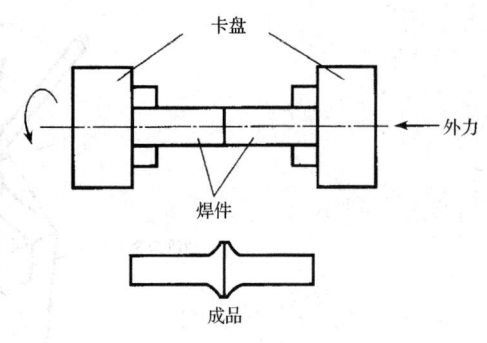

图 15-15 摩擦焊示意图

15.4 钎焊

钎焊是采用比母材熔点低的金属材料作钎料,将工件和钎料加热到高于钎料熔点,低于母材熔点的温度,利用液态钎料润湿母材,填充接头间隙并与母材相互扩散实现连接工件的方法。

在钎焊过程中常使用钎剂,以消除工件表面的氧化物、油污和其他杂质,保证工件和钎料不被氧化,增加液态钎料的润湿性和毛细流动性。

钎焊与熔焊相比具有的特点是钎焊加热温度低,对母材组织和性能影响较小,焊接变形小;焊接接头平整光滑,外表美观;钎焊可以焊同种或异种金属及其合金;钎焊可以采取整体加热,一次焊成整个结构的全部焊缝,生产率高;设备简单,易于实现机械化和自动化。但钎焊接头强度低,不耐高温,焊前对工件清理和装配要求严格,而且不适于焊接大型构件。因此,钎焊主要应用于电子、仪器仪表、航空航天及机械制造等工业部门。

钎焊按钎料熔点不同,分为软钎焊和硬钎焊。

15.4.1 软钎焊

钎料熔点低于 450℃ 的钎焊称为软钎焊。常用软钎焊的钎料有锡基、铅基、镉基和锌基等,钎剂为松香或氯化锌溶液。软钎料对大多数金属都具有良好的润湿性,因而能焊接大多数金属与合金,如钢、铁、铜、铝及其合金等。但由于钎料熔点低,焊接接头强度较低(60~140MPa),主要用于受力不大或工作温度不高的工件的焊接。在电子、电器、仪表等工业部门应用较广泛。

15.4.2 硬钎焊

钎料熔点高于 450℃ 的钎焊称为硬钎焊。硬钎料主要有铝基、铜基、银基、镍基和锰基等,钎剂有硼砂、硼酸、氟化物、氯化物等。由于硬钎焊的钎料熔点较高,焊接接头强度较高(大于 200MPa),因此适用于受力较大,工作温度较高的工件的焊接,如机械零部件,切削刀具(如图 15-16 所示),自行车车架等构件的焊接。

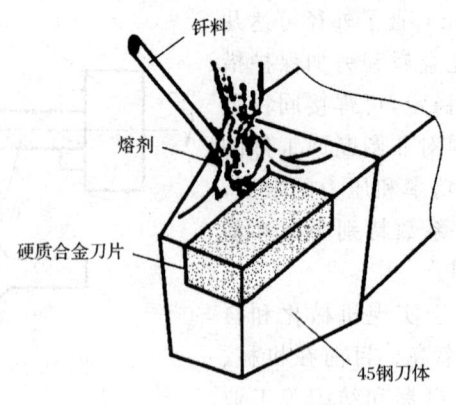

图 15-16 车刀钎焊示意图

15.5 焊接新技术简介

随着科学技术的发展,焊接技术也得到了快速发展,特别是原子能、航空、航天等技术的发展,出现了新材料、新结构,需要更高质量更高效率的焊接方法。本节将简要介绍一些新的焊接技术。

15.5.1 激光焊

激光焊是利用聚焦的激光束作为能源轰击工件所产生的热量进行熔焊的方法。激光是物质粒子受激辐射产生的,它与普通光不同,具有亮度高、方向性好和单色性好的特点。激光被聚焦后在极短时间(以毫秒计)内,光能转变为热能,温度可达万度以上,可以用来焊接和切割,是一种理想的热源。

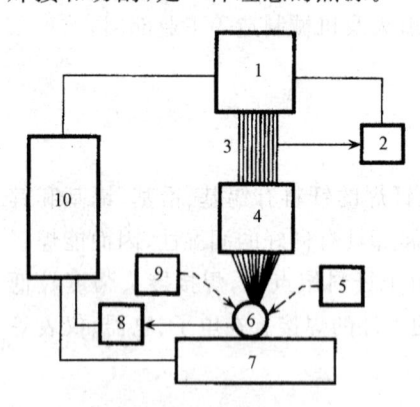

激光焊如图 15-17 所示,激光束 3 由激光器 1 产生,通过光学系统 4 聚焦成焦点,其能量进一步集中,当射到工件 6 的焊缝处,光能转化为热能,实现焊接。

激光焊显著的优点是能量密度大,热影响区小,焊接变形小,不需要气体保护成真空环境便可获得优良的焊接接头。激光可以反射、透射,能在空间传播相当远距离而衰减很小,可进行远距离或一些难于接近部位的焊接。

激光焊可以焊接一般焊接方法难以焊接的材料,如高熔点金属等,甚至可用于非金属材料的焊接,如陶瓷、有机玻璃等,还可实现异种材料的焊接,如钢和铝、铝和铜、不锈钢和铜等。

1. 激光器;2、8. 信号器;3. 激光束;
4. 光学系统;5. 辅助能源;6. 工件;
7. 工作台;9. 观测瞄准器;10. 程控设备

图 15-17 激光焊示意图

但激光焊的设备较复杂,目前大功率的激光设备尚未完全投入使用,所以它主要用于电子仪表工业和航空技术、原子核反应堆等领域,如集成电路外引线的焊接,集成电路块、密封性微型继电器、石英晶体等器件外壳和航空仪表零件的焊接等。

15.5.2 等离子弧焊

等离子弧是一种热能非常集中的压缩电弧,其弧柱中心温度高达 24000～50000K。等离子弧焊实质上是一种电弧具有压缩效应的钨极氩气保护焊。

一般的焊接电弧因为未受到外界约束,故称为自由电弧,自由电弧区内的电流密度近乎常数,因此,自由电弧的弧柱中心温度在 6000～8000K。利用某种装置使自由电弧的弧柱受到压缩,使弧柱中气体完全电离,则可产生温度更高、能量更加集中的电弧,即等离子弧。

图 15-18 是等离子弧焊的示意图。在钨极和焊件之间加一较高电压,经高频振荡使气体电离形成电弧,电弧经过具有细孔道的水冷喷嘴时,弧柱被强迫缩小,即产生电弧"机械压缩效应"。电弧同时又被进入的冷工作气流和冷却水壁所包围,弧柱外围受到强烈的冷却,使电子和离子向高温和高电离度的弧柱中心集中,使电弧进一步产生"热压缩效应"。弧柱中定向运动的带电粒子流产生的磁场间电磁力使电子和离子互相吸引,互相靠近,弧柱进一步压缩,产生"电磁压缩效应"。自由电弧经上述三种压缩效应的作用后形成等离子弧,等离子弧焊电极一般为钨极,保护气体为氩气。

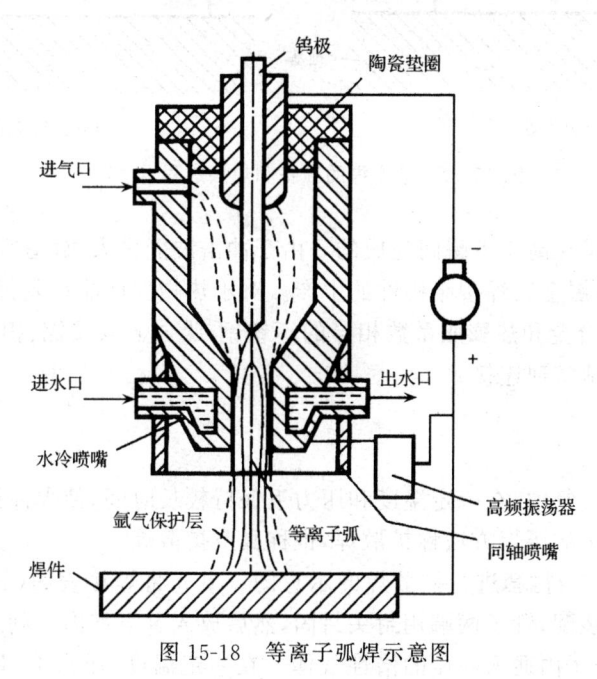

图 15-18 等离子弧焊示意图

等离子弧焊除了具有氩弧焊的优点外,还具有自己的特点:①利用等离子弧的高能量可以一次焊透厚度 10～12mm 焊件,焊接速度快,热影响区小,焊接变形小,焊缝质量好。②当焊接电流小于 0.1A 时,等离子弧仍能保持稳定燃烧,并保持其方向性,所以等离子弧焊可焊 0.01～1mm 的金属箔和薄板等。

等离子弧焊的主要不足是设备复杂、昂贵、气体消耗大,只适于室内焊接。

目前,等离子弧焊在化工、原子能、仪器仪表、航天航空等工业部门中广泛应用。主要用于焊接高熔点、易氧化、热敏感性强的材料,如钼、钨、钛、铬及其合金和不锈钢等,也可焊接一般钢材或有色金属。

15.5.3 爆炸焊

爆炸焊是利用炸药爆炸时产生的冲击波为能源,将两块或多块金属焊件连接成双层金属或多层金属的压焊方法。爆炸焊的准备工作十分重要,必须选择安全的位置和适当的地基。将基材(焊件)放在地基上,覆材(焊件)放在基材上,两者用支承块隔开以增加冲击压力;装满黄色炸药的药框放在覆材上(如图 15-19(a)所示)。引爆后,炸药所产生的冲击波以几十万个大气压作用于覆材上,覆材首先受冲击波的部分立即产生弯曲,与基材在 S 点碰撞(如图 15-19(b)所示),并以与冲击波相同的速度(几千米/秒)向前推进直至焊接终了。

(a) 爆炸前装配图　　　　　(b) 焊接过程示意图

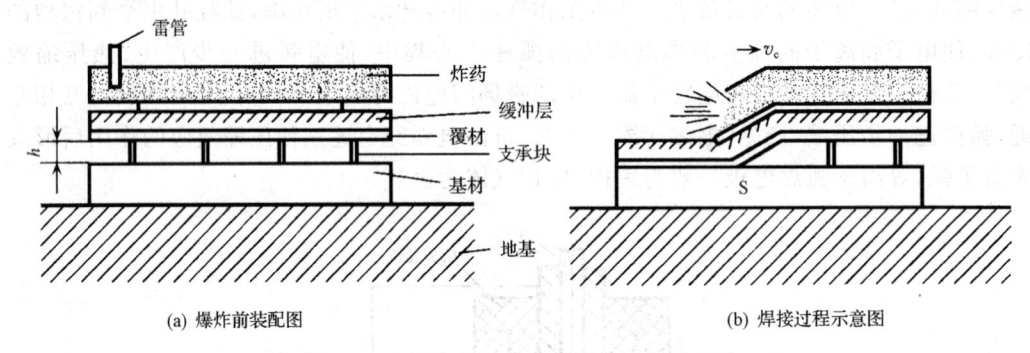

图 15-19　爆炸焊的准备和焊接过程示意图

爆炸焊的过程是在高压下瞬间完成的。由于冲击波能量大,故适宜大面积、异种材料的焊接,尤其适宜多层金属焊接结构件的生产。对于热物理性能相差很大的焊件,如熔点悬殊的铝-钢、铝-钛合金和热膨胀系数相异的不锈钢-钛合金以及铌、钽等稀有金属,都可以通过爆炸焊成功地实现连接。

15.5.4 扩散焊

在真空或保护气氛中,在一定温度和压力下保持较长时间,使焊件接触面之间的原子相互扩散而形成接头的压焊方法称扩散焊,也称真空扩散焊。

图 15-20 是管子与衬套进行扩散焊的示意图。事先将焊接表面(管子内表面和衬套外表面)进行清理、装配,管子两端用封头封固,然后放入真空室内。利用高频感应加热焊件,同时向封闭的管子内通入高压的惰性气体。在一定温度、压力下,保持较长时间。焊接初期,接触表面产生微小的塑性变形,使管子与衬套紧密接触。因接触表面的原子处于高度激活状态,很快通过扩散形成金属键,并经过回复和再结晶使结合界面推移,最后经长时间保温,原子进一步扩散,界面消失,实现固态焊接。

扩散焊实质上是在加热压焊基础上利用钎焊的优点发展起来的一种新型焊接方法。由于扩散焊加热温度约为母材熔点的 0.4～0.7 倍,焊接过程靠原子在固态下扩散完成,所以焊接应力及变形小,接头化学成分、组织性能与母材相同或接近,接头强度高。

扩散焊可焊接范围很广:各种难熔的金属及合金,如高温合金、复合材料;物理性能差

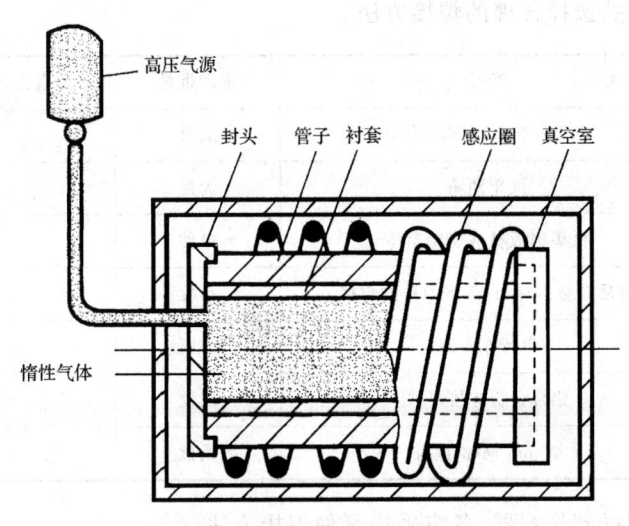

图 15-20 管子与衬套扩散焊示意图

异很大异种材料,如金属与陶瓷;厚度差别很大的焊件等均可用扩散焊进行焊接。

扩散焊的主要不足是单件生产率较低,焊前对焊件表面的加工清理和装配精度要求十分严格,除了加热系统、加压系统外,还要有抽真空系统。

目前扩散焊主要用于焊接熔焊、钎焊难以满足质量要求的精密、复杂的小型焊件。扩散焊在原子能、航天等尖端技术领域中解决了各种特殊材料的焊接问题。例如,在航天工业中,用扩散焊制成的钛制品可以代替多种制品、火箭发动机喷嘴耐热合金与陶瓷的焊接等。扩散焊在机械制造工业中也广泛应用,如将硬质合金刀片镶嵌到重型刀具上等。

复习思考题

1. 熔焊、压焊和钎焊各是怎样实现原子间结合,以达到焊接的目的?
2. 焊缝形成过程对焊接质量有何影响?试说明其原因。
3. 试比较下列几种钢材的可焊接性:
   20 钢;45Mn2;T10;Q295-A。
4. 试比较电弧焊、气焊、电阻焊、摩擦焊所用热源,并分析它们的加热特点。
5. 试比较对焊和摩擦焊的基本原理和应用范围。
6. 钎焊和熔焊的主要区别在哪里?与熔焊相比,钎焊具有哪些主要优缺点?
7. 试比较手工电弧焊、埋弧焊、氩弧焊、等离子弧焊基本原理和应用范围。
8. 为什么在点焊机上焊接紫铜板会发生困难?
9. 为下列各项选择适宜的焊接方法。

序号	项目	焊接方法
1	同直径圆棒间的对接	
2	薄冲压钢板搭接	
3	异种金属的对接	
4	不加填充金属的焊接	

10. 为下列产品选择合理的焊接方法。

序号	产品	生产批量	适宜方法	可用方法
1	壁厚小于 3mm 锅炉筒体	成批		
2	汽车油箱	大量		
3	低碳钢板材减速器箱体	单件		
4	硬质合金刀片与 45 钢刀杆的焊接	小批		
5	自行车车圈	大批量		
6	铝合金板焊接容器	成批		
7	Φ3mm 铜-铅接头	成批		

11. 用下列钢材制作容器,各应采用哪种焊接方法。

厚 20mm 的 Q235-A 钢板;

厚 1mm 的 20 钢板;

厚 5mm 的 45 钢板;

厚 10 mm 的不锈钢钢板。

第四篇　机械制造基础

　　机械制造技术是以机械的广泛使用为主要特征的加工技术,按加工工艺实质可分为:将一部分材料有序地从基体中分离出去的去除法(车、铣、刨、磨以及电火花、超声波等工艺)和将材料有序地合并堆积起来的添加法(快速原型制造等工艺)。

　　通常所说的机械加工是指通过各种金属切削机床对工件进行切削加工,其基本形式有车、钻、刨、铣、磨等,也称切削加工。

　　常规机械制造加工是用刀具切除毛坯上多余的材料,加工材料受刀具硬度的制约,人们通过物理和化学的作用,将多余的材料烧化或熔化掉来形成所需的零件,这种非切削加工工艺称为"特种"加工。

　　随着科学技术的飞速发展,新技术、新工艺向机械制造领域的渗透,正在使传统机械制造的概念发生变化。特别是计算机技术进入机械制造过程,使传统的机械制造过程控制发生了革命性的变革。反映到机械制造领域,人们已不是仅把它当作一个独立的行业来看待,它与诸如信息、能源、运输、环保等行业密不可分,共同构成一个大系统;就是在机械制造内部,传统的、分单个零件加工后装配成产品的概念也在发生着变化,人们认识到,机械制造过程各环节不是机械独立的,而是有机联系的,是一个密不可分的系统,这就要求我们用系统的观点来分析处理各种工艺问题。计算机的应用及系统集成为制造业创造了巨大效益,因而促使人们向新的高度进行探索,即用大系统的概念,在新的管理模式及制造工艺的指导下综合应用优化理论、信息技术,把部门内部以至部门之间孤立的、局部的自动化岛通过计算机网络及分布式数据管理系统有机地"集成"起来,构成一个完整的系统,以达到企业的最高目标效益。

　　本篇主要讲述切削加工基础理论和基本工艺原理和应用,介绍现代制造工艺技术的技术特点和发展趋势,介绍机械制造自动化的发展进程和主要技术特征。本篇对应教材的第16章～第18章。

第 16 章 切削加工基础

通过第三篇的铸造、锻压和焊接等工艺方法,获得了成型的零件,通常这些成型的零件只是毛坯,其几何形状、尺寸和表面粗糙度等方面还不能达到零件图样规定的技术要求。因此,必须对零件的毛坯再进行进一步加工——切削加工。

切削加工是指利用切削刀具从工件(毛坯)上切去多余的材料,以获得形状、尺寸、加工精度和表面粗糙度都符合零件图样要求的加工方法。切削加工在机械制造中处于十分重要的地位,如机械制造业中所用的工作母机有 80%~90% 为金属切削加工机床。

切削加工可分为钳工和机械加工两大类。

钳工主要是在钳工台上以手持工具为主,对工件进行加工的切削加工方法。其主要加工内容有划线、用手锯锯削、用錾子錾削、用锉刀锉削、用刮刀刮削、用钻头钻孔、用扩孔钻扩孔、用铰刀铰孔,此外,还有攻螺纹、套螺纹、手工研磨、抛光、机械装配和设备修理等。

机械加工是在机床上利用机械对工件进行加工的切削加工方法。其基本形式有车、钻、镗、铣、刨、拉、插、磨、珩磨、超精加工和抛光等。通常所说的切削加工就是指机械加工。

钳工加工的缺点主要有生产效率低、劳动强度大、对工人技术水平要求高。随着加工技术的现代化,越来越多的钳工加工工作已被机械加工所取代,同时,钳工自身也在逐渐机械化。但钳工加工的灵活、方便,使其在装配和修理工作中,仍是比较简便和经济的加工方法,在单件、小批生产中也仍占有一定的比重。

16.1 切削运动和切削用量

16.1.1 切削运动

在切削加工中,为获得所需表面形状,并达到零件的尺寸要求,是通过切除工件上多余的材料来实现的。切除多余材料时工件和刀具之间的相对运动,称为切削运动。图 16-1 所示为车、钻、刨、铣、磨、镗削等切削运动。

根据切削运动在切削加工中的作用不同,可分为主运动和进给运动。

(1) 主运动。图 16-1 中 I 是主运动,它是直接切除工件上的切削层,使之转变为切屑的基本运动。通常,其速度较高,所消耗的功率较大。在切削加工中,主运动只有一个,可以是旋转运动,也可以是往复直线运动。如图 16-1 所示,车削时(a)、(d)、(g)工件的旋转运动、磨削时(b)砂轮的旋转运动以及牛头刨床刨削时(e)刨刀的往复直线运动等,都是主运动。

(2) 进给运动。图 16-1 中 II 是进给运动,它是不断地把切削层投入切削,以逐渐切出整个工件表面的运动。在切削运动中,其速度较低,所消耗的功率很小。在切削加工中,可能有一个或一个以上的进给运动。通常,进给运动在主运动为旋转运动时是连续的;在主运动为直线运动时是间歇的。如图16-1所示,车削(a)、(d)和磨削(b)主运动是旋转运动,其进给运动(车刀的纵向直线运动,磨削工件的旋转及纵向直线运动)是连续的;刨削(e)主运动是直线运动,其进给运动(工件的横向直线运动)是间歇的。

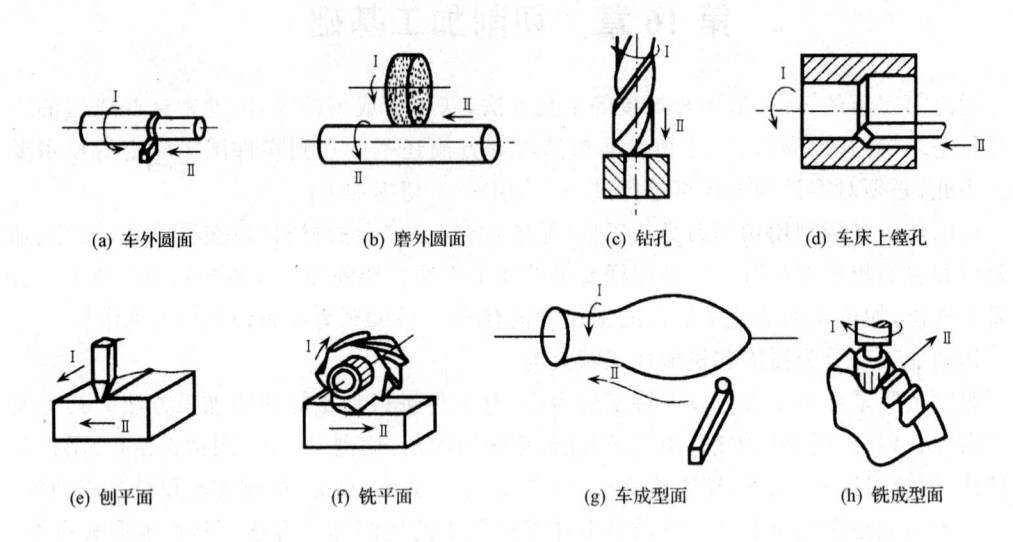

(a) 车外圆面　　(b) 磨外圆面　　(c) 钻孔　　(d) 车床上镗孔

(e) 刨平面　　(f) 铣平面　　(g) 车成型面　　(h) 铣成型面

图 16-1　各种切削加工的工作运动

16.1.2　切削用量

如图16-2所示的车削外圆和刨平面所示,刀具和工件相对运动过程中,在主运动和进给运动作用下,工件表面的一层金属不断被刀具切下转变为切屑,从而加工出所需要的工件新表面。因此,被加工的工件上形成三个表面:待加工表面,工件上即将切去切屑的表面;已加工表面,工件上已经切去切屑的表面;加工表面(切削表面),刀刃正在切削着的表面,即待加工表面与已加工表面之间的过渡表面。

在切削加工过程中,需要针对不同的工件材料、工件结构、加工精度、刀具材料和其他技术经济要求,来选定适宜的切削速度 v、进给量 f 和背吃刀量 a_p 值。切削速度、进给量和背吃刀量称之为切削用量的三要素。

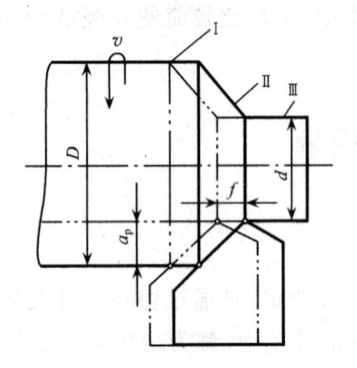

图 16-2　切削过程中工件上的表面

1. 切削速度 v

切削速度是切削加工时刀具切削刃上的某一点相对于待加工表面在主运动方向上的瞬时速度。简单地说,就是切削刃选定点相对于工件的主运动的瞬时速度(线速度)。切削速度的单位通常是 m/s 或 m/min。如车削、钻削、铣削切削速度的计算公式为

$$v = \frac{\pi D n}{60 \times 1000} \text{ (m/s)}$$

式中:D 为工件待加工表面的直径(车削)或刀具的最大直径(钻削、铣削等)(mm);n 为

工件或刀具每分钟的转数(r/min)。

2. 背吃刀量 a_p

背吃刀量指工件上待加工表面与已加工表面之间的垂直距离，也就是刀刃切入工件的深度，也叫吃刀深度，单位为 mm。如车削外圆时(如图 16-2 所示)，背吃刀量的计算公式为

$$a_p = (D - d)/2 \text{ (mm)}$$

式中：D 为工件待加工表面直径(mm)；d 为工件已加工表面直径(mm)。

3. 进给量 f

刀具(或工件)沿进给运动方向相对工件的位移量，用工件(或刀具)每转或每行程的位移量来表述，也叫走刀量，单位是 mm/r 或 mm/str。进给速度 v_f 切削刃上选定点相对工件的进给运动的瞬时速度

$$v_f = f \cdot n \text{(mm/min)}$$

进给量 f 与切削深度 a_p 之乘积称为切削横截面的公称横截面积，其大小对切削力和切削温度有直接的影响，因而其直接关系到生产率和加工质量的高低。

16.2 切削刀具的基本知识

金属切削过程中，直接完成切削工作的是刀具，而刀具能否胜任切削工作，主要由刀具切削部分的合理几何形状与刀具材料的物理、机械性能决定。

16.2.1 刀具切削部分的结构要素

切削刀具的种类繁多，结构各异，但是各种刀具的切削部分的基本构成是一样的。其中外圆车刀是最基本、最典型的刀具，其他各种刀具(如刨刀、钻头、铣刀等)切削部分的几何形状和参数，都可视为以外圆车刀为基本形态而按各自的特点演变而成。

普通外圆车刀的构造如图 16-3 所示。其由刀体和刀头(也称切削部分)两部分组成。刀体是车刀在车床上定位和夹持的部分。刀头一般有三个表面、两个刀刃和一个刀尖组成，可简称为三面、两刃、一尖。

1) 三个表面

(1) 前刀面：切削时刀具上切屑流过的表面；

(2) 主后刀面：切削时刀具上与加工表面相对的表面；

(3) 副后刀面：切削时刀具上与已加工表面相对的表面。

图 16-3 外圆车刀切削部分的组成

2) 两个刀刃

(1) 主切削刃：前刀面与主后刀面的交线，在切削过程中承担主要的切削工作；

(2) 副切削刃：前刀面与副后刀面的交线，在切削过程中参与部分切削工作，最终形成已加工表面，并影响已加工表面粗糙度的大小。

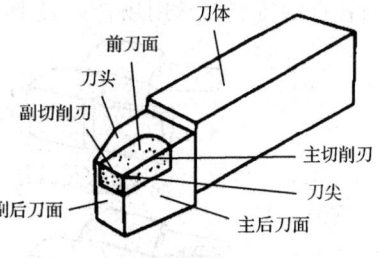

3) 一个刀尖

刀尖：主切削刃与副切削刃的交点，但其并非绝对尖锐，为了增加刀尖的强度和刚度，常做成一段小圆弧或直线，也称过渡刃。

前刀面、主后刀面和副后刀面的倾斜程度将直接影响刀具的锋利与切削刃口的强度。

16.2.2 刀具的材料

制造刀具的材料应具有高的硬度、耐磨性和热硬性以及良好的工艺性和经济性。具备这些性能的材料除第二篇工程材料所介绍的碳素工具钢、合金工具钢、高速钢和硬质合金外，陶瓷、人造金刚石和立方氮化硼亦可作为刀具材料，它们的硬度、耐磨性、热硬性均较前述各种材料好。但这些材料的脆性大、抗弯强度和冲击韧性很差，目前主要用于高硬度材料的半精加工和精加工。

常用刀具材料的主要特性和用途如表 16-1 所示。

表 16-1 常用刀具材料的主要特性和用途

种类	常用牌号	硬度 HRA	抗弯强度 /GPa	热硬性 /℃	相对价格	相对切削成本	工艺性能	用途
优质碳素工具钢	T8A～T16A	81～83	2.16	200	0.3	1.91	可冷热加工成型，刃磨性好	用于手动工具，如锉刀、锯条
合金工具钢	9SiCr CrWMn	81～83.5	2.35	250～300			可冷热加工成型，刃磨性好，热处理变形小	用于低速成型刀具，如丝锥、铰刀
高速钢	W18Cr4V W6Mo5Cr4V2	82～87	1.96～4.41	550～600	1	1	可冷热加工成型，刃磨性好，热处理变形小	用于中速及形状复杂刀具，如钻头
硬质合金	YG8,YG3 YT5,YT30	89～93	1.08～2.16	800～1000	10	0.27	粉末冶金成型，多镶片使用，性较脆	用于高速切削刀具，如车刀、铣刀

16.2.3 刀具结构

如图 16-4 所示，车刀按结构分类有整体式、焊接式、机夹式和可转位式四种型式。它们各自的特点与常用场合如表 16-2 所示。

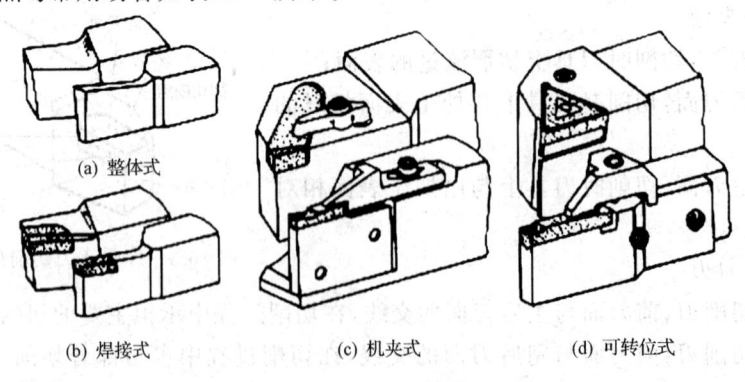

(a) 整体式　(b) 焊接式　(c) 机夹式　(d) 可转位式

图 16-4 刀具的结构类型

表 16-2 车刀结构类型、特点与用途

名　称	特　点	适用场合
整体式	用整体高速钢制造，刃口较锋利，但价高的刀具材料消耗较大	小型车床或加工有色金属
焊接式	焊接硬质合金或高速钢于预制刀柄上，结构紧凑，刚性好，灵活性大。但硬质合金刀片经过高温焊接和刃磨，易产生内应力和裂纹	各类车刀
机夹式	避免了焊接式的缺陷，刀杆利用率高。刀片可集中精确刃磨，使用灵活。但刀具设计制造较为复杂	外圆、端面、镗孔、割断、螺纹车刀。大刃倾角、小后角刨刀等
可转位式	不焊接、刃磨，刀片可快换转位，生产率高。可使用涂层刀片，断屑效果好。刀具已标准化，方便选用和管理	大中型车床、特别适用自动、数控车床与加工中心等

16.3 金属切削过程

16.3.1 切屑的形成及其类型

金属切削过程实质上是工件表层金属受到刀具挤压后，金属层产生变形、挤裂而形成切屑的过程。由于被加工材料性质和切削条件的不同，切屑形成的过程和切屑的形态也不相同。

根据切削层金属的变形特点和变形程度不同，切屑可分为四类，如图 16-5 所示。

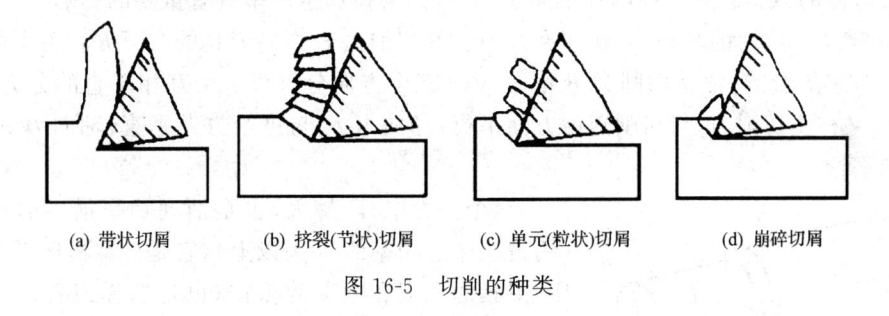

(a) 带状切屑　　(b) 挤裂(节状)切屑　　(c) 单元(粒状)切屑　　(d) 崩碎切屑

图 16-5 切削的种类

1. 带状切屑

加工塑性材料(如钢)时，工件表层金属受到刀具挤压后产生塑性变形，在尚未完全挤裂之前，刀具又开始挤压下一层金属，因而形成连续不断的切屑。这种切屑的内表面(靠近刀具的一面)是光滑的，外表面呈毛茸状。用较高的切削速度和较薄的切削厚度加工塑性材料时，容易形成这种切屑。形成带状切屑时切屑变形小，切削力波动小，加工表面光洁。

2. 挤裂(节状)切屑

其外表面有明显的挤裂纹，裂纹较深，呈锯齿状，内表面有时也形成裂纹，这是因为节状切屑在塑性变形过程中滑移量较大造成的。用较低的切削速度,较大的切削厚度加工中等硬度的钢料时,容易得到这种切屑。由于切削过程中切削力波动大,因而加工表面粗糙度较大。

3. 单元(粒状)切屑

采用小前角或负前角,以极低的切削速度和大的切削厚度切削塑性金属(伸长率较低的结构钢)时,会产生这种切屑。产生单元切屑时,切削过程不平稳,切削力波动较大,已加工表面质量较差。

4. 崩碎切屑

切削铸铁等脆性材料时,被切材料在弹性变形后,未经塑性变形就产生脆断而形成碎块。切削过程中切削力集中在切削刃附近,降低刀具寿命。且切削力波动较大,加工表面也较粗糙。

切屑类型是由材料特性和变形的程度决定的,加工相同塑性材料,采用不同加工条件,可得到不同的切屑。如在形成节状切屑情况下,进一步减小前角,加大切削厚度,就可得到粒状切屑;反之,则可得到带状切屑。生产中常利用切屑类型转化的条件,得到较为有利的切屑类型。

16.3.2 切削力

切削力是切削过程中为克服被切金属的变形抗力和刀具与工件、刀具与切屑之间的摩擦力所需的力。它对工件的加工质量、刀具的磨损和生产率有着重要的影响。

如图 16-6 所示的车外圆,作用在车刀上的切削力 F 指向刀具的右下方。为了便于测量和分析它的影响,常将切削力 F 沿 x,y,z 三个方向分解成三个互相垂直的分力,即切向力 F_z 又称主切削力,与切削速度方向平行;径向力 F_y 与进给方向垂直;轴向力 F_x 与进给方向平行。

三个分力中,F_z 最大,也是消耗功率最多的切削力(约占机床总功率的 90% 以上),它是计算机床动力及机床、夹具的强度和刚度的依据,也是选择刀具几何角度和切削用量的依据。作用在工件上的径向力 F_y,使工件产生弹性弯曲变形,从而产生了加工误差,特别在加工细长工件时尤为明显。图 16-7(a)和(b)分别显示在车细长轴时和内圆磨削时,由于径向力产生的加工误差。

轴向力 F_x 作用于机床的进给机构上,是机床进给机构强度验算的依据。

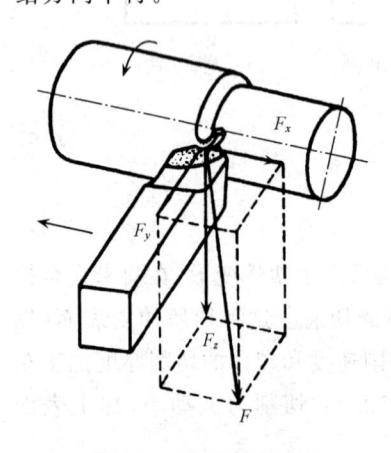

图 16-6 切削力的分解

切削力的大小与工件材料的性能、切削用量和刀具几何角度等因素有关。材料的强度、硬度愈高,变形抗力愈大,则切削力愈大;切削深度和进给量增大使切削层面积增大,切削力也增大;使用切削液,可减小切屑与刀具、刀具与工件之间的摩擦,因而降低切削力。

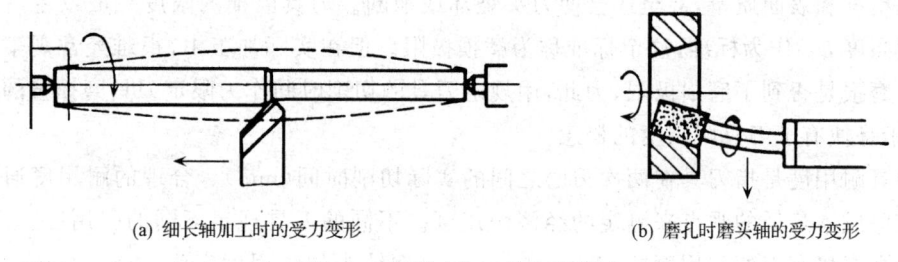

(a) 细长轴加工时的受力变形　　　　(b) 磨孔时磨头轴的受力变形

图 16-7　切削力加工精度的影响

16.3.3　切削热

切削过程中,切削层金属的变形及前刀面与切屑、后刀面与工件之间的摩擦所消耗的功,绝大部分转变为切削热。

切削热产生后,就向切屑、工件、刀具及周围介质(空气、切削液)传散。传入各部分的比例取决于工件及刀具材料、刀具的几何角度、切削速度和加工方式等。例如,不用切削液切削钢件时,50%～86%由切屑带走,40%～10%传入车刀,9%～3%传入工件,1%传入空气。传入工件的热使工件温度升高而发生变形,影响加工精度。特别是细长工件和薄壁件更为显著。传入刀具的热量虽然比例不大,但刀具体积小,因而温度高,加速了刀具的磨损。

为了降低切削温度,减少摩擦和刀具磨损,提高生产率和工件表面质量,生产中常使用切削液。常用的切削液有苏打水、乳化液和矿物油等。苏打水和乳化液冷却能力强,但润滑作用小,通常用于钢材的粗加工;矿物油的润滑作用大,但冷却能力弱,一般用于钢材的精加工。

铸铁由于组织中含有大量石墨,能起润滑作用,故一般不用切削液;硬质合金刀具由于热硬性高,一般也不用切削液。

16.3.4　刀具磨损及耐用度

在切削过程中,由于刀具前、后刀面都处在摩擦力和切削热的作用下,因而产生了磨损。正常磨损时,其磨损形式如图 16-8 所示。$h_{前}$ 表示前刀面磨损的月牙洼深度,$h_{后}$ 表示主后刀面磨损的高度。

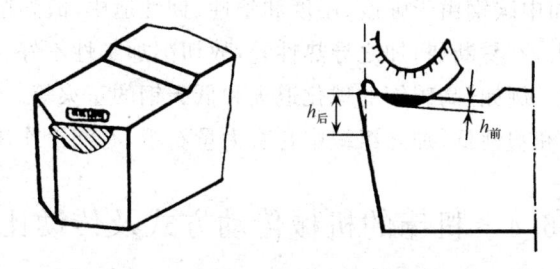

图 16-8　车刀的磨损

刀具磨损到一定的程度后,就应及时重磨;否则就会增加机床的动力消耗,降低工件的加工精度和表面质量,甚至还会使刀头烧坏或崩断。刀具磨损的限度一般以主后刀面的磨损高度 $h_后$ 作为标准,这个标准称为磨损极限。但在实际加工中,很难经常观察和测量刀具磨损是否到了磨损极限,为此,用规定刀具的切削时间作为限定刀具磨损量的衡量标准,于是便有了刀具耐用度的概念。

刀具耐用度是指刀具在两次刃磨之间的实际切削时间(min)。合理的耐用度通常是根据工序成本最低的观点来测定的经济耐用度。不同的刀具规定不同的耐用度。例如,硬质合金焊接车刀的耐用度规定为 60min,高速钢钻头的耐用度定为 80～120min,硬质合金端铣刀的耐用度定为 120～180min,齿轮刀具的耐用度定为 200～300min。

影响刀具耐用度的因素很多,其中以切削速度影响最大。当切削速度增大时,耐用度大大降低。虽然因提高切削速度减少了切削时间,但却因降低了耐用度而大大增加了换刀和磨刀时间,生产率反而下降。为此,生产上常限定某一合理的切削速度,以保证规定的耐用度,从而使生产率最高、单件成本最低。

在单件、小批生产中,工人则根据工件表面粗糙度,加工中是否出现异常现象(如切削力增加,出现振动等)来决定刀具是否需要重磨。

16.3.5 工件材料的切削加工性概念

对工件材料进行切削加工的难易程度称为材料的切削加工性。通常认为,良好的切削加工性应该是:刀具的耐用度高,加工表面质量易于保证,消耗功率低,断屑问题易于解决等。

材料的切削加工性主要取决于它们的机械、物理性能。一般地说,材料的强度、硬度越高,切削力越大,切削温度越高,刀具的磨损也越快,因而切削加工性差。其次,塑性大的材料,切削时变形和摩擦都比较严重,刀具易磨损,断屑也较困难,故切削加工性也差。切削脆性材料时,因切削力小,切削加工性较好。但若材料太脆,容易产生崩碎切屑,切削力和切削热集中在主切削刃附近,也容易导致刀具磨损加快。

材料的导热性对切削加工性也有较大的影响。导热性好的材料,大部分切削热由切屑带走,传到工件上的热散出也快,有利于提高刀具的耐用度和减小工件的热变形,故切削加工性好。

碳素结构钢中,高碳钢的强度、硬度较高,低碳钢的塑性、韧性较高,这些都给切削加工带来不利的影响;而中碳钢由于强度、硬度和塑性、韧性适中,故切削加工性好。不锈钢因韧性大,切削变形大,不易断屑,加之导热性差,故切削加工性不好。通过热处理可以改善材料的切削加工性。例如,高碳钢的球化退火和低碳钢的正火等。

灰铸铁因其强度和塑性低,加之组织中含有大量石墨,有润滑作用,故切削加工性好。

16.4 机床的机械传动方式及传动比

机床常用的机械传动方式有带传动、齿轮传动、蜗轮蜗杆传动、齿轮齿条传动和丝杠螺母传动等五种,见表 16-3。

表 16-3　机械传动方式及其符号

名　称	图　形	符　号	名　称	图　形	符　号
平带传动			三角带传动		
齿轮传动			蜗杆传动		
齿轮齿条传动			整体螺母传动		

1. 带传动

带传动有平带传动和三角带传动两种。在机床传动中,绝大多数采用三角带传动。

带传动的优点是传动平稳;结构简单,制造维护方便;过载时,带打滑,不致损坏机器。缺点是由于打滑而不能保证准确的传动比。常用于轴间距离较大的传动。

2. 齿轮传动

齿轮传动是机床上应用最多的一种传动方式。齿轮的种类很多,有直齿轮、斜齿轮、圆锥齿轮等,最常用的是直齿圆柱齿轮。齿轮传动中,主动轮转过一个齿,被动轮也转过一个齿。因此,齿轮传动的传动比等于主动轮齿数与被动轮齿数之比。两者的旋转方向相反。

齿轮传动的优点是结构紧凑,传动比准确,传动效率高。缺点是制造复杂,精度不高时,传动不平稳,有噪声。

3. 蜗轮蜗杆传动

蜗轮蜗杆传动中,蜗杆是主动件,蜗轮是被动件。蜗轮蜗杆传动比为蜗杆上螺旋的头数与蜗轮的齿数之比。由于蜗轮的齿数比蜗杆上螺旋的头数大得多,因此,蜗轮蜗杆传动可得到较大的减速比,常用于减速机构中。

蜗轮蜗杆传动平稳,结构紧凑,噪声小,但传动效率低。

4. 齿轮齿条传动

在传动中,当齿轮为主动件时,可将旋转运动变为直线运动;当齿条为主动件时,可将直线运动变为旋转运动;若齿条固定不动,则齿轮在齿条上滚动,车床上的纵向进给即通过这种方式实现的。

5. 丝杠螺母传动

常用于机床进给运动的传动机构中，将旋转运动变为直线运动。若将螺母沿轴向剖分成两半，即形成对开螺母，可随时闭合和打开，从而使运动部件运动或停止。车削螺纹时的纵向进给运动即采用这种方式。

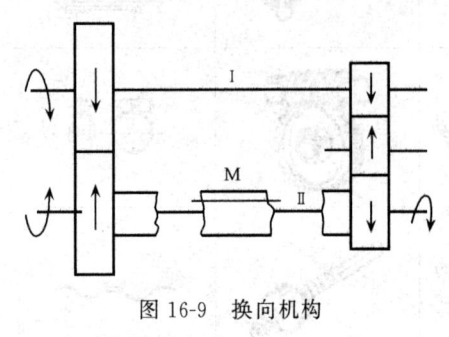

丝杠螺母传动平稳，无噪声，但传动效率低。

以上传动除了能改变传递运动的速度，齿轮齿条传动和丝杠螺母传动还能改变运动的类型。同时，机床上常用增加中间齿轮的方式以改变转动的方向。如图 16-9 所示，当 M 向左接合时Ⅱ轴与Ⅰ轴旋转方向相反；当 M 向右接合时，Ⅱ轴与Ⅰ轴旋转方向相同。通过各种机构，机床获得加工时的最有利的切削速度。

图 16-9 换向机构

复习思考题

1. 何谓切削加工？它包括哪两类？
2. 机床的相对运动有哪两类？它们有什么区别？举二例说明之。
3. 何谓切削用量？钻和刨削时的切削用量是如何表示的？
4. 切屑有哪几种类型？怎样从切屑的形态来判别切削过程的特点？
5. 常用刀具的材料有哪几类？各适用于制造哪些刀具？
6. 车削时切削合力为什么常分解为三个相互垂直的分力来分析？试说明这三个分力的作用。
7. 切削热是如何产生和传出的？仅从切削热产生的多少能否说明切削区温度的高低？
8. 何谓工件材料的切削加工性？它与哪些因素有关？
9. 某机床的传动系统图如图 16-10 所示。请写出该机床的传动方式。

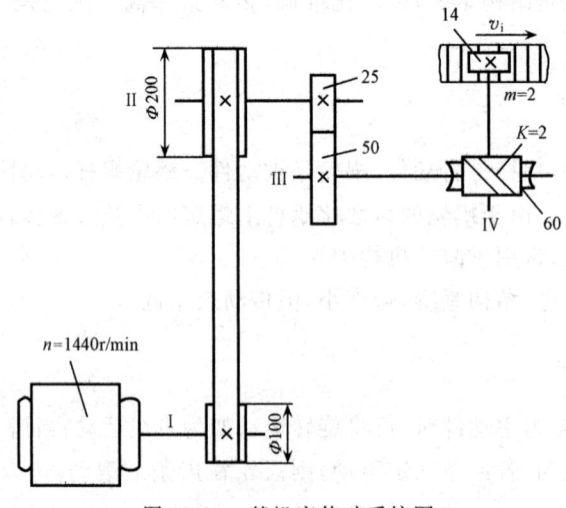

图 16-10 某机床传动系统图

10. 已知零件的生产批量为1000件,可以在普通车床、六角车床或自动车床上加工。加工一个零件的成本应为 $K=A+B/n$,式中 K——单件生产成本;A——加工一个零件的工资;B——夹具、量具、刀具等总成本;n——零件数量。根据经验资料综合计算后,得知①在普通车床上加工:$A_1=2$ 元、$B_1=40$ 元;②在六角车床上加工:$A_2=0.8$ 元、$B_2=150$ 元;③在自动车床上加工:$A_3=0.55$ 元、$B_3=400$ 元。试评定哪一个方案合理。

11. 某厂用铣刀加工一批数量为60件的零件,若用高速钢铣刀加工,每小时可加工一件,刀具折旧费2元/小时;若购买价值198元的专用不重磨硬质合金铣刀加工,每件加工时间为12分钟。该厂铣削加工的其他费用为:机床折旧费4元/小时,人工及其他费用6元/小时。您认为用何种铣刀合适?说明理由。

第 17 章 切削加工工艺

17.1 车削加工

车削是指在车床上用车刀进行切削加工。车削的主运动是工件的旋转运动,进给运动是刀具的移动,所以车床适合加工各种零件上的回转表面。

17.1.1 普通车床的组成

车床是机械制造厂中不可缺少的加工设备之一,在各种类型的车床中,以普通车床的应用最多,其数量约占车床总台数的 60% 左右。

现以 C6132 普通车床(如图 17-1 所示)为例,介绍它们的基本组成部分。

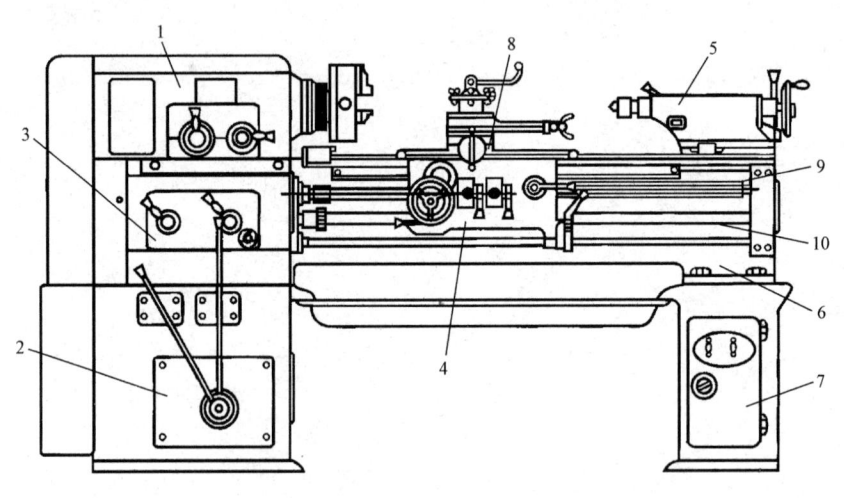

1. 主轴箱;2. 变速箱;3. 进给箱;4. 溜板箱;5. 尾架;
6. 床身;7. 床腿;8. 刀架;9. 丝杠;10. 光杠

图 17-1 C6132 普通车床的组成

(1) 主轴箱。主轴箱里面装有主轴,将变速箱运动经皮带轮、主轴变速机构传递给主轴。在主轴箱前面有若干手柄,用以操纵箱内的变速机构,使主轴得到若干种不同转速的主运动。

(2) 变速箱。变速箱里面装有变速机构(由一些轴、齿轮以及离合器等组成),电动机转速经变速后,得到多种转速由皮带轮输出。

(3) 进给箱。进给箱里面装有进给运动变速机构,进给箱前面的手柄用以改变进给运动的进给量。主轴的旋转运动经挂轮箱传到进给箱后,分别通过光杠或丝杠的旋转运动传出。

(4) 溜板箱。溜板箱作用是把光杠或丝杠的旋转运动变为刀架的纵向或横向直线运动。溜板分为大溜板、中溜板和小溜板三部分。大溜板安装在床身上靠外边的导轨上,可沿其纵向移动;中溜板装在大溜板顶面的燕尾导轨上,可以作横向移动;小溜板装在中溜板的转盘导轨上,可以转动±90°,并可作手动移动,但行程较短。

(5) 尾架。尾架装在床身导轨的右端,可沿导轨纵向移动。尾架套筒的锥孔中可安装后顶尖以支承较长工件的一端;也可以安装钻头、扩孔钻、铰刀等刀具来加工内孔。

(6) 床身和床腿。床身和床腿是车床的基础零件。它们在切削时要保证足够的刚度,以便用来支承主轴箱、进给箱、光杠和丝杠等各部件,并保持稳定性。床身和床腿上面有两组直线度、平面度和平行度都很高的导轨,溜板和尾架可以分别沿其上做平行于主轴轴线的纵向移动。

普通车床主轴轴线到床身导轨平面的高度叫中心高,中心高的两倍即为工件最大车削直径,它是车床的主要参数。如车床 C6132 中的 32(机床主参数)表示该机床工件最大车削直径 320mm。

(7) 刀架。刀架紧固在小溜板上,一般可同时安装四把车刀,扳动刀架手柄可以快速换刀。

(8) 丝杠。丝杠转动由进给箱传来,经开合螺母移动溜板箱,从而带动刀架作车削螺纹的纵向进给。为了保持丝杠的精度,一般不是车削螺纹的自动进给不许用丝杠带动。

(9) 光杠。光杠把进给箱的进给运动传给溜板箱,并由此获得刀架的纵向、横向所需进给量的自动进给,一般用于车削外圆、端面等。

17.1.2 C6132 车床的传动

C6132 车床的传动系统如图 17-2 所示。

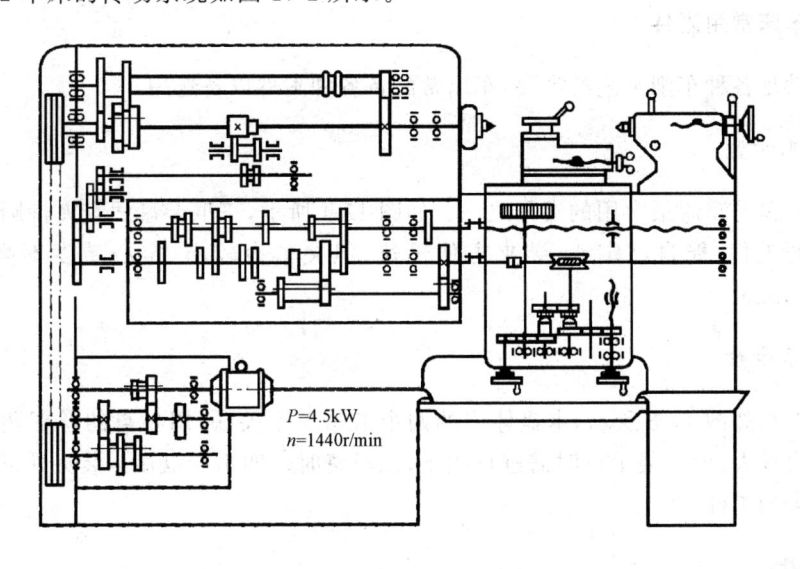

图 17-2 C6132 车床传动系统

1. 主运动传动

主运动是由电动机至主轴之间的传动系统来实现,主轴共有 12 级转速。

该车床的最高转速为 1980r/min,最低转速为 45r/min。主轴的反转是通过电动机的反转来实现的。

2. 进给运动传动

车床的进给运动是从主轴开始,通过反向机构、挂轮、进给箱和溜板箱的传动机构,使刀架作纵向、横向或车螺纹进给。无论是一般车削,还是车螺纹,进给量都是以主轴(工件)每转一周,刀具移动的距离来计算。

3. 传动路线

从电动机到机床主轴或刀架之间的运动传递称为传动路线,图17-3 为 C6132 车床的传动路线示意框图。

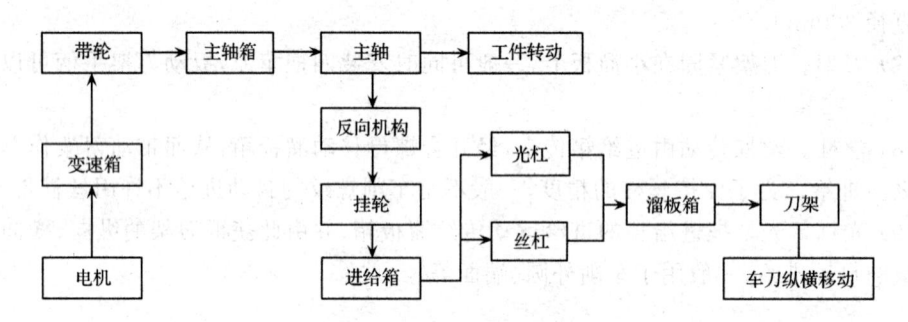

图 17-3　车床传动路线示意框图

17.1.3　车床常用附件

为了满足各种车削工艺的需要,车床常配备各种附件以备选用。

1. 三爪卡盘

三爪卡盘是车床最常用的夹具之一。如图 17-4 所示,三爪卡盘适宜夹持圆形和正六边形截面的工件,能自动定心,装夹方便迅速,但夹紧力较小,定心精度不高,一般为 0.05～0.15mm。

2. 四爪卡盘

四爪卡盘如图 17-5 所示,卡盘体内的四个卡爪互不关联,用各自的丝杆调整。四爪卡盘夹紧力较大,但安装工件时需进行找正,比较费时。四爪卡盘用于装夹外形不规则的工件或较大的工件。

3. 花盘

形状复杂、无法在卡盘上安装的工件可用花盘安装(如图 17-6 所示)。利用弯板、螺钉将工件固定在盘面上,加工前需仔细找正并加平衡块。

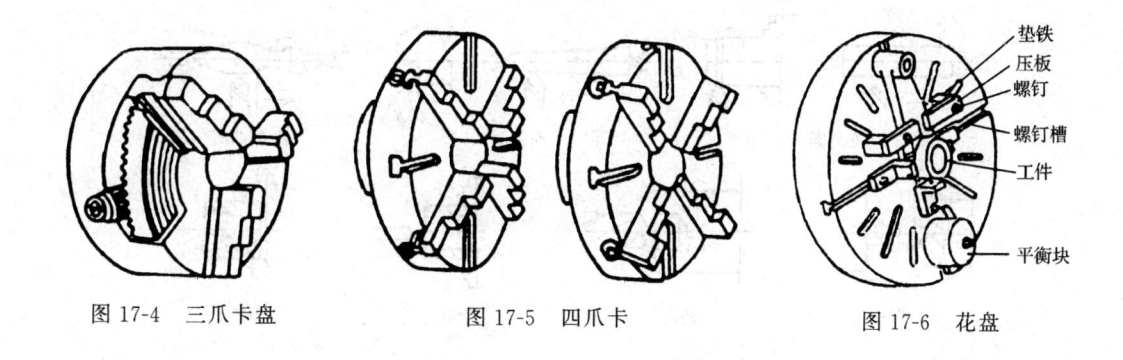

图 17-4　三爪卡盘　　　　图 17-5　四爪卡　　　　图 17-6　花盘

4. 顶尖

长轴类工件加工时，一般都用顶尖安装（如图 17-7 所示）。粗加工常采用一端以卡盘夹持另一端用顶尖支撑的方法卡紧；当工件精度要求较高或加工工序较多时一般采用双顶尖安装。顶尖安装的定位精度较高，即使多次安装与调头，仍能保持轴线的位置不变。

5. 心轴

加工带孔的盘套类工件的外圆和端面时，常先将内孔精加工后用心轴安装，然后一起安装在两尖顶之间进行加工（如图 17-8 所示），采用心轴装夹容易保证各表面的相互位置精度，但要求孔的加工精度较高，孔与心轴的配合间隙要小。

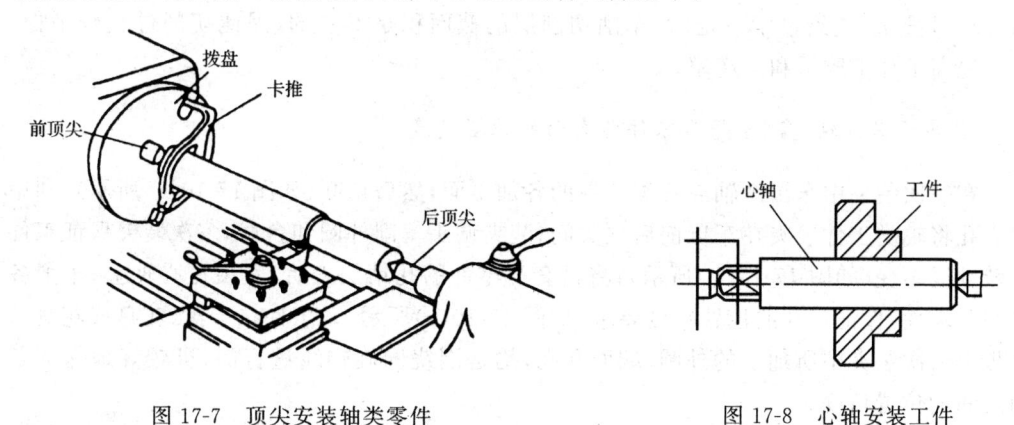

图 17-7　顶尖安装轴类零件　　　　图 17-8　心轴安装工件

17.1.4　车床的加工范围

车床的加工范围如图 17-9 所示。

车削中工件旋转形成主切削运动，刀具沿平行于旋转轴线方向运动时，就在工件上形成内、外圆柱面；刀具沿与轴线相交的斜线运动，就形成锥面；利用装在车床尾架上的刀具，可以进行内孔加工。仿形车床或数控车床上，可以控制刀具沿着一条曲线进给，则形成一特定的旋转曲面。车削还可以加工内外螺纹面、端平面及滚花等。

普通车削加工的经济精度为 IT8～IT7，表面粗糙度为 $R_a12.5\sim1.6\mu m$。精细车时，精度可达 IT6～IT5，粗糙度可达 $R_a0.8\sim0.4\mu m$。车削的生产率较高，切削过程比较平稳，刀具较简单。

车外圆　　　　　车锥面　　　　　车旋转曲面

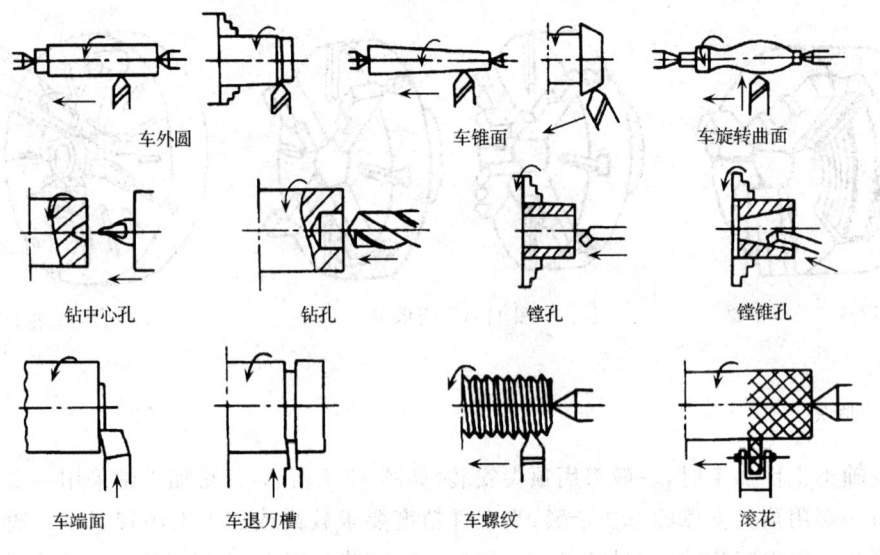

钻中心孔　　　钻孔　　　　镗孔　　　　镗锥孔

车端面　　　车退刀槽　　　车螺纹　　　　滚花

图 17-9　车床工作

17.1.5　车削的工艺特点

1. 车削生产率高

车刀结构简单,制造、刃磨、安装方便,车削工作一般是连续进行的,当刀具几何形状和背吃刀量 a_p、进给量 f 一定时,车削切削层的截面积是不变的,因此切削过程较平稳,从而提高了加工质量和生产率。

2. 易于保证轴、盘、套等类零件各表面的位置精度

在一次装夹中车出短轴或套类零件的各加工面,然后切断(如图 17-10(a)所示);利用中心孔将轴类工件装夹在车床前后顶尖间,装夹调头车削外圆和台肩,多次装夹保证工件旋转轴线不变(如图 17-10(b)所示);将盘套类零件的孔精加工后,安装在心轴上,车削各外圆和端面,保证与孔的位置精度要求(如图 17-10(c)所示)。工件在卡盘、花盘或花盘—弯板上一次装夹中所加工的外圆、端面和孔,均是围绕同旋转线进行的,可较好地保证各面之间的位置精度。

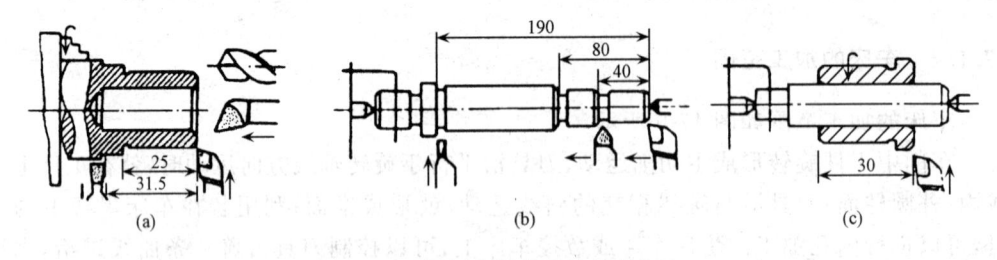

(a)　　　　　　　(b)　　　　　　　(c)

图 17-10　保证位置精度的车削方法

3. 适用于有色金属零件的精加工

当有色金属的零件要求较高的加工质量时,若用磨削,则由于硬度偏低而造成砂轮表

面空隙堵塞,使加工困难,故常用车、铣、刨、镗等方法进行精加工。

4. 加工的材料范围广泛

硬度在 30HRC 以下的钢料、铸铁、有色金属及某些非金属(如尼龙),可方便地用普通硬质合金或高速车刀进行车削。淬火钢以及硬度在 50HRC 以上的材料属难加工材料,需用新型硬质合金、立方氮化硼、陶瓷或金刚石车刀车削。

17.1.6 其他车床

为了满足被加工零件的大小、形状以及提高生产率等各种不同的要求,除普通车床外还有许多其他类型的车床,如立式车床、六角车床、自动车床、仿形车床、数控车床、落地车床等,尽管这些车床与普通车床的外观和结构有所不同,但其基本原理是一样的。下面简要介绍立式车床和六角车床。

1. 立式车床

立式车床的外形结构如图 17-11 所示。底座的圆形工作台上有四爪卡盘,用来安装工件并带动工件一起绕垂直轴旋转。在工作台后侧有立柱,立柱上有横梁和可装四把车刀的侧刀架,它们都能沿着立柱的导轨上下移动,侧刀架可进行水平方向进给。横梁上的垂直刀架可在横梁上做水平和垂直进给运动,其上有五个装刀位置的转塔,可转成不同的角度使刀架作斜向进给。

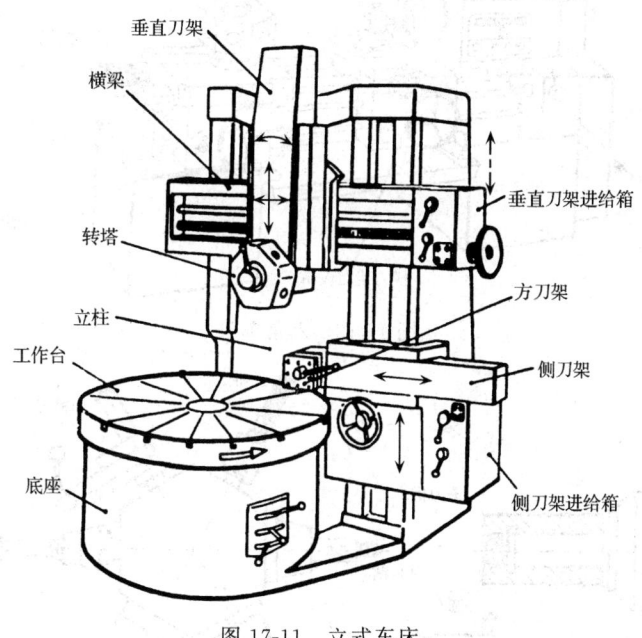

图 17-11 立式车床

由于立式车床的工作台是在水平面内旋转的,因此对于重型工件,其装夹和调整都比较方便,而且刚性好,切削平稳。立式车床几个刀架可以同时工作,进行多刀切削,生产率高,缺点是排屑困难。

立式车床主要用来加工直径大、长度短的工件,如大型带轮、齿轮和飞轮等。可以加工内外圆柱面、圆锥面、端面和成型回转表面等。

2. 六角车床

六角车床(如图17-12所示)与普通车床相似,结构上的主要区别是没有丝杆和尾架,而是在尾架的位置上装有一个可以纵向进给的六角刀架(又称转塔刀架),其上可以装夹一系列的刀具。加工过程中,六角刀架周期性地转位,将不同的刀具依次转到加工位置;顺序地对工件进行加工。每个刀具的行程距离都由行程挡块加以控制,以保证工件的加工精度。工件的装夹有专门的送料夹紧机构,操作方便、迅速,可以大大节省时间,提高生产率。

六角车床能完成普通车床的各种加工工作,广泛用于成批生产中加工轴套、台阶轴以及其他形状复杂的工件。由于没有丝杠,所以只能用丝锥和板牙进行内外螺纹的加工。图17-13为六角车床加工螺纹套筒的例子,其加工顺序是:

(1) 用方刀架上的车刀加工:①车外圆;②车端面。

(2) 用六角刀架上的刀具加工内孔:①钻中心孔;②钻孔至全深;③镗螺纹孔;④铰孔;⑤镗螺纹退刀槽;⑥攻丝。

(3) 用方刀架上的切断刀将加工好的工件自棒料上切下。

图17-12 六角车床

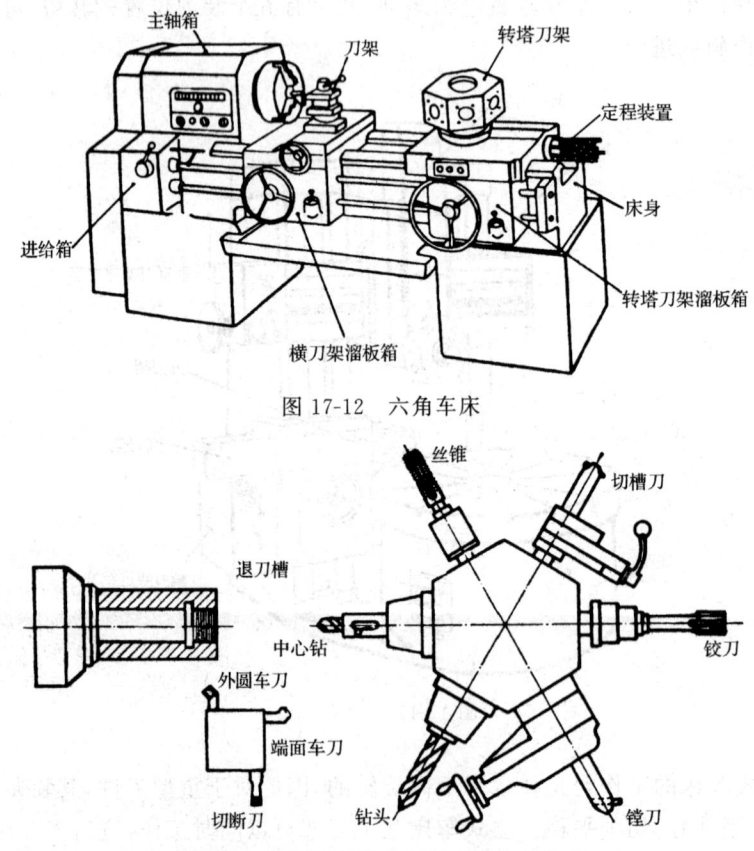

图17-13 螺纹套筒在六角车床上的加工

17.2 铣、刨、拉、钻、镗、磨削加工

17.2.1 铣削加工

在铣床上用铣刀加工工件的方法称为铣削,它是平面加工的主要方法之一。铣削时,铣刀旋转做主运动,工件做直线进给运动。

1. 铣刀

铣刀由刀齿和刀体两部分组成。刀齿分布在刀体圆周面上的铣刀称圆柱铣刀,它又分为直齿和螺旋齿两种(如图 17-14 所示)。由于直齿圆柱铣刀切削不平稳,现一般皆用螺旋齿圆柱铣刀。端铣刀是用端面和圆周面上的刀刃进行切削的,它又分为整体式端铣刀和镶齿式端铣刀两种(如图 17-15 所示)。镶齿端铣刀刀盘上装有硬质合金刀片,加工平面时可进行高速切削,为生产上广泛采用。

铣刀的每个刀齿相当于一把车刀,其切削部分几何角度及其作用与车刀相同。

图 17-14 圆柱铣刀

图 17-15 端铣刀

2. 铣床

常用的铣床有卧式铣床和立式铣床两种,卧式铣床又可分为万能铣床和普通铣床两种。万能卧式铣床的工作台可以在一定的范围内偏转,普通卧式铣床则不能。

万能卧式铣床的外形如图 17-16 所示。其主轴是水平的。主轴由电动机经装在床身内的变速箱传动而获得旋转运动。铣刀紧固在刀杆上,刀杆的一端夹紧在主轴的锥孔内,另一端支持于横梁上的吊架内。吊架可沿横梁导轨移动。横梁亦可沿床身顶部的导轨移动,调整其伸出长度,以适应不同长度的刀杆。

工件安装在工作台上,工作台可在转台的导轨上做纵向进给运动,转台还能连同工作台一起在横向溜板上做±45°以内的转动,以使工作台做斜向进给运动。横向溜板在升降台的导轨上做横向进给运动。升降台连同其上的横向

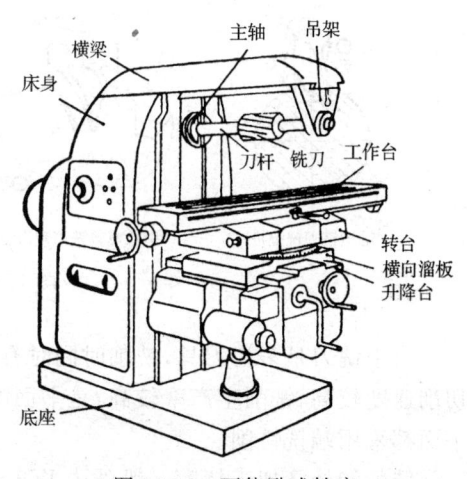

图 17-16 万能卧式铣床

溜板、转台及工作台沿床身的导轨做垂直进给运动。

立式铣床的外形如图17-17所示,它的主轴垂直于工作台面。立铣头还可以在垂直面内偏转一定的角度,使主轴对工作台倾斜成一定的角度来加工斜面。

3. 铣削的加工范围

铣削时,工件可用压板螺钉直接装夹在工作台上,也可用平口钳、分度头和V形铁直接装夹在工作台上。在成批大量生产中,也广泛使用各种专用夹具。

在铣床上可以加工平面、斜面、各种沟槽、成型面和螺旋槽。图17-18为在铣床上常见的铣削方式。

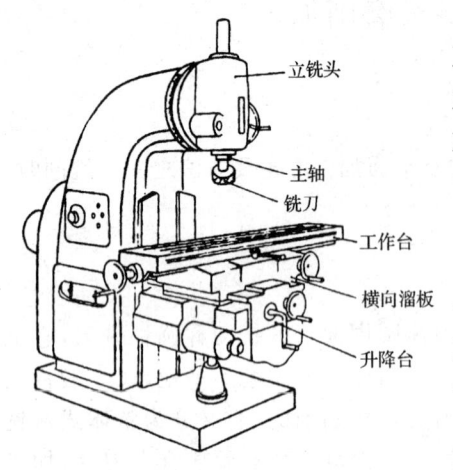

图17-17 立式升降台铣床

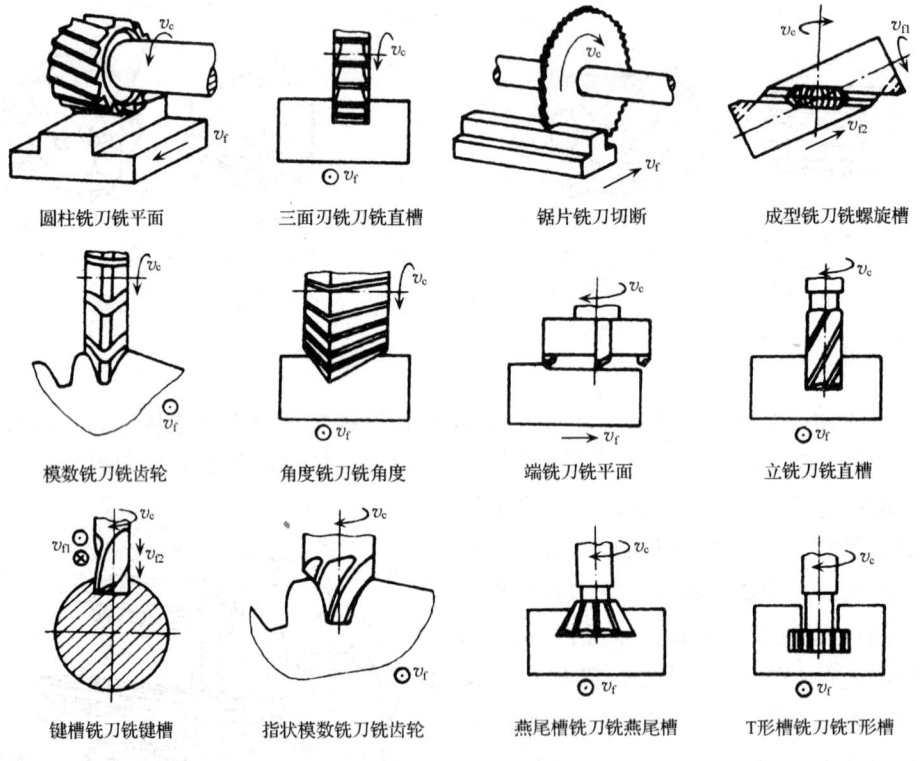

圆柱铣刀铣平面	三面刃铣刀铣直槽	锯片铣刀切断	成型铣刀铣螺旋槽
模数铣刀铣齿轮	角度铣刀铣角度	端铣刀铣平面	立铣刀铣直槽
键槽铣刀铣键槽	指状模数铣刀铣齿轮	燕尾槽铣刀铣燕尾槽	T形槽铣刀铣T形槽

图17-18 铣床工作

由于铣刀是多齿刀具,铣削时同时有几个刀齿进行切削,主运动是连续的旋转运动,切削速度较高,铣削生产率较高,是平面的主要加工方法。特别在成批大量生产中,一般平面都采用端铣铣削。

铣削的经济加工精度一般可达IT9～IT8级,表面粗糙度R_a值为$6.3～1.6\mu m$。用高速精细铣削,加工精度可达IT6级,表面粗糙度R_a值达$0.8\mu m$。

17.2.2 刨削加工

在刨床上用刨刀加工工件的方法称为刨削。刨床类机床有牛头刨床、龙门刨床、插床等,主要用于加工各种平面和沟槽。加工时,工件或刨刀做往复直线主运动,往复运动中进行切削的行程称为工作行程,返回的行程称为空行程,为了缩短空行程时间,返回时的速度高于工作行程的速度。刨床具有 2~3 个进给运动,运动方向都与主运动方向垂直,并且都是在前一空行程结束、下一工作行程之前进行的,进给运动的执行件为刀具或工作台。

1. 牛头刨床加工

刨削较小的工件时,常使用牛头刨床(如图 17-19 所示)。床身 1 的顶部有水平导轨,由曲柄摇杆机构或液压传动带着滑枕 2、刀架 3 沿导轨做往复主运动。横梁 5 可连同工作台 4 沿床身上的导轨上、下移动调整位置。刀架可在左、右两个方向调整角度以刨削斜面,并能在刀架座的导轨上做进给运动或切入运动。刨削时,工作台及其上面安装的工件沿横梁上的导轨做间歇性的横向进给运动,用于加工各种平面和沟槽。

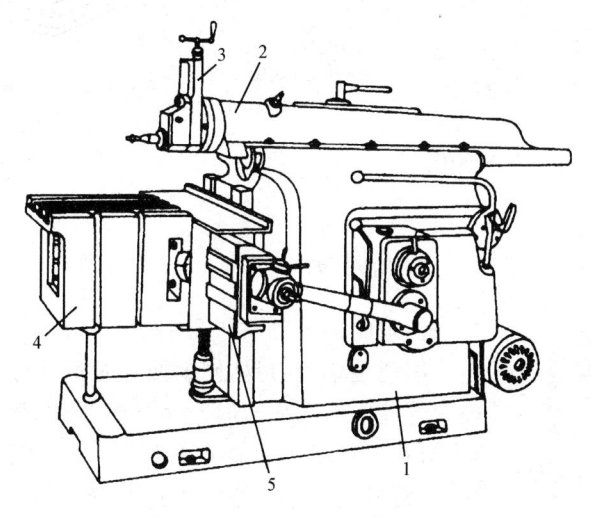

1. 床身;2. 滑枕;3. 刀架;4. 工作台;5. 横梁

图 17-19 牛头刨床外形图

2. 龙门刨床加工

大型、重型工件上的各种平面和沟槽加工时,需使用龙门刨床。龙门刨床也可以用来同时加工多个中、小型工件。图 17-20 为龙门刨床的外形,与牛头刨床不同的是工作台带着工件做直线的主运动,刨削垂直面时两个侧刀架可沿立柱做间隙垂直进给,刨削水平面时两个垂直刀架可在横梁上做间隙横向进给运动。各个刀架均可扳转一定的角度以刨削斜面。

3. 插床加工

插床(如图 17-21 所示)实质上是立式刨床。与牛头刨床相同,插床也是由刀具的往复直线运动进行切削的,它的滑枕 4 带着刀具做垂直方向的主运动,进给运动为工件的间隙移动或转动。床鞍 1 和溜板 2 可分别做横向及纵向的进给运动。圆工作台 3 可由分度装置 5 传动,在圆周方向做分度运动或进给运动。插床主要用来在单件小批生产中加工键槽(如图 17-22 所示)、孔内的平面或成型表面。

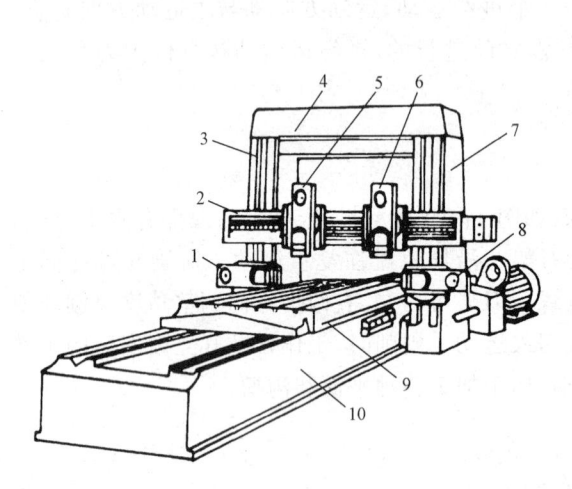

1、5、6、8. 刀架;2. 横梁;3、7. 立柱;
4. 顶梁;9. 工作台;10. 床身
图 17-20　龙门刨床

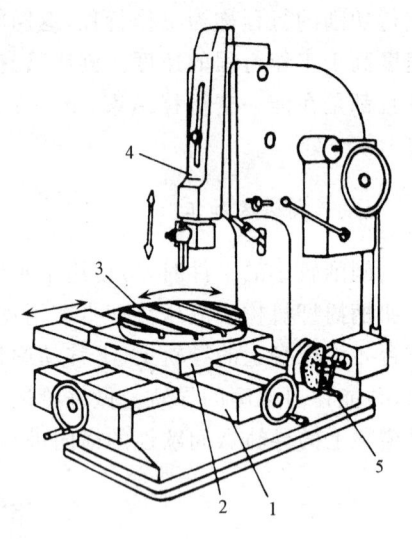

1. 床鞍;2. 溜板;3. 圆工作台;
4. 滑枕;5. 分度装置
图 17-21　插床

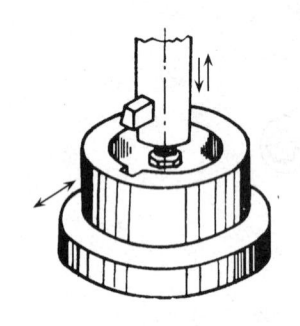

图 17-22　插削键槽示意图

4. 刨削加工范围

刨削的加工范围如图 17-23 所示。

刨削是单刃刀具,刨削回程时不进行切削,刨刀切入时有较大的冲击力和换向时产生的惯性力,限制了切削速度的提高,但在狭长平面的加工中生产率高于铣削。刨削设备简单、通用,常适用于单件小批生产及修配加工。在不通孔的键槽加工中,插削是唯一的加工方法。

刨削加工经济精度 IT9～IT8,最高达 IT6。表面粗糙度 R_a 值为 6.3～1.6μm,最高达 0.8μm。

17.2.3　拉削加工

在拉床上用拉刀加工工件叫做拉削(如图 17-24 所示)。从切削性质上看,拉削近似刨削。拉刀的切削部分由一系列高度依次增加的刀齿组成。拉刀相对工件做直线移动(主运动)时,拉刀的每一个刀齿依次从工件上切下一层薄的切屑(进给运动)(如图 17-25 所示)。当全部刀齿通过工件后,即完成工件的加工。

在拉床上可加工各种孔、键槽或其他槽、平面、成型表面(如图 17-26 所示)等。拉削的加工质量较好,加工精度可达 IT9～IT7,表面粗糙度 R_a 值一般为 1.6～0.8μm。

刨平面　　　　　刨垂直面　　　　　刨台阶　　　　　刨直角沟槽

刨斜面　　　　刨燕尾形工件　　　　刨T形槽　　　　　刨V形槽

图 17-23　刨削加工范围

图 17-24　拉削加工

图 17-25　拉削运动

图 17-26　适于拉削的典型表面

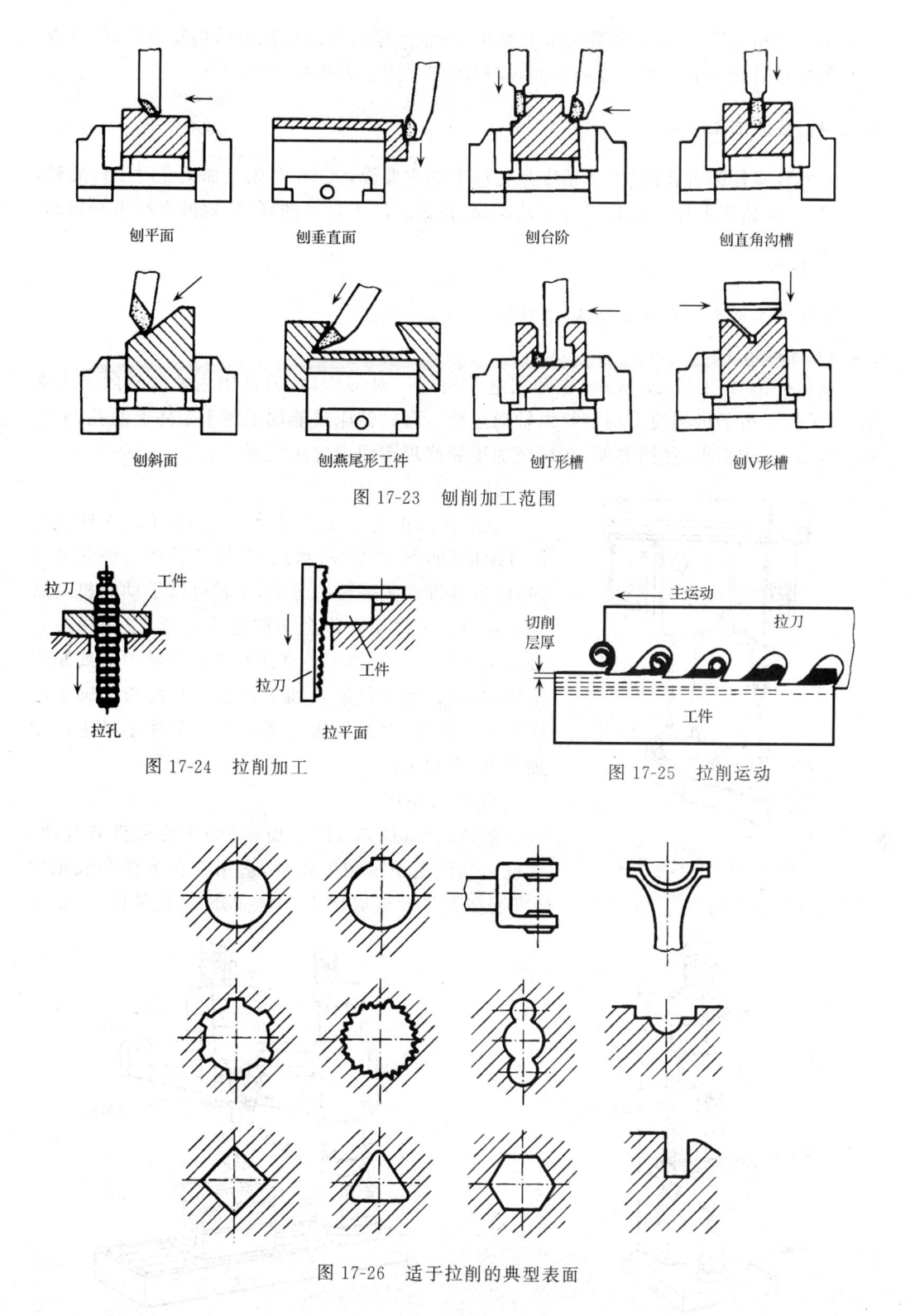

拉床只有一个主运动，结构简单，工作平稳，操作方便，可加工各种截面的通孔，也可

· 283 ·

以加工平面和沟槽,一次行程能完成粗精加工,生产率极高。但拉刀结构复杂,价格昂贵,且一把拉刀只能加工一种尺寸的表面,故拉削主要用于大批量生产。

17.2.4 钻床加工

大多数零件都有孔的加工,钻床是孔加工的主要设备。在车床上加工孔时工件旋转,刀具进给,而钻床上加工孔时工件不动,刀具在做旋转主运动的同时,也做直线进给运动。

1. 钻床

钻床的主要类型有台式钻床、立式钻床和摇臂钻床。

1) 台式钻床

机床外形如图 17-27 所示,主轴用电动机经一对带传动,刀具用主轴前端的夹头夹紧,通过齿轮齿条机构使主轴套筒做轴向进给。台式钻床只能加工较小工件上的孔,但它的结构简单,体积小,使用方便,在机械加工和修理车间中应用广泛。

2) 立式钻床

立式机床由底座1、工作台2、主轴箱3、立柱4等部件组成(如图 17-28 所示)。刀具安装在主轴的锥孔内,由主轴带动做旋转主运动,主轴可以手动或机动做轴向进给。工件用工作台上的虎钳夹紧,或用压板直接固定在工作台上加工。立式钻床的主轴中心线是固定的,必须移动工件使被加工孔的中心线与主轴中心线对准。所以,立式钻床只适用于在单件小批生产中加工中、小型工件。

3) 摇臂钻床

摇臂钻床(如图 17-29 所示)的主要部件有底座、立柱、摇臂、主轴箱和工作台,适用于在单件和成批生产中加工较大的工件。加工时,工件安装在工作台或底座上。立柱分为内、外两层,内立

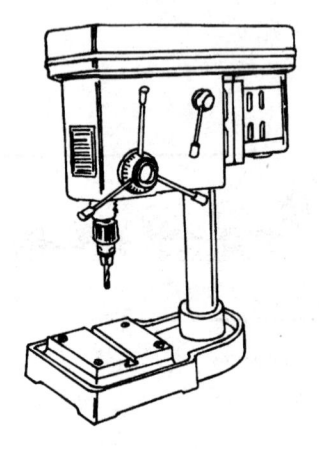

图 17-27 台式钻床

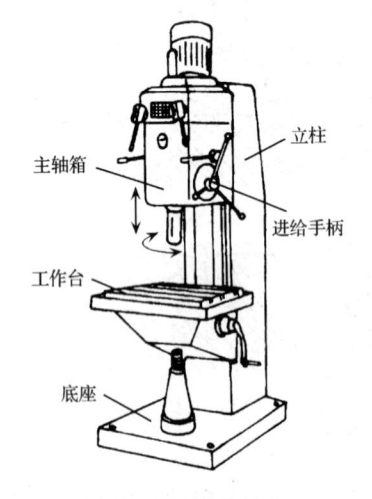

图 17-28 立式钻床

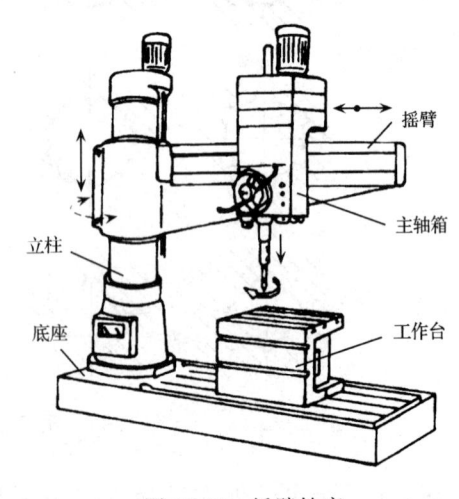

图 17-29 摇臂钻床

柱固定在底座上，外立柱连同摇臂和主轴箱可绕内立柱旋转摆动，摇臂可在外立柱上做垂直方向的调整，主轴箱能在摇臂的导轨上做径向移动，使主轴与工件孔中心找正。主轴的旋转运动及主轴套筒的轴向进给运动的开停、变速、换向、制动机构，都布置在主轴箱内。

2．钻床工作

1) 钻孔

用钻头在实体材料上加工出孔，称为钻孔。麻花钻是钻孔时所用的刀具，如图 17-30 所示。麻花钻前端为切削部分，有两个对称的主切削刃，两刃之间的夹角称为顶角，两主后面在钻头顶部的交线称横刃。钻削时，作用在横刃上的轴向力很大。导向部分有两条刃带和螺旋槽，刃带的作用是引导钻头，螺旋槽的作用是向孔外排屑和输进切削液，如图 17-31 所示。由于钻削时切削热不易消散，切屑排出困难，钻孔只能作为孔的粗加工。钻孔加工精度一般为 IT12 级，表面粗糙度 $R_a=12.5\mu m$。

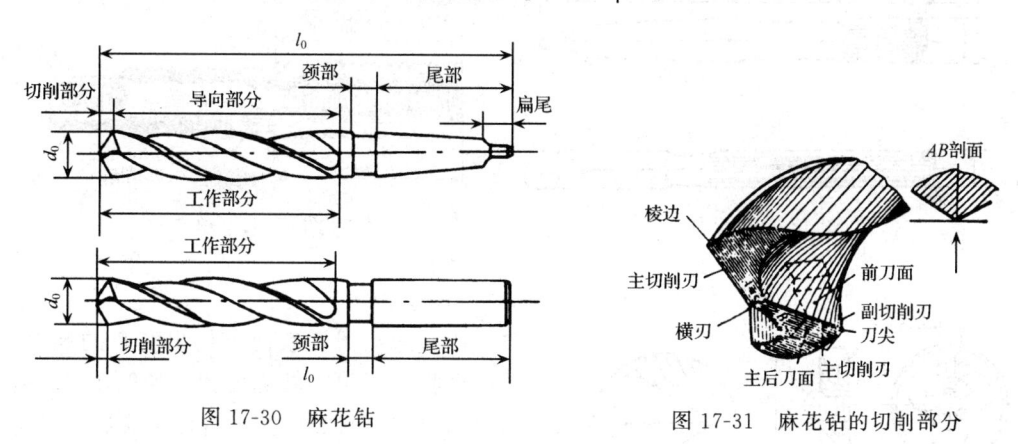

图 17-30 麻花钻

图 17-31 麻花钻的切削部分

2) 扩孔

把工件上已有的孔进行扩大的工序，称为扩孔。扩孔用的刀具是扩孔钻，它的形状基本上与麻花钻相似，如图 17-32 所示，所不同的是：扩孔钻有较多的切削刃（3~4 刃），没有横刃，由于刀刃棱边较多，所以有较好的导向性，切削也比较平稳。因此扩孔质量比钻孔高，尺寸精度一般可达 IT10~IT9，表面粗糙度 $R_a=3.2\mu m$，常用于孔的半精加工或铰前的预加工。

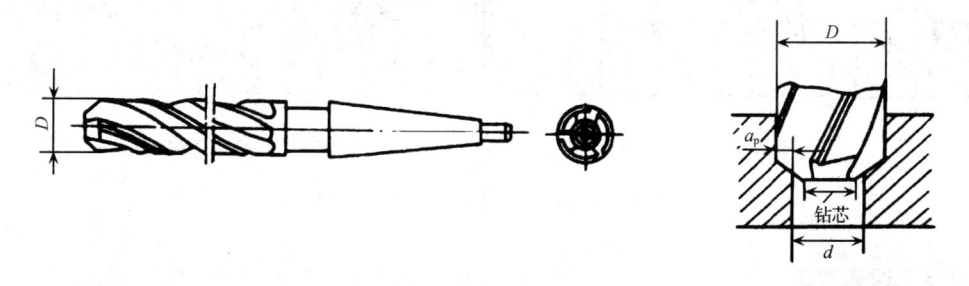

图 17-32 扩孔钻

3) 铰孔

铰孔是在钻孔或扩孔之后进行的一种孔的精加工工序。铰刀（如图 17-33 所示）是一种尺寸精确的多刃刀具,形状类似扩孔钻,它有更多的切削刃和较小的顶角,铰刀的每个切削刃上的负荷显著地小于扩孔钻。由于切屑很薄,并且孔壁经过铰刀的修光,所以铰出的孔既光洁又精确,尺寸精度可达IT8~IT6,表面粗糙度R_a值可达$0.8~0.2\mu m$。铰孔只能提高孔本身的尺寸和形状精度,但不能提高孔的位置精度。

铰刀有手铰刀和机铰刀两种,手铰刀为直柄,工作部分较长;机铰刀多为锥柄,可装在钻床或车床上铰孔,也可以手工操作。

4) 攻丝

攻丝也称攻螺纹,是用丝锥在光孔内加工出内螺纹的方法。丝锥的结构如图17-34所示,它是一段开了槽的外螺纹,由切削部分、校准部分和柄部组成。在钻床上攻丝时,柄部传递机床的扭矩,切削完毕钻床主轴需立即反转,用以退出丝锥。

图 17-33 铰刀

图 17-34 丝锥

5) 套扣

用板牙在圆杆表面上切出完整的螺纹,称为套扣。所用工具称板牙。如图17-35所示,板牙形状似螺母,其上有数个排屑孔以构成切削刃。板牙的两面都有切削部分,可任选一面套扣。

图17-36是钻床加工的几种典型工艺。

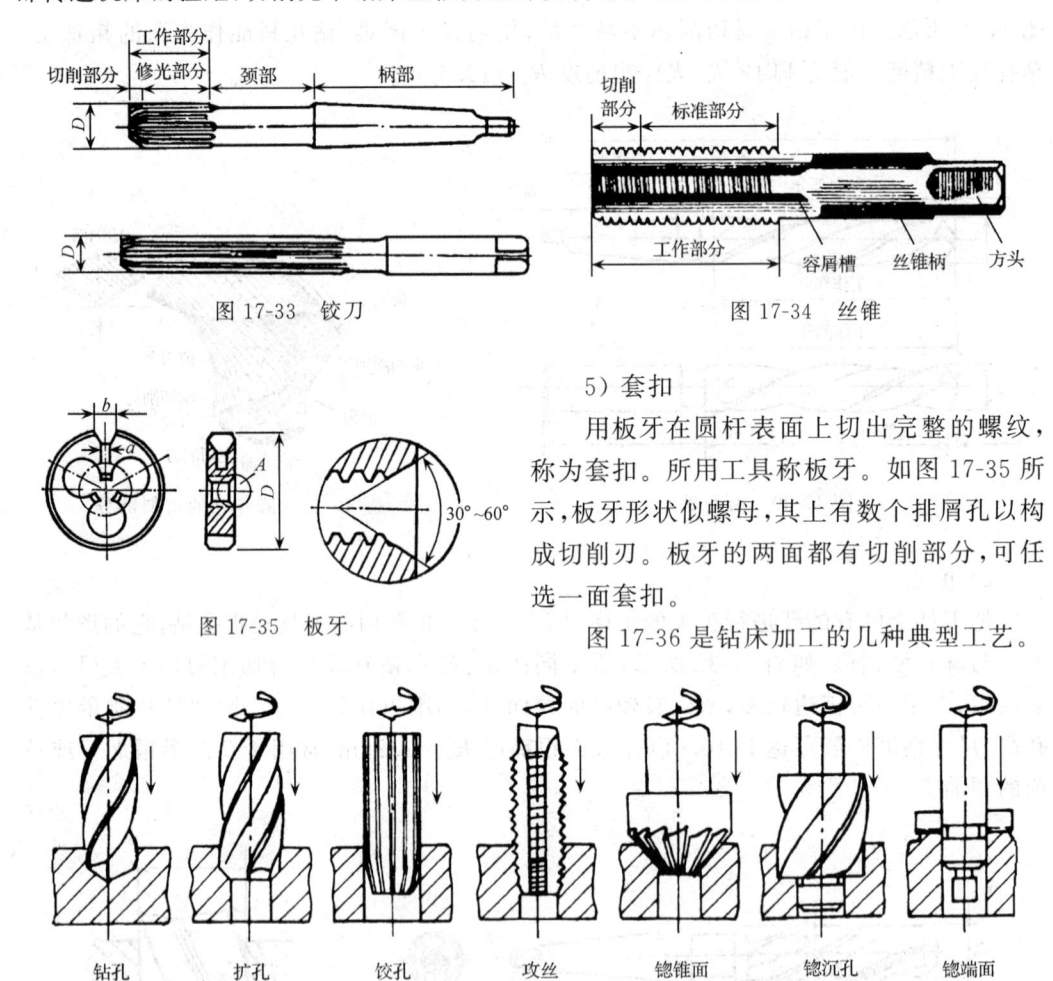

图 17-35 板牙

钻孔　扩孔　铰孔　攻丝　锪锥面　锪沉孔　锪端面

图 17-36 钻床加工的几种典型工艺

17.2.5 镗床加工

利用钻、扩、铰及车床上镗等方法加工孔只能保证孔本身的形状尺寸精度。而对于一些复杂工件(如箱体、支架等)上有若干同轴度、平行度及垂直度等位置精度要求的孔(称为孔系),上述加工方法难以完成,必须在镗床上加工。镗床可保证孔系的形状、尺寸和位置精度。

1. 镗床

图 14-37 为卧式镗床示意图。工件安装在工作台上,工作台可做横向和纵向进给,并能旋转任意角度。镗刀装在主轴或转盘的径向刀架上,通过主轴箱可使主轴获得旋转主运动、轴向进给运动,主轴箱还可沿立柱导轨上下移动。主轴前端的锥孔可安装镗杆。若镗杆伸出较长,可支承在尾座上,以提高刚度。为了保证加工孔系的位置精度,镗床主轴箱和工作台的移动部分都有精密刻度尺和读数装置。

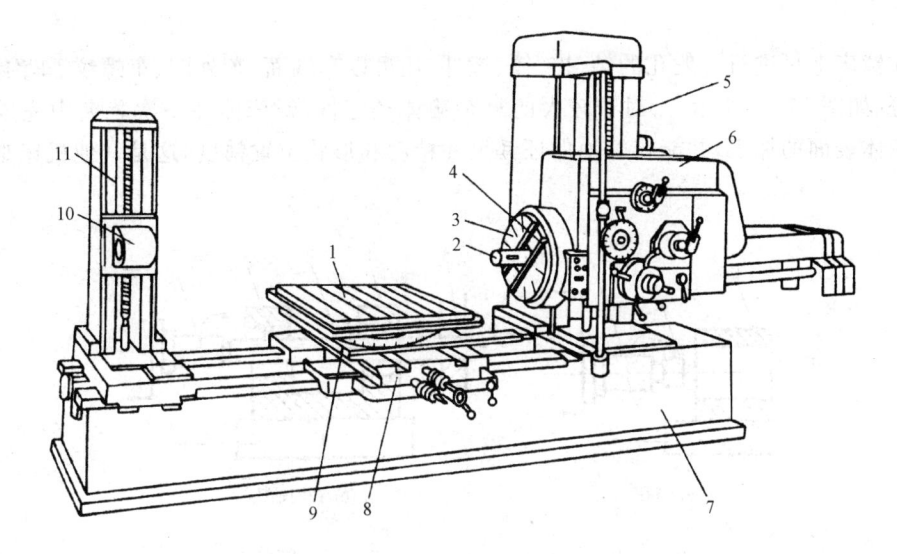

1. 工作台;2. 主轴;3. 转盘;4. 刀架;5. 立柱;6. 主轴箱;7. 床身;8. 下滑座;9. 上滑座;10. 镗杆轴承;11. 尾座

图 17-37　卧式镗床

2. 镗刀

镗削加工所用刀具为镗刀,镗刀分单刃镗刀和浮动镗刀片两种结构形式,如图 17-38、图 17-39 所示。

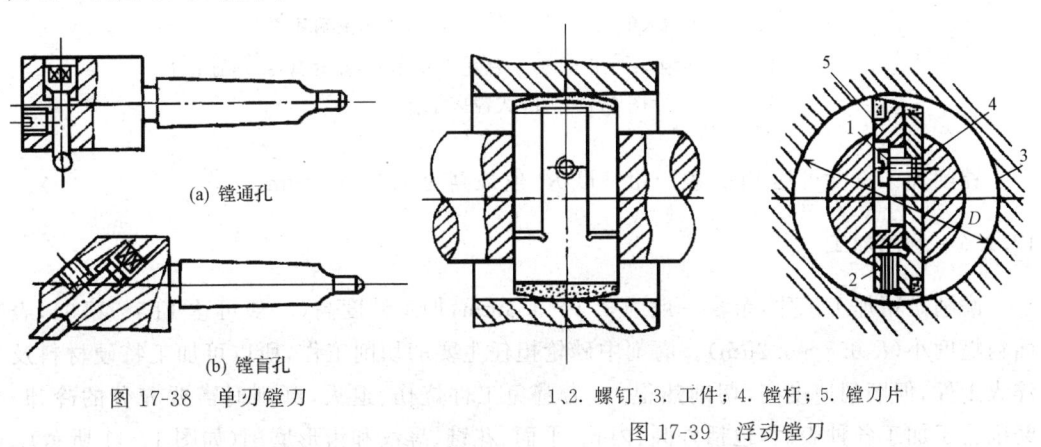

(a) 镗通孔

(b) 镗盲孔

图 17-38　单刃镗刀

1、2. 螺钉;3. 工件;4. 镗杆;5. 镗刀片

图 17-39　浮动镗刀

单刃镗刀的结构与车刀类似,在镗削加工中适应性较广,一把镗刀可加工直径不同的孔,孔的尺寸由操作保证,并可修正上一工序造成的轴线歪曲、偏斜等缺陷。但单刃镗刀刚性差、切削用量小、生产率较低,一般用于单件小批生产。

浮动镗刀片在镗杆上不固定,工作时,它插在镗杆的矩形孔内,并能沿镗杆径向自由滑动,由两个对称的切削刃产生的切削力自动平衡其位置。浮动镗刀片的尺寸可用螺钉调整,镗孔时因刀具由孔本身定位,故不能纠正原有孔的轴线歪斜只适于精镗。浮动镗刀片是双刃切削,操作简便,故生产率较高。但刀具成本较单刃镗刀高,因此常用于批量生产。

3. 镗床工作

在镗床上可进行一般孔的钻、扩、铰、镗外,还可以车端面、车外圆、车螺纹、车沟槽、铣平面等(如图 17-40 所示)。对于较大的复杂箱体类零件,镗床能在一次装夹中完成各种孔和箱体表面的加工,并能较好地保证其尺寸精度和形状位置精度,这是其他机床难以胜任的。

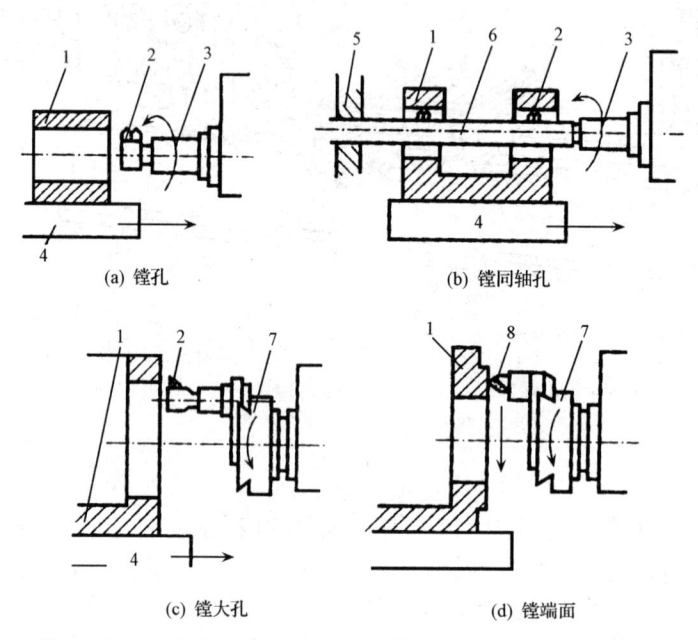

(a) 镗孔　　(b) 镗同轴孔

(c) 镗大孔　　(d) 镗端面

1. 工件;2. 镗刀;3. 主轴;4. 工作台;5. 镗杆支承;6. 镗杆;7. 转盘;8. 端面车刀

图 17-40　卧式镗床工作

镗削加工精度可达 IT6,表面粗糙度 R_a 值最高为 $1.6\sim0.8\mu m$。

17.2.6　磨削加工

磨削是精加工工序,余量一般为 $0.1\sim0.3mm$,加工精度高(一般可达 IT5～IT6),表面粗糙度小($R_a 0.8\sim0.2\mu m$)。磨削中砂轮担任主要的切削工作,所以可加工特硬材料及淬火工件,但磨削速度高,切削热很大,为避免工件烧伤、退火,磨削时需要充分的冷却。磨削适于加工各种表面,包括外圆、内孔、平面、花键、螺纹和齿形磨削(如图 17-41 所示)。

(a) 花键磨削　　　　(b) 螺纹磨削　　　　(c) 齿形磨削

图 17-41　磨削加工

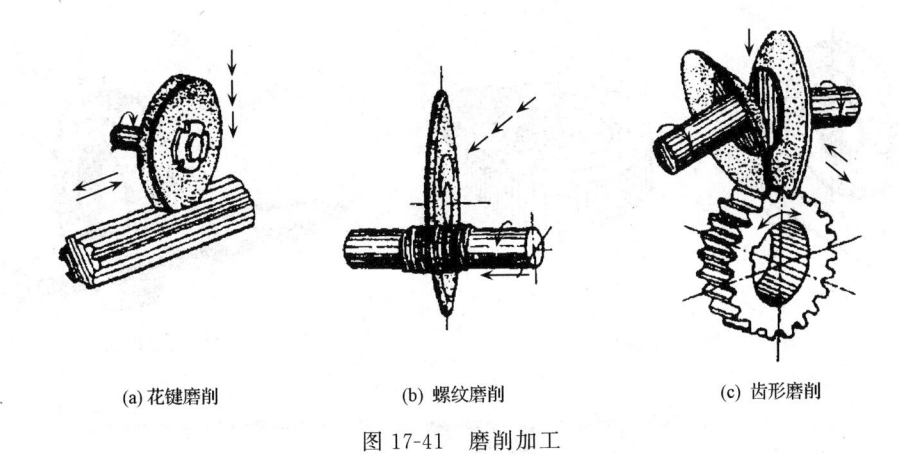

1. 平面磨削

磨削平面是在平面磨床上进行的，图 17-42 为平面磨床的外形图。磨削时，砂轮的高速旋转是主切削运动，机床的其他运动分别为纵向、横向（圆周）和垂直进给运动，工件一般用磁力工作台直接安装。

磨平面可分为周磨和端磨两种（如图 17-43 所示）。

周磨法是用砂轮的圆周面磨削平面。砂轮与工件接触面积小，工件发热量少，砂轮磨损均匀，所以加工质量较高，但生产率相对较低，适用于精磨。

端磨法是用砂轮的端面磨削平面。砂轮与工件的接触面积相对较大，冷却液又不易浇注到磨削区内，故工件的发热量大，且砂轮端面各点的线速度不同，造成磨损不均匀，所以加工质量较周磨为低，但生产率高，故适用于粗磨。

2. 外圆磨削

外圆磨削可以在普通外圆磨床、万能外圆磨床以及无心外圆磨床上进行。

在外圆磨床上可以磨削工件的外圆柱面及外圆锥面，在万能外圆磨床上不仅能磨削内、外圆柱面及外圆锥面，而且能磨削内锥面及平面。在普通外圆磨床或万能外圆磨床上磨外圆时，通常用顶尖装夹工件。图 17-44 为外圆磨削示意图，工作时砂轮的高速旋转运动为主切削运动，工件做圆周、纵向进给运动，同时砂轮做横向进给运动。

外圆磨床由床身、工作台、头架、尾架和砂轮架等部件组成（如图 17-45 所示）。

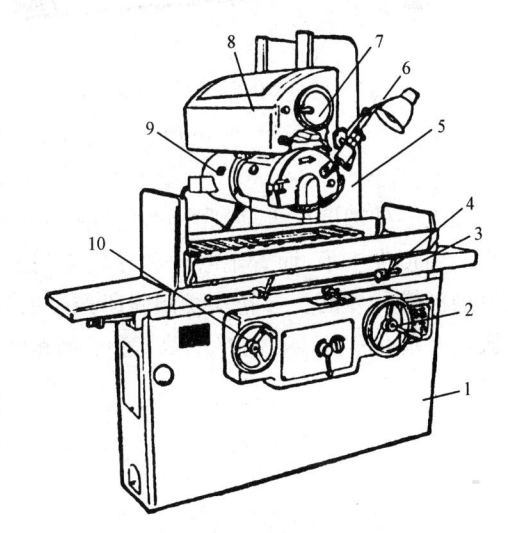

1. 床身；2. 垂直进给手轮；3. 工作台；4. 行程挡块；
5. 立柱；6. 砂轮修整器；7. 横向进给手轮；
8. 拖板；9. 磨头；10. 驱动工作台手轮

图 17-42　M7120A 平面磨床

周磨　　　　　端磨

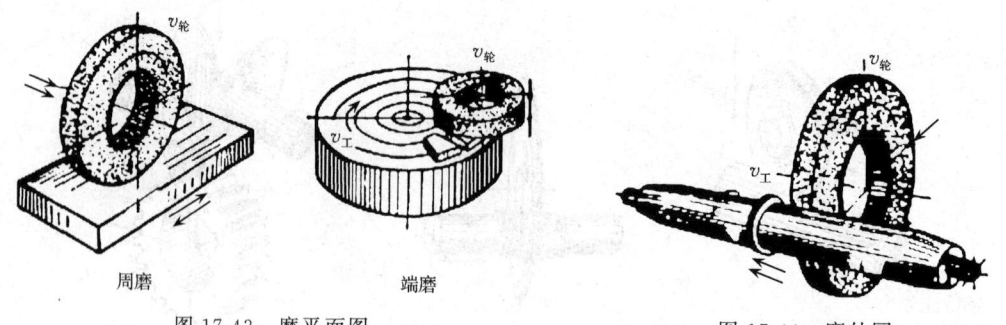

图 17-43　磨平面图　　　　　　　　图 17-44　磨外圆

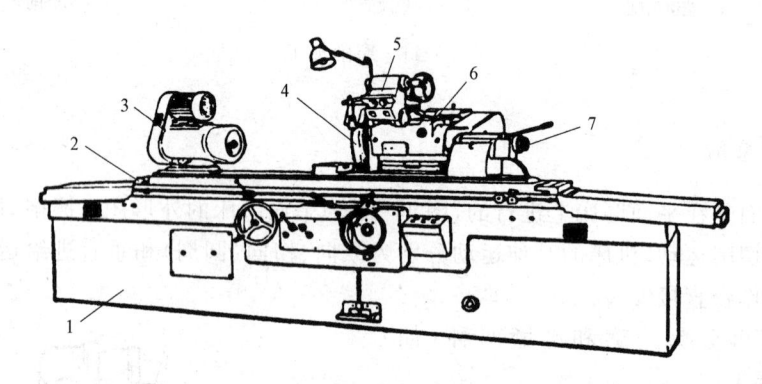

1.床身；2.工作台；3.头架；4.砂轮；5.内圆磨头；6.砂轮架；7.尾架

图 17-45　M1432A 万能外圆磨床

在无心外圆磨床上磨削外圆的工艺方法称无心外圆磨（如图 17-46 所示）。磨削时，工件不用顶尖支承，而置于磨轮和导轮之间的托板上，磨轮与导轮同向旋转以带动工件旋转并磨削工件外圆。导轮轴线倾斜所产生的轴向分力使工件产生自动的轴向位移。无心外圆磨自动化程度高、生产率高，适于磨削大批量的细长轴及无中心孔的轴、套、销等零件。

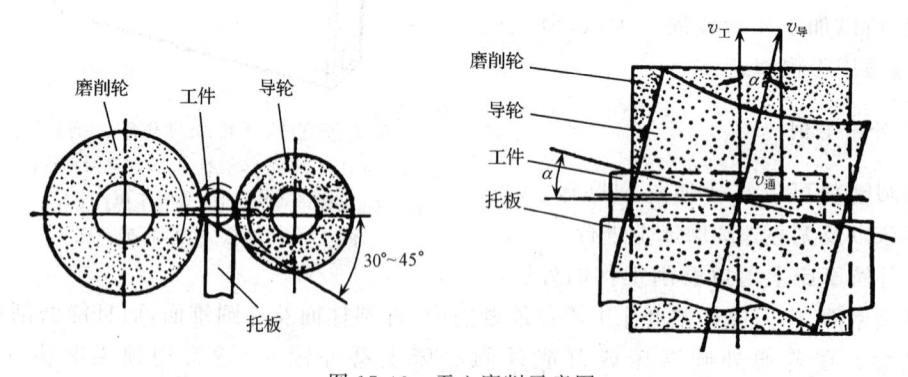

图 17-46　无心磨削示意图

3. 内圆磨削

磨内圆可在普通内圆磨床、万能外圆磨床上完成。如图 17-47 所示,由于砂轮及砂轮杆的结构受到工件孔径的限制,其刚度一般较差,且磨削条件也较外圆为差;故其生产率相对较低,加工质量也不如外圆磨削。顺便指出万能外圆磨床兼有普通外圆磨床和普通内圆磨床的功能,故尤其适于磨削内外圆同轴度要求很高的工件。

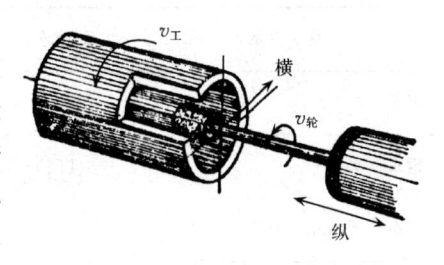

图 17-47 磨内圆

17.3 常见表面加工方法

在实际生产中,一个零件或其某个表面,一般不是在一台机床用一种工艺方法就可完成的,往往要经过一些工艺过程才能完成。多种多样的零件无论是复杂的还是简单的,其形状大多由外圆面、内圆面(孔)、平面或成型面等构成。下面介绍这些表面加工的工艺方法。

17.3.1 外圆面加工

外圆表面是轴类、盘类、套类零件以及外螺纹、外花键、外齿轮等坯件的主要表面。外圆面加工在零件加工中占有十分重要的地位。

1. 外圆表面的技术要求

尺寸精度——包括外圆的直径及外圆面长度两个方面的尺寸精度;

形状精度——包括圆度、轴线或素线的直线度、圆柱度等;

位置精度——包括同一回转轴线上不同直径外圆或外圆与内圆的同轴度、不在同一回转轴线上两个外圆面轴线的平行度、外圆轴线对端面或其他基准间的垂直度等;

表面质量——通常主要有表面粗糙度要求。

此外,毛坯成型及其质量要求,工件材料及其热处理要求,重要零件的关键工序工艺参数选择等均在不同程度上影响外圆面的加工过程。

2. 外圆加工方案

外圆面的主要加工方法是车削和磨削,少量有特殊要求的外圆面也可能用到光整或精密加工,外圆表面常用的加工方案见表 17-1。

外圆加工方案的选用,简述如下。

(1) 粗车:一般只作为外圆的预加工,很少用作终加工。

(2) 粗车—半精车:用于零件上非配合表面,或不重要的配合表面。

表 17-1　外圆的加工方案

加工方案	尺寸公差等级	表面粗糙度 $R_a/\mu m$	适用范围
粗车	IT13～IT11	25～12.5	常用于加工一般硬度的各种金属和某些非金属材料的工件。对难加工材料应采用新型刀具材料的车刀。
粗车—半精车	IT10～IT9	6.3～3.2	
粗车—半精车—精车	IT8～IT6	1.6～0.8	
粗车—半精车—磨削	IT8～IT7	0.8～0.4	可用于淬火和不淬火钢件、铸铁件，不宜加工韧性大的有色金属件。
粗车—半精车—粗磨—精磨	IT6～IT5	0.4～0.2	

（3）粗车—半精车—精车：主要用于以下情况：①铝合金、铜合金等有色金属外圆面加工；②在单件小批生产中，希望在车床一次装夹中车削外圆、端面和孔，以保证它们之间的位置精度的盘、套类零件的外圆。

（4）粗车—半精车—磨削：用于加工较高精度的或需要淬火的轴类和套类零件的外圆。

（5）粗车—半精车—粗磨—精磨：用于加工更高精度的轴类和套类零件的外圆以及作为精密加工前的预加工。

17.3.2　孔加工

孔也是零件的主要组成表面之一。孔除具有与外圆面相应的技术要求外，某些孔间或孔与基准间还有位置精度的要求。

1. 孔的加工特点

常规孔加工中，由于受到孔径限制，刀具刚度差，加工时散热、冷却、排屑条件差，测量也不方便，因此，在精度相同的前提下，孔加工要比外圆困难些。为了便于工件装夹和孔的加工，保证加工质量和提高生产率，常需根据零件的结构类型、孔在零件上所处的部位以及孔与其他表面的位置精度等条件进行机床的选择。

2. 孔加工机床

图 17-48 为常用零件上孔的类型及适合加工的机床。可见，孔加工的设备有钻床、镗床、铣床、车床、拉床、磨床等，除了上述设备相应的工艺方法外，还有铰孔、珩磨、研磨及内孔挤压等工艺方法。

3. 孔加工方案

在孔的加工中，除了要考虑孔的结构及该孔处于零件的部位正确选择机床外，加工方案还需依据孔径的大小、表面精度、表面粗糙度、工件材料、热处理要求以及加工批量等因素进行选择，加工方案详见表 17-2。

(a) 盘套类零件

(b) 支架、箱体类零件

(c) 轴类零件

三类常用零件上孔的类型及所用机床

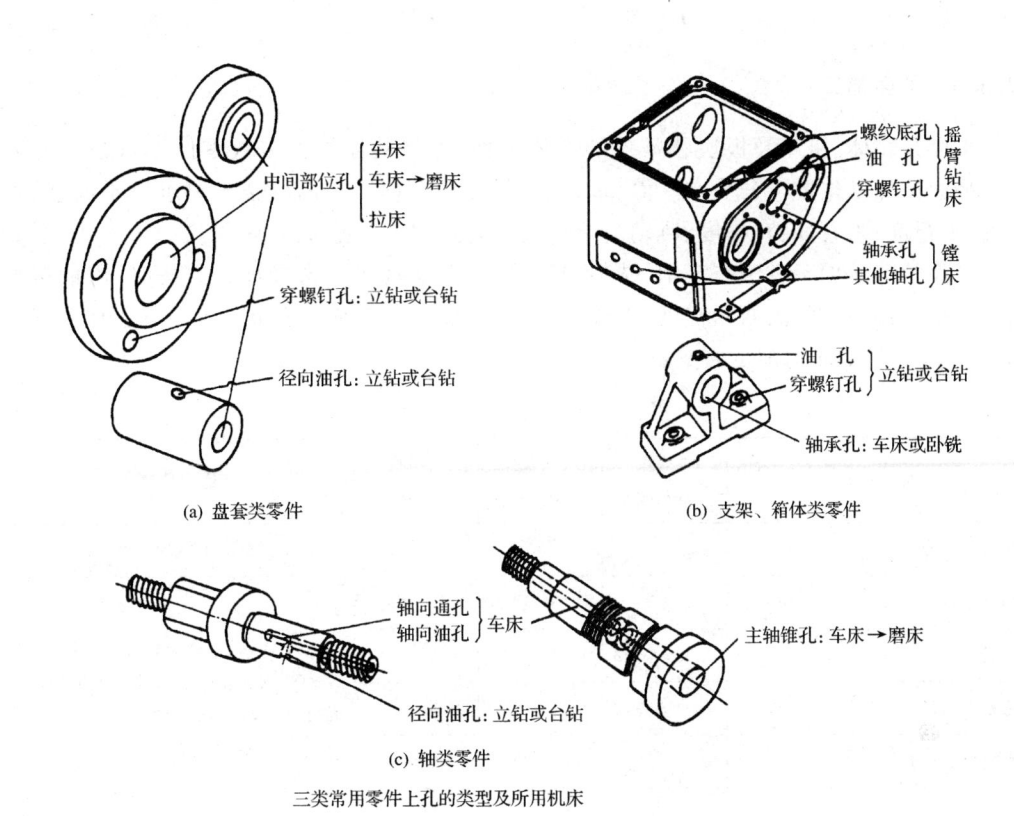

图 17-48　三类常用零件上孔的类型及其加工时所用的机床

表 17-2　孔加工方案

类别	加工方案	尺寸公差等级	表面粗糙度 $R_a/\mu m$	适用范围	
钻削类	钻	IT13～IT11	25～12.5	用于任何批量生产中，工件实体部位的孔加工，常用于 $\Phi 50$ 以下孔的加工	
铰削类	钻—铰	IT8～IT7	3.2～1.6	常用于 $\Phi 10$ 以下	用于中批生产的一般孔以及单件小批生产的细长孔。可加工不淬火的钢件、铸铁件和有色金属件
	钻—扩—铰	IT8～IT7	1.6～0.8	孔径 $\Phi 10$～$\Phi 100$	
	钻—扩—粗铰—精铰	IT7～IT6	0.8～0.4		
	粗镗—半精镗—铰	IT8～IT7	1.6～0.8	用于中批生产中 $\Phi 30$～$\Phi 100$ 铸、锻孔的加工	
拉削类	钻—拉或粗镗—拉	IT8～IT7	1.6～0.4	用于大批大量生产，工件材料同铰削类	
镗削类	（钻）—粗镗—半精镗	IT10～IT9	6.3～3.2	多用于单件小批生产中加工除淬火钢外的各种钢件、铸铁件和有色金属件。大批大量生产利用镗模	
	（钻）—粗镗—半精镗—精镗	IT8～IT7	1.6～0.8		
	粗镗—半精镗—浮动镗	IT8～IT7	1.6～0.8		
镗磨类	（钻）—粗镗—半精镗—磨	IT8～IT7	1.6～0.8	用于淬火钢、不淬火钢及铸铁件的孔加工，不宜磨削韧性大的有色金属件	
	（钻）—粗镗—半精镗—粗磨—精磨	IT7～IT6	0.8～0.4		

17.3.3 平面加工

平面是箱体、机座及板块状零件的主要表面,也是其他绝大多数零件不可缺少的表面。平面按加工位置可分为水平面、垂直面、斜面和端面。平面的技术要求有平面度、直线度、平行度、垂直度、对称度、跳动公差和尺寸公差及表面粗糙度等。

平面的普通加工方法有车削、铣削、刨削、拉削、磨削等。选择加工方法时,需依据平面的大小、表面精度、表面粗糙度、工件材料、热处理要求以及加工批量等因素进行合理选择。表 17-3 是平面的加工方案。

表 17-3 平面的加工方案

加工方案	直线度 /(mm/m)	尺寸公差等级	表面粗糙度 $R_a/\mu m$	适用范围
粗车—精车	0.04~0.08		3.2~1.6	一般用于车削工件的端面
粗铣或粗刨		IT13~IT11	25~12.5	加工不淬火钢、铸铁和有色金属件的平面。刨削多用于单件小批生产,拉削用于大批大量生产
粗铣—精铣	0.08~0.12	IT10~IT7	6.3~1.6	
粗刨—精刨	0.04~0.12	IT10~IT7	6.3~1.6	
粗铣(刨)—拉	0.04~0.1	IT9~IT7	3.2~0.4	
粗铣(刨)—精铣(刨)—磨	0.01~0.02	IT6~IT5	0.8~0.2	淬火及不淬火钢、铸铁的中小型零件的平面
粗铣(刨)—精铣(刨)—导轨磨	0.007~0.01	IT6~IT5	0.8~0.2	磨削各种导轨面

17.3.4 成型面加工

具有成型面的零件在机械中应用也很多,如机床操作手柄、凸轮、模具型腔、螺纹齿轮等(如图 17-49 所示)。

成型面加工通常采用两种形式:用成型刀具加工(如图 17-50 所示);使工件与刀具间产生满足加工要求的相对切削运动进行加工(如图 17-51 所示)。

手柄　　凸轮　　模具型腔

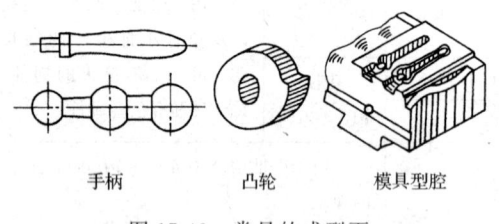

图 17-49 常见的成型面

用成型刀具加工生产率高、操作简单,但刀具刃磨复杂,且工作主切削刃不宜太长。工件与刀具间相对切削运动一般由靠模进行控制。

通用机床常采用机械式靠模加工成型面,专用机床则常采用液压靠模、电气靠模,后两者因靠模针与靠模的接触力极小,从而可使靠模的制造过程简化,故在成型面加工中应用较多。

单件或小批生产精度要求不高的成型面可用手控或划线-手控的方式进行加工,随后亦可安排修研工序使精度得到一定程度的提高。

成型铣刀铣凸圆弧面

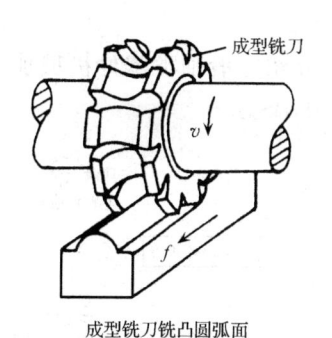

图 17-50 成型铣刀加工成型面

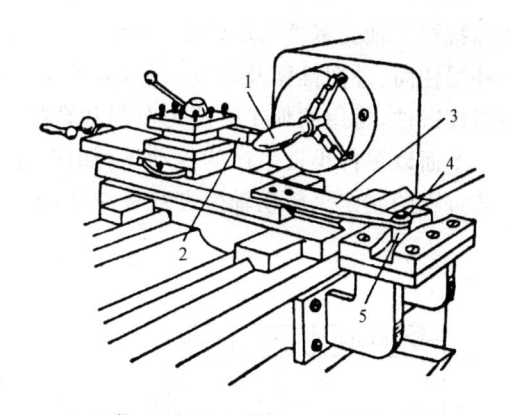

1. 工件；2. 车刀；3. 拉板；4. 紧固件；5. 滚柱

图 17-51 靠模车成型面

成型面加工除在一定程度上应用通用设备外，较多地采用专用设备，如仿形机床、螺纹机床、齿轮机床等。随着各种数控机床的发展，许多较复杂、精度要求较高、批量不大的成型面加工变得越来越方便、可靠、经济。

17.4 典型零件的工艺过程

17.4.1 工艺过程制定的意义与步骤

实际生产中，机器零件由于技术要求、生产批量和材料的不同，大都不能单独在一种机床上用某一种方法完成，而需对零件的各个组成表面选择几种不同的加工方法，并按照一定的顺序逐步加工出来，即需通过一定的工艺过程。指导这个过程的技术性文件称工艺规程或工艺路线，它起着指导、组织和管理生产过程的作用。该技术文件应确保所加工的零件和产品能完全符合图纸所规定的各项技术要求；并能达到节约原材料、降低生产成本、简化生产过程的目的；还应尽可能减少各工序和整个生产过程的劳动量，并尽可能改善操作者、生产辅助人员的劳动条件。因而，工艺过程的制订是综合解决技术与经济问题的一项复杂工作。

制订工艺过程一般应包括以下几个步骤：

分析图纸的技术要求—合理选择毛坯—选择加工方法—正确安排加工顺序（包括热处理工序、辅助工序等）—选择工艺基准和工序余量—填写工艺文件

17.4.2 典型零件的工艺路线

在机械零件的制造中，经常遇到的典型零件有轴类零件、盘套类零件和箱体支架类零件，为加深对机械零件工艺过程制定的内容、方法和步骤的理解，现以两类典型零件为例进行介绍。

1. 轴类零件

轴是机器中的重要零件。其主要功用是支承传动零件（如齿轮、带轮等），传递旋转运

动和扭矩。轴类零件为旋转体,一般由两个轴颈支承在轴承上,其主要表面是同轴线的若干外圆柱面、外圆锥面及螺纹面等,为传递扭矩,轴上往往有键槽、花键。其坯料多为轧制棒料或锻件,常用的加工方法为车削和磨削。

下面以单件小批生产的传动轴(如图17-52所示)为例,介绍一般轴类零件机械加工工艺过程的制定。传动轴生产数量5件,要求硬度220~240HBS。

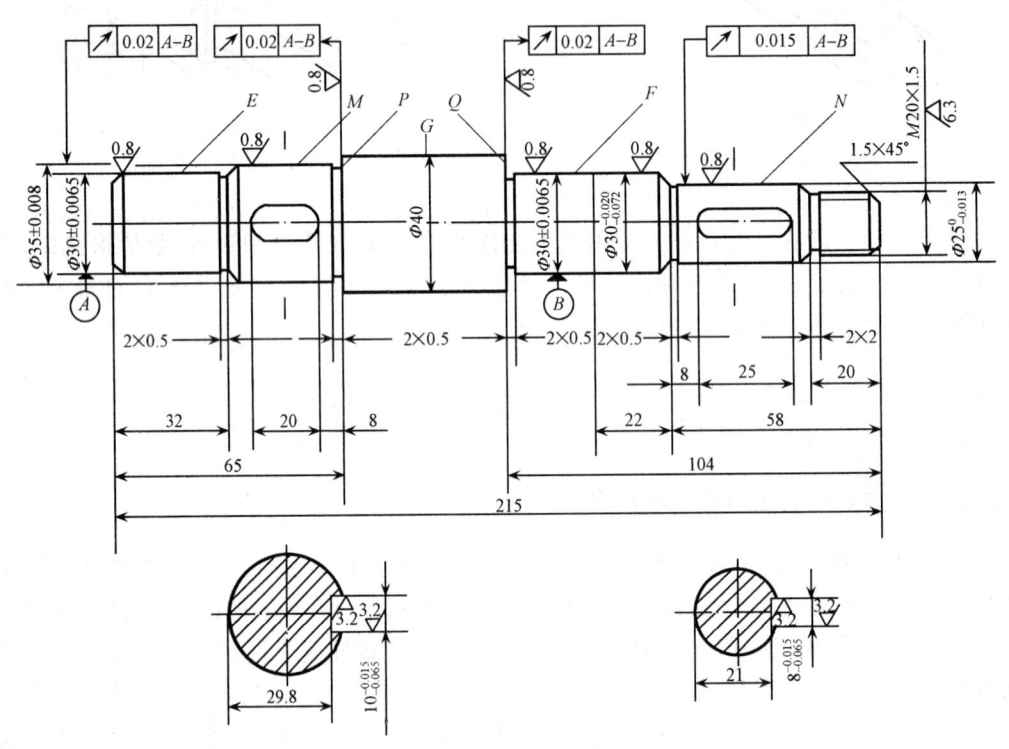

图17-52 传动轴零件图

1) 传动轴主要部分的技术要求

(1) $\Phi 30\pm0.0065$ E、F两段为轴颈,支承于箱体的轴承孔中,$\Phi 30\pm0.008$(M)和$\Phi 25_{-0.013}^{0}$(N)两段上分别装齿轮和皮带轮,为传递运动和动力开有键槽,上述各段表面粗糙度值R_a不大于$0.8\mu m$。

(2) 各外圆柱配合表面和M、Q两端面对两轴颈$\Phi 30\pm0.0065$ E、F的公共轴的径向圆跳动公差为0.02mm。

(3) 材料为45钢,热处理硬度220~240HBS,生产数量5件。

2) 工艺分析

与轴承孔相配合的两轴颈表面E、F的尺寸精度为IT6,表面粗糙度值R_a不大于$0.8\mu m$,各表面对与轴承孔相配处的公共轴线的径向圆跳动公差为0.02mm等技术要求最终可在普通磨床上加工达到。

热处理硬度为220~240HBS,45钢在调质后可达到此硬度。

M、N 轴上键槽表面粗糙度值 R_a 不大于 $3.2\mu m$,可以在立式铣床上粗、精铣削完成。

为便于零件装配轴两端设计的 $1.5\times45°$ 的倒角;为便于磨削设计的 2×0.5 砂轮越程槽、轴右端设计的 $M20\times1.5$ 外螺纹以及轴上各个端面的表面粗糙度值 R_a 均不大于 $6.3\mu m$,可以在普通车床上粗、精加工完成。

3) 坯料选择

轴类零件的坯料一般有棒料和锻件两种。此传动轴形状简单,为直径尺寸相差不大的阶梯轴,且为单件小批生产,故坯料选用 45 圆棒料。

4) 基准的选择

为保证各配合表面间的位置精度,选择两端中心孔作为精加工的定位基准。为保证定位基准的精度,热处理后需修研中心孔。粗基准(车端面、钻中心孔工序用)采用坯料外圆柱面。

5) 工艺路线的拟定

根据该传动轴的结构特点和技术要求,其主要表面可在车床和磨床上加工;键槽可在立式铣床上加工。该轴属单件小批生产类型,可用两道车削工序完成端面、中心孔及各外圆表面的加工,以缩短工艺路线。热处理(调质)工序安排在粗车工序之后,半精车、铣、磨削工序之前进行。为保证径向圆跳动公差为 0.02mm 等技术要求,以两端中心孔为车、磨各工序的定位基准,故应先安排加工中心孔且分两次进行,一次在车削各外圆表面之前加工中心孔,第二次安排在热处理后修研中心孔。其加工路线如下:

0 下料

05 粗车(光两端端面、打中心孔)

10 粗车(E、M、G 外圆、端面、切槽、倒角)

15 调头粗车(其余外圆、端面、切槽、倒角)

20 热处理调质 $220\sim240$HBS

25 钳(修研顶尖孔)

30 半精车

(E、M 外圆、P 端面留磨余量,G 外圆和其余端面、切槽、倒角至图纸要求)

35 调头半精车

(F、N 外圆、Q 端面留磨余量,其余外螺纹、端面、切槽、倒角至图纸要求)

40 铣(粗铣、精铣键槽至图纸要求)

45 磨(粗磨、精磨 E、M、F、N 外圆、Q、P 端面至图纸要求)

2. 支架箱体类零件

支架、箱体是机器和部件的基础件,它将机器和部件中的所有零件连成一整体,并使它们保持正确的相互位置关系,彼此能协调地运动。支架通常成对使用,可以看成是分成两部分的箱体。这类零件受力不大、形状较复杂,并有一些轴线相互垂直或平行的轴承孔和要求不高的小孔;底面、侧面或顶面往往是装配基准面。下面以图 17-53 所示单孔支架为例,介绍支架箱体类零件的机械制造工艺过程。该单孔支架生产数量为 20 件。

1) 单孔支架的主要技术要求

(1) 孔 $\Phi30_0^{+0.033}$ 为轴承孔,其轴线对支架底面 B 有平行度公差要求(0.025mm)。

(2) 为保证支架内侧端面与装配的盘套类零件之间的间隙一致,内侧端面对基准 C 有圆跳动公差要求(0.03mm)。

(3) 底面 B 与孔 $\Phi 30_0^{+0.033}$ 轴线之间的距离为 70±0.05mm。

(4) 支架各表面粗糙度值 R_a 最高为 1.6μm,其余为非机械加工表面。

(5) 毛坯用铸造生产,共 20 件。

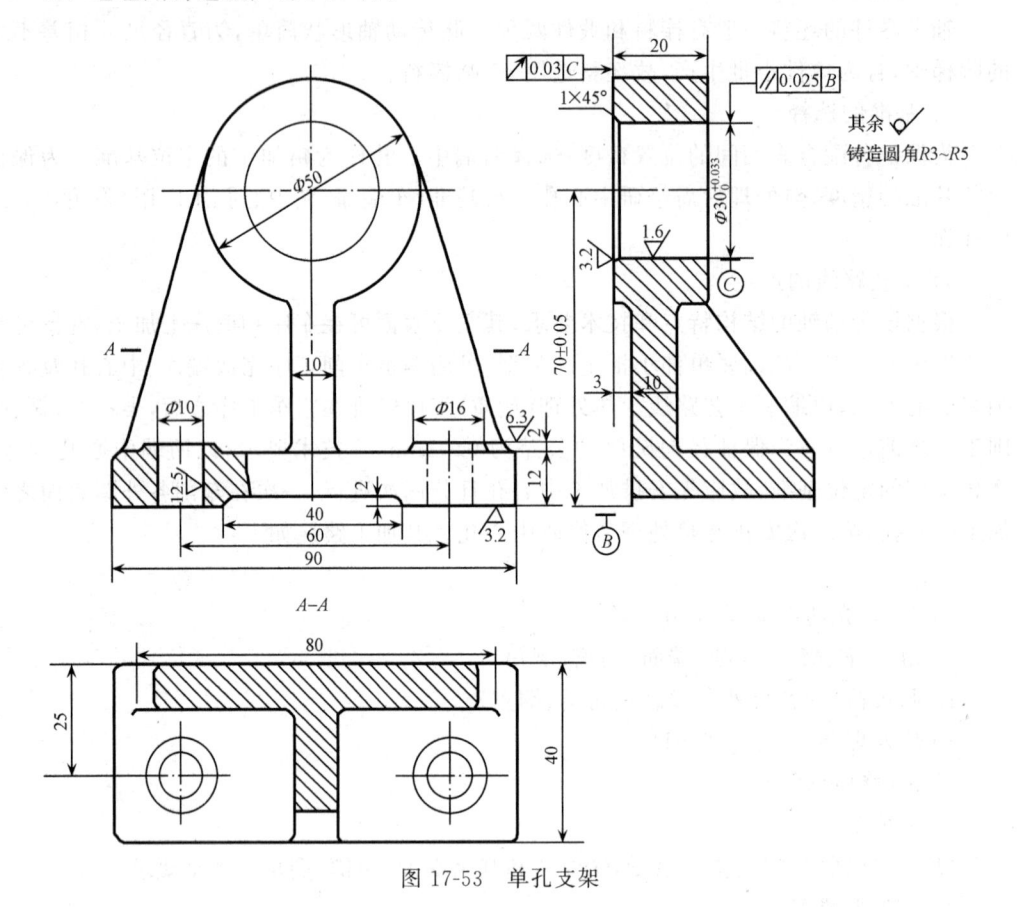

图 17-53 单孔支架

2) 工艺分析

(1) 该支架属单件小批生产,毛坯采用砂型铸造,选内侧端面为分型面,2×Φ10 孔不铸出,用手工造型可以满足设计要求。

(2) 为消除铸造应力,毛坯需退火时效。

(3) 用划线可保证机械加工表面的加工余量均匀。

(4) 支架的重要加工表面分别用铣削(底面)和镗削(轴承孔和内侧端面)加工,在镗削时用底面 B 定位,可达到图纸技术要求。

(5) 2×Φ10 孔可用钻床钻出。

3) 材料选择

从支架受力和铸造工艺出发选择灰铸铁。

4) 工艺路线的拟定

根据该支架的结构特点和技术要求,其主要表面可在铣床和镗床上加工;螺纹通孔及孔端面可在钻床上加工。该支架属单件小批生产类型,毛坯采用砂型铸造,热处理(退火)工序安排在铸造工序之后、机加工工序之前进行。考虑到合理分配加工余量(非机械加工表面和加工表面的相对位置),用钳工划线确定加工界限。为保证圆跳动公差和平行度公差等技术要求,以底面为镗削工序的定位基准。其加工路线如下:

  0 铸——铸造毛坯

  05 热处理——退火

  10 钳——划线

  15 粗铣——底面 B

  20 粗镗——内侧端面和轴承孔

  25 钻——孔 2×Φ10、2×Φ16 端面加工至图纸要求

  30 钳——划线

  35 精铣——底面 B 至图纸要求

  40 精镗——内侧端面和轴承孔至图纸要求

复习思考题

1. 简述车床的组成部分及其作用。
2. 简述车床的加工范围和加工特点。
3. 为什么说加工孔比加工尺寸相同、精度和表面粗糙度也相同的外圆要困难?
4. 比较车床钻孔和钻床钻孔的不同。
5. 比较麻花钻、扩孔钻和铰刀的特点。一般在什么场合钻孔—扩孔—铰孔联用?
6. 车床镗孔和镗床镗孔有什么不同?
7. 下列情况的孔加工,应选用什么机床?

(1) 在大型铸件上钻螺栓孔和油孔   (2) 在薄板上加工 Φ60mm 的孔

(3) 在大型铸件上钻、镗两个具有位置精度要求的孔

(4) 在铝合金压铸件上钻油孔

8. 牛头刨床、插床、铣床和拉床的运动有何不同?各适用于哪些场合?
9. 下列零件或结构各选用什么机床进行加工?

(1) 单件生产某夹具底板(矩形件)   (2) 成批生产某机床导轨表面

(3) 齿轮轴上的双圆头键槽   (4) 某主轴上的月牙形键槽

(5) 单件生产某齿轮孔内键槽   (6) 大批量生产汽车连杆端平面

10. 下列零件磨削时,选用哪种磨床?采用什么装夹方法?

(1) 中小型矩形件   (2) 齿轮轴外圆表面

11. 试确定下列零件外圆面的加工方案。

(1) $\phi 30h7$ 黄铜小轴,$R_a=0.8\mu m$ (2) 45 号钢 $\Phi 30h7$,$R_a=0.8\mu m$,调质

(3) 45 号钢 $\phi 30h6$,$R_a=0.4\mu m$,表面淬火 40HRC。

12. 试确定下列零件上的孔加工方案和加工机床。

(1) 45 号钢 $\Phi 30H7$ 轴套轴心孔,$R_a=0.8\mu m$,淬火,加工长度 40mm,数量 40 件

(2) HT200 灰铸铁 $\Phi 10H8$ 轴套轴心孔,$R_a=1.6\mu m$,加工长度 40mm,数量 300 件

(3) 45 号钢 $\Phi 30H8$ 轴套轴心孔,$R_a=1.6\mu m$,调质,加工长度 40mm,数量 1000 件

(4) 45号钢 Φ150H8 轴套轴心孔,R_a=1.6μm,加工长度 40mm,数量 5 件

(5) HT200 灰铸铁变速箱 Φ67J7 轴承孔,R_a=0.8μm,数量 2 件

(6) HT200 灰铸铁变速箱紧固螺纹 8-M10×1,数量 2 件

13. 图 17-54 为方头小轴零件图,数量 20 件,试拟订加工路线并确定加工机床。

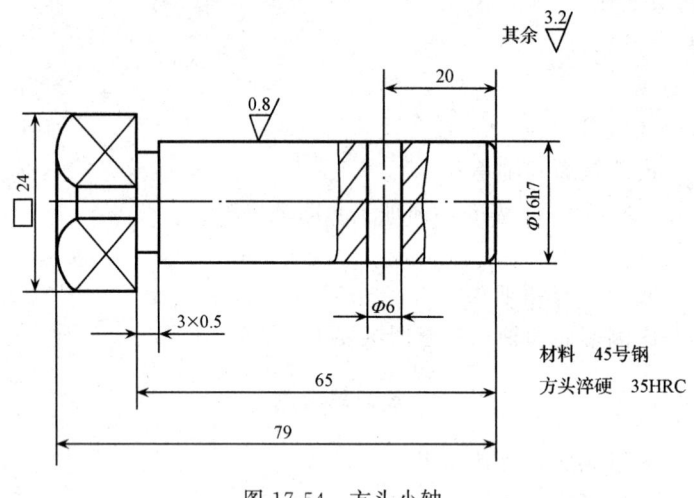

图 17-54 方头小轴

14. 图 17-55 为轴承座零件图,材料 HT200,数量 2 件,试拟订加工路线并确定加工机床。

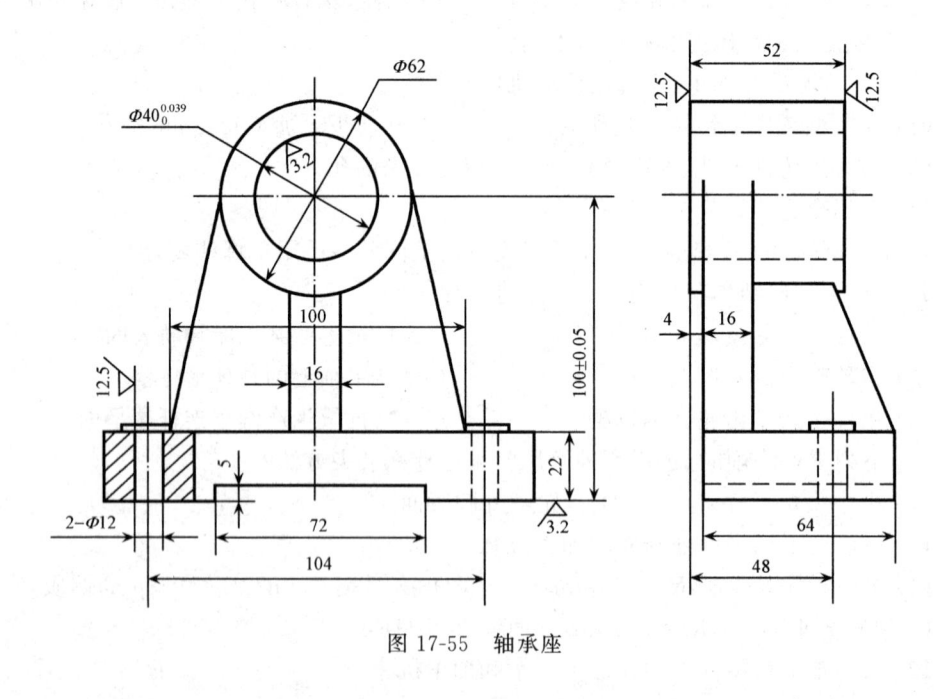

图 17-55 轴承座

15. 试选择加工图 17-56 零件上标注有表面粗糙度 R_a 值的表面的机床。

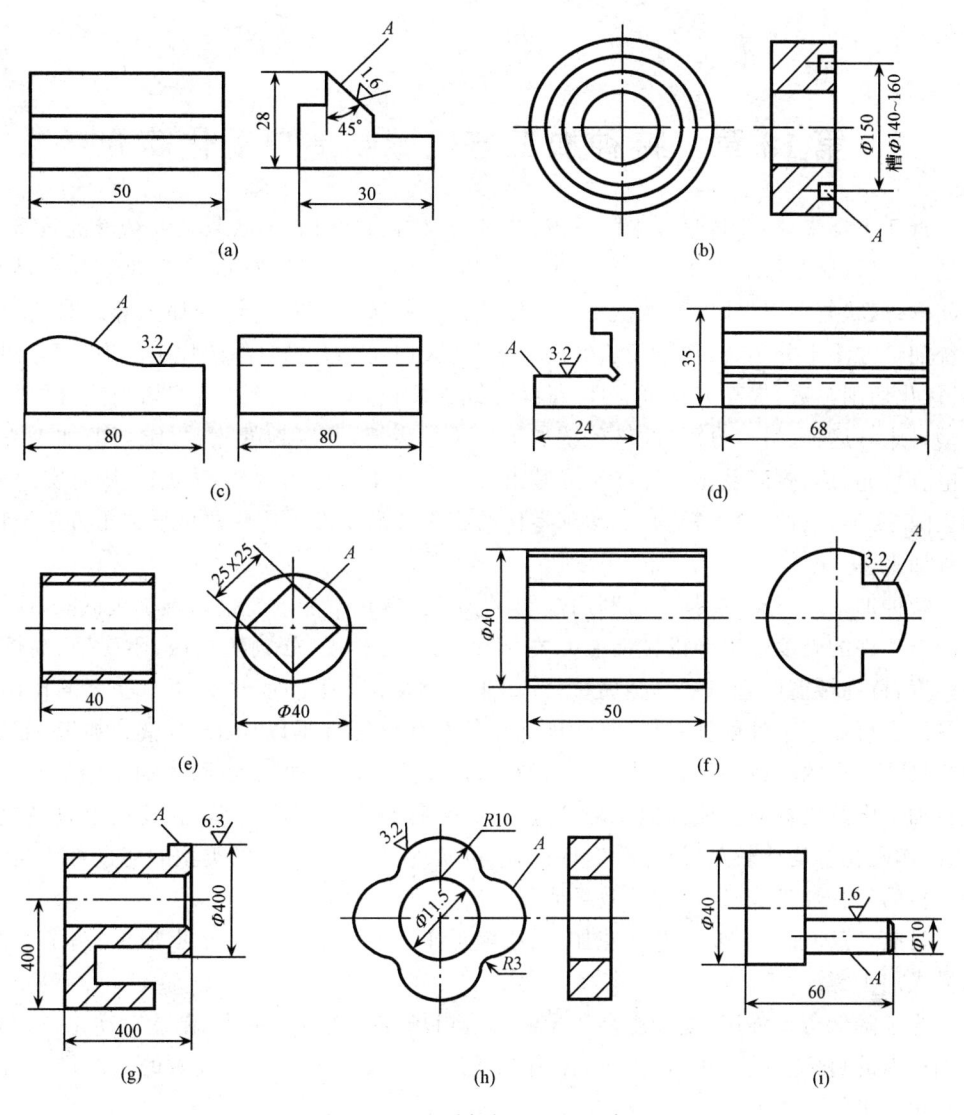

图 17-56　为零件加工选择机床

第18章 特种加工与机械制造自动化简介

近几十年来,随着科学技术的发展,各种新材料、新结构、形状复杂的精密机械零件大量涌现,对机械制造业提出了一系列迫切需要解决的新问题。例如,各种难切削材料的加工问题;形状复杂、尺寸庞大或微小结构制造;薄壁、弹性零件的精密加工等。对此,采用传统加工方法十分困难,甚至无法实现。于是,人们在努力研究高效加工的刀具和刀具材料;优化切削参数、提高刀具可靠性;增强在线刀具监控系统、研发新型切削液、研制新型自动机床等途径;另一方面,冲破传统加工方法的束缚,不断地探索、寻求新的加工方法,将电、声、光、热、磁以及化学等能量或其组合施加在工件的被加工部位上,从而实现材料的去除、变形、改性、镀覆等操作,达到零件的相应技术要求。这些非传统加工方法统称为特种加工。

特种加工的特点主要有:①利用热能、化学能、电化学能等能量而不是机械能,这样加工就与工件的硬度强度等机械性能无关,故可加工各种硬、软、脆、热敏、耐腐蚀、高熔点、高强度、特殊性能的金属和非金属材料;②非接触加工,加工时,工件不承受大的作用力,工具硬度可低于工件硬度,故使刚性极低元件及弹性元件得以加工;③微细加工,不仅可加工尺寸微小的孔或狭缝,还能获得高精度、极低粗糙度的加工表面;④加工稳定性好,不存在加工中的机械应变或大面积的热应变,可获得较低的表面粗糙度,其热应力、残余应力、冷作硬化等均比较小,尺寸稳定性好;⑤可实现复合加工,不同类型的能量可相互组合形成新的复合加工,其综合加工效果明显,且便于推广使用。

目前,特种加工主要有电火花加工、电解加工、超声波加工、电子束加工、离子束加工和激光加工等。

为了降低劳动强度、提高产品质量和提升市场变化的响应能力,制造自动化成为人们长期追求的目标。随着机械、电子、控制、通信、材料及管理等科学技术的不断进步,制造自动化水平越来越高。

从机械制造自动化的发展历程看,可分为两个大阶段:第一个阶段是从工业革命至20世纪50年代初,制造自动化的自动控制系统主要靠机械式的固定不变的硬件机构来实现程序控制,故称之为刚性自动化(fixed automation)阶段;第二个阶段是指20世纪50年代中期的数控(NC)加工开始出现为标志,发展至今。由于制造自动化是以软件(程序)来实现的,故称之为柔性自动化(flexible automation)阶段。按柔性自动化水平的高低可分为:单机柔性自动化、柔性制造系统(flexible manufacturing system,FMS)、计算机集成制造系统(computer integrated manufacturing system,CIMS)及智能集成制造系统等。

机械制造自动化是一个动态概念,在制造业发展的新形势下,有着十分广泛和深刻的内涵。随着科学技术的日新月异,走向网络虚拟化、绿色化、灵捷化和智能化,这是机械制造自动化发展的必然趋势。

18.1 电火花加工

电火花加工是利用工具电极和工件电极间瞬时火花放电所产生的高温熔蚀工件的表面材料来实现加工的。电火花加工可分为电火花成型加工、电火花线切割、电火花磨削加工和电火花展成加工。应用比较广泛的是电火花成型加工和电火花线切割加工两类。

18.1.1 电火花加工的基本原理

电火花加工原理如图 18-1 所示。工具电极和工件分别接脉冲电源的两极,并浸入工作液中,或将工作液充入放电间隙。通过间隙自动控制系统控制工具电极向工件进给,当两电极间的间隙达到一定距离时,两电极上施加的脉冲电压将工作液击穿,产生火花放电。

在放电的微细通道中瞬时集中大量的热能,温度可高达一万摄氏度以上,压力也有急剧变化,从而使局部金属迅速熔化、甚至汽化,并爆炸式地飞溅到工作液中,迅速冷凝,形成固体的金属微粒,被工作液带走。每次火花放电后,工件表面就形成一个微小的凹坑。

因此,电火花加工是电力、磁力、热力和流体动力等综合作用的过程,大致可分为 4 个连续加工的阶段:①介质电离、击穿、形成放电通道;②火花放电使材料产生熔化、汽化;③抛出蚀除物;④间隙介质消除电离。

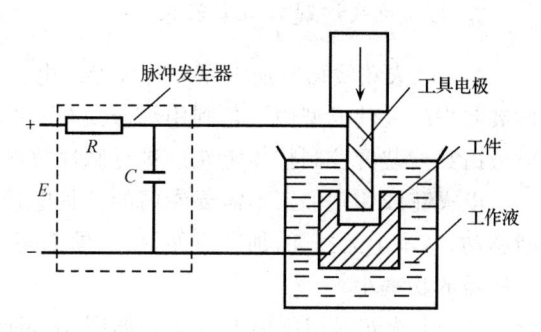

图 18-1 电火花加工原理示意图

由于脉冲放电过程连续不断,周而复始,随着工具电极不断向工件送进,结果在工件表面重叠起无数个电蚀出的小凹坑,从而将工具电极的轮廓形状精确地"复印"在工件电极上,获得所需尺寸和形状的表面。

18.1.2 电火花加工工艺及设备

1. 电火花成型加工工艺设备

(1) 电火花成型加工工艺。电火花成型加工的脉冲参数可根据需要进行调节,工件安装方便,故在同一台电火花机床上可一次完成粗加工、半精加工和精加工。它的主要特点是加工适应性强,任何硬、脆、软的材料和高耐热材料,只要导电就都能加工。在生产中能胜任用传统加工方法难以加工的小孔、薄壁、窄槽及各种复杂截面的型孔和型腔的加工。

(2) 电火花成型加工机床。如图 18-2 所示,电火花成型加工机床主要由机床和控制柜两部分组成。

机床由床身、床身、立柱、工作台及主轴头几部分。主轴头是电火花成型机床中关键的部件,是自动调节系统中的执行机构,对加工工艺指标的影响极大。主轴头主要由进给

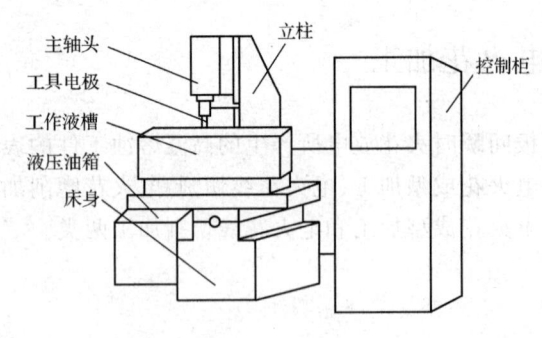

图 18-2 电火花成型加工机床

系统、导向防扭机构、电极装夹及其调节环节组成。

控制柜是完成控制、加工操作的部件,是机床的中枢神经系统。脉冲电源系统包括脉冲波形产生和控制电路、检测电路、自适应控制电路、功率板等。它是控制柜的核心部分,产生脉冲波形,形成加工电流,监测加工状态并进行自适应调整。伺服系统产生伺服状态信息,由计算机发出伺服指令,驱动伺服电机进行高速高精度定位操作。手控盒集中了点动、停止、暂停、解除、油泵启停等加工操作过程中使用频率高的键,更加便于操作。

2. 电火花线切割加工工艺及设备

(1) 电火花线切割加工原理及特点。电火花线切割加工是在电火花成型加工基础上发展起来的。其成型原理是利用细金属丝(多用 Φ0.02~0.03mm 的钼丝)作工具电极,电极由数控装置控制按预定轨迹进行脉冲放电切割加工,故称线切割。

电火花线切割加工不需要专门的工具电极,并且作为工具电极的金属丝在加工中不断移动,基本上无损耗;加工方便,生产周期短,成本低;加工精度高;生产效率高,机床加工所需的功率小。

(2) 电火花线切割加工机床。如图 18-3 所示,数控线切割机床包括机床主机、脉冲电源和数控装置三大部分。机床主机部分由运丝机构、工作台、床身、工作液系统等组成;脉冲电源(又称高频电源),其作用是把普通的 50Hz 交流电转换成高频率的单向脉冲电压。加工时,钼丝接脉冲电源负极,工件接正极;数控装置以 PC 机为核心,配备有其他一些硬件及控制软件。加工程序可用键盘输入或磁盘输入。通过它可实现放大、缩小等多种功能的加工,其控制精度可达到±0.001mm,加工精度可达到±0.001mm。

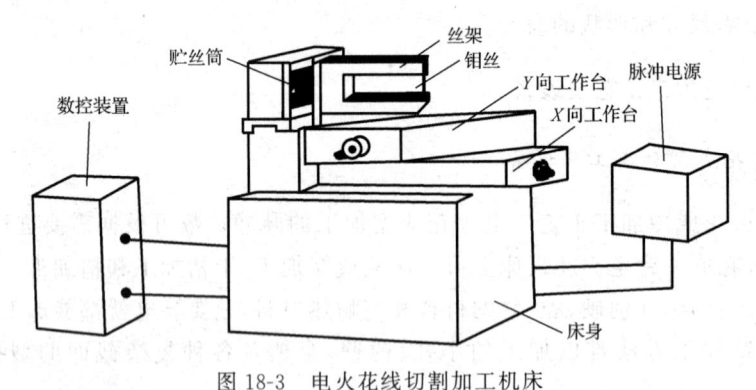

图 18-3 电火花线切割加工机床

18.1.3 电火花加工的特点

电火花加工是靠局部热效应实现加工的,它具有以下特点:

（1）可以加工任何高强度、高硬度、高韧性、高脆性以及高纯度的导电材料。如不锈钢、钛合金、工业纯铁、淬火钢、硬质合金、导电陶瓷等；在特定条件下还可以加工半导体材料及非导电材料。如立方氮化硼、人造聚晶金刚石等。

（2）加工时无明显的机械力，故适用于低刚度工件和微细结构的加工。由于可以简单地将工具电极的形状复制在工件上，再加上数控技术的运用，因此特别适用于复杂的型孔和型腔加工。

（3）脉冲参数可根据需要进行调节，因而可以在同一台机床上进行粗加工、半精加工和精加工。

（4）在一般情况下生产效率低于切削加工。为了提高生产率，常采用切削加工进行粗加工，再进行电火花加工。目前电火花高速小孔加工的生产率已明显高于钻头钻孔。

（5）放电过程有部分能量消耗在工具电极上，从而导致电极损耗，影响成型精度。

由于电火花加工具有以上特点，因此被广泛应用于机械制造、航空航天、仪器仪表和电子设备等行业。

18.2 超声波加工

人耳能感受到的声波频率在 20～20000Hz 范围内，当声波频率超过 20000Hz 时，就称为超声波。电火花加工和电解加工一般只能加工导电材料，而利用超声波振动，不但能加工像淬火钢、硬质合金等硬脆的导电材料，而且更适合加工像玻璃、陶瓷、宝石和金刚石等硬脆非金属材料。

18.2.1 超声波加工原理

利用工具端面作超声频振动，使工作液中的悬浮磨粒对工件表面撞击抛磨来实现加工，称为超声波加工，其加工原理如图 18-4 所示。超声波发生器产生的超声频电振荡，通过换能器转变为超声频的机械振动。变幅杆将振幅放大到 0.01～0.15 mm，再传给工具，并驱动工具端面做超声振动。在加工过程中，由于工具与工件间不断注入磨料悬浮液，当工具端面以超声频冲击磨料，磨料再冲击工件，迫使加工区域内的工件材料不断被粉碎成很细的微粒脱落下来，工具不断送进，其形状就"复印"到工件上了。

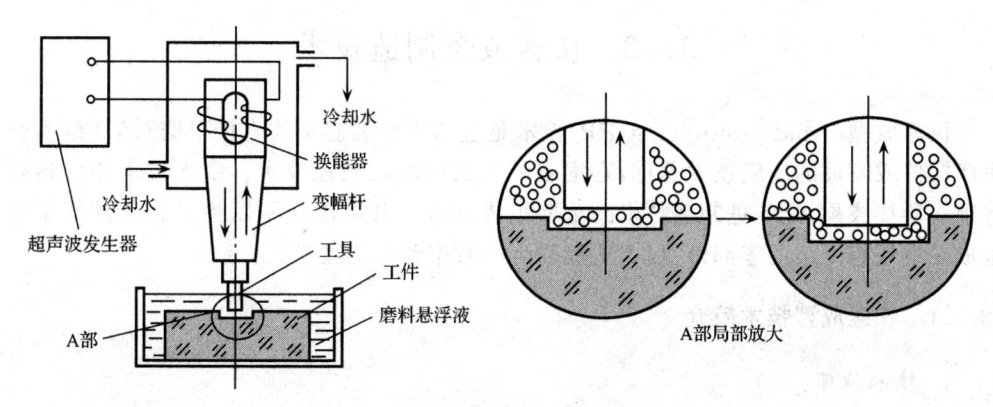

图 18-4 超声波加工原理示意图

18.2.2 超声波加工的应用

超声波加工适宜加工各种硬脆材料,尤其适宜加工用电火花难以加工的不导电材料和半导体材料,如宝石、玛瑙、金刚石、玻璃、陶瓷、半导体锗和硅片等不导电的非金属硬脆材料;其加工质量好于电火花加工,常用于因受较大切削力产生变形,影响加工质量的薄片、薄壁及窄缝类零件以及各种形状复杂的型孔、型腔、成型表面和刻线、分割、雕刻和研磨等(见图18-5所示)。此外,超声加工还常用于焊接和清洗中。

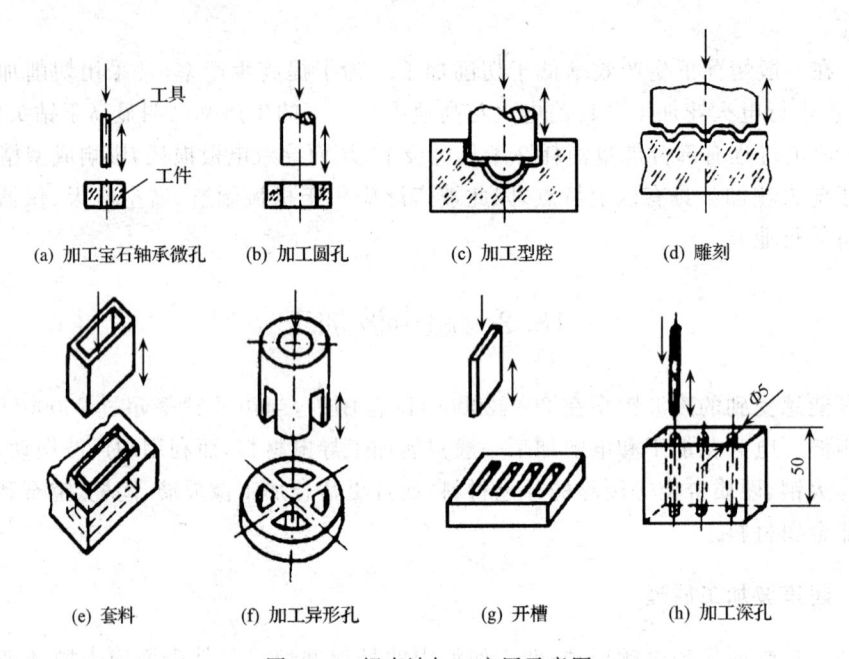

图 18-5 超声波加工应用示意图

超声加工生产率较低,但加工精度和表面粗糙度都比电火花、电解加工好,故生产中加工某些硬脆导电材料(如硬质合金、淬火钢等)的高精度零件和模具时,通常采用超声电火花复合加工,即先用电火花或电解加工进行粗、半精加工,然后再用超声加工进行精加工。

18.3 快速成型制造技术

快速成型(rapid prototyping,RP)技术是近年来发展起来的直接根据CAD模型快速生产样件或零件的成组技术总称,它集成了 CAD 技术、数控技术。激光技术和材料技术等现代科技成果,是先进制造技术的重要组成部分。其可以在不用模具和工具的条件下生成几乎任意复杂的零部件,极大地提高生产效率和制造柔性。

18.3.1 快速成型技术简介

1. 技术原理

快速成型制造技术也称为生长型制造技术,其基本思路起源于三维实体可以被切割成一系列连续薄切片的逆过程。其制造过程是将材料不断地按需要添加在未完成的在制品上,直到零件制造完毕,这个过程即所谓的"材料堆积"。本质上是一个由渐变、累积到质变的过程。这样就将传统的"去除"式加工模式转变为"渐增"式的生长模式,从而在根本上改变了关于零件制造的传统观念。

2. 基本工艺过程

首先由三维 CAD 软件设计出所需要零件的计算机三维曲面或实体模型;然后根据工艺要求,将其按一定厚度进行分层,把原来的三维电子模型变成二维平面信息(截面信息),即离散的过程,这些片层按次序累积起来仍是所设计零件的形状;然后,将上述每一片层的资料传到快速自动成型机中去,类似于计算机向打印机传递打印信息,用材料添加法依次将每一层做出来并同时连接各层,直到完成整个零件。因此,快速成型可定义为一种将计算机中储存的任意三维型体信息通过材料逐层添加法直接制造出来的方法。

3. 技术应用

快速自动成型技术问世不到十年,已实现了相当大的市场,发展非常迅速。与数控加工、铸造、金属冷喷涂、硅胶模等制造手段一起,成为现代模型、模具和零件制造的强有力手段,在航空航天、汽车摩托车、家电等领域得到了广泛应用。

18.3.2 快速成型方法

根据采用材料及对材料处理方式的区别,快速成型制造技术主要有 4 类成型工艺方法。

1. 光固化立体造型(stereo lithography,SL)

该技术以光固化材料(如光固化树脂)为原料,将计算机控制下的紫外激光按预定零件各分层截面的轮廓为轨迹对液态光固化材料逐点扫描,使被扫描区的光固化材料薄层产生光聚合反应,从而形成零件的一个薄层截面。当一层固化完毕,移动工作台,在原先固化好的光固化材料表面再敷上一层新的液态光固化材料以便进行下一层扫描固化。新固化的一层牢固地黏合在前一层上,如此重复直到整个零件原型制造完毕。

SL 法是第一个投入商业应用的 RP 技术。目前全球销售的 SL 设备约占 RP 设备总数的 70% 左右。这种方法的特点是精度高、表面质量好。原材料利用率将近 100%,能制造形状特别复杂(如空心零件)、特别精细(如首饰、工艺品等)的零件。其基本结构如图 18-6 所示。

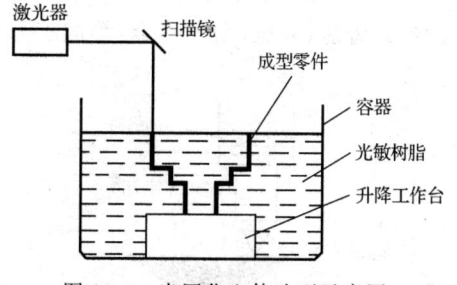

图 18-6 光固化立体造型示意图

2. 分层物件制造(laminated object manufacturing,LOM)

LOM 工艺将单面涂有热溶胶的纸片通过加热辊加热黏接在一起,位于上方的激光器按照CAD分层模型所获数据,用激光束将纸切割成所制零件的内外轮廓,然后新的一层纸再叠加在上面,通过热压装置和下面已切割层黏合在一起,激光束再次切割,这样反复逐层切割—黏合—切割,直至整个零件模型制作完成。其基本结构如图18-7所示。

3. 选择性激光烧结(selected laser sintering,SLS)

该法采用CO_2激光器作能源,目前使用的造型材料多为各种粉末材料。在工作台上均匀铺上一层很薄($100\sim 200\mu$)的粉末,激光束在计算机控制下按照零件分层轮廓有选择性地进行烧结,一层完成后再进行下一层烧结。全部烧结完后去掉多余的粉末,再进行打磨、烘干等处理便获得零件。目前,成熟的工艺材料为蜡粉及塑料粉,用金属粉或陶瓷粉进行黏接或烧结的工艺还正在实验研究阶段。其基本结构如图18-8所示。

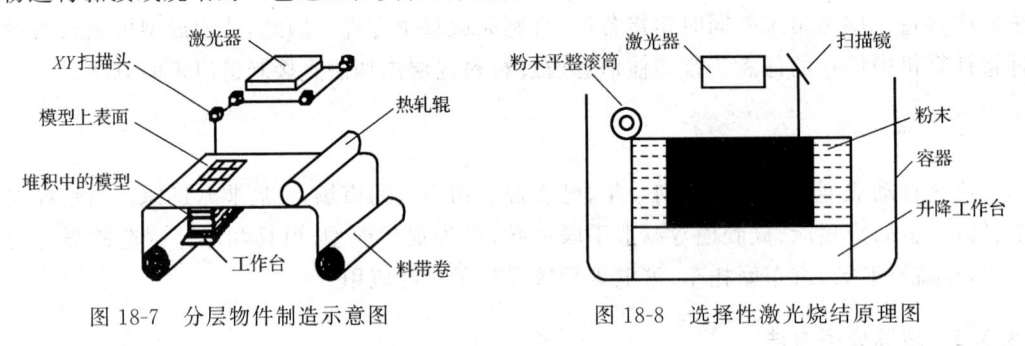

图18-7 分层物件制造示意图

图18-8 选择性激光烧结原理图

4. 熔融沉积造型(fused deposition modeling,FDM)

FDM工艺的关键是保持半流动成型材料刚好在熔点之上(通常控制在比熔点高1℃左右)。FDM喷头受CAD分层数据控制使半流动状态的熔丝材料(丝材直径一般在1.5mm以上)从喷头中挤压出来,凝固形成轮廓形状的薄层。每层厚度范围在0.025～0.762mm,一层叠一层,最后形成整个零件模型。其基本结构如图18-9所示。

18.3.3 快速成型技术特点

快速成型技术迥异于传统的去除成型(如车、削、刨、磨),拼合成型(如焊接),或受迫成型(如铸造、锻压,粉末冶金)等加工方法,而是采用材料累加法制造零件原型。

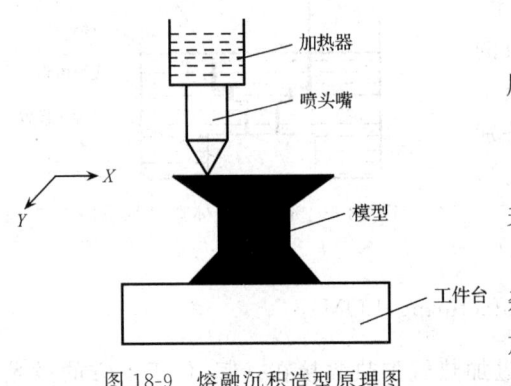

图18-9 熔融沉积造型原理图

快速成型技术有以下特点:

(1)制造原型所用的材料不限,各种金属和非金属材料均可使用;

(2)原型的复制性、互换性高;

(3)制造工艺与制造原型的几何形状无关,在加工复杂曲面时更显优越;

(4)加工周期短,成本低,成本与产品复杂程度、批量无关,一般制造费用降低50%,加工周期缩短70%以上;

(5)实现了机械工程学科多年来追求的

两大先进目标.即材料的提取(气、液固相)过程与制造过程一体化和设计(CAD)与制造(CAM)一体化。

18.4 数控加工

数控机床(numerical control machine tools)是用数字代码形式的信息(程序指令),控制刀具按给定的工作程序、运动速度和轨迹进行自动加工的机床,简称数控机床。数控机床是一种灵活高效的自动化机床,是高度机电一体化的典型产品,是现代机床的重要标志。它适合复杂、中小批、多变、精密零件的加工生产。数腔机床的出现使工业生产设备产生了本质的变革。数控技术的应用不仅减轻了工人的劳动强度,还大大提高了产品质量和精度。

自1952年在美国诞生了第一台数控机床以来,随着电子与计算机技术的发展,数控系统经历了两个阶段和六个时代的发展。第一阶段包括电子管时代、晶体管时代和集成电路时代,这一阶段的数控机床采用专用控制计算机的硬逻辑数控系统,故称为硬线NC或普通NC系统。第二阶段则包括小型计算机时代、微处理机时代和基于PC机时代,这一阶段的数控功能大部分由软件实现,故称为软线NC或计算机数控(CNC)系统。

18.4.1 数控机床(numerical control, NC)

为了便于了解普通NC系统的工作过程,以图18-10所示的数控车床为例进行说明。

首先根据零件图上的尺寸、形状和技术要求进行程序设计,将机床动作的先后次序、行程、切削用量等参数,按规定的代码编成程序单,再把它记录在穿孔带中。加工时,将穿孔带放入光电阅读机中,通过光电转换,使代码变成电的控制信号,输入数控装置。数控装置根据输入信号进行运算,将运算的结果以电脉冲信号的形式,输给机床的伺服驱动机构(步进电机、电液脉冲马达),每输入一个电脉冲,就使步进电机转过一个微小的角度,从而带动机床的传动机构操纵各运动部件进行有秩序地、自动地工作,加工出符合图纸要求的零件。

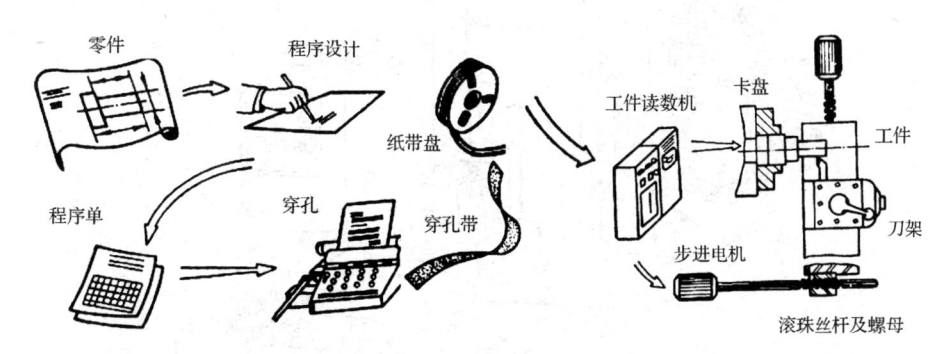

图18-10 NC机床加工过程示意

数控(NC)机床的数控装置是为实现某种控制功能而设计的专用计算机。其插补运算和控制功能是由专用的固定逻辑电路实现的,控制功能难以改变。这种普通NC机床通用性差,功能不强,成本高,目前已很少生产。

18.4.2 计算机数控机床(computer numerical control,CNC)

CNC 机床用小型或微型计算机代替普通 NC 机床的专用计算机,用可编程逻辑电路代替普通数控机床的固定逻辑电路。由于储存在计算机内的控制程序是可以改变的,只要改变控制程序,即可改变控制功能。因此,CNC 机床比 NC 机床具有更大的通用性和灵活性,又称为软连接数控。

CNC 机床的特点是

(1) 储存容量大。可同时储存数十个或更多零件的加工程序,以便根据需要逐一调用。

(2) 可对零件原有的加工程序进行直接修改和编辑,而无需重新制备穿孔纸带或其他控制介质。

(3) 控制功能强。控制机床部件和元件的运动数目可达十多个或更多;可进行加工过程的图形显示;可利用诊断和监测程序在加工过程中进行故障检测,并显示停机原因,以加快维修工作。

(4) 某些 CNC 机床在加工过程中,还可为其他待加工零件编制加工程序。

随着微型计算机成本不断下降,目前数控机床几乎全是 CNC 类型的。

18.4.3 加工中心(machining center,MC)

加工中心是具有自动刀具交换系统和自动工作台交换系统的多功能数控机床,在工件一次装夹后可自动转位、自动换刀、自动调整转速和进给量、自动完成多工序的加工。加工中心的种类很多,最主要的有用于加工箱体类零件的立式和卧式镗铣加工中心以及用于加工回转体零件的车削加工中心。

图 18-11 为卧式镗铣加工中心,它可对工件自动进行铣、镗、钻、扩、铰及攻螺纹等多种加工。待加工的工件根据需要可安装在托盘上的随行夹具中,也可直接安装在左侧托

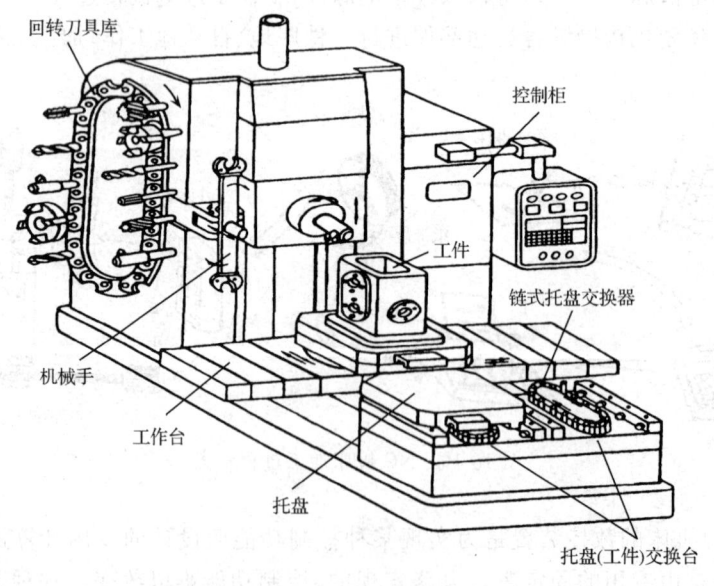

图 18-11 卧式镗铣加工中心

盘交换台上。待上一个工件加工完毕时,工作台将托盘连同已加工完毕的工件移近右侧托盘交换台准备卸下运走。同时,左侧托盘连同待加工工件送上机床工作台进行加工。图中加工中心的自动刀具交换系统由回转刀具库和机械手组成。刀库中可容40~80把刀具,每把刀具都有编号,当一种刀具工作完成后,机床主轴停止转动并上升至换刀位置,主轴孔内的刀具夹紧机构自动松开,机械手即可将已用的刀具取下,换上下一种加工所需的刀具,继续进行切削加工直至工件所有表面加工完毕。

加工中心由于实现多功能的自动化和多种加工,从而可大大简化工艺设计,减少零件运输量,提高设备的利用率和生产率,并可简化和改善生产管理。此外,还可以利用其他计算机与加工中心的接口直接进行通信,将计算机中的加工信息直接输入加工中心。这种方法为实现CAD(计算机辅助设计)、CAPP(计算机辅助制定工艺)和CAM(计算机辅助制造)一体化提供了重要的条件。

18.4.4 数控加工的特点

数控加工对于产量小、品种多、产品更新频繁、要求生产周期短的科研产品的零件加工有明显的优越性,因而应用广泛。目前数控加工的种类有很多,如数控车、数控铣、数控钻、数控镗、数控磨和数控电火花线切割等,它们的加工特点如下:

(1) 具有灵活加工的适应性。改变加工对象时,除装夹新工件及更换刀具外,只需重新编程便可自动地完成新零件的加工。

(2) 能加工普通机床难以加工的形状复杂的零件,避免了人工操作的误差并保证加工精度。闭环控制系统(有反馈设置)比开环控制系统(无反馈设置)有更高的加工精度和重复性。

(3) 能有效地减少生产准备时间,提高机床的利用率,缩短了新产品的研制周期。

(4) 减轻了劳动强度、改善了劳动条件、提高了生产率。

但数控机床的设备投资大,维修费用高,在采用前必须根据生产条件,认真分析其经济效益。数控机床最适合多品种小批量生产中,加工结构较为复杂的零件,其中加工中心适宜加工更复杂的零件。对于单件生产以及需要频繁改型和修改的复杂型面零件,如各种型腔模、螺旋桨等,采用数控机床加工均可显示巨大的优越性。对于较复杂零件的中批生产,数控机床也可得到很好的经济效益。

18.5 自动生产线

自动生产线是现代化社会大生产中自动化系统生产类型的组织形式之一,也被称为流水生产线。自动生产线是指工件按照一定的工艺路线,顺序地通过各个工位,并按照一定的生产速度完成工艺作业的连续重复自动生产的一种生产组织形式。

18.5.1 自动生产线概述

自动线(transfer machine or transfer line)是用自动输送装置将按工序顺序排列的若干自动机床联成一体,并用控制系统依规定的工艺过程自动地完成工件输送、定位、夹紧和机械加工的生产线,它的加工对象是固定不变的,因此大多数自动生产线是专用的,在汽车、拖拉机、轴承、电机等制造中广泛应用。

如图18-12所示的某加工箱体类零件的组合机床自动线示意图,其中,组合机床1、2、3是专用加工设备(主机),工件输送装置4、输送传动装置5、转位装置6、转位鼓轮7等是工件自动输送设备,夹具8、切屑运输装置9等是辅助设备,液压站10、操作台11等是控制设备。按稳定成熟的工艺顺序将具有相当自动化功能的机床排列起来,用自动输送工件设备和辅助设备把它们联成有机整体,在由电气柜、液压(或气动)装置构成的控制设备控制下,工件以严格的生产节拍,按预定工艺顺序"流"过每个工位,无需工人直接参与,自动完成工件的装卸、输送、定位夹紧、切削加工、切屑排除、质量监测,这种制造系统就是自动线。某个(或某几个)零件的成熟制造工艺是设计一条自动线的前提,为了提高生产效率和产品质量,自动线还采用了功能和结构都很强的专用工艺装备(工具、夹具等),因此一条自动线只能承担某个(或某几个)零件的制造任务,从这层意义上,人们又称自动线为"刚性"自动线。

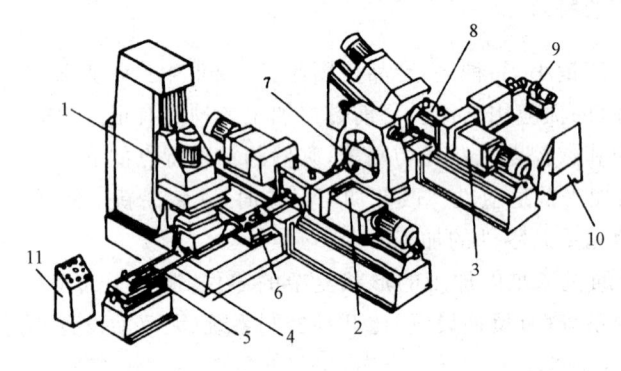

1、2、3. 组合机床;4. 工件输送装置;5. 输送传动装置;6. 转位装置;
7. 转位鼓轮;8. 夹具;9. 切屑运输装置;10. 液压站;11. 操作台

图 18-12 组合机床自动线

18.5.2 自动线的组成和分类

1. 自动线的组成

自动线的基本组成部分有五个子系统,即工艺装备系统、工件传输系统、控制系统、检测系统和辅助系统。由于工件类型、工艺过程、生产率等各不相同,生产线的结构差异很大,但其基本部分都是相同的。

2. 自动线的分类

自动线按所用机床类型可分为以下四类。

(1) 通用机床自动线。用自动机床或半自动机床及标准传送机构组成的自动线。自动机床既可在自动线中使用,又可在一般生产中作为自动单机单独使用。一般通用机床经过改装,提高其自动化程度后,也可纳入自动线。这种类型的自动线建线周期短,灵活性大,成本低收效快,多用于加工具有一定生产规模形状较简单的工件。此外,利用现有设备进行技术改造也是提高生产效率的重要措施之一。

（2）组合机床自动线。用组合机床及标准传送机构组成的自动线。组合机床由通用部件和专用部件组成的自动、半自动专用机床。所谓通用部件是按系列化、通用化、标准化设计的部件,专用部件是根据被加工零件的形状及加工工艺要求设计的部件。这种类型的自动线具有设计制造快、工作可靠、可根据产品的变换重新组装、造价较低等优点。多用于加工箱体类零件,应用广泛。

（3）专用机床自动线。用专用机床及专用传送机构等辅助设备组成的自动线。这种类型的自动线所采用的机床和设备,都是针对某一零件的工艺过程专门设计和制造的,在某些结构特殊的零件,如曲轴、凸轮轴、连杆等零件的生产中可获得较好的经济效益。但是,设计制造周期长、投资大、对产品改型的适应性很差。

（4）数控机床自动线。用数控机床及自动传送机构组成的自动线。上述几种类型的自动线,都是为适应大批大量生产的需要而组成的。当改换产品时,虽然可以改装,但要付出很大的代价。数控机床自动线以自动换刀或自动更换主轴箱的数控机床为主,与自动传送机构相连接而组成,全线机床通常为4~8台,也有多至几十台的。一般采用计算机控制(群控),它能满足中小批量的多品种生产的要求。这种类型的自动线与用于大批大量生产的自动线不同,工件不是以固定的节拍通过各台机床,也不按固定的顺序,可以加工不同的零件或加工成组零件,具有很大的灵活性,因此,数控机床自动线也称为柔性自动线。

18.6　工业机器人

工业机器人(industrial robot)是一种能自动检测、可重复编程、多功能、多自由度的操作机。它能根据需要改变动作顺序和行程大小,搬运材料、工件或操持工具完成各种作业,应用灵活,适应性强。工业机器人在柔性自动化系统中承担着运送和装卸工件等项工作,并能作为操作机完成装配、焊接、浇注、喷涂等其他工作。

18.6.1　工业机器人的组成

如图18-13所示,一台完整的工业机器人主要由以下几部分组成:操作机、驱动系统、控制系统及可更换的末端执行器。

（1）操作机:工业机器人的机械主体,是被控制用来完成各种作业的执行机械,它会随作业任务不同而有各种结构形式和尺寸。

（2）驱动系统:可用步进电机、直流伺服电机和交流伺服电机等控制电机驱动。电机驱动结构紧凑、耗能低、噪声小、污染少、动态性能好。

（3）控制系统:包括计算机、传感器、检测元件、信号处理电路以及操纵台和示教盒等。

（4）末端执行器:指连接在操作机腕部的直接用于作业的机构。其可能是用于抓取搬运的手部(爪),也可能是用于喷漆的喷枪,或用于焊接的焊枪及检查用的测量工具等。

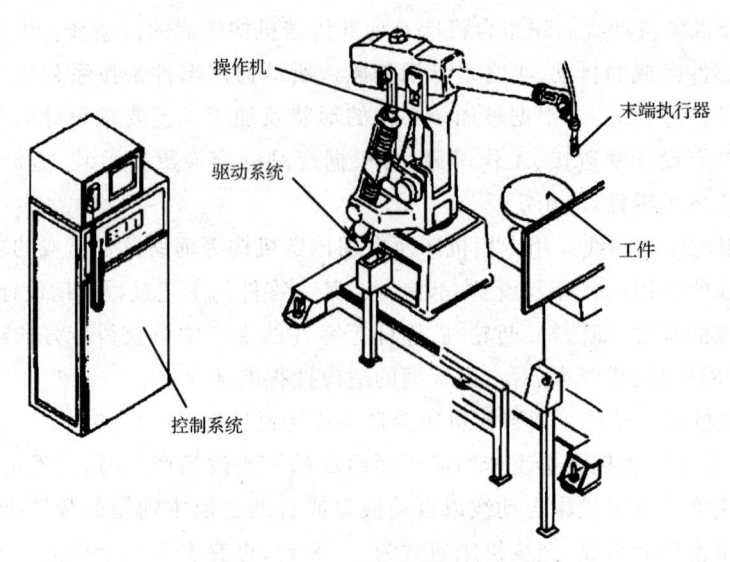

图 18-13 工业机器人的组成

18.6.2 工业机器人的分类

工业机器人的分类方法较多,可从不同的角度对其进行分类。以下是几个主要的分类方法。

(1) 按作业用途:通常依据其具体的作业用途来称呼机器人,如用于点焊的的机器人就称为点焊机器人,用于搬运工作的就称为搬运机器人等。

(2) 按操作机的运动形态:按工业机器人操作机运动部件的运动坐标可分为直角坐标式机器人、极(球)坐标式机器人、圆柱坐标式机器人及关节式机器人等。

(3) 按机器人的负荷和工作范围:可分为超大型机器人、大型机器人、中型机器人、小型机器人及超小型机器人。

(4) 按控制方式:可分为只控制到达某些指定点的位置精度,而不控制其运动过程的点位控制机器人,对运动过程的全部轨迹进行控制的连续轨迹控制机器人。

(5) 按驱动系统动力源:可分为气动机器人、液压机器人及电动机器人等。

18.6.3 机器人在机械制造领域的应用概况及发展

机器人是高度机电一体化的多用途的自动化生产装置,对当代科学技术及社会发展有深远影响。机器人首先将工人从有毒、高温及危险作业环境中解放出来,减少职业病及人身事故;在精密加工及高新技术产品的生产中,机器人能防止人体造成的污染及生理心理状态的影响,提高产品的一致性及可靠性,增强国际市场竞争能力;在人力难以胜任的强辐射、高温、高压及基因工程等领域的科研及生产必须依靠机器人。我国已成功研制了喷漆机器人,点焊机器人,弧焊机器人,浇注机器人,冲压机器人,搬运机器人,装配机器人,具有接近觉(接近目标的感觉)、触觉及滑觉的智能机器人,排地雷机器人,水下机器人等。

机器人诞生近五十年来,已进入第一、第二及第三产业,需求量日益增多。但是第一代机器人只能按人示教的程序,周而复始地工作。为扩大机器人的应用范围,目前机器人研制向仿生、高速、高精度、多功能及智能化方向发展。智能化是提高机器人功能、扩大应用范围的主攻方向。人为万物之灵,具有最高的智能。科技工作者以人的各种感觉及思维决策功能为模仿目标,利用电子学、光学、热学、声学、计算机及人工智能等领域的先进技术,研制机器人的视觉、触觉、滑觉、力觉、热觉、嗅觉、听觉、语音及推理决策功能,力图使机器人具有智能。如具有视觉的智能机器人能辨别环境变化,跟踪工件位置;具有触觉及滑觉的智能机器人能适应工件的尺寸及重量变化,自动调整夹持范围及夹紧力等。智能机器人将在各产业部门发挥作用。

18.7 柔性制造技术

柔性制造系统(flexible manufacturing system,FMS)是通过局域网把数控机床(加工中心)、坐标测量机、物料输送装置、对刀仪、立体刀库、工件装卸站、机器人等设备联结起来,在计算机及控制软件的控制下,形成的一个加工系统。柔性制造系统实现了制造过程中,对信息流、物质流和能量流的多方位自动控制。

18.7.1 柔性制造系统的组成

典型的柔性制造系统如图 18-14 所示,由以下四个部分组成。

1. 加工设备

加工设备是与 FMS 系统兼容的加工中心和数控机床,它们在工件、刀具和控制三方面都具有可与系统相连接的标准接口。此外,FMS 中的加工设备也包括一些清洗机等加工辅助设备。

2. 工件流支持系统

工件流支持系统为能完成工件输送、搬运以及存储功能的工件供给系统,通常包括机器人、小车、托板缓冲库和装卸站等设备。

3. 刀具流支持系统

即包括刀具的输送、交换和存储装置以及刀具的预调和管理系统。

4. 信息流支持系统

信息流支持系统是 FMS 的控制和管理系统,以及加工过程的监控仿真系统。

上述四部分的有机结合,构成了一个制造系统的物料流(工件流和刀具流),信息流(制造过程的信息和数据处理)和能量流(通过制造工艺改变工件的形状和尺寸)。从图 18-14 可见,不管是加工系统、信息流,还是工件流和刀具流,都可以划分为若干功能模块。如果将各种功能模块加以标准化,就可以从标准化的功能模块中选出若干模块,组成适合不同用户要求的柔性制造系统。

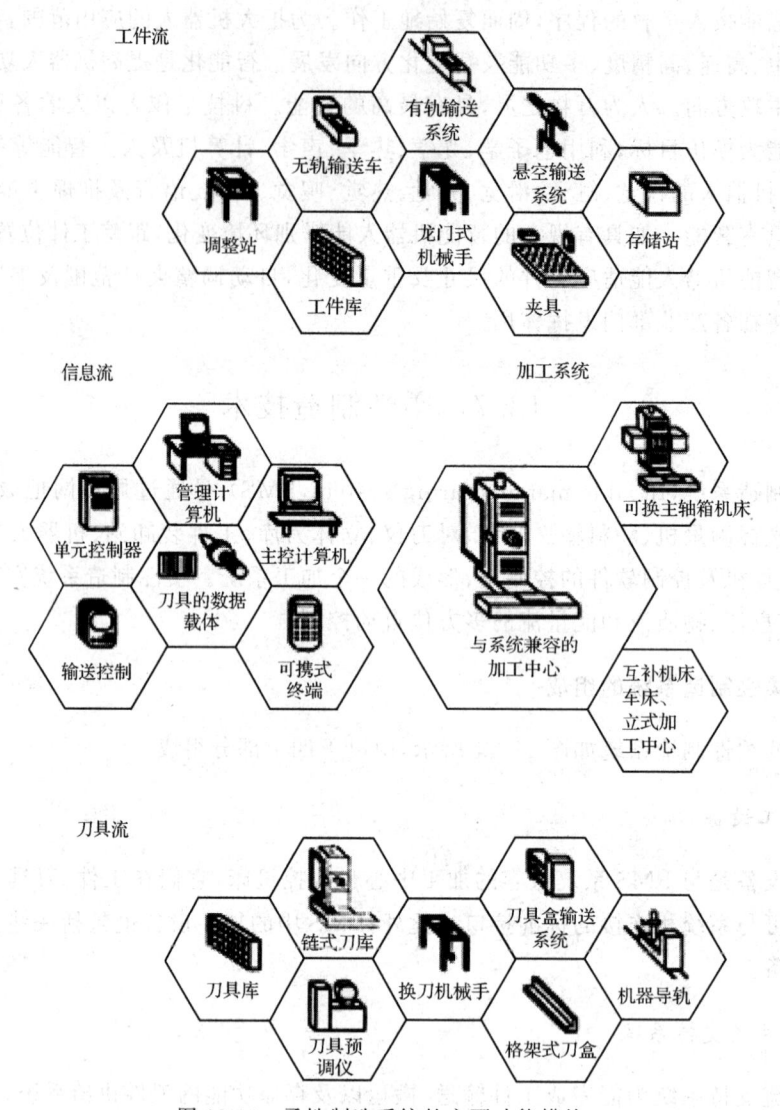

图 18-14 柔性制造系统的主要功能模块

18.7.2 柔性制造系统的基本类型及应用

根据 FMS 所完成加工工序的多少，拥有机床的数量、运储系统和控制系统的完善程度等，可以将 FMS 分为 3 种基本类型：

(1) 柔性制造单元 FMC。其一般由 1～3 台数控机床和或/加工中心，工件自动输送及更换系统，刀具存储、输送及更换系统，设备控制和单元控制器等组成。单元内的机床在工艺能力上通常是相互补充的，可加工不同的零件，具有单元层和设备层两级计算机控制，对外具有接口，可组成柔性制造系统。

(2) 柔性制造线 FML。其由更多的数控机床、输送和存储系统等所组成的柔性制造系统。每 2～4 台机床间设置一个自动仓库，工件和随行夹具按直线式输送。FML 同时具有刚性自动线和 FMS 的某些特征。在柔性上接近 FMS，在生产率上接近刚性生产线。

(3) 柔性装配线 FAL。其由装配站、物料输送装置和控制系统等组成。FAL 的输入是组成产品或部件的各种零件，输出是产品或部件。FAL 的控制系统对全线进行调度和监控，主要是控制物料的流向、自动装配站和装配机器人。

18.7.3 柔性制造系统特点

柔性制造系统适宜加工的零件种类一般为几种至上百种，每种零件的年产量为40～2000件。

柔性制造系统的特点主要如下：

(1) 柔性制造系统有自动变换加工程序的功能。FMS 用计算机构成的生产控制管理系统，能在不停机的情况下自动变更各种设备的工作程序，有效地节省了重新调整系统的时间。

(2) 柔性制造系统对加工顺序及生产节拍能按需要随机应变，灵活性、适应性及任意性（随机性）兼备。这种高柔性能可靠地自动完成多种零件或产品的生产。

(3) 柔性制造系统有高效率的自动加工和自动换刀功能，生产率高。

(4) 柔性制造系统有自动控制生产过程、自动控制质量和故障诊断的功能，其工作性能稳定质量可靠。

18.8　集成制造系统

1973年美国的一篇博士论文提出了计算机集成制造（computer integrated manufacturing，CIM）这一新的制造哲理，主张用计算机网络和数据库技术将生产的全过程集成起来，以此有效地协调并提高企业对市场需求的响应能力和劳动生产率，从而取得最大经济效益，使企业的生产不断发展、生存能力不断加强。CIM 哲理很快被制造业接受，并演变成一种可以实际操作的先进生产模式——计算机集成制造系统（CIMS）。

18.8.1　计算机集成制造系统的内涵

随着社会需求日趋多样化，机械产品更新换代的周期越来越短，产品的性能、质量、价格以及交货期的竞争越来越激烈。市场给每一个企业带来的压力可总结为四 T 压力：time（交货期），total cost control（全面成本控制），total quality control（全面质量控制），total customer satisfaction（顾客完全满意）。企业传统的制造生产和服务难以适应市场所带来的压力，但现代的计算机集成制造系统则能有效地解决市场所带来的四 T 问题。

计算机集成制造系统以系统工程理论为指导，强调信息集成和适度自动化，以过程重组和机构精简为手段，在计算机网络和工程数据库系统的支持下，将制造企业的全部要素（人、技术、经营管理）和全部经营活动集成为一个有机的整体，实现以人为中心的柔性生产，使企业在新产品开发、产品质量、产品成本、相关服务、交货期和环境保护等方面均取得整体最佳的效果。

18.8.2　计算机集成制造系统（CIMS）的系统组成

计算机集成制造系统由管理信息系统 MIS（management information system）、技术信息系统 TIS(technological information system)、制造自动化系统 MAS(manufacturing automation system)和质量保证系统 CAQ(computer aided quality assurance)这 4 个分系统以及计算机通信网络和数据库系统这 2 个支撑分系统组成,图 18-15 表示了 6 个分系统以及与外部的信息联系。

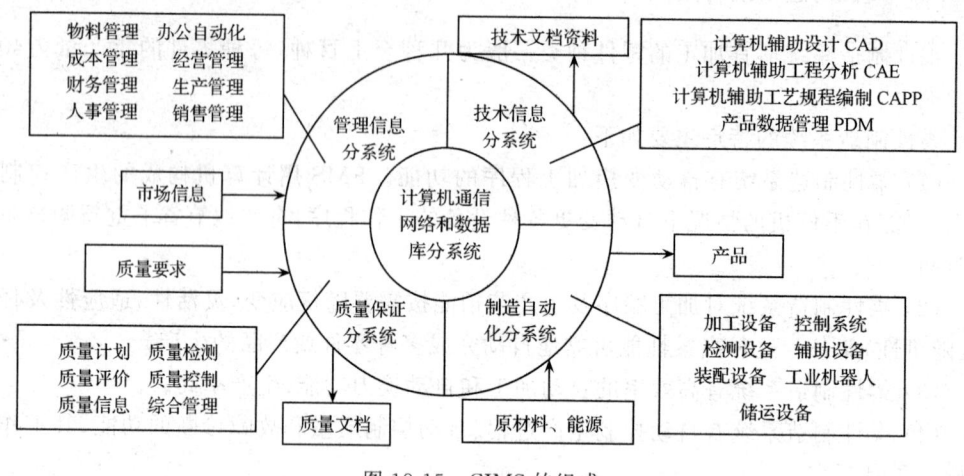

图 18-15　CIMS 的组成

1. 管理信息系统 MIS

CIMS 中"职能部门"的管理工作是由被称作"管理信息系统"的计算机软件系统完成的。MIS 管理信息系统是在采用现代企业管理原理、推广应用计算机技术的过程中,逐步完善形成的。它以制造资源计划(manufacturing resource planning)为核心,从制造资源出发,考虑了企业进行经营决策的战略层、中短期生产计划编制的战术层以及车间作业计划与产生活动控制的操作层,其功能覆盖了市场销售、物料供应、各级生产计划与控制、财务管理、成本、库存和技术管理等部分的活动,是以经营生产计划、物料需求计划、能力需求计划、车间计划、车间调度与控制为主体形成闭环的一体化生产经营与管理信息系统。

2. 技术信息系统 TIS

技术信息系统在 CIMS 中是主要信息源,为管理信息系统和制造自动化系统提供物料单和工艺规程等信息,并在产品开发过程中引入计算机技术,它包括产品的概念设计、工程与结构分析、详细设计、工艺设计与数控编程。TIS 通常划分为 CAD(computer aided design 计算机辅助设计)、CAPP(computer aided processing programming 计算机辅助工艺编程)、CAM(computer aided manufacturing 计算机辅助制造)三大部分,其目的是使产品开发活动更高效、更优质、更自动地进行。

3. 制造自动化系统 MAS

MAS 制造自动化系统是 CIMS 中信息流和物料流的结合点,是 CIMS 最终产生经济效益的聚集地,可以由数控机床、加工中心、清洗机、测量机、运输小车、立体仓库,多级分布式控制计算机等设备及相应支持软件组成。它的功能与 FMS 控制器相类似,不过这里 MAS 的数据必须考虑与 TIS、MIS 及 CAQ 等系统数据的集成。系统主要实现车间现场的调度与控制,按照 NC 代码将一个毛坯加工成合格的零件,再装配成部件以至产品,并将制造现场信息实时地反馈到相应部门。MAS 要生成作业计划,进行优化调度控制,生成工件、刀具、夹具需求计划,进行系统状态监控和故障诊断处理,以及完成生产数据采集及评估等。通过 MAS 使产品制造活动优化、周期短、成本低、柔性高。

4. CAQ 质量保证系统

CAQ 质量保证系统是在 CIM 环境下使企业更有效地实现质量管理的高效手段和有力工具。主要是采集、存储、评价、处理在设计、制造过程中与质量有关的大量数据,从而获得一系列控制环,并用这些控制环有效地促进质量的提高,以实现产品的高质量、低成本,提高企业的竞争力。它包括制定企业的质量方针和目标的质量决策分系统,实现现场质量数据的采集、现场分析及决定误差补偿策略的质量管理分系统,提供各种统计分析方法,并对管理分系统的数据进行分析评价的评价分系统。

5. 两个支撑分系统

计算机通信网络系统满足 CIMS 各个分系统的对网络支持服务的不同需求,支持资源共享。它采用国际标准和工业标准规定的网络协议,可以实现异种机互联、异构局部网络及多种网络的互联。

数据库系统支持 CIMS 各分系统并覆盖企业全部数据信息,用以实现企业数据共享和信息集成。

18.8.3 计算机集成制造系统在制造业的应用概况

CIMS 通过实现企业的信息集成(或称信息化)来提高制造业的竞争能力和市场应变能力,它将计算机软硬件广泛用于工程设计过程(CAD、CAE、CAPP、CAM)、经营管理过程(MRP、MIS)及加工制造过程(NC、CNC、DNC、FMC),它借助这些过程在计算机网络和数据库支持下的信息集成,有效地缩短企业的产品上市时间(T),提高产品质量(Q),降低成本(C)及提供更好的服务(S),以赢得市场竞争。

CIMS 为未来机械制造工厂提供了一幅蓝图,它是机械制造厂发展的战略目标,是 21 世纪机械制造行业的生产技术。它所追求的不仅是自动化,而且包括最优化、柔性化、智能化与集成化。CIMS 带来的经济效益是巨大的,以发展 CIMS 方面处于领先地位的美国通用汽车公司、英格索尔铣床公司、西屋公司等为例,它们所取得的效益是:工程设计费用减少 15%～30%,整个生产周期缩短 30%～60%,产品质量提高 200%～500%,工程师工作能力提高 300%～3500%,生产设备生产能力提高 40%～70%,最重要设备的开机时间增加 200%～300%,在制品减少 30%～60%,工作人员费用减少 5%～20%。

尽管 CIMS 信息关系复杂、配套设备多、投资强度大、技术复杂、开发周期长,特别是有些关键技术目前还不够成熟,但它的出现使企业领导的决策更科学、更快捷,提高了产品对市场的响应速度,在保证质量和交货期、降低成本等综合方面都增强了企业的竞争能力。所以 CIMS 是机械制造自动化的高级阶段和理想形式,也是目前国内外所致力于研究的综合自动化制造系统。为在 21 世纪的经济发展中取得竞争优势，各国均已把计算机集成制造系统技术列为重点发展的高技术之一，从不同方面、不同层次上对计算机集成制造系统及其子系统技术的应用进行相当规模的前期研究与开发。同时，对制造系统概念、结构、理论与方法以及集成技术（如 CAD/CAM 集成）、智能制造单元、分布式数据库等也在进行探索与基础性研究，这些研究可能为计算机集成制造提供更新的理论、方法、概念与技术。

复习思考题

1. 什么叫特种加工？它与传统的切削加工工艺有何根本区别？
2. 电火花加工的原理是什么？有何特点？
3. 电火花加工和超声波加工的加工范围有何区别？
4. 快速成型的基本原理是什么？它与传统的加工方法有何根本区别？它有哪些突出的优势？它为什么会有这些优势？
5. 快速成型技术能使哪些方面受益？能取得这些效益的根本原因是什么？
6. 机械制造自动化的发展经历了哪几个阶段？自动化的目的何在？怎样考虑自动化的经济性？
7. 简述刚性自动化和柔性自动化的基本特点。
8. NC 机床和 CNC 机床的主要区别是什么？
9. 加工中心（MC）有何特点？它是通过什么机械装置自动更换刀具和工件的？
10. 简述机器人的主要组成部分及运动形式。
11. 简述柔性制造系统的功能以及 FMC、FMS 的构成。
12. 什么是计算机集成制造系统（CIMS）？它是由哪几个分系统组成的？CIMS 有何特点？

参 考 文 献

柴建国,路春玲.2008.机械制图.北京:高等教育出版社
崔令江,郝滨海.2003.材料成型技术基础.北京:机械工业出版社
戴枝荣,张远明.2006.第二版.工程材料.北京:高等教育出版社
邓文英,郭晓鹏.2000.金属工艺学.北京:高等教育出版社
胡亚民.2002.材料成型技术基础.重庆:重庆大学出版社
居毅,姚建华,全小平.2003.机械工程导论.杭州:浙江科学技术出版社
李澄,吴天生,闻百桥.2008.机械制图.北京:高等教育出版社
梁戈,时惠英.2006.机械工程材料与热加工工艺.北京:机械工业出版社
梁红英,梁红玉.2005.工程材料与热成型工艺.北京:北京大学出版社
刘胜青.2002.工程训练.成都:四川大学出版社
吕烨.2000.热加工工艺基础与实习.北京:高等教育出版社
明兴祖.2002.数控加工技术.北京:化学工业出版社
石品德,潘周光,曹小荣.2007.机械制图.北京:北京工业大学出版社
陶治.2002.材料成型技术基础.北京:机械工业出版社
王隆太.2003.先进制造技术.北京:机械工业出版社
熊中实,吕芳斋.2001.常用金属材料实用手册.北京:中国建材工业出版社
许音,马仙,杨晶.2000.机械制造基础.北京:机械工业出版社
严绍华.2001.材料成型工艺基础.北京:清华大学出版社
姚福生等.2002.先进制造技术.北京:清华大学出版社
翟封祥,尹志华.2003.材料成型工艺基础.哈尔滨:哈尔滨工业大学
张辽远.2002.现代加工技术.北京:机械工业出版社
朱张校,郑明新.2001.工程材料.北京:清华大学出版社